数值分析

黄光鑫　薛丹丹　范安东　尹　凤　主编

科学出版社
北　京

内 容 简 介

本书介绍现代科学与工程计算中常见的数值计算方法及理论. 全书内容包括: 数值计算的误差和基本原则、线性方程组的直接解法和迭代解法、非线性方程(组)的数值解法、矩阵特征值问题的数值解法、插值法、函数逼近与曲线拟合、数值积分与数值微分和常微分方程初值问题的数值解法. 本书既注重数值计算方法及理论, 又注重数值计算方法的实用性, 主要算法都给出了数值实例和Python程序实现, 在书末以二维码的形式呈现, 感兴趣的读者可以下载源代码进行学习. 每章章末配备了适量的练习题和上机实验题, 书末附有部分习题的参考答案.

本书可作为普通高等学校理工科专业高年级本科学生或低年级研究生学习数值分析或数值计算方法课程的教材, 也可以作为从事科学与工程计算的科研及技术人员的参考书.

图书在版编目(CIP)数据

数值分析/黄光鑫等主编. —北京: 科学出版社, 2024.6

ISBN 978-7-03-077800-0

Ⅰ. ①数… Ⅱ. ①黄… Ⅲ. ①数值分析 Ⅳ. ①O241

中国国家版本馆 CIP 数据核字(2024)第 021122 号

责任编辑: 王 静 李香叶 / 责任校对: 杨聪敏

责任印制: 赵 博 / 封面设计: 陈 敬

科学出版社 出版

北京东黄城根北街 16 号

邮政编码: 100717

http://www.sciencep.com

北京华宇信诺印刷有限公司印刷

科学出版社发行 各地新华书店经销

*

2024 年 6 月第 一 版 开本: 720 × 1000 1/16

2025 年 7 月第三次印刷 印张: 19 3/4

字数: 398 000

定价: 69.00 元

(如有印装质量问题, 我社负责调换)

前　言

随着计算机科学与技术的快速发展, 计算数学被广泛应用于科学与工程计算中各种科学技术问题的求解, 涌现出了许多新的科学计算领域, 产生了新的科学计算方法与理论. 数值计算是众多科学计算的核心, 以数值计算为研究对象的数值分析或数值计算方法是高等学校理工科专业高年级本科生或低年级研究生普遍开设的一门重要基础课程.

本书是作者及课程团队在多年从事数值分析和数值计算方法课程教学实践、教学内容不断更新和完善的基础上形成的, 同时也借鉴了国内外一些优秀教材的经验. 主要内容包括: 数值计算的误差和基本原则、线性方程组的直接解法和迭代解法、非线性方程 (组) 的数值解法、矩阵特征值问题的数值解法、插值法、函数逼近与曲线拟合、数值积分与数值微分和常微分方程初值问题的数值解法. 全书的主要算法都给出了数值实例和 Python 程序实现, 每章章末配备了适量的练习题和上机实验题, 书末附有部分习题的参考答案.

本书具有以下几个方面的特点. 第一, 在本书内容的选取上, 力求精练简明、重点突出, 带 * 的小节建议作为选讲, 这比较适合于大多数高等学校数值分析或数值计算方法课时较少的实际情况. 第二, 本书的结构体系力求由浅入深、循序渐进. 首先介绍初学者容易接受的线性方程组的直接解法和迭代解法、非线性方程 (组) 的数值解法、矩阵特征值问题的数值解法等数值代数的内容. 其次介绍插值法、函数逼近与数据拟合、数值积分与数值微分等数值逼近的内容. 最后介绍常微分方程初值问题的数值解法. 第三, 本书既注重数值计算方法的基本概念和基本理论的推导, 又注重各种算法的 Python 程序实现及应用实例. 因此, 读者只要具备高等数学和线性代数的基础, 就可以毫无障碍地学习本书. 本书给出了主要算法的 Python 程序实现, 并在书末以二维码的形式呈现, 感兴趣的读者可以下载源代码进行学习. 现有数值分析教科书主要基于 C 语言和 MATLAB, 基于 Python 语言的教材相对较少, 本书将为读者在基于 Python 的大数据技术、人工智能等领域后续课程的学习奠定坚实的基础.

本书是作者及课程团队集体智慧的结晶. 第 1 章至第 5 章由黄光鑫教授、尹凤副教授、徐静讲师和汪洋博士编写, 第 6 章至第 9 章由范安东教授、薛丹丹研究员、李明明博士和黄江凤博士编写, 2021 级部分数学专业研究生参与了文字录入工作, 2021 级信息与计算科学专业学生试用了本书初稿. 黄光鑫教授和范安东教授通读并修改了初稿.

由于作者水平有限, 不当之处在所难免, 恳请广大读者和同行专家提出宝贵的意见和建议.

作　者

2022 年元旦

目　录

前言
第 1 章　绪论 ······ 1
1.1　数值分析的研究对象、任务及特点 ······ 1
1.1.1　科学计算、计算数学与数值分析 ······ 1
1.1.2　数值分析的研究对象及特点 ······ 2
1.2　数值计算的误差 ······ 3
1.2.1　误差来源与分类 ······ 3
1.2.2　误差与有效数字 ······ 4
1.2.3　误差估计 ······ 6
1.3　数值计算的若干原则 ······ 8
1.4　常用数值计算软件简介 ······ 13
习题 1 ······ 14
实验 1 ······ 15
第 2 章　线性方程组的直接解法 ······ 16
2.1　高斯消元法 ······ 17
2.2　追赶法 ······ 20
2.3　直接三角分解法 ······ 23
2.3.1　杜利特尔法 ······ 23
2.3.2　列主元杜利特尔法 ······ 30
*2.3.3　改进的平方根法 ······ 32
习题 2 ······ 33
实验 2 ······ 34
第 3 章　线性方程组的迭代解法 ······ 36
3.1　迭代解法的基本概念 ······ 36
3.1.1　向量范数和矩阵范数 ······ 36
3.1.2　向量序列与矩阵序列的极限 ······ 41
3.1.3　迭代解法的构造及其收敛性 ······ 42
3.2　几种常见的迭代解法 ······ 44
3.2.1　雅可比迭代法 ······ 44

3.2.2 高斯-赛德尔迭代法 …… 46
3.2.3 雅可比迭代法与高斯-赛德尔迭代法的收敛性 …… 47
3.3 松弛迭代解法及收敛性 …… 50
3.3.1 松弛迭代解法 …… 50
3.3.2 松弛迭代解法的收敛性 …… 52
*3.4 共轭梯度法与预处理共轭梯度法 …… 54
3.4.1 共轭梯度法 …… 54
3.4.2 预处理共轭梯度法 …… 61
习题 3 …… 64
实验 3 …… 66
第 4 章 非线性方程 (组) 的数值解法 …… 68
4.1 非线性方程求根与二分法 …… 68
4.2 不动点迭代法及其收敛性 …… 73
4.2.1 不动点与不动点迭代法 …… 73
4.2.2 不动点迭代法的收敛性 …… 75
*4.2.3 迭代收敛的加速方法 …… 78
4.3 牛顿迭代法 …… 84
4.3.1 牛顿迭代法及其收敛性 …… 84
4.3.2 简化牛顿迭代法与牛顿下山法 …… 91
4.3.3 重根情形 …… 94
*4.4 弦截法与抛物线法 …… 95
4.4.1 弦截法 …… 95
4.4.2 抛物线法 …… 97
4.5 非线性方程组的数值解法 …… 99
4.5.1 不动点迭代法 …… 100
4.5.2 非线性方程组牛顿迭代法 …… 102
习题 4 …… 103
实验 4 …… 104
第 5 章 矩阵特征值与特征向量的计算 …… 106
5.1 特征值估计 …… 107
5.2 幂法与反幂法 …… 110
5.2.1 幂法 …… 110
5.2.2 反幂法 …… 118
5.3 正交变换与约化矩阵 …… 122
5.3.1 豪斯霍尔德变换 …… 123

5.3.2 吉文斯变换 126
5.3.3 约化一般矩阵 128
*5.4 矩阵分解和 QR 算法 133
5.4.1 QR 算法 135
5.4.2 带原点平移的 QR 算法 139
习题 5 140
实验 5 143
第 6 章 插值法 144
6.1 拉格朗日插值 145
6.1.1 线性插值与抛物线插值 145
6.1.2 拉格朗日插值多项式 148
6.1.3 插值余项与误差估计 149
6.2 牛顿插值 152
6.2.1 差商及其性质 152
6.2.2 牛顿插值多项式及其插值余项 153
6.3 埃尔米特插值 156
6.3.1 埃尔米特插值多项式 156
6.3.2 埃尔米特插值余项 158
6.4 分段低次插值 160
6.4.1 龙格现象与分段线性插值 160
6.4.2 分段三次埃尔米特插值 163
6.5 三次样条插值 164
6.5.1 三次样条函数 165
6.5.2 三转角方法 166
6.5.3 三弯矩方法 168
习题 6 172
实验 6 174
第 7 章 函数逼近与曲线拟合 175
7.1 最佳逼近 175
7.1.1 最佳逼近与范数选取 175
7.1.2 最佳平方逼近及其计算 179
7.2 正交化方法 182
7.2.1 正交多项式的基本性质和表征方法 182
7.2.2 常用正交多项式 184
7.2.3 最佳平方逼近的正交化方法 188

7.3 曲线拟合 ······ 191
7.3.1 最小二乘拟合 ······ 191
7.3.2 曲线拟合的线性化方法 ······ 195
*7.4 傅里叶变换 ······ 196
7.4.1 离散傅里叶变换 ······ 197
7.4.2 快速傅里叶变换 ······ 200
习题 7 ······ 204
实验 7 ······ 205
第 8 章 数值积分与数值微分 ······ 207
8.1 插值型求积公式 ······ 208
8.1.1 数值求积公式的构造及代数精度 ······ 208
8.1.2 梯形求积公式 ······ 210
8.1.3 辛普森求积公式 ······ 212
8.1.4 牛顿-科茨求积公式 ······ 214
8.1.5 求积公式的数值稳定性 ······ 216
8.2 复化求积公式 ······ 217
8.2.1 复化梯形公式 ······ 217
8.2.2 复化辛普森公式 ······ 219
8.3 龙贝格求积公式 ······ 222
8.3.1 变步长的梯形公式 ······ 222
8.3.2 龙贝格求积公式 ······ 224
*8.3.3 理查森外推加速法 ······ 228
*8.4 高斯求积公式 ······ 229
8.4.1 高斯点 ······ 229
8.4.2 高斯-勒让德公式 ······ 231
8.5 数值微分 ······ 233
8.5.1 插值型求导公式 ······ 234
8.5.2 三次样条函数求导 ······ 236
8.5.3 数值微分的外推算法 ······ 236
习题 8 ······ 238
实验 8 ······ 239
第 9 章 常微分方程初值问题数值解法 ······ 240
9.1 简单的数值方法 ······ 241
9.1.1 欧拉法 ······ 241

9.1.2 后退欧拉法 …… 243
9.1.3 梯形公式 …… 246
9.1.4 改进欧拉法 …… 247
9.2 龙格-库塔方法 …… 250
9.2.1 显式龙格-库塔方法的一般形式 …… 250
9.2.2 二阶显式龙格-库塔方法 …… 251
9.2.3 三阶与四阶显式龙格-库塔方法 …… 253
*9.2.4 变步长的龙格-库塔方法 …… 256
9.3 单步法的收敛性与稳定性 …… 257
9.3.1 收敛性与相容性 …… 257
9.3.2 绝对稳定性和绝对稳定域 …… 260
9.4 线性多步法 …… 264
9.4.1 基于数值积分的构造方法 …… 264
9.4.2 基于泰勒展开的构造方法 …… 267
9.4.3 预测-校正方法 …… 271
*9.5 线性多步法的收敛性和稳定性 …… 273
9.5.1 相容性与收敛性 …… 273
9.5.2 稳定性与绝对稳定性 …… 274
习题 9 …… 275
实验 9 …… 276
参考文献 …… 278
附录 A Python 基本语法 …… 281
A.1 输出函数 (print) …… 281
A.2 输入函数 (input) …… 281
A.3 注释 …… 282
A.4 变量 …… 282
A.5 基本数据类型 …… 283
A.6 类型转换函数 …… 284
A.7 运算符 …… 285
A.8 语句 …… 289
A.9 容器 …… 292
附录 B 部分习题参考答案 …… 301

第 1 章　绪　　论

1.1　数值分析的研究对象、任务及特点

1.1.1　科学计算、计算数学与数值分析

由于计算机及科学技术的快速发展, 新的计算性交叉学科分支不断涌现, 如计算力学、计算物理、计算化学、计算生物学、计算经济学等 (统称科学计算). 科学计算涉及数学的各个分支, 是一门兼有工具性、方法性、边缘性特点的学科, 它与理论研究和科学实验一道, 已发展成为现代科学的三种主要手段, 它们相辅相成但又互相独立.

计算数学是各种计算性学科的共性基础, 兼有基础性、应用性和边缘性. 它研究用计算机求解各种数学问题的数值计算方法及其理论与软件实现. 图 1.1 给出了利用计算机求解实际问题通常需要经历的过程, 主要包括:

(1) 根据实际问题建立数学模型;

(2) 由数学模型选取或设计数值计算方法;

(3) 根据数值计算方法编写算法程序 (数学软件), 并在计算机上算出结果.

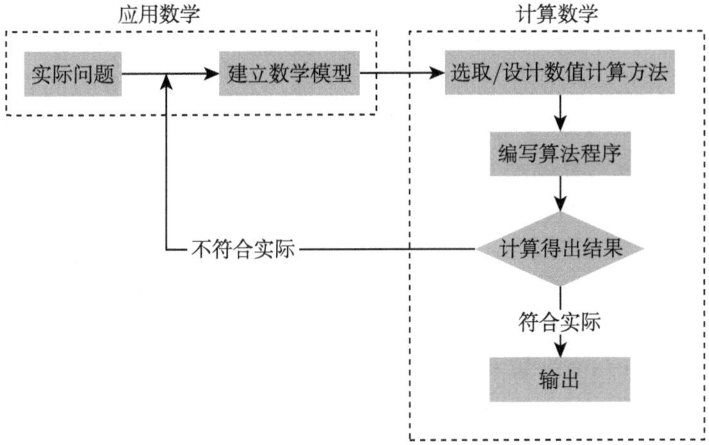

图 1.1　计算数学与数学建模过程

第 (1) 步建立数学模型通常是应用数学的任务, 通过建立数学模型使科学技术与数学产生联系; 第 (2) 和 (3) 步就是计算数学的任务, 也就是数值分析研究的

对象, 它涉及数学的各个分支, 内容十分广泛.

数值分析也称为计算方法, 或数值计算方法, 作为一门课程, 只介绍计算数学中最基本、最常用的数值问题的数值计算方法、理论及其程序实现, 包括: 线性方程组的求解、非线性方程与方程组的求解、特征值问题的计算、插值、函数逼近与数据拟合、数值微分与数值积分、常微分方程数值求解. 与其他数学课程一样, 数值分析也是一门内容丰富、研究方法深刻、有自身理论体系的课程, 是一门与计算机使用密切结合、实用性很强的数学课程.

1.1.2　数值分析的研究对象及特点

数值分析是研究"数值问题"的算法. 这里的"数值问题"是指输入数据 (即问题中的自变量与原始数据) 与输出数据 (结果) 之间函数关系的一个确定而无歧义的描述, 输入输出数据可用有限维向量表示. 根据这种定义, "数学问题"有的是"数值问题", 有的不是"数值问题". 如线性方程组的求解是一个"数值问题". 常微分方程 $\dfrac{\mathrm{d}y}{\mathrm{d}x} = x^2 + y^2, y(0) = 0$ 不是一个"数值问题", 因为输出的结果不是数值而是一个连续函数 $y = y(x)$. 只要将连续问题离散化, 使输出数据是 $y(x)$ 在求解区间 $[a, b]$ 上的离散点 $a_i = a + ih\ (i = 1, 2, \cdots, n)$ 上的近似值, 就是"数值问题". 数值问题可用各种数值方法求解, 这些数值方法就是算法.

一个数值问题的算法是指按规定顺序执行一个或多个完整的进程. 计算的基本单位称为算法元, 它由算子、输入元和输出元组成. 算子可以是简单操作, 如算术运算 $(+, -, \times, \div)$、逻辑运算, 也可以是宏操作, 如向量运算、数组传输、基本初等函数求值等; 输入元和输出元可分别视为若干变量或向量. 由一个或多个算法元组成一个进程, 它是算法元的有限序列. 按规定顺序执行一个或多个完整的进程就构成一个算法, 它将输入元变换成一个输出元. 面向计算机的算法可分为串行算法和并行算法两类. 只有一个进程的算法适合于串行计算机, 称为串行算法; 有两个及以上进程的算法适合于并行计算机, 称为并行算法. 对于一个给定的数值问题可以有许多不同的算法, 它们都能给出近似解, 但所需的计算量和得到的解的精确程度可能相差很大. 一个面向计算机的、有可靠的理论分析且计算复杂性好的算法就是一个好的算法. 理论分析主要是连续系统的离散化及离散型方程的数值问题求解, 它包括误差分析、稳定性和收敛性等, 刻画了算法的可靠性和准确性. 计算复杂性包含计算时间复杂性和存储空间复杂性两个方面. 在同一标准和相同精度的条件下, 计算时间少的算法称为计算复杂性好, 而占用内存空间少的算法称为空间复杂性好, 它们实际上就是对算法中计算量与存储量的分析. 对于求解同一问题的不同算法, 其计算复杂性可能差别很大. 例如, 当求解 n 阶线性方程组时, 若用克拉默 (Cramer) 法则求解要算 $n + 1$ 个 n 阶行列式的值, 对 $n = 20$ 的线性方程组就大约需要 9.7×10^{21} 次乘除法运算, 若用每秒亿次的计算机也要大约算 30 万年, 这是无法实现的; 若用高斯列主元消元法则只需做 3060 次乘除运算, 且 n 越大相差就越大. 这表明算法研究的重要性, 同时只提高计算机速度而不改进和选用好的算法是不行的.

综上所述, 数值分析是研究数值问题的算法, 概括起来有四个特点.

一是要面向计算机. 要根据计算机的特点提供切实可行的有效算法, 即算法只能包括计算机能直接处理的加、减、乘、除运算和逻辑运算.

二是要有可靠的理论分析. 算法能任意逼近并能达到精度要求, 对近似算法不仅要保证收敛性和数值稳定性, 还要对误差进行分析.

三是要有好的计算复杂性. 计算复杂性好是指节省计算时间, 存储空间复杂性好是指节省存储空间, 这也是建立算法要研究的问题, 它关系到算法能否在计算机上实现.

四是要有数值实验. 任何一个算法除了从理论上要满足上述三点外, 还要通过数值实验证明它是行之有效的.

根据 "数值分析" 课程的特点, 为了学好本门课程, 读者除需要具备微积分、线性代数、常微分方程等基础知识外, 还需要掌握数值分析方法的基本原理和思想. 既要注意数值方法处理的技巧及其与计算机的结合, 又要重视误差分析、收敛性及稳定性的基本理论, 还要通过例子, 学习使用各种数值方法解决实际计算问题, 同时还需要完成一定数量的理论分析与上机计算练习.

1.2 数值计算的误差

1.2.1 误差来源与分类

用计算机解决科学计算问题首先要建立数学模型, 它是对被描述的实际问题进行抽象、简化而得到的, 因而是近似的. 我们把数学模型与实际问题之间出现的这种误差称为模型误差. 在数学模型中往往还有一些根据观测得到的物理量, 如温度、长度、电压等, 这些观测值通常也包含误差. 这种由观测产生的误差称为观测误差. 当通过数学模型不能得到精确解时, 通常需要用数值方法求它的近似解, 其近似解与精确解之间的误差称为截断误差或方法误差. 例如, 对可微函数 $f(x)$ 用泰勒 (Taylor) 多项式

$$P_n(x) = f(0) + \frac{f'(0)}{1!} + \frac{f''(0)}{2!} + \cdots + \frac{f^{(n)}(0)}{n!}x^n$$

近似代替, 则使用这一数值方法产生的截断误差是

$$R_n(x) = f(x) - P_n(x) = \frac{f^{(n+1)}(\xi)}{(n+1)!}x^{n+1}.$$

用计算机做数值计算时, 由于计算机的字长有限, 原始数据在计算机上表示时会产生误差, 计算过程又可能产生新的误差, 这种误差称为舍入误差. 例如, 用 3.14159 近似代替 π 产生的误差

$$R = \pi - 3.14159 = 0.0000026$$

就是舍入误差.

本书主要讨论数值算法的截断误差与舍入误差. 下面首先介绍误差的一些基本概念.

1.2.2　误差与有效数字

定义 1.1　*设 x 为准确值, x^* 是 x 的一个近似值, 则称 $e^* = x^* - x$ 为近似值 x^* 的绝对误差, 简称为误差.*

通常我们不能算出准确值 x, 因此无法计算误差 e^*. 在实际计算中, 我们只能估计误差的绝对值的一个上界 ε^*, 称为 x 的近似值 x^* 的一个误差限. 一般地, $|x^* - x| \leqslant \varepsilon^*$, 即

$$x^* - \varepsilon^* \leqslant x \leqslant x^* + \varepsilon^*,$$

记此不等式为 $x = x^* \pm \varepsilon^*$.

注意: 误差限的大小不能完全表示近似值 x^* 的好坏. 例如, 现有两个量 $x = 10 \pm 1, y = 100 \pm 5$, 则

$$x^* = 10, \quad \varepsilon_x^* = 1; \quad y^* = 100, \quad \varepsilon_y^* = 5.$$

虽然 ε_y^* 是 ε_x^* 的 5 倍, 但 $\varepsilon_y^*/y^* = \dfrac{5}{100} = 5\%$ 比 $\varepsilon_x^*/x^* = \dfrac{1}{10} = 10\%$ 要小得多. 这说明 y^* 近似 y 的程度比 x^* 近似 x 的程度要好得多. 所以, 除考虑误差限的大小外, 还应考虑准确值 x 本身的大小. 我们把近似值的误差 e^* 与准确值 x 的比值

$$e_r^* = \frac{e^*}{x} = \frac{x^* - x}{x}$$

称为近似值 x^* 的相对误差.

在实际计算中, 由于真值 x 总是不知道的, 通常取

$$e_r^* = \frac{e^*}{x^*} = \frac{x^* - x}{x^*}$$

作为 x^* 的相对误差. 事实上, 当 $e_r^* = \dfrac{e^*}{x^*}$ 充分小时,

$$\frac{e^*}{x} - \frac{e^*}{x^*} = \frac{e^*(x^* - x)}{x^* x} = \frac{(e^*)^2}{x^*(x^* - e^*)} = \frac{(e^*/x^*)^2}{1 - (e^*/x^*)}$$

是 e_r^* 的二阶无穷小量, 故可忽略不计.

相对误差的绝对值的上界称为相对误差限, 记作 ε_r^*, 即 $\varepsilon_r^* = \dfrac{\varepsilon^*}{|x^*|}$. 根据定义, 上例中 $\dfrac{\varepsilon_x^*}{|x^*|} = 10\%$与 $\dfrac{\varepsilon_y^*}{|y^*|} = 5\%$分别为 x 与 y 的相对误差限, 可见 y^* 近似 y 的程度比 x^* 近似 x 的程度好.

下面讨论有效数字与相对误差限之间的关系. 当准确值 x 有多位数时, 常常按四舍五入的原则得到 x 的前几位近似值 x^*, 例如

$$x = \pi = 3.1415926\cdots,$$

取前 3 位 $x_3^* = 3.14, \varepsilon_3^* \leqslant 0.002$; 取前 5 位 $x_5^* = 3.1416, \varepsilon_5^* \leqslant 0.000008$, 注意到它们的误差都不超过末位数字的半个单位, 即

$$|\pi - 3.14| \leqslant \frac{1}{2} \times 10^{-2}, \quad |\pi - 3.1416| \leqslant \frac{1}{2} \times 10^{-4}.$$

定义 1.2 若近似值 x^* 的误差限是某一数位的半个单位, 则该数位到 x^* 的最左边第一个非零数字共有 n 位, 此时称 x^* 有 n 位有效数字, 它可表示为

$$x^* = \pm 10^m \times \left(a_1 + a_2 \times 10^{-1} + \cdots + a_n \times 10^{-(n-1)}\right), \tag{1.1}$$

其中 $a_i (i = 1, 2, \cdots, n)$ 是 0 到 9 中的一个数字, $a_2 \neq 0$, m 为整数, 且

$$|x - x^*| \leqslant \frac{1}{2} \times 10^{m-n+1}. \tag{1.2}$$

例如, 取 $x^* = 3.14$ 作 π 的近似值, x^* 就有 3 位有效数字; 取 $x^* = 3.1416 \approx \pi$, x^* 就有 5 位有效数字.

注意: 相对误差与相对误差限是无量纲的, 而绝对误差与绝对误差限是有量纲的. 从 (1.2) 式可知, 具有 n 位有效数字的近似数 x^*, 其绝对误差限为

$$\varepsilon^* = \frac{1}{2} \times 10^{m-n+1}.$$

在 m 相同的情况下, 若 n 越大, 则 10^{m-n+1} 越小, 即有效位数越多, 绝对误差限越小.

关于有效数字与相对误差限的关系, 我们有下面的结论.

定理 1.1 设近似数 x^* 可表示为

$$x^* = \pm 10^m \times \left(a_1 + a_2 \times 10^{-1} + \cdots + a_l \times 10^{-(l-1)}\right), \tag{1.3}$$

其中 $a_i(i=1,2,\cdots,l)$ 是 0 到 9 之间的一个数字, $a_1 \neq 0, m$ 为整数. 若 x^* 具有 n 位有效数字, 则其相对误差限

$$\varepsilon_r^* \leqslant \frac{1}{2a_1} \times 10^{-(n-1)};$$

反之, 若 x^* 的相对误差限 $\varepsilon_r^* \leqslant \dfrac{1}{2(a_1+1)} \times 10^{-(n-1)}$, 则 x^* 至少具有 n 位有效数字.

证明　由 (1.3) 式可得

$$a_1 \times 10^m \leqslant |x^*| < (a_1+1) \times 10^m.$$

当 x^* 具有 n 位有效数字时,

$$\varepsilon_r^* = \frac{|x-x^*|}{|x^*|} \leqslant \frac{0.5 \times 10^{m-n+1}}{a_1 \times 10^m} = \frac{1}{2a_1} \times 10^{-n+1};$$

反之, 因

$$\begin{aligned}|x-x^*| = |x^*|\,\varepsilon_r^* &< (a_1+1) \times 10^m \times \frac{1}{2\,(a_1+1)} \times 10^{-n+1} \\ &= \frac{1}{2} \times 10^{m-n+1},\end{aligned}$$

故 x^* 至少具有 n 位有效数字. □

例 1.1　若要使 $\sqrt{17}$ 的近似值的相对误差限小于 0.1%, 问要取几位有效数字?

设取 n 位有效数字, 根据定理 1.1, $\varepsilon_r^* \leqslant \dfrac{1}{2a_1} \times 10^{-n+1}$. 由 $\sqrt{17} = 4.12\cdots$, 可知 $a_1 = 4$, 故只要取 $n=4$, 就有

$$\varepsilon_r^* \leqslant 0.125 \times 10^{-3} < 10^{-3} = 0.1\%,$$

即只要对 $\sqrt{17}$ 的近似值取 4 位有效数字, 其相对误差限就小于 0.1%. 此时, 由开平方表可得 $\sqrt{17} \approx 4.123$.

1.2.3　误差估计

设两个近似数 x_1^* 与 x_2^* 的误差限分别为 $\varepsilon(x_1^*)$ 和 $\varepsilon(x_2^*)$, 则它们进行加、减、乘、除运算得到的误差限分别满足下列不等式

$$\varepsilon\left(x_1^* \pm x_2^*\right) \leqslant \varepsilon\left(x_1^*\right) + \varepsilon\left(x_2^*\right);$$

$$\varepsilon\left(x_1^* x_2^*\right) \leqslant \left|x_1^*\right| \varepsilon\left(x_2^*\right) + \left|x_2^*\right| \varepsilon\left(x_1^*\right);$$

$$\varepsilon\left(x_1^*/x_2^*\right) \leqslant \frac{\left|x_1^*\right| \varepsilon\left(x_2^*\right) - \left|x_2^*\right| \varepsilon\left(x_1^*\right)}{\left|x_2^*\right|^2}, \quad x_2^* \neq 0.$$

当自变量有误差时, 计算函数值也会产生误差, 其误差限可利用函数的泰勒展开式进行估计. 设 $f(x)$ 是一个一元可微函数, x 的近似值为 x^*, 用 $f(x^*)$ 近似 $f(x)$, 其误差限记作 $\varepsilon(f(x^*))$. 由泰勒展开式

$$f(x)-f\left(x^*\right)=f'\left(x^*\right)\left(x-x^*\right)+\frac{f''(\xi)}{2}\left(x-x^*\right)^2,\quad \xi \text{ 介于 } x \text{ 与 } x^* \text{ 之间},$$

取绝对值得

$$\left|f(x)-f\left(x^*\right)\right| \leqslant \left|f'\left(x^*\right)\right| \varepsilon\left(x^*\right)+\frac{\left|f''(\xi)\right|}{2} \varepsilon^2\left(x^*\right).$$

假定 $f'\left(x^*\right)$ 与 $f''\left(x^*\right)$ 的比值不太大, 则可忽略 $\varepsilon\left(x^*\right)$ 的高阶项. 于是可得计算函数的误差限

$$\varepsilon\left(f\left(x^*\right)\right) \approx \left|f'\left(x^*\right)\right| \varepsilon\left(x^*\right).$$

当 f 为多元函数时, 令 $(x_1, x_2, \cdots, x_n)$ 的近似值为 $(x_1^*, x_2^*, \cdots, x_n^*)$, 则 A 的近似值为 $A^*=f\left(x_1^*, x_2^*, \cdots, x_n^*\right)$. 由泰勒展开式得函数值 A^* 的误差 $e(A^*)$ 为

$$\begin{aligned} e\left(A^*\right) &= A^*-A=f\left(x_1^*, x_2^*, \cdots, x_n^*\right)-f\left(x_1, x_2, \cdots, x_n\right) \\ &\approx \sum_{k=1}^{n}\left(\frac{\partial f\left(x_1^*, x_2^*, \cdots, x_n^*\right)}{\partial x_k}\right)\left(x_k^*-x_k\right)=\sum_{k=1}^{n}\left(\frac{\partial f}{\partial x_k}\right)^* e_k^*, \end{aligned}$$

故误差限

$$\varepsilon\left(A^*\right) \approx \sum_{k=1}^{n}\left|\left(\frac{\partial f}{\partial x_k}\right)^*\right| \varepsilon\left(x_k^*\right), \tag{1.4}$$

于是 A^* 的相对误差限为

$$\varepsilon_r^*=\varepsilon_r\left(A^*\right)=\frac{\varepsilon\left(A^*\right)}{\left|A^*\right|} \approx \sum_{k=1}^{n}\left|\left(\frac{\partial f}{\partial x_k}\right)^*\right| \frac{\varepsilon\left(x_k'\right)}{\left|A^*\right|}. \tag{1.5}$$

例 1.2　现测得某草坪地面长 l 的实际值为 $l^*=80$ m, 宽 d 的实际值为 $d^*=50$ m. 已知 $|l-l^*| \leqslant 0.10$ m, $|d-d^*| \leqslant 0.05$ m, 试求面积 $s=ld$ 的绝对误差限与相对误差限.

解　因 $s=ld, \dfrac{\partial s}{\partial l}=d, \dfrac{\partial s}{\partial d}=l$, 由 (1.4) 式知

$$\varepsilon\left(s^*\right) \approx \left|\left(\frac{\partial s}{\partial l}\right)^*\right| \varepsilon\left(l^*\right)+\left|\left(\frac{\partial s}{\partial d}\right)^*\right| \varepsilon\left(d^*\right),$$

其中

$$\left(\frac{\partial s}{\partial l}\right)^* = d^* = 50 \text{ m}, \quad \left(\frac{\partial s}{\partial d}\right)^* = l^* = 80 \text{ m},$$

而 $\varepsilon(l^*) = 0.2, \varepsilon(d^*) = 0.1$, 故绝对误差限

$$\varepsilon(s^*) \approx 50 \times 0.10 + 80 \times 0.05 = 9.$$

于是相对误差限

$$\varepsilon_r(s^*) = \frac{\varepsilon(s^*)}{|s^*|} = \frac{\varepsilon(s^*)}{l^* d^*} \approx \frac{9}{4000} \approx 0.23\%.$$

1.3 数值计算的若干原则

本节讨论在数值计算过程中需要注意的一些原则.

1. 要使用稳定的算法

定义 1.3 一个算法如果输入数据有误差, 而在计算过程中舍入误差不增长, 则称此算法是数值稳定的; 否则称此算法为不稳定的.

在数值计算过程中, 为避免初始误差被无限放大, 尽量选用稳定的算法.

例 1.3 计算 $I_n = \mathrm{e}^{-1}\int_0^1 x^n \mathrm{e}^x \mathrm{d}x \ (n = 0, 1, \cdots)$, 并估计误差.

解 由分部积分法计算 T_n 的递推公式

$$\begin{cases} I_n = 1 - nI_{n-1}, \quad n = 1, 2, \cdots, \\ I_0 = \mathrm{e}^{-1}\int_0^1 \mathrm{e}^x \mathrm{d}x = 1 - \mathrm{e}^{-1}. \end{cases} \tag{1.6}$$

若计算出 I_0, 代入 (1.6) 式, 可逐次求出 $I_1, I_2, \cdots$ 的值. 要算出 I_0 就要先计算 e^{-1}, 若用泰勒多项式展开部分和

$$\mathrm{e}^{-1} \approx 1 + (-1) - \frac{(-1)^2}{2!} + \cdots + \frac{(-1)^k}{k!},$$

并取 $k = 7$, 用四位小数计算, 则得 $\mathrm{e}^{-1} \approx 0.3679$, 截断误差 $R_7 = |\mathrm{e}^{-1} - 0.3679| \leqslant \frac{1}{8} < \frac{1}{4} \times 10^{-4}$. 计算过程中小数点后第五位的数字按四舍五入原则舍入, 由此产

生的舍入误差这里先不讨论. 当初值取为 $I_0 \approx 0.6321 = \tilde{I}_0$ 时, 用 (1.6) 式递推的计算公式为

$$\text{(A1)} \quad \begin{cases} \tilde{I}_0 = 0.6321, \\ \tilde{I}_n = 1 - n\tilde{I}_{n-1}, \quad n = 1, 2, \cdots. \end{cases}$$

计算结果见表 1.1 的 $\tilde{I}_n$ 列. 用 $\tilde{I}_0$ 近似 I_0 产生的误差 $E_0 = I_0 - \tilde{I}_0$ 就是初值误差, 它对后面计算结果是有影响的.

表 1.1　例 1.3 的计算结果

n	$\tilde{I}_n$	I_n^*	n	$\tilde{I}_n$	I_n^*
0	0.6321	0.6321	5	0.1408	0.1455
1	0.3679	0.3679	6	0.1120	0.1268
2	0.2642	0.2643	7	0.2160	0.1121
3	0.2074	0.2073	8	−0.7280	0.1035
4	0.1704	0.1708	9	7.552	0.0684

由表 1.1 可知, $\tilde{I}_8$ 出现负值, 这与一切 $I_n > 0$ 相矛盾. 事实上, 由积分估值得

$$\begin{aligned} \frac{e^{-1}}{n+1} &= e^{-1}\left(\min_{0\leqslant x\leqslant 1} e^x\right)\int_0^1 x^n dx \\ &< I_n < e^{-1}\left(\max_{0\leqslant x\leqslant 1} e^x\right)\int_0^1 x^n dx = \frac{1}{n+1}. \end{aligned} \tag{1.7}$$

因此, 当 n 较大时, 用 $\tilde{I}_n$ 近似 I_n 显然是不正确的. 这里计算公式与每步的计算都是正确的, 那么是什么原因使计算结果出现错误呢? 主要就是初值 $\tilde{I}_0$ 有误差 $E_0 = I_0 - \tilde{I}_0$, 由此引起以后各步计算的误差 $E_n = I_n - \tilde{I}_n$ 满足关系

$$E_n = -nE_{n-1}, \quad n = 1, 2, \cdots.$$

由此容易推得

$$E_n = (-1)^n n! E_0,$$

这说明 $\tilde{I}_0$ 有误差 E_0, 则 $\tilde{I}_n$ 就是 E_0 的 $n!$ 倍误差. 例如, $n = 8$, 若 $|E_0| = \frac{1}{2}\times 10^{-4}$, 则 $|E_8| = 8! \times |E_0| > 2$. 这就说明 $\tilde{I}_8$ 完全不能近似 I_8 了. 它表明计算公式 (A1) 是数值不稳定的.

我们现在换一种计算方式. 在 (1.7) 式中取 $n = 9$, 可得

$$\frac{e^{-1}}{10} < I_n < \frac{1}{10}.$$

我们取 $I_9 \approx \frac{1}{2}\left(\frac{1}{10}+\frac{\mathrm{e}^{-1}}{10}\right)=0.0684=I_9^*$, 然后将公式 (1.6) 倒过来算, 即由 I_9^* 算出 $I_8^*, I_7^*, \cdots, I_0^*$, 计算公式为

$$\text{(A2)}\quad \begin{cases} I_9^* = 0.0684, \\ I_{n-1}^* = \dfrac{1}{n}\left(1-I_n^*\right), \quad n=9,8,\cdots,1. \end{cases}$$

计算结果见表 1.1 的 I_n^* 列. 我们发现 I_0^* 与 I_0 的误差不超过 10^{-4}. 记 $E_n^* = I_n - I_n^*$, 则 $|E_0^*| = \frac{1}{n!}|E_n^*|$, E_0^* 是 E_n^* 的 $\frac{1}{n!}$. 因此, 尽管 E_9^* 较大, 但由于误差逐步缩小, 故可用 I_n^* 近似 I_n. 反之, 当用算法 (A1) 计算时, 尽管初值 $\tilde{I}_0$ 相当准确, 由于误差传播是逐步扩大的, 因此计算结果不可靠. 本例中, 算法 (A2) 是数值稳定的, 而算法 (A1) 是不稳定的. 数值不稳定的算法是不能使用的.

2. 要避免两个相近的数相减

例 1.4 计算 $y=\sqrt{x+1}-\sqrt{x}$ 的值. 当 $x=1000$ 时, y 的准确值为 $0.01580\cdots$.

解 若直接相减, 得

$$y=\sqrt{1001}-\sqrt{1000}\approx 31.64-31.62=0.02.$$

若将原式改写为

$$y=\sqrt{x+1}-\sqrt{x}=\frac{1}{\sqrt{x+1}+\sqrt{x}},$$

则 $y \approx 0.01581$.

后者与准确值 $0.01580\cdots$ 更接近, 因此, 数值计算中应避免两个相近的数相减.

3. 尽量避免绝对值太小的数作分母

例 1.5 已知 $\frac{2.7182}{0.001}=2718.2$.

解 如果分母变为 0.0011, 也即分母只有 0.0001 的变化时

$$\frac{2.7182}{0.0011}\approx 2471.1,$$

而分数值差为 $2718.2-2471.1=247.1$. 分母的微小变化导致分数值变化很大. 因此, 在数值计算中尽量避免绝对值太小的数作分母.

4. 避免大数“吃”小数

例 1.6 求二次方程 $x^2-(10^9+1)x+10^9=0$ 的根.

解 容易计算, 原方程的两个根为 $x_1 = 10^9$ 和 $x_2 = 1$. 用求根公式求解

$$x_{1,2} = \frac{-b \pm \sqrt{b^2 - 4ac}}{2a},$$

得到数值解

$$x_1 = \frac{-b + \sqrt{b^2 - 4ac}}{2a} = 10^9, \quad x_2 = \frac{-b - \sqrt{b^2 - 4ac}}{2a} = 0.$$

这个解是错误的, 是什么原因导致这个错误呢?

由于在计算机内, 10^9 存为 0.1×10^{10}, 1 存为 0.1×10^1. 当作加法时, 先将两个加数的指数向大指数对齐, 再将浮点部分相加, 即 $1 = 0.0000000001 \times 10^{10}$, 取单精度时就成为

$$\begin{aligned} 10^9 + 1 &= 0.10000000 \times 10^{10} + 0.00000000 \times 10^{10} \\ &= 0.10000000 \times 10^{10} = 10^9, \end{aligned}$$

此时大数 10^9 "吃" 掉了小数 1.

5. 简化计算步骤, 注意运算次序和减少运算次数, 避免误差积累

一般来说, 计算机处理下列运算的速度为

$$(+, -) > (\times, \div) > (\exp).$$

一个计算问题如果能减少运算次数, 不但可节省计算量, 还可减少舍入误差, 这是算法设计中的一个重要原则. 以多项式求值为例, 设给定 n 次多项式

$$p(x) = a_0 x^n + a_1 x^{n-1} + \cdots + a_{n-1} x + a_n, \quad a_0 \neq 0,$$

求 x^* 处的值 $p(x^*)$. 若直接计算每一项 $a_i x^{n-i}$ 再相加, 共需求

$$\sum_{i=0}^{n} (n-i) = 1 + 2 + \cdots + n = \frac{n(n+1)}{2} = O\left(n^2\right)$$

次乘法和 n 次加法. 若采用

$$p(x) = (\cdots (a_0 x + a_1) x + \cdots + a_{n-1} 1) x + a_n,$$

它可表示为

$$\begin{cases} b_0 = a_0, \\ b_i = b_{i-1} x^* + a_i, \quad i = 1, 2, \cdots, n, \end{cases} \tag{1.8}$$

则 $b_n = p(x^*)$ 即为所求. 此算法称为秦九韶算法, 用它计算 n 次多项式 $p(x)$ 的值只用 n 次乘法和 n 次加法, 乘法次数由 $O(n^2)$ 降为 $O(n)$, 且只用 $n+2$ 个存储单元. 秦九韶算法是计算多项式值最好的算法, 是我国南宋数学家秦九韶于 1247 年提出的. 国外称此算法为霍纳 (Hernor) 算法, 是霍纳 1819 年给出的, 比秦九韶算法晚 500 多年.

算法 1.1 秦九韶算法

输入: 多项式系数 $a_0, a_1, \cdots, a_n$ 和 x.
输出: 多项式 p 在 x 点的值.

```
p = a(0);
for i = 1, ··· , n do
    p = p * x + a(i + 1);
end for
```

例 1.7 设 $p(x) = 2x^4 - 3x^2 + 3x - 4$, 用秦九韶算法求 $p(-2)$ 的值.

解 用秦九韶算法计算此多项式 $p(x)$ 在 $x = -2$ 的值, 得到 $p(-2) = 10$.

因此, 减少乘除法运算次数是算法设计中十分重要的一个原则.

作为本节的结束, 我们介绍病态问题与条件数的概念.

对于一个数值问题本身, 如果输入数据的微小扰动 (即误差) 都会引起输出数据 (即问题解) 相对误差很大, 那么这个问题就是病态的. 例如, 计算函数值 $f(x)$ 时, 若 x 有扰动 $\Delta x = x - x^*$, 其相对误差为 $\dfrac{\Delta x}{x}$, 函数值 $f(x^*)$ 的相对误差为 $\dfrac{f(x) - f(x^*)}{f(x)}$. 相对误差比值

$$\left|\frac{f(x) - f(x^*)}{f(x)}\right|' \Big/ \left|\frac{\Delta x}{x}\right| \approx \left|\frac{xf'(x)}{f(x)}\right| = \operatorname{cond}(p), \tag{1.9}$$

$\operatorname{cond}(p)$ 称为计算函数值问题的条件数. 自变量相对误差一般不会太大, 如果条件数 $\operatorname{cond}(p)$ 很大, 将引起函数值相对误差很大. 因此, 可以通过条件数 $\operatorname{cond}(p)$ 的大小估计问题的病态程度.

例如, 取 $f(x) = x^n$, 则有 $\operatorname{cond}(p) = n$, 它表示相对误差可能放大 n 倍. 如 $n = 10$, 有 $f(1) = 1$, $f(1.02) \approx 1.22$, 若取 $x = 1, x^* = 1.02$, 则自变量相对误差为 2%, 函数值相对误差为 22%, 这时问题可以认为是病态的. 一般情况下, 条件数 $\operatorname{cond}(p) \geqslant 10$ 就认为是病态的, $\operatorname{cond}(p)$ 越大病态越严重.

例 1.8 求解线性方程组

$$\begin{cases} x + \alpha y = 1, \\ \alpha x + y = 4. \end{cases} \tag{1.10}$$

解 当 $\alpha=1$ 时, 系数行列式为零, 方程无解, 但当 $\alpha\neq 1$ 时解为 $x=\dfrac{1}{1-\alpha^2}, y=-\dfrac{\alpha}{1-\alpha^2}$. 当 $\alpha\approx 1$ 时, 若输入数据 α 有微小扰动 (误差), 则解的误差很大. 例如, 取 $\alpha=0.99$, 则解 $x\approx 50.25$; 如果 α 有误差 0.001, 取 $\alpha=0.991$, 则解 $x^*\approx 55.81$, 误差 $|x^*-x|\approx 5.56$ 很大, 表明此时线性方程组 (1.10) 是病态的. 实际上, 由 $x=\dfrac{1}{1-\alpha^2}$ 是 α 的函数, 利用 (1.9) 式可求得

$$\mathrm{cond}(p)=\left|\frac{\alpha x'(\alpha)}{x(\alpha)}\right|=\left|\frac{2\alpha^2}{1-\alpha^2}\right|.$$

当 $\alpha=0.99$ 时 $\mathrm{cond}(p)\approx 100$, 表明条件数很大, 故问题是病态的.

注意病态问题不是由计算方法引起的, 是数值问题自身固有的. 因此, 对数值问题首先要分清问题是否病态, 对病态问题就必须采取相应的特殊方法以减少误差危害.

1.4 常用数值计算软件简介

数值分析的一个重要特点是面向计算机, 利用软件编程是数值分析学习的一个重要环节. 本节简要介绍 LAPACK、Maple、MATLAB 和现在流行的 Python, 供读者参考.

LAPACK 于 1992 年首次推出, 是一个 FORTRAN 子程序库. 它将 LINPACK 和 EISPACK 这两组算法集成到一个统一的库中, 在矢量处理器和其他高性能或共享内存多处理器上实现了更高的效率. LAPACK 3.0 版在深度和广度上得到了进一步扩展, 它在 FORTRAN、FORTRAN 90、C 和 Java 中可用. C 和 Java 仅可用作语言接口或 LAPACK、FORTRAN 库的解释器. BLAS 包不是 LAPACK 的一部分, 但是 BLAS 的代码是用 LAPACK 分发的. 这些库是高效的、精确的和可靠的, 易于维护和移植, 它们经过了彻底的测试, 可直接从有关网站或文献中获得. LAPACK 库是一个可高效地解决最常见的数值代数问题的自动化并行工具, 可用于求解线性方程组、线性最小二乘问题、特征值问题和奇异值问题.

Maple 是滑铁卢大学的符号计算组于 20 世纪 80 年代开发的计算机代数系统. 它是用 C 语言编写的, 能够以符号方式处理信息, 这种符号操作允许用户获得准确的答案, 而不是数值. Maple 可以精确地解决数学问题, 如积分、微分方程和线性系统. 它包含一个编程结构, 允许将文本和命令保存在工作表文件中, 然后可以将这些工作表加载到 Maple 中并执行命令.

MATLAB 是一个可能最常用的科学与工程计算软件, 最初是由 Cleve Moler 在 20 世纪 80 年代发布的 FORTRAN 程序. 它整合了非线性方程组、数值积分、三次样条函数、曲线拟合、最优化、常微分方程和绘图工具等功能, 但它主要是以 EISPACK 和 UNPACK 子程序为基础. MATLAB 目前是用 C 语言和汇编语言编写的, 这个软件包的 PC 版需要一个数字处理器, 其基本结构是执行矩阵运算, 例如, 通过函数调用查找从命令行或外部文件输入的矩阵的特征值, 是一个对求解线性方程特别有用的功能强大的自包容系统, 特别适用于线性代数课程的教学.

1989 年, Python 的创始人 Guido van Rossum 决心开发一个新的脚本解释程序作为 ABC 语言的一种继承. Python 是一种代表简单思想的语言, 有极其简单的语法, 可以直接从源代码运行, 既支持面向过程编程也支持面向对象编程. 在计算机内部, Python 解释器把源代码转换为字节码的中间形式, 然后再把它翻译成计算机使用的机器语言. Python 擅长处理高等数学、金融、时间序列、统计学、图形绘制等问题, 在网络编程的某些方面也有一定优势. 此外, Python 可覆盖范围很广. 近年来, Python 在 Web 开发、网络爬虫、人工智能、数据分析和自动化运维方面有大量的应用.

鉴于近年来 Python 在金融学、统计学、人工智能和大数据技术等领域的大量应用, 本书给出了主要算法的 Python 程序实现, 在书末以二维码形式呈现, 供读者练习数值分析方法的 Python 程序实现.

习 题 1

1. 设 $x>0$, x 的相对误差为 δ, 求 $\ln x$ 的误差.

2. 设 x 的相对误差限为 2%, 求 x^n 的相对误差.

3. 下列各数都是经过四舍五入得到的近似数, 即误差限不超过最后一位的半个单位, 试指出它们是几位有效数字:

$$x_1^*=1.1021,\quad x_2^*=0.031,\quad x_3^*=385.6,\quad x_4^*=50.430,\quad x_5^*=7\times 1.0.$$

4. 计算球的体积要使相对误差限为 1%, 则半径 R 允许的相对误差限是多少?

5. 设 $Y_0=28$, 按照递推公式 $Y_n=Y_{n-1}-\dfrac{1}{100}\sqrt{783}\ (n=1,2,\cdots)$ 计算到 Y_{100}. 若取 $\sqrt{783}\approx 27.982$ (5 位有效数字), 试问计算 Y_{100} 的误差是多少?

6. 求方程 $x^2-56x+1=0$ 的两个根, 使它们至少具有 4 位有效数字 ($\sqrt{783}\approx 27.982$).

7. 设正方形的边长约为 100 cm, 试问应怎样测量才能使得其面积误差不超过 1 cm^2?

8. 设 $S=\frac{1}{2}gt^2$, 假定 g 是准确的, 而对 t 的测量有 ±0.1 秒的误差. 证明: 当 t 增大时 S 的绝对误差增大, 而相对误差却减小.

9. 计算 $f=(\sqrt{2}-1)^6$, 取 $\sqrt{2}\approx1.4$, 判断利用下列算式计算, 哪一个得到的结果最好?

(1) $\frac{1}{(\sqrt{2}+1)^6}$; (2) $(3-2\sqrt{2})^3$; (3) $\frac{1}{(3+2\sqrt{2})^3}$; (4) $99-70\sqrt{2}$.

10. 已知 $p(x)=125x^5+230x^3-11x^2+3x-47$, 用秦九韶法求 $p(5)$.

实 验 1

1. 设 $S_N=\sum\limits_{j=2}^{N}\frac{1}{j^2-1}$, 其准确值为 $\frac{1}{2}\left(\frac{3}{2}-\frac{1}{N}-\frac{1}{N+1}\right)$.

(1) 设 $S_N=\frac{1}{2^2-1}+\frac{1}{3^2-1}+\cdots+\frac{1}{N^2-1}$, 编制按从小到大的顺序计算 S_N 的通用程序;

(2) 设 $S_N=\frac{1}{N^2-1}+\frac{1}{(N-1)^2-1}+\cdots+\frac{1}{2^2-1}$, 编制按从大到小的顺序计算 S_N 的通用程序;

(3) 分别按以上两种顺序计算 $S_{10^2},S_{10^4}\ S_{10^6}$, 并指出有效位数 (编制程序时用单精度);

(4) 通过本次上机实验你明白了什么?

第 2 章　线性方程组的直接解法

许多科学与工程计算问题往往最终可归结为求解一个线性方程组. 线性方程组的求解是数值分析课程的一个基本而重要的问题.

求解线性方程组的方法包括直接解法和迭代解法. 目前计算机上常用的直接解法是高斯消元法的两种变形形式, 即高斯列主元消元法及矩阵的三角分解法. 迭代解法是从解向量的某一组初始近似值出发, 按照给定的迭代公式逐步逼近精确解的方法. 目前常用的迭代解法有雅可比迭代法、高斯-赛德尔迭代解法和逐次超松弛法. 迭代解法是解大型稀疏矩阵方程组的重要方法, 也常用于提高已知近似解的精度.

本章介绍求解线性方程组的直接解法. 直接解法是解低阶稠密矩阵方程组的有效方法, 其基本思想是将线性方程组的求解转化为两个三角形的线性方程组的求解.

考虑 n 阶线性方程组

$$\begin{cases} a_{11}x_1 + a_{12}x_2 + \cdots + a_{1n}x_n = b_1, \\ a_{21}x_1 + a_{22}x_2 + \cdots + a_{2n}x_n = b_2, \\ \qquad\cdots\cdots \\ a_{n1}x_1 + a_{n2}x_2 + \cdots + a_{nn}x_n = b_n \end{cases} \tag{2.1}$$

的求解. 令其矩阵形式为

$$\boldsymbol{A}\boldsymbol{x} = \boldsymbol{b}, \tag{2.2}$$

其中

$$\boldsymbol{A} = \begin{bmatrix} a_{11} & a_{12} & \cdots & a_{1n} \\ a_{21} & a_{22} & \cdots & a_{2n} \\ \vdots & \vdots & & \vdots \\ a_{n1} & a_{n2} & \cdots & a_{nn} \end{bmatrix}, \quad \boldsymbol{x} = \begin{bmatrix} x_1 \\ x_2 \\ \vdots \\ x_n \end{bmatrix}, \quad \boldsymbol{b} = \begin{bmatrix} b_1 \\ b_2 \\ \vdots \\ b_n \end{bmatrix}$$

分别是 (2.2) 式的系数矩阵、解向量和右端向量. 根据线性代数知识, 若矩阵 $\boldsymbol{A}$ 是非奇异的, 即 $|\boldsymbol{A}| \neq 0$, 则 (2.2) 式存在唯一的解. 本章始终假设这一条件成立.

2.1 高斯消元法

考虑线性方程组 (2.2), 对增广矩阵 $(\boldsymbol{A},\boldsymbol{b})$ 施行行初等变换, 将 $\boldsymbol{A}$ 化为上三角形矩阵 $\boldsymbol{A}^{(n)}$, 同时 $\boldsymbol{b}$ 化为 $\boldsymbol{b}^{(n)}$, 这个过程叫做消元; 再求解以 $\left(\boldsymbol{A}^{(n)},\boldsymbol{b}^{(n)}\right)$ 为增广矩阵的上三角形的线性方程组

$$\boldsymbol{A}^{(n)}\boldsymbol{x}=\boldsymbol{b}^{(n)},$$

即回代过程, 它的解就是原方程组 (2.2) 的解. 利用上述思想求解线性方程组 (2.2) 的方法称为高斯消去法或高斯消元法, 主要由消元过程和回代过程构成. 在此基础上, 进一步讨论更为实用的高斯列主元消元法.

假设 $|\boldsymbol{A}|\neq 0$, 对线性方程组 (2.2) 的增广矩阵 $(\boldsymbol{A},\boldsymbol{b})$ 施行行初等变换:

$$\bar{\boldsymbol{A}}=(\boldsymbol{A},\boldsymbol{b})\overset{\text{记}}{=}\left(\boldsymbol{A}^{(1)},\boldsymbol{b}^{(1)}\right)=\begin{bmatrix}a_{11}^{(1)} & a_{12}^{(1)} & \cdots & a_{1n}^{(1)} & b_1^{(1)}\\ a_{21}^{(1)} & a_{22}^{(1)} & \cdots & a_{2n}^{(1)} & b_2^{(1)}\\ \vdots & \vdots & & \vdots & \vdots\\ a_{n1}^{(1)} & a_{n2}^{(1)} & \cdots & a_{nn}^{(1)} & b_n^{(1)}\end{bmatrix}.$$

若 $a_{11}^{(1)}\neq 0$, 定义行乘数

$$l_{i1}=\frac{a_{i1}^{(1)}}{a_{11}^{(1)}},\quad i=2,3,\cdots,n,$$

将 $\left(\boldsymbol{A}^{(1)},\boldsymbol{b}^{(1)}\right)$ 的第 i 行减去第 1 行的 l_{i1} 倍, 即

$$a_{ij}^{(2)}=a_{ij}^{(1)}-l_{i1}a_{1j}^{(1)},\quad i,j=2,3,\cdots,n;$$

$$b_i^{(2)}=b_i^{(1)}-l_{i1}b_1^{(1)},\quad i=2,3,\cdots,n.$$

经过第一步消元后, 可得

$$\left(\boldsymbol{A}^{(1)},\boldsymbol{b}^{(1)}\right)\to\left(\boldsymbol{A}^{(2)},\boldsymbol{b}^{(2)}\right)=\begin{bmatrix}a_{11}^{(1)} & a_{12}^{(1)} & \cdots & a_{1n}^{(1)} & b_1^{(1)}\\ 0 & a_{22}^{(2)} & \cdots & a_{2n}^{(2)} & b_2^{(2)}\\ \vdots & \vdots & & \vdots & \vdots\\ 0 & a_{n2}^{(2)} & \cdots & a_{nn}^{(2)} & b_n^{(2)}\end{bmatrix}.$$

如果 $a_{11}^{(1)}=0$, 由于 $|\boldsymbol{A}|\neq 0$, 则 $\boldsymbol{A}$ 的第 1 列中至少有一个元素不为零. 不妨设 $a_{i1}^{(1)}\neq 0$, 则将 $(\boldsymbol{A}^{(1)},\boldsymbol{b}^{(1)})$ 的第 1 行与第 i 行交换后再进行上述第一步的消元过程.

以此类推, 第 $k-1$ 步消元后, $(\boldsymbol{A}^{(1)}, \boldsymbol{b}^{(1)})$ 将化为

$$\left(\boldsymbol{A}^{(1)}, \boldsymbol{b}^{(1)}\right) \to \left(\boldsymbol{A}^{(k)}, \boldsymbol{b}^{(k)}\right) = \begin{bmatrix} a_{11}^{(1)} & a_{12}^{(1)} & \cdots & a_{1k}^{(1)} & \cdots & a_{1n}^{(1)} & b_1^{(1)} \\ & a_{22}^{(2)} & \cdots & a_{2k}^{(2)} & \cdots & a_{2n}^{(2)} & b_2^{(2)} \\ & & \ddots & \vdots & & \vdots & \vdots \\ & & & a_{kk}^{(k)} & \cdots & a_{kn}^{(k)} & b_k^{(k)} \\ & & & \vdots & & \vdots & \vdots \\ & & & a_{nk}^{(k)} & \cdots & a_{nn}^{(k)} & b_n^{(k)} \end{bmatrix}.$$

类似于第一步消元过程, 不失一般性, 可设 $a_{kk}^{(k)} \neq 0$, 进行第 k 步消元. 定义行乘数

$$l_{ik} = \frac{a_{ik}^{(k)}}{a_{kk}^{(k)}}, \quad i = k+1, k+2, \cdots, n.$$

将 $\left(\boldsymbol{A}^{(k)}, \boldsymbol{b}^{(k)}\right)$ 的第 i 行减去第 k 行的 l_{ik} 倍, 即

$$a_{ij}^{(k+1)} = a_{ij}^{(k)} - l_{ik} a_{kj}^{(k)}, \quad i, j = k+1, k+2, \cdots, n;$$

$$b_i^{(k+1)} = b_i^{(k)} - l_{ik} b_k^{(k)}, \quad i = k+1, k+2, \cdots, n.$$

当经过 $k = n-1$ 步后, $(\boldsymbol{A}^{(1)}, \boldsymbol{b}^{(1)})$ 将化为

$$(\boldsymbol{A}^{(1)}, \boldsymbol{b}^{(1)}) \to (\boldsymbol{A}^{(n)}, \boldsymbol{b}^{(n)}) = \begin{bmatrix} a_{11}^{(1)} & a_{12}^{(1)} & \cdots & a_{1n}^{(1)} & b_1^{(1)} \\ & a_{22}^{(2)} & \cdots & a_{2n}^{(2)} & b_2^{(2)} \\ & & \ddots & \vdots & \vdots \\ & & & a_{nn}^{(n)} & b_n^{(n)} \end{bmatrix}.$$

至此, 完成了高斯消元法的消元过程.

由于 $|\boldsymbol{A}| \neq 0$, 可知 $a_{ii}^{(i)} \neq 0, i = 1, 2, \cdots, n$, 因此上三角形方程组 $\boldsymbol{A}^{(n)}\boldsymbol{x} = \boldsymbol{b}^{(n)}$ 有唯一解

$$\begin{cases} x_n = \dfrac{b_n^{(n)}}{a_{nn}^{(n)}}, \\ x_i = \dfrac{b_i^{(i)} - \sum\limits_{j=i+1}^{n} a_{ij}^{(i)} x_j}{a_{ii}^{(i)}}, \quad i = n-1, n-2, \cdots, 2, 1, \end{cases} \tag{2.3}$$

此即为线性方程组 (2.2) 的唯一解. 这就完成了高斯消元法的回代过程.

考虑高斯消元法的运算量, 在作第 k 步消元时, 乘法次数为 $(n-k)(n-k+1)$, 除法次数为 $n-k$, 所以作第 k 步消元时乘除法运算总次数为 $(n-k)(n-k+2)$ 次. 因此, 完成全部 $n-1$ 步消元需作乘除法运算总次数为

$$\sum_{k=1}^{n-1}(n-k)(n-k+2)=\frac{n^3}{3}+\frac{n^2}{2}-\frac{5n}{6}.$$

全部回代过程需作乘除法的总次数为

$$\sum_{i=1}^{n}(n-i+1)=\frac{n^2}{2}+\frac{n}{2}.$$

于是, 高斯消元法的乘除法运算总次数为

$$\frac{n^3}{3}+n^2-\frac{n}{3}.$$

在高斯消元法中, 位于 $\boldsymbol{A}^{(k)}(k=1,2,\cdots,n)$ 的主对角线 (k,k) 位置上的元素 $a_{kk}^{(k)}$ 称为主元素. 在计算行乘数

$$l_{ik}=\frac{a_{ik}^{(k)}}{a_{kk}^{(k)}},\quad i=k+1,k+2,\cdots,n$$

时, $a_{kk}^{(k)}$ 都作为除数, 由第 1 章知识, 我们应避免用较 $a_{ik}^{(k)}$ 在数量级上相对较小的主元 $a_{kk}^{(k)}$ 作除数, 以防止舍入误差放大, 从而降低解的精度. 因此, 在高斯消元过程的第 k $(k=1,2,\cdots,n-1)$ 步之前, 我们加入如下选主元的过程.

若 $\max\limits_{k\leqslant i\leqslant n}|a_{ik}^{(k)}|=|a_{jk}^{(k)}|$, 则交换第 k 行和第 j 行, 然后再按高斯消元法进行第 k 步消元, 此时有

$$|a_{kk}^{(k)}|=\max_{k\leqslant i\leqslant n}|a_{ik}^{(k)}|,$$

$$|l_{ik}|=\left|\frac{a_{ik}^{(k)}}{a_{kk}^{(k)}}\right|\leqslant 1,\quad i=k+1,k+2,\cdots,n.$$

这种在高斯消元法的基础上, 利用换行避免小主元作除数的方法称为高斯列主元消元法.

例 2.1 用高斯列主元消元法求解方程组

$$\begin{cases}12x_1-3x_2+3x_3=15,\\18x_1-3x_2+\ \ x_3=15,\\-x_1+2x_2+\ \ x_3=6.\end{cases}$$

解

$$
\begin{bmatrix} 12 & -3 & 3 & 15 \\ 18 & -3 & 1 & 15 \\ -1 & 2 & 1 & 6 \end{bmatrix} \xrightarrow{r_2 \leftrightarrow r_1} \begin{bmatrix} 18 & -3 & 1 & 15 \\ 12 & -3 & 3 & 15 \\ -1 & 2 & 1 & 6 \end{bmatrix}
$$

$$
\xrightarrow{r_2 - \left(\frac{2}{3}\right) r_1, r_3 - \left(\frac{-1}{18}\right) r_1} \begin{bmatrix} 18 & -3 & 1 & 15 \\ 0 & -1 & \dfrac{7}{3} & 5 \\ 0 & \dfrac{11}{6} & \dfrac{19}{18} & \dfrac{41}{6} \end{bmatrix}
$$

$$
\xrightarrow{r_2 \leftrightarrow r_3} \begin{bmatrix} 18 & -3 & 1 & 15 \\ 0 & \dfrac{11}{6} & \dfrac{19}{18} & \dfrac{41}{6} \\ 0 & -1 & \dfrac{7}{3} & 5 \end{bmatrix} \xrightarrow{r_3 - \left(-\frac{6}{11}\right) r_2} \begin{bmatrix} 18 & -3 & 1 & 15 \\ 0 & \dfrac{11}{6} & \dfrac{19}{18} & \dfrac{41}{6} \\ 0 & 0 & \dfrac{32}{11} & \dfrac{96}{11} \end{bmatrix}.
$$

通过回代过程, 易得解 $x_3 = 3$, $x_2 = 2$, $x_1 = 1$.

2.2 追 赶 法

在后续三次样条插值问题和常微分方程边值问题的数值计算中, 都要涉及求解三对角线性方程组

$$
\boldsymbol{A}\boldsymbol{x} = \boldsymbol{d}, \tag{2.4}
$$

其中

$$
\boldsymbol{A} = \begin{bmatrix} b_1 & c_1 & & & \\ a_2 & b_2 & c_2 & & \\ & \ddots & \ddots & \ddots & \\ & & a_{n-1} & b_{n-1} & c_{n-1} \\ & & & a_n & b_n \end{bmatrix}, \quad \boldsymbol{x} = \begin{bmatrix} x_1 \\ x_2 \\ \vdots \\ x_{n-1} \\ x_n \end{bmatrix}, \quad \boldsymbol{d} = \begin{bmatrix} d_1 \\ d_2 \\ \vdots \\ d_{n-1} \\ d_n \end{bmatrix}, \tag{2.5}
$$

并且 $\boldsymbol{A}$ 满足

(1) $|b_1| > |c_1| > 0$;

(2) $|b_i| \geqslant |a_i| + |c_i|$, $a_i \cdot c_i \neq 0$, $i = 2, 3, \cdots, n-1$;

(3) $|b_n| > |a_n| > 0$.

此时, 称 $\boldsymbol{A}$ 为对角占优的三对角矩阵.

利用高斯消元法求解对角占优的三对角线性方程组时, 消元过程:

$$\begin{cases}\beta_1 = b_1, \quad y_1 = d_1, \\ l_i = \dfrac{a_i}{\beta_{i-1}}, \quad \beta_i = b_i - l_i \cdot c_{i-1}, \quad y_i = d_i - l_i \cdot y_{i-1}, \quad i = 2, \cdots, n,\end{cases}$$

即“追”的过程, 按顺序计算系数:

$$\beta_1 \to \beta_2 \to \cdots \to \beta_n \quad \text{和} \quad y_1 \to y_2 \to \cdots \to y_n,$$

得到 $\boldsymbol{Ax} = \boldsymbol{d}$ 的同解方程组

$$\begin{bmatrix} \beta_1 & c_1 & & & \\ & \beta_2 & c_2 & & \\ & & \ddots & \ddots & \\ & & & \beta_{n-1} & c_{n-1} \\ & & & & \beta_n \end{bmatrix} \begin{bmatrix} x_1 \\ x_2 \\ \vdots \\ x_{n-1} \\ x_n \end{bmatrix} = \begin{bmatrix} y_1 \\ y_2 \\ \vdots \\ y_{n-1} \\ y_n \end{bmatrix}.$$

回代求解

$$\begin{cases} x_n = \dfrac{y_n}{\beta_n}, \\ x_i = \dfrac{y_i - c_i \cdot x_{i+1}}{\beta_i}, \quad i = n-1, \cdots, 2, 1. \end{cases}$$

回代过程, 也是“赶”的过程, 按逆序求出解:

$$x_n \to x_{n-1} \to \cdots \to x_1.$$

上述求解三对角线性方程组 (2.4) 的方法, 称为追赶法.

例 2.2 用追赶法求解对角占优的三对角线性方程组

$$\begin{bmatrix} 3 & 1 & & \\ 2 & 3 & 1 & \\ & 2 & 3 & 1 \\ & & 1 & 3 \end{bmatrix} \begin{bmatrix} x_1 \\ x_2 \\ x_3 \\ x_4 \end{bmatrix} = \begin{bmatrix} 1 \\ 0 \\ 1 \\ 0 \end{bmatrix}.$$

解 设

$$\boldsymbol{a} = (a_2, a_3, a_4)^{\mathrm{T}} = (2, 2, 1)^{\mathrm{T}}, \quad \boldsymbol{b} = (b_1, b_2, b_3, b_4)^{\mathrm{T}} = (3, 3, 3, 3)^{\mathrm{T}},$$

$$\boldsymbol{c} = (c_1, c_2, c_3)^{\mathrm{T}} = (1, 1, 1)^{\mathrm{T}}, \quad \boldsymbol{d} = (d_1, d_2, d_3, d_4)^{\mathrm{T}} = (1, 0, 1, 0)^{\mathrm{T}}.$$

“追”：解得 $\beta_1 = b_1 = 3, \quad y_1 = d_1 = 1,$

$$l_2 = \frac{a_2}{\beta_1} = \frac{2}{3}, \quad \beta_2 = b_2 - l_2 c_1 = 3 - \frac{2}{3} = \frac{7}{3},$$

$$y_2 = d_2 - l_2 \cdot y_1 = 0 - \frac{2}{3} \times 1 = -\frac{2}{3},$$

$$l_3 = \frac{a_3}{\beta_2} = \frac{6}{7}, \quad \beta_3 = b_3 - l_3 c_2 = 3 - \frac{6}{7} = \frac{15}{7},$$

$$y_3 = d_3 - l_3 \cdot y_2 = 1 - \frac{6}{7} \times \left(-\frac{2}{3}\right) = \frac{11}{7},$$

$$l_4 = \frac{a_4}{\beta_3} = \frac{7}{15}, \quad \beta_4 = b_4 - l_4 c_3 = 3 - \frac{7}{15} = \frac{38}{15},$$

$$y_4 = d_4 - l_4 \cdot y_3 = 0 - \frac{7}{15} \times \frac{11}{7} = -\frac{11}{15},$$

得同解方程组

$$\begin{bmatrix} 3 & 1 & & \\ & \frac{7}{3} & 1 & \\ & & \frac{15}{7} & 1 \\ & & & \frac{38}{15} \end{bmatrix} \begin{bmatrix} x_1 \\ x_2 \\ x_3 \\ x_4 \end{bmatrix} = \begin{bmatrix} 1 \\ -\frac{2}{3} \\ \frac{11}{7} \\ -\frac{11}{15} \end{bmatrix}.$$

“赶”：解得

$$x_4 = \frac{y_4}{\beta_4} = -\frac{11}{38},$$

$$x_3 = \frac{y_3 - c_3 \cdot x_4}{\beta_3} = \left(\frac{11}{7} + \frac{11}{38}\right) \times \frac{7}{15} = \frac{33}{38},$$

$$x_2 = \frac{y_2 - c_2 \cdot x_3}{\beta_2} = \left(-\frac{2}{3} - \frac{33}{38}\right) \times \frac{3}{7} = -\frac{25}{38},$$

$$x_1 = \frac{y_1 - c_1 \cdot x_2}{\beta_1} = \left(1 + \frac{25}{38}\right) \times \frac{1}{3} = \frac{21}{38}.$$

因此, 原线性方程组的解为

$$\boldsymbol{x} = \left(\frac{21}{38}, -\frac{25}{38}, \frac{33}{38}, -\frac{11}{38}\right)^{\mathrm{T}}.$$

2.3 直接三角分解法

直接三角分解法是求解线性方程组 (2.2) 的另一种直接法, 其基本思想是: 直接将方程组 (2.2) 的系数矩阵 $\boldsymbol{A}$ 分解为两个三角形矩阵 $\boldsymbol{L}$ 和 $\boldsymbol{U}$ 的乘积 $\boldsymbol{A}=\boldsymbol{LU}$, 从而将线性方程组 $\boldsymbol{Ax}=\boldsymbol{b}$ 转化为求解两个三角形方程组 $\boldsymbol{Ly}=\boldsymbol{b}$ 和 $\boldsymbol{Ux}=\boldsymbol{y}$, 即先由三角形方程组 $\boldsymbol{Ly}=\boldsymbol{b}$ 求出 $\boldsymbol{y}$, 再由三角形方程组 $\boldsymbol{Ux}=\boldsymbol{y}$ 求出 $\boldsymbol{x}$, 从而得到原方程组 $\boldsymbol{Ax}=\boldsymbol{b}$ 的解, 这里 $\boldsymbol{L}$ 是下三角形矩阵, $\boldsymbol{U}$ 是上三角形矩阵, 这种方法称为直接三角分解法.

若 $\boldsymbol{L}$ 是单位下三角形矩阵, $\boldsymbol{U}$ 是上三角形矩阵, 则称为杜利特尔 (Doolittle) 分解.

定理 2.1 设 $\boldsymbol{A}\in\mathbb{R}^{n\times n}$, 若 $\boldsymbol{A}$ 的顺序主子式 $|\boldsymbol{A}_k|\neq 0\ (k=1,2,\cdots,n)$, 则存在唯一的杜利特尔分解 $\boldsymbol{A}=\boldsymbol{LU}$, 其中 $\boldsymbol{L}$ 为单位下三角形矩阵, $\boldsymbol{U}$ 为上三角形矩阵.

定理 2.2 设 $\boldsymbol{A}$ 为非奇异矩阵, 则必存在排列矩阵 $\boldsymbol{P}$ 以及单位下三角形矩阵 $\boldsymbol{L}$ 和非奇异上三角形矩阵 $\boldsymbol{U}$, 使 $\boldsymbol{PA}=\boldsymbol{LU}$.

定理 2.1 和定理 2.2 的证明留给读者思考.

2.3.1 杜利特尔法

下面我们推导杜利特尔分解的计算步骤. 令

$$\boldsymbol{A}=\begin{bmatrix} a_{11} & a_{12} & \cdots & a_{1k} & \cdots & a_{1n} \\ a_{21} & a_{22} & \cdots & a_{2k} & \cdots & a_{2n} \\ \vdots & \vdots & & \vdots & & \vdots \\ a_{k1} & a_{k2} & \cdots & a_{kk} & \cdots & a_{kn} \\ \vdots & \vdots & & \vdots & & \vdots \\ a_{n1} & a_{n2} & \cdots & a_{nk} & \cdots & a_{nn} \end{bmatrix}$$

$$=\begin{bmatrix} 1 & & & & & \\ l_{21} & 1 & & & & \\ \vdots & \vdots & \ddots & & & \\ l_{k1} & l_{k2} & \cdots & 1 & & \\ \vdots & \vdots & & \vdots & \ddots & \\ l_{n1} & l_{n2} & \cdots & l_{nk} & \cdots & 1 \end{bmatrix}\begin{bmatrix} u_{11} & u_{12} & \cdots & u_{1k} & \cdots & u_{1n} \\ & u_{22} & \cdots & u_{2k} & \cdots & u_{2n} \\ & & \ddots & \vdots & & \vdots \\ & & & u_{kk} & \cdots & u_{kn} \\ & & & & \ddots & \vdots \\ & & & & & u_{nn} \end{bmatrix}.$$

第一步: 根据矩阵乘法, $\boldsymbol{A}$ 的第一行元素 a_{1j} $(j=1,2,\cdots,n)$ 为

$$a_{1j}=u_{1j},$$

故

$$u_{1j}=a_{1j},\quad j=1,2,\cdots,n;$$

$\boldsymbol{A}$ 的第一列元素 a_{i1} $(i=2,3,\cdots,n)$ 为

$$a_{i1}=l_{i1}u_{11},$$

故有

$$l_{i1}=\frac{a_{i1}}{u_{11}},\quad i=2,3,\cdots,n.$$

第一步分解后, 得到 $\boldsymbol{U}$ 的第一行和 $\boldsymbol{L}$ 的第一列.

第二步: 根据矩阵相乘, $\boldsymbol{A}$ 的第二行元素 a_{2j} $(j=2,3,\cdots,n)$ 为

$$a_{2j}=l_{21}u_{1j}+u_{2j},$$

可求得

$$u_{2j}=a_{2j}-l_{21}u_{1j},\quad j=2,3,\cdots,n,$$

$\boldsymbol{A}$ 的第二列元素 a_{i2} $(i=3,4,\cdots,n)$ 为

$$a_{i2}=l_{i1}u_{12}+\ l_{i2}u_{22},$$

可求得

$$l_{i2}=\frac{a_{i2}-l_{i1}u_{12}}{u_{22}},\quad i=3,4,\cdots,n.$$

第二步分解后, 可得到 $\boldsymbol{U}$ 的第二行和 $\boldsymbol{L}$ 的第二列.

……

第 k 步: 类似地, $\boldsymbol{A}$ 的第 k 行元素 a_{kj} $(j=k,k+1,\cdots,n)$ 为

$$a_{kj}=l_{k1}u_{1j}+l_{k2}u_{2j}+l_{k3}u_{3j}+\cdots+l_{k,k-1}u_{k-1,j}+u_{kj}=\sum_{q=1}^{k-1}l_{kq}u_{qj}+u_{kj},$$

可求得 $u_{kj}=a_{kj}-\sum\limits_{q=1}^{k-1}l_{kq}u_{qj}$; $\boldsymbol{A}$ 的第 k 列元素 a_{ik} $(i=k+1,k+2,\cdots,n)$ 为

$$a_{ik}=l_{i1}u_{1k}+\ l_{i2}u_{2k}+\ l_{i3}u_{3k}+\cdots+l_{i,k-1}u_{k-1,k}+l_{ik}u_{kk}=\sum_{q=1}^{k-1}l_{iq}u_{qk}+l_{ik}u_{kk},$$

可求得

$$l_{ik}=\frac{a_{ik}-\sum\limits_{q=1}^{k-1}l_{iq}u_{qk}}{u_{kk}},\quad i=k+1,k+2,\cdots,n.$$

经过第 k 步分解后, 可得到 $\boldsymbol{U}$ 的第 k 行和 $\boldsymbol{L}$ 的第 k 列.

……

以此类推, 第 n 步可求得 $\boldsymbol{U}$ 的第 n 行.

综合以上, 可以推导出 $\boldsymbol{U}$ 的第一行、$\boldsymbol{L}$ 的第一列以及 $\boldsymbol{U}$ 的第 k 行、$\boldsymbol{L}$ 的第 k 列 $(k=2,3,\cdots,n)$.

$$u_{1j}=a_{1j},\quad j=1,2,\cdots,n, \tag{2.6}$$

$$l_{i1}=\frac{a_{i1}}{u_{11}},\quad i=2,3,\cdots,n, \tag{2.7}$$

$$u_{kj}=a_{kj}-\sum_{q=1}^{k-1}l_{kq}u_{qj},\quad k=1,2,\cdots,n,\quad j=k,\cdots,n, \tag{2.8}$$

$$l_{ik}=\frac{a_{ik}-\sum\limits_{q=1}^{k-1}l_{iq}u_{qk}}{u_{kk}},\quad k=1,2,\cdots,n-1,\quad i=k+1,k+2,\cdots,n, \tag{2.9}$$

称 (2.6)—(2.9) 式所表示的分解过程为杜利特尔分解.

对于线性方程组 $\boldsymbol{Ax}=\boldsymbol{b}$, 当系数矩阵 $\boldsymbol{A}$ 非奇异, 经过杜利特尔分解后, 得到单位下三角形矩阵 $\boldsymbol{L}$ 和上三角形矩阵 $\boldsymbol{U}$, 使得 $\boldsymbol{A}=\boldsymbol{LU}$.

$$\boldsymbol{L}=\begin{bmatrix}1 & & & & \\ l_{21} & 1 & & & \\ l_{31} & l_{32} & 1 & & \\ \vdots & \vdots & \vdots & \ddots & \\ l_{n1} & l_{n2} & l_{n3} & \cdots & 1\end{bmatrix},\quad \boldsymbol{U}=\begin{bmatrix}u_{11} & u_{12} & u_{13} & \cdots & u_{1n}\\ & u_{22} & u_{23} & \cdots & u_{2n}\\ & & u_{33} & \cdots & u_{3n}\\ & & & \ddots & \vdots\\ & & & & u_{nn}\end{bmatrix}.$$

从而将线性方程组 $\boldsymbol{Ax}=\boldsymbol{b}$ 转化为求解下面两个三角形方程组:

$$\boldsymbol{Ly}=\boldsymbol{b},\quad \boldsymbol{Ux}=\boldsymbol{y}.$$

首先由 $\boldsymbol{Ly}=\boldsymbol{b}$ 求解 $\boldsymbol{y}$:

$$\begin{aligned}&y_1=b_1,\\&y_k=b_k-\sum_{q=1}^{k-1}l_{kq}y_q,\quad k=2,3,\cdots,n.\end{aligned} \tag{2.10}$$

再求解三角形方程组 $\boldsymbol{U}\boldsymbol{x}=\boldsymbol{y}$, 便得到原方程组 $\boldsymbol{A}\boldsymbol{x}=\boldsymbol{b}$ 的解 $\boldsymbol{x}$, 即

$$\begin{aligned} x_n &= \frac{y_n}{u_{nn}}, \\ x_k &= \frac{y_k - \sum\limits_{q=k+1}^{n} u_{kq}x_q}{u_{kk}}, \quad k=n-1,n-2,\cdots,2,1. \end{aligned} \tag{2.11}$$

上述求解线性方程组的方法称为杜利特尔法.

算法 2.1　杜利特尔法

输入: n: 方程组阶数; $\boldsymbol{A}$: 系数矩阵; $\boldsymbol{b}$: 常数项.

输出: 方程组的解 x_k, $k=1,2,\cdots,n$.

for k=1 to n **do**

　　for $j=k$ to n **do**　计算 $\boldsymbol{U}$ 的第 k 行元素

$$u_{kj}=a_{kj}-\sum_{q=1}^{k-1} l_{kq}u_{qj};$$

　　end for

　　for $i=k+1$ to n **do**　计算 $\boldsymbol{L}$ 的第 k 列元素

$$l_{ik} = \frac{a_{ik}-\sum\limits_{q=1}^{k-1} l_{iq}u_{qk}}{u_{kk}};$$

　　end for

end for　完成 LU 分解

for $k=1$ to n **do**　解方程组 $\boldsymbol{L}\boldsymbol{y}=\boldsymbol{b}$

$$y_k=b_k-\sum_{q=1}^{k-1} l_{kq}y_q;$$

end for

for $k=n$ to 1 **do**　解方程组 $\boldsymbol{U}\boldsymbol{x}=\boldsymbol{y}$

$$x_k=\frac{y_k-\sum\limits_{i=k+1}^{n} u_{ki}x_i}{u_{kk}};$$

end for

因为 (2.8) 式与 (2.10) 式相似, 可直接对增广矩阵 $\bar{\boldsymbol{A}}=[\boldsymbol{A}\,|\boldsymbol{b}]$ 施行杜利特尔分解, 可得

$$u_{kj} = a_{kj} - \sum_{q=1}^{k-1} l_{kq} u_{qj}, \quad j = k, k+1, \cdots, n, n+1,$$

此时 $\boldsymbol{U}$ 的第 $n+1$ 列元素即为 $\boldsymbol{y}$.

以上方式称为改进的杜利特尔法.

算法 2.2 改进的杜利特尔法

输入: n: 方程组阶数; $\boldsymbol{A}$: 系数矩阵; $\boldsymbol{b}$: 常数项.

输出: 方程组的解 x_k, $k = 1, 2, \cdots, n$.

for $k = 1$ to n **do**

  for $j = k$ to $n+1$ **do** 计算 $\boldsymbol{U}$ 的第 k 行元素

$$u_{kj} = a_{kj} - \sum_{q=1}^{k-1} l_{kq} u_{qj};$$

  end for

  for $i = k+1$ to n **do** 计算 $\boldsymbol{L}$ 的第 k 列元素

$$l_{ik} = \frac{a_{ik} - \sum\limits_{q=1}^{k-1} l_{iq} u_{qk}}{u_{kk}};$$

  end for

end for 完成 LU 分解并计算出 $\boldsymbol{y}$;

for $k = n$ to 1 **do** 解方程组 $\boldsymbol{U}\boldsymbol{x} = \boldsymbol{y}$

$$x_k = \frac{u_{k,n+1} - \sum\limits_{i=k+1}^{n} u_{ki} x_i}{u_{kk}};$$

end for

例 2.3 用杜利特尔法求解线性方程组

$$\begin{bmatrix} 2 & 10 & 0 & -3 \\ -3 & -4 & -12 & 13 \\ 1 & 2 & 3 & -4 \\ 4 & 14 & 9 & -13 \end{bmatrix} \begin{bmatrix} x_1 \\ x_2 \\ x_3 \\ x_4 \end{bmatrix} = \begin{bmatrix} 10 \\ 5 \\ -2 \\ 7 \end{bmatrix}.$$

解 由杜利特尔分解 (2.6)—(2.9), 先求出 $\boldsymbol{U}$ 的第一行和 $\boldsymbol{L}$ 的第一列:

$$(u_{11}, \quad u_{12}, \quad u_{13}, \quad u_{14}) = (2, \quad 10, \quad 0, \quad -3),$$

$$(1, \quad l_{21}, \quad l_{31}, \quad l_{41})^{\mathrm{T}} = \left(1, \quad -\frac{3}{2}, \quad \frac{1}{2}, \quad 2\right)^{\mathrm{T}}.$$

然后求出 $\boldsymbol{U}$ 的第二行和 $\boldsymbol{L}$ 的第二列:

$$(0,\quad u_{22},\quad u_{23},\quad u_{24}) = \left(0,\quad 11,\quad -12,\quad \frac{17}{2}\right),$$

$$(0,\quad 1,\quad l_{32},\quad l_{42})^{\mathrm{T}} = \left(0,\quad 1,\quad -\frac{3}{11},\quad -\frac{6}{11}\right)^{\mathrm{T}}.$$

再求出 $\boldsymbol{U}$ 的第三行和 $\boldsymbol{L}$ 的第三列:

$$(0,\quad 0,\quad u_{33},\quad u_{34}) = \left(0,\quad 0,\quad -\frac{3}{11},\quad -\frac{2}{11}\right),$$

$$(0,\quad 0,\quad 1,\quad l_{43})^{\mathrm{T}} = (0,\quad 0,\quad 1,\quad -9)^{\mathrm{T}}.$$

最后求出 $\boldsymbol{U}$ 的第四行

$$(0,\quad 0,\quad 0,\quad u_{44}) = (0,\quad 0,\quad 0,\quad -4).$$

解 $\boldsymbol{Ly} = \boldsymbol{b}$, 得

$$(y_1,\quad y_2,\quad y_3,\quad y_4)^{\mathrm{T}} = \left(10,\quad 20,\quad -\frac{17}{11},\quad -16\right)^{\mathrm{T}}.$$

解 $\boldsymbol{Ux} = \boldsymbol{y}$, 得

$$(x_1,\quad x_2,\quad x_3,\quad x_4)^{\mathrm{T}} = (1,\quad 2,\quad 3,\quad 4)^{\mathrm{T}}.$$

按上述流程在计算机上用杜利特尔法求解线性方程组 (2.2) 时, $\boldsymbol{A}$, $\boldsymbol{b}$, $\boldsymbol{x}$, $\boldsymbol{L}$, $\boldsymbol{U}$, $\boldsymbol{y}$ 都需要单独的存储空间. 从 u_{kj}, l_{ik} 的计算过程 (2.6)—(2.9) 式可知, 求出 $\boldsymbol{U}$ 的第一行 u_{1j} 后 a_{1j} $(j \geqslant 1)$ 的存储位置即不再需要, 求出 $\boldsymbol{L}$ 的第一列 l_{i1} 后 a_{i1} $(i \geqslant 2)$ 的存储位置即不再需要; 求出 $\boldsymbol{U}$ 的第 k 行 u_{kj} 后 a_{kj} $(j \geqslant k)$ 的存储位置即不再需要, 求出 $\boldsymbol{L}$ 的第 k 列 l_{ik} 后 $a_{ik}(i \geqslant k+1)$ 的存储位置即不再需要. 因此, 可按下列方法存储数据:

$$u_{kj} \to a_{kj}(j \geqslant k), \quad k = 1, 2, \cdots, n,$$

$$l_{ik} \to a_{ik} \quad (i \geqslant k+1), \quad k = 1, 2, \cdots, n-1.$$

同样, 解三角形方程组 $\boldsymbol{Ly} = \boldsymbol{b}$ 时, 有如下特点: 求出 y_1 后 b_1 的存储位置即不再需要, 求出 y_i 后 b_i $(i \geqslant 2)$ 的存储位置即不再需要, 因此 y_i 的存储可以使用 $b_i(i \geqslant 1)$ 空出的存储位置:

$$y_i \to b_i, \quad i = 1, 2, \cdots, n.$$

这种方法称为紧凑格式的杜利特尔法, 可以用以下过程表示:

$$\begin{bmatrix} a_{11} & a_{12} & a_{13} & a_{14} & a_{15} \\ a_{21} & a_{22} & a_{23} & a_{24} & a_{25} \\ a_{31} & a_{32} & a_{33} & a_{34} & a_{35} \\ a_{41} & a_{42} & a_{43} & a_{44} & a_{45} \end{bmatrix} = \left[\begin{array}{cccc:c} a_{11} & a_{12} & a_{13} & a_{14} & b_1 \\ a_{21} & a_{22} & a_{23} & a_{24} & b_2 \\ a_{31} & a_{32} & a_{33} & a_{34} & b_3 \\ a_{41} & a_{42} & a_{43} & a_{44} & b_4 \end{array}\right]$$

$$\xrightarrow{k=1} \left[\begin{array}{cccc:c} u_{11} & u_{12} & u_{13} & u_{14} & y_1 \\ l_{21} & a_{22} & a_{23} & a_{24} & b_2 \\ l_{31} & a_{32} & a_{33} & a_{34} & b_3 \\ l_{41} & a_{42} & a_{43} & a_{44} & b_4 \end{array}\right] \xrightarrow{k=2} \left[\begin{array}{cccc:c} u_{11} & u_{12} & u_{13} & u_{14} & y_1 \\ l_{21} & u_{22} & u_{23} & u_{24} & y_2 \\ l_{31} & l_{32} & a_{33} & a_{34} & b_3 \\ l_{41} & l_{42} & a_{43} & a_{44} & b_4 \end{array}\right]$$

$$\xrightarrow{k=3} \left[\begin{array}{cccc:c} u_{11} & u_{12} & u_{13} & u_{14} & y_1 \\ l_{21} & u_{22} & u_{23} & u_{24} & y_2 \\ l_{31} & l_{32} & u_{33} & u_{34} & y_3 \\ l_{41} & l_{42} & l_{43} & a_{44} & b_4 \end{array}\right] \xrightarrow{k=4} \left[\begin{array}{cccc:c} u_{11} & u_{12} & u_{13} & u_{14} & y_1 \\ l_{21} & u_{22} & u_{23} & u_{24} & y_2 \\ l_{31} & l_{32} & u_{33} & u_{34} & y_3 \\ l_{41} & l_{42} & l_{43} & u_{44} & y_4 \end{array}\right].$$

从最后一个矩阵可知 $\boldsymbol{L}, \boldsymbol{U}, \boldsymbol{y}$, 然后解线性方程组 $\boldsymbol{U}\boldsymbol{x} = \boldsymbol{y}$.

例 2.4 用紧凑格式的杜利特尔法求解方程组

$$\begin{bmatrix} 2 & 10 & 0 & -3 \\ -3 & -4 & -12 & 13 \\ 1 & 2 & 3 & -4 \\ 4 & 14 & 9 & -13 \end{bmatrix} \begin{bmatrix} x_1 \\ x_2 \\ x_3 \\ x_4 \end{bmatrix} = \begin{bmatrix} 10 \\ 5 \\ -2 \\ 7 \end{bmatrix}.$$

解

$$\bar{\boldsymbol{A}} = \begin{bmatrix} a_{11} & a_{12} & a_{13} & a_{14} & a_{15} \\ a_{21} & a_{22} & a_{23} & a_{24} & a_{25} \\ a_{31} & a_{32} & a_{33} & a_{34} & a_{35} \\ a_{41} & a_{42} & a_{43} & a_{44} & a_{45} \end{bmatrix} = \left[\begin{array}{cccc:c} 2 & 10 & 0 & -3 & 10 \\ -3 & -4 & -12 & 13 & 5 \\ 1 & 2 & 3 & -4 & -2 \\ 4 & 14 & 9 & -13 & 7 \end{array}\right]$$

$$\xrightarrow{k=1} \left[\begin{array}{cccc:c} 2 & 10 & 0 & -3 & 10 \\ -\dfrac{3}{2} & -4 & -12 & 13 & 5 \\ \dfrac{1}{2} & 2 & 3 & -4 & -2 \\ 2 & 14 & 9 & -13 & 7 \end{array}\right] \xrightarrow{k=2} \left[\begin{array}{cccc:c} 2 & 10 & 0 & -3 & 10 \\ -\dfrac{3}{2} & 11 & -12 & \dfrac{17}{2} & 20 \\ \dfrac{1}{2} & -\dfrac{3}{11} & 3 & -4 & -2 \\ 2 & -\dfrac{6}{11} & 9 & -13 & 7 \end{array}\right]$$

$$\xrightarrow{k=3}\left[\begin{array}{cccc:c} 2 & 10 & 0 & -3 & 10 \\ -\dfrac{3}{2} & 11 & -12 & \dfrac{17}{2} & 20 \\ \dfrac{1}{2} & -\dfrac{3}{11} & -\dfrac{3}{11} & -\dfrac{2}{11} & -\dfrac{17}{11} \\ 2 & -\dfrac{6}{11} & -9 & -13 & 7 \end{array}\right]$$

$$\xrightarrow{k=4}\left[\begin{array}{cccc:c} 2 & 10 & 0 & -3 & 10 \\ -\dfrac{3}{2} & 11 & -12 & \dfrac{17}{2} & 20 \\ \dfrac{1}{2} & -\dfrac{3}{11} & -\dfrac{3}{11} & -\dfrac{2}{11} & -\dfrac{17}{11} \\ 2 & -\dfrac{6}{11} & -9 & -4 & -16 \end{array}\right]$$

$$\xrightarrow{\text{解}\boldsymbol{Ux}=\boldsymbol{y}}\left[\begin{array}{cccc:c} 2 & 10 & 0 & -3 & 1 \\ -\dfrac{3}{2} & 11 & -12 & \dfrac{17}{2} & 2 \\ \dfrac{1}{2} & -\dfrac{3}{11} & -\dfrac{3}{11} & -\dfrac{2}{11} & 3 \\ 2 & -\dfrac{6}{11} & -9 & -4 & 4 \end{array}\right].$$

于是

$$\boldsymbol{x}=\begin{bmatrix} x_1 \\ x_2 \\ x_3 \\ x_4 \end{bmatrix}=\begin{bmatrix} 1 \\ 2 \\ 3 \\ 4 \end{bmatrix}.$$

2.3.2　列主元杜利特尔法

利用杜利特尔法求解线性方程组 (2.2), 会反复用到公式

$$l_{ik}=\frac{a_{ik}-\sum\limits_{q=1}^{k-1} l_{iq}u_{qk}}{u_{kk}},$$

其中 u_{kk} 称为主元素, 同样为避免“小主元”作除数, 与高斯列主元消元法类似, 我们在算法中也需要选取列主元, 相应的方法称为列主元杜利特尔法, 其步骤为

第 1 步: 比较 $S_i=a_{i1}$, 设 $|S_{i_1}|=\max\limits_{1\leqslant i\leqslant n}|S_i|$.

将第 1 行与第 i_1 行交换, 然后按杜利特尔公式分解.

第 k 步 $(2 \leqslant k < n)$: 比较 $S_i = a_{ik} - \sum\limits_{q=1}^{k-1} l_{iq}u_{qk}$, 设 $|S_{i_k}| = \max\limits_{k\leqslant i\leqslant n} |S_i|$.

将第 k 行与第 i_k 行交换, 然后按杜利特尔公式分解, 同时 S_k 与 S_{i_k} 也交换, 则 $u_{kk} = S_k$, $l_{ik} = \dfrac{S_i}{u_{kk}}$.

第 n 步: 因为只有 $S_n = a_{nn} - \sum\limits_{k=1}^{n-1} l_{nk}u_{kn}$, 故不需选主元, 直接分解.

例 2.5 用列主元杜利特尔法求解线性方程组

$$\begin{cases} 12x_1 - 3x_2 + 3x_3 = 15, \\ 18x_1 - 3x_2 + \ \ x_3 = 15, \\ -x_1 + 2x_2 + \ \ x_3 = 6. \end{cases}$$

解

$$\bar{\boldsymbol{A}} = \begin{bmatrix} 12 & -3 & 3 & 15 \\ 18 & -3 & 1 & 15 \\ -1 & 2 & 1 & 6 \end{bmatrix} \xrightarrow[|S_2|=\max\{|S_1|,|S_2|,|S_3|\},r_1\Leftrightarrow r_2]{k=1,S_1=12,S_2=18,S_3=-1} \begin{bmatrix} 18 & -3 & 1 & 15 \\ 12 & -3 & 3 & 15 \\ -1 & 2 & 1 & 6 \end{bmatrix}$$

$$\to \begin{bmatrix} 18 & -3 & 1 & 15 \\ \dfrac{2}{3} & -3 & 3 & 15 \\ -\dfrac{1}{18} & 2 & 1 & 6 \end{bmatrix} \xrightarrow[r_2\Leftrightarrow r_3]{k=2,S_2=-1,S_3=\frac{11}{6}} \begin{bmatrix} 18 & -3 & 1 & 15 \\ -\dfrac{1}{18} & 2 & 1 & 6 \\ \dfrac{2}{3} & -3 & 3 & 15 \end{bmatrix}$$

$$\to \begin{bmatrix} 18 & -3 & 1 & 15 \\ -\dfrac{1}{18} & \dfrac{11}{6} & \dfrac{19}{18} & \dfrac{41}{6} \\ \dfrac{2}{3} & -\dfrac{6}{11} & 3 & 15 \end{bmatrix} \xrightarrow{k=3} \begin{bmatrix} 18 & -3 & 1 & 15 \\ -\dfrac{1}{18} & \dfrac{11}{6} & \dfrac{19}{18} & \dfrac{41}{6} \\ \dfrac{2}{3} & -\dfrac{6}{11} & \dfrac{32}{11} & \dfrac{96}{11} \end{bmatrix}.$$

等价的三角形方程组为

$$\begin{bmatrix} 18 & -3 & 1 \\ & \dfrac{11}{6} & \dfrac{19}{18} \\ & & \dfrac{32}{11} \end{bmatrix} \begin{bmatrix} x_1 \\ x_2 \\ x_3 \end{bmatrix} = \begin{bmatrix} 15 \\ \dfrac{41}{6} \\ \dfrac{96}{11} \end{bmatrix}.$$

回代解得

$$x_3 = 3, \quad x_2 = 2, \quad x_1 = 1.$$

*2.3.3   改进的平方根法

在工程计算中, 常常遇到求解对称正定线性方程组的问题. 平方根法是求解对称正定方程组的一种有效方法. 对对称正定的系数矩阵施行杜利特尔分解即可得到平方根法. 该方法在计算 L 的元素 l_{ii} 时需要用到开方运算, 为了避免开方运算, 我们这里讨论改进的平方根法.

当线性方程组 (2.2) 的系数矩阵 A 是对称正定矩阵时, 我们可以充分利用 A 的对称正定特性减少杜利特尔分解的计算复杂度和空间复杂度. 下面我们用归纳法进行说明. 利用杜利特尔公式, 当 $k = 1$ 时,

$$u_{1i} = a_{1i}, \quad i = 1, 2, \cdots, n \quad (\boldsymbol{U} \text{ 的第一行}),$$
$$l_{i1} = \frac{a_{i1}}{u_{11}}, \quad i = 2, \cdots, n \quad (\boldsymbol{L} \text{ 的第一列}).$$

由于 A 是对称的, 故 $\boldsymbol{A}^{\mathrm{T}} = \boldsymbol{A}$, 即 $a_{ij} = a_{ji}$, $i, j = 1, 2, \cdots, n$, 于是

$$l_{i1} = \frac{a_{1i}}{u_{11}} = \frac{u_{1i}}{u_{11}}, \quad i = 2, \cdots, n.$$

若已得到第 1 步至第 $k-1$ 步的 L 与 U 的元素有如下关系

$$l_{ij} = \frac{u_{ji}}{u_{jj}}, \quad j = 1, 2, \cdots, k-1; \quad i = j+1, j+2, \cdots, n,$$

即

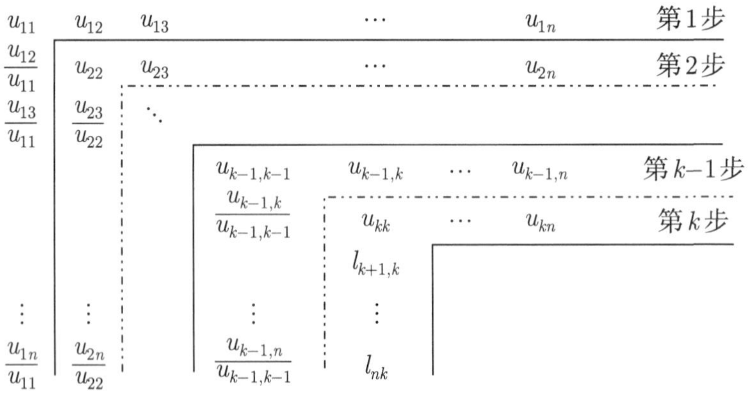

$$
\begin{array}{ccccccc}
u_{11} & u_{12} & u_{13} & & \cdots & & u_{1n} & \text{第1步} \\
\dfrac{u_{12}}{u_{11}} & u_{22} & u_{23} & & \cdots & & u_{2n} & \text{第2步} \\
\dfrac{u_{13}}{u_{11}} & \dfrac{u_{23}}{u_{22}} & \ddots & & & & & \\
 & & & u_{k-1,k-1} & u_{k-1,k} & \cdots & u_{k-1,n} & \text{第}k-1\text{步} \\
 & & & \dfrac{u_{k-1,k}}{u_{k-1,k-1}} & u_{kk} & \cdots & u_{kn} & \text{第}k\text{步} \\
 & & & & l_{k+1,k} & & & \\
\vdots & \vdots & & \vdots & & \vdots & & \\
\dfrac{u_{1n}}{u_{11}} & \dfrac{u_{2n}}{u_{22}} & & \dfrac{u_{k-1,n}}{u_{k-1,k-1}} & l_{nk} & & &
\end{array}
$$

对于第 k 步, 由 (2.8) 式和 (2.9) 式有

$$u_{ki} = a_{ki} - \sum_{q=1}^{k-1} l_{kq} u_{qi} = a_{ki} - \sum_{q=1}^{k-1} \frac{u_{qk} u_{qi}}{u_{qq}}, \qquad i = k, k+1, \cdots, n,$$

$$l_{ik} = \frac{a_{ik} - \sum_{q=1}^{k-1} l_{iq} u_{qk}}{u_{kk}} = \frac{a_{ki} - \sum_{q=1}^{k-1} \frac{u_{qi}}{u_{qq}} u_{qk}}{u_{kk}} = \frac{u_{ki}}{u_{kk}}, \qquad i = k+1, k+2, \cdots, n.$$

由此可知, 对一切 $k=1,2,\cdots,n-1;\ i=k+1,\cdots,n$, 均有

$$l_{ik}=\frac{u_{ki}}{u_{kk}}$$

成立. 综上所述, 若 $\boldsymbol{A}$ 为对称正定矩阵, 则

$$l_{ik}=\frac{u_{ki}}{u_{kk}},\quad k=1,2,\cdots,n-1;\ i=k+1,\cdots,n, \tag{2.13}$$

即只需要在求得 $\boldsymbol{U}$ 的第 k 行元素后, 用这些元素除以 u_{kk}, 即得相应 $\boldsymbol{L}$ 的第 k 列元素, 这样就减少了求 $\boldsymbol{L}$ 的各元素的工作量, 这种方法称为改进的平方根法.

算法 2.3 改进的平方根法

输入: n: 方程组阶数; $[\boldsymbol{Ab}]$: 增广矩阵.

输出: 方程组的解 $x_k,\ k=1,2,\cdots,n$.

for $k=1$ to n **do**;

  for $i=k$ to $n+1$ **do** 计算 $\boldsymbol{U}$ 的第 k 行元素

$$u_{ki}=a_{ki}-\sum_{q=1}^{k-1}l_{kq}u_{qi};$$

  end for

  for $i=k+1$ to n **do** 计算 $\boldsymbol{L}$ 的第 k 列元素

$$l_{ik}=\frac{u_{ki}}{u_{kk}};$$

  end for

end for 完成 LU 分解并计算出 $\boldsymbol{y}$

for $k=n$ to 1 **do** 解方程组 $\boldsymbol{Ux}=\boldsymbol{y}$

$$x_k=\frac{u_{k,n+1}-\sum\limits_{i=k+1}^{n}u_{ki}x_i}{u_{kk}};$$

end for

习 题 2

1. 用高斯列主元消元法求解线性方程组

$$\begin{bmatrix}2 & 2 & -1\\ 1 & -1 & 0\\ 4 & -2 & -1\end{bmatrix}\begin{bmatrix}x_1\\ x_2\\ x_3\end{bmatrix}=\begin{bmatrix}-4\\ 0\\ -6\end{bmatrix}.$$

2. 试证明定理 2.1 和定理 2.2.

3. 用杜利特尔法求解线性方程组

$$\begin{bmatrix}1&0&2&0\\0&1&0&1\\1&2&4&3\\0&1&0&3\end{bmatrix}\begin{bmatrix}x_1\\x_2\\x_3\\x_4\end{bmatrix}=\begin{bmatrix}5\\3\\17\\7\end{bmatrix}.$$

要求写出单位下三角形矩阵 $\boldsymbol{L}$、上三角形矩阵 $\boldsymbol{U}$.

4. 用紧凑格式的杜利特尔法求解线性方程组

$$\begin{bmatrix}1&1&1&3\\0&4&-1&-2\\2&-2&1&7\\1&13&2&1\end{bmatrix}\begin{bmatrix}x_1\\x_2\\x_3\\x_4\end{bmatrix}=\begin{bmatrix}1\\-4\\3\\-7\end{bmatrix}.$$

5. 用列主元杜利特尔法求解线性方程组

$$\begin{bmatrix}1&-1&3\\2&-4&6\\4&-9&2\end{bmatrix}\begin{bmatrix}x_1\\x_2\\x_3\end{bmatrix}=\begin{bmatrix}1\\4\\1\end{bmatrix}.$$

实 验 2

1. 对于方程组

$$\begin{bmatrix}6&1&&&&&\\8&6&1&&&&\\&8&6&1&&&\\&&\ddots&\ddots&\ddots&&\\&&&8&6&1&\\&&&&8&6&1\\&&&&&8&6\end{bmatrix}\begin{bmatrix}x_1\\x_2\\x_3\\\vdots\\x_{n-2}\\x_{n-1}\\x_n\end{bmatrix}=\begin{bmatrix}7\\15\\15\\\vdots\\15\\15\\14\end{bmatrix}.$$

试完成如下实验:

(1) 编写通用的程序, 实现不选高斯主元、列主元消元法;

(2) 用编写的程序求解上面的方程组 (n 取值 120 和 130).

2. 试利用列主元杜利特尔法, 求解线性方程组 $\boldsymbol{Ax}=\boldsymbol{b}$ 的解, 其中 $\boldsymbol{A}$ 是非奇异矩阵. 先编制一个用紧凑格式的列主元杜利特尔法求解线性方程组的函数 $\mathrm{lu}(\boldsymbol{A},\boldsymbol{b})$, $\boldsymbol{A}$ 是 $N\times N$ 矩阵, $\boldsymbol{b}$ 是 $N\times 1$ 向量, 返回解向量 $\boldsymbol{x}$.

(1) 用编制的程序求解线性方程组 $\boldsymbol{Ax}=\boldsymbol{b}$, 其中

$$\boldsymbol{A}=\begin{bmatrix}1 & 3 & 5 & 7\\ 2 & -1 & 3 & 5\\ 0 & 0 & 2 & 5\\ -2 & -6 & -3 & 1\end{bmatrix},\quad \boldsymbol{b}=\begin{bmatrix}1\\2\\3\\4\end{bmatrix}.$$

(2)* 用编制出来的程序求解线性方程组 $\boldsymbol{Ax}=\boldsymbol{b}$, 其中 $\boldsymbol{A}=(a_{ij})_{N\times N}$, $a_{ij}=i^{j-1}$; 而且 $\boldsymbol{b}=(b_i)_{N\times 1}$, $b_1=N$, 当 $i\geqslant 2$ 时, $b_i=(i^N-1)/(i-1)$. 生成 $\boldsymbol{A},\boldsymbol{b}$, 调用上面的函数 lu, 求出解向量 $\boldsymbol{x}$. 对 $N=3,7,11$ 的情况分别求解. 精确解为 $\boldsymbol{x}=(1,1,\cdots,1,1)^{\mathrm{T}}$. 比较得到的结果与精确解有无差异, 若有差异请进行分析, 解释产生差异的原因.

3. 考虑线性方程组 $\boldsymbol{Hx}=\boldsymbol{b}$ 的求解, 其中系数矩阵 $\boldsymbol{H}$ 为 Hilbert (希尔伯特) 病态矩阵:

$$\boldsymbol{H}=(h_{ij})_{n\times n},\quad h_{ij}=\frac{1}{i+j-1},\quad i,j=1,2,\cdots,n.$$

(1) 取定右端向量 $\boldsymbol{b}$ (先给定解各分量均为 1, 再计算出右端项 $\boldsymbol{b}$), 选择方程组的阶数为 $n=5$, 分别用高斯消元法、杜利特尔法求解该线性方程组, 将计算结果与问题的解进行比较, 结论如何?

(2) 逐步增大线性方程组的系数矩阵的维数 ($n=10,20,30,\cdots$), 计算的结果如何? 计算结果对你有何启发?

第 3 章　线性方程组的迭代解法

第 2 章学习了求解线性方程组 (2.2) 的直接解法, 本章继续研究求解线性方程组 (2.2) 的迭代解法. 注意到大部分直接解法需要对系数矩阵进行分解, 一般不能保持 $\boldsymbol{A}$ 的稀疏性, 即分解后的因子矩阵不一定是稀疏矩阵, 且直接解法一般只适用于中小规模矩阵 $\boldsymbol{A}$ 的计算. 在实际科学与工程计算中, 特别是后续偏微分方程的求解, 常常需要求解大型稀疏线性系统, 这就需要用到本章的迭代解法.

3.1　迭代解法的基本概念

3.1.1　向量范数和矩阵范数

本节讨论向量 (矩阵) 之间距离的度量方法. 设 $\mathbb{R}^n$ 表示所有具有实数分量的 n 维列向量的集合. 为了定义 $\mathbb{R}^n$ 中的距离, 我们使用范数的概念. 范数是对实数集合 $\mathbb{R}$ 上绝对值的泛化.

定义 3.1　一个从 $\mathbb{R}^n$ 到 $\mathbb{R}$ 的函数 $\|\cdot\|$ 称为 $\mathbb{R}^n$ 上的一个向量范数, 如果满足下面的条件:

(1) 对于所有的 $\boldsymbol{x}\in\mathbb{R}^n$, 有 $\|\boldsymbol{x}\|\geqslant 0$, 当且仅当 $\boldsymbol{x}=\boldsymbol{0}$ 时, $\|\boldsymbol{x}\|=0$;

(2) 对于任意的 $a\in\mathbb{R}$ 和 $\boldsymbol{x}\in\mathbb{R}^n$, 有 $\|a\boldsymbol{x}\|=|a|\|\boldsymbol{x}\|$;

(3) 对于任意的 $\boldsymbol{x}\in\mathbb{R}^n$ 和 $\boldsymbol{y}\in\mathbb{R}^n$, 有 $\|\boldsymbol{x}+\boldsymbol{y}\|\leqslant\|\boldsymbol{x}\|+\|\boldsymbol{y}\|$.

下面我们给出 $\mathbb{R}^n$ 上的几个常用的范数. 令向量 $\boldsymbol{x}=(x_1,x_2,\cdots,x_n)^{\mathrm{T}}$, 则

$$\|\boldsymbol{x}\|_1=\sum_{i=0}^{n}|x_i|,\quad \|\boldsymbol{x}\|_2=\left(\sum_{i=0}^{n}x_i^2\right)^{1/2},\quad \|\boldsymbol{x}\|_\infty=\max_{1\leqslant i\leqslant n}\{|x_i|\}$$

都是 $\mathbb{R}^n$ 上的范数, 称为 l_1 范数、l_2 范数和 l_∞ 范数. 下面只对 l_2 范数和 l_∞ 范数的情形给出部分说明, 余下部分留给读者思考. 对于 l_∞ 范数, 定义 3.1 中的 (3) 是成立的. 事实上, 对于任意的 $\boldsymbol{x}=(x_1,x_2,\cdots,x_n)^{\mathrm{T}}\in\mathbb{R}^n$, $\boldsymbol{y}=(y_1,y_2,\cdots,y_n)^{\mathrm{T}}\in\mathbb{R}^n$, 我们有

$$\begin{aligned}\|\boldsymbol{x}+\boldsymbol{y}\|_\infty&=\max_{1\leqslant i\leqslant n}|x_i+y_i|\\&\leqslant\max_{1\leqslant i\leqslant n}(|x_i|+|y_i|)\leqslant\max_{1\leqslant i\leqslant n}|x_i|+\max_{1\leqslant i\leqslant n}|y_i|=\|\boldsymbol{x}\|_\infty+\|\boldsymbol{y}\|_\infty.\end{aligned}$$

读者容易验证, 定义 3.1 中的 (1) 和 (2) 亦是成立的. 对于 l_2 范数, 定义 3.1 中的 (1) 和 (2) 很容易证明, 留给读者. 下面证明 l_2 范数满足定义 3.1 中的 (3). 为此我们需要下列著名的不等式.

定理 3.1 (柯西-布尼亚科夫斯基-施瓦茨 (Cauchy-Bunyakovshy-Schwarz) 不等式) 对于 $\mathbb{R}^n$ 中每一个 $\boldsymbol{x}=(x_1,x_2,\cdots,x_n)^{\mathrm{T}}$ 和 $\boldsymbol{y}=(y_1,y_2,\cdots,y_n)^{\mathrm{T}}$, 有以下不等式成立

$$\boldsymbol{x}^{\mathrm{T}}\boldsymbol{y}=\sum_{i=1}^{n}x_iy_i\leqslant\left\{\sum_{i=1}^{n}x_i^2\right\}^{1/2}\left\{\sum_{i=1}^{n}y_i^2\right\}^{1/2}=\|\boldsymbol{x}\|_2\|\boldsymbol{y}\|_2. \tag{3.1}$$

证明 如果 $\boldsymbol{x}=\mathbf{0}$ 或者 $\boldsymbol{y}=\mathbf{0}$, (3.1) 式显然成立. 假设 $\boldsymbol{x}\neq\mathbf{0}$ 和 $\boldsymbol{y}\neq\mathbf{0}$, 注意到对于每一个 $\lambda\in\mathbb{R}$, 我们有

$$0\leqslant\|\boldsymbol{x}-\lambda\boldsymbol{y}\|_2^2=\sum_{i=1}^{n}(x_i-\lambda y_i)^2=\sum_{i=1}^{n}x_i^2-2\lambda\sum_{i=1}^{n}x_iy_i+\lambda^2\sum_{i=1}^{n}y_i^2,$$

所以

$$2\lambda\sum_{i=1}^{n}x_iy_i\leqslant\sum_{i=1}^{n}x_i^2+\lambda^2\sum_{i=1}^{n}y_i^2=\|\boldsymbol{x}\|_2^2+\lambda^2\|\boldsymbol{y}\|_2^2.$$

因 $\|\boldsymbol{x}\|_2>0$ 和 $\|\boldsymbol{y}\|_2>0$, 令 $\lambda=\|\boldsymbol{x}\|_2/\|\boldsymbol{y}\|_2$, 故我们有

$$2\frac{\|\boldsymbol{x}\|_2}{\|\boldsymbol{y}\|_2}\sum_{i=1}^{n}x_iy_i\leqslant\|\boldsymbol{x}\|_2^2+\frac{\|\boldsymbol{x}\|_2^2}{\|\boldsymbol{y}\|_2^2}\|\boldsymbol{y}\|_2^2=2\|\boldsymbol{x}\|_2^2,$$

则

$$2\sum_{i=1}^{n}x_iy_i\leqslant2\|\boldsymbol{x}\|_2^2\frac{\|\boldsymbol{y}\|_2}{\|\boldsymbol{x}\|_2}=2\|\boldsymbol{x}\|_2\|\boldsymbol{y}\|_2,$$

即

$$\boldsymbol{x}^{\mathrm{T}}\boldsymbol{y}=\sum_{i=1}^{n}x_iy_i\leqslant\|\boldsymbol{x}\|_2\|\boldsymbol{y}\|_2=\left\{\sum_{i=1}^{n}x_i^2\right\}^{1/2}\left\{\sum_{i=1}^{n}y_i^2\right\}^{1/2}.$$

于是, 对于每一个 $\boldsymbol{x},\boldsymbol{y}\in\mathbb{R}^n$, 有

$$\begin{aligned}\|\boldsymbol{x}+\boldsymbol{y}\|_2^2&=\sum_{i=1}^{n}(x_i+y_i)^2=\sum_{i=1}^{n}x_i^2+2\sum_{i=1}^{n}x_iy_i+\sum_{i=1}^{n}y_i^2\\&\leqslant\|\boldsymbol{x}\|_2^2+2\|\boldsymbol{x}\|_2\|\boldsymbol{y}\|_2+\|\boldsymbol{y}\|_2^2,\end{aligned}$$

从而

$$\|\boldsymbol{x}+\boldsymbol{y}\|_2 \leqslant (\|\boldsymbol{x}\|_2^2+2\|\boldsymbol{x}\|_2\|\boldsymbol{y}\|_2+\|\boldsymbol{y}\|_2^2)^{1/2} = \|\boldsymbol{x}\|_2+\|\boldsymbol{y}\|_2. \qquad \square$$

例 3.1 求向量 $\boldsymbol{x}=(2,-3,1)^{\mathrm{T}}$ 的 l_1 范数、l_2 范数和 l_∞ 范数.

解

$$\|\boldsymbol{x}\|_1 = |2|+|-3|+|1| = 6,$$

$$\|\boldsymbol{x}\|_2 = \sqrt{2^2+(-3)^2+1^2} = \sqrt{14},$$

$$\|\boldsymbol{x}\|_\infty = \max\{|2|,|-3|,|1|\} = 3.$$

$\mathbb{R}^n$ 空间中不同范数之间满足范数的等价定理.

定理 3.2 设 $\|\boldsymbol{x}\|_p$ 和 $\|\boldsymbol{x}\|_q$ 是 $\mathbb{R}^n$ 上任意两个范数, 则存在正常数 k_1 和 k_2, 使得任意的 $\boldsymbol{x}\in\mathbb{R}^n$ 有

$$k_1\|\boldsymbol{x}\|_p \leqslant \|\boldsymbol{x}\|_q \leqslant k_2\|\boldsymbol{x}\|_p.$$

由于篇幅有限, 证明从略, 详细的证明过程请参考泛函分析的相关书籍.

下面我们给出矩阵范数的概念及性质.

定义 3.2 所有 $n\times n$ 矩阵构成的集合上的实值函数 $\|\cdot\|$ 称为矩阵范数, 如果对于所有 $n\times n$ 矩阵 $\boldsymbol{A}$, $\boldsymbol{B}$ 和所有实数 a 满足

(1) $\|\boldsymbol{A}\|\geqslant 0$, 当且仅当 $\boldsymbol{A}=\boldsymbol{0}$ 有 $\|\boldsymbol{A}\|=0$;

(2) $\|a\boldsymbol{A}\|=|a|\|\boldsymbol{A}\|$;

(3) $\|\boldsymbol{A}+\boldsymbol{B}\|\leqslant\|\boldsymbol{A}\|+\|\boldsymbol{B}\|$;

(4) $\|\boldsymbol{A}\boldsymbol{B}\|\leqslant\|\boldsymbol{A}\|\|\boldsymbol{B}\|$.

以下定理给出了矩阵范数与向量范数之间的关系.

定理 3.3 如果 $\|\cdot\|$ 是 $\mathbb{R}^n$ 的一个向量范数, 则

$$\|\boldsymbol{A}\| = \max_{\|\boldsymbol{x}\|=1}\{\|\boldsymbol{A}\boldsymbol{x}\|\} \tag{3.2}$$

是一种矩阵范数, 称为由向量范数 $\|\cdot\|$ 诱导出的矩阵范数.

证明从略.

读者易证, 对于所有 n 维向量 $\boldsymbol{x}\neq\boldsymbol{0}$, (3.2) 式可以表示成

$$\|\boldsymbol{A}\| = \max_{\|\boldsymbol{x}\|\neq 0}\frac{\|\boldsymbol{A}\boldsymbol{x}\|}{\|\boldsymbol{x}\|}. \tag{3.3}$$

根据 $\|\boldsymbol{A}\|$ 的这种表示, 可得如下推论.

推论 3.1 对于所有 n 维向量 $\boldsymbol{x} \neq \mathbf{0}$, 有

$$\|\boldsymbol{A}\boldsymbol{z}\| \leqslant \|\boldsymbol{A}\|\|\boldsymbol{z}\|.$$

这一性质称为矩阵范数与向量范数的相容性. 根据定理 3.3, 我们可以计算常见的矩阵范数, 即

$$\|\boldsymbol{A}\|_1 = \max_{\|\boldsymbol{x}\|_1=1} \|\boldsymbol{A}\boldsymbol{x}\|_1, \quad \|\boldsymbol{A}\|_2 = \max_{\|\boldsymbol{x}\|_2=1} \|\boldsymbol{A}\boldsymbol{x}\|_2, \quad \|\boldsymbol{A}\|_\infty = \max_{\|\boldsymbol{x}\|_\infty=1} \|\boldsymbol{A}\boldsymbol{x}\|_\infty.$$

下面讨论矩阵的 p 范数与矩阵的元素之间的关系.

定理 3.4 如果 $\boldsymbol{A} = (a_{ij})$ 是一个 $n \times n$ 矩阵, 则

$$\|\boldsymbol{A}\|_1 = \max_{1\leqslant j\leqslant n} \sum_{i=1}^{n} |a_{ij}|, \quad \|\boldsymbol{A}\|_\infty = \max_{1\leqslant i\leqslant n} \sum_{j=1}^{n} |a_{ij}|.$$

证明 这里只证明第二个式子. 先证明 $\|\boldsymbol{A}\|_\infty \leqslant \max\limits_{1\leqslant i\leqslant n} \sum_{j=1}^{2} |a_{ij}|$. 令 $\boldsymbol{x}$ 是一个 n 维向量且 $\|\boldsymbol{x}\|_\infty = 1$. 因为 $\boldsymbol{A}\boldsymbol{x}$ 也是一个 n 维向量, 有

$$\|\boldsymbol{A}\boldsymbol{x}\|_\infty = \max_{1\leqslant i\leqslant n} |(\boldsymbol{A}\boldsymbol{x})_i| = \max_{1\leqslant i\leqslant n} \left|\sum_{j=1}^{n} a_{ij}x_j\right| \leqslant \max_{1\leqslant i\leqslant n} \sum_{j=1}^{n} |a_{ij}| \max_{1\leqslant j\leqslant n} |x_j|.$$

注意到 $\max\limits_{1\leqslant j\leqslant n} |x_j| = \|\boldsymbol{x}\|_\infty = 1$, 于是

$$\|\boldsymbol{A}\boldsymbol{x}\|_\infty \leqslant \max_{1\leqslant i\leqslant n} \sum_{j=1}^{n} |a_{ij}|.$$

另一方面, 令整数 p 满足

$$\sum_{j=1}^{n} |a_{pj}| = \max_{1\leqslant i\leqslant n} \sum_{j=1}^{n} |a_{ij}|,$$

定义向量 $\boldsymbol{x}$ 的元素为

$$x_j = \begin{cases} 1, & a_{pj} > 0, \\ -1, & a_{pj} = 0, \end{cases}$$

则对于所有的 $j = 1, 2, \cdots, n$, 有 $\|\boldsymbol{x}\|_\infty = 1$ 和 $a_{pj}x_j = |a_{pj}|$, 故

$$\|\boldsymbol{A}\boldsymbol{x}\|_\infty = \max_{1\leqslant i\leqslant n} \left|\sum_{j=1}^{n} a_{ij}x_j\right| \geqslant \left|\sum_{j=1}^{n} a_{pj}x_j\right| = \left|\sum_{j=1}^{n} |a_{pj}|\right| = \max_{1\leqslant i\leqslant n} \sum_{j=1}^{n} |a_{pj}|.$$

于是

$$\|\boldsymbol{A}\boldsymbol{x}\|_\infty = \max_{\|\boldsymbol{x}\|_\infty=1} \|\boldsymbol{A}\boldsymbol{x}\|_\infty \geqslant \max_{1\leqslant i\leqslant n} \sum_{j=1}^{n} |a_{ij}|.$$

从而 $\|\boldsymbol{A}\boldsymbol{x}\|_\infty = \max\limits_{1\leqslant i\leqslant n} \sum_{j=1}^{n} |a_{ij}|$. □

例 3.2　已知矩阵 $\boldsymbol{A} = \begin{bmatrix} 1 & 2 & -1 \\ 0 & 3 & -1 \\ 5 & -1 & 1 \end{bmatrix}$, 求 $\|\boldsymbol{A}\|_1$ 和 $\|\boldsymbol{A}\|_\infty$.

解　由定理 3.4, 容易计算

$$\|\boldsymbol{A}\|_1 = \max\{6,6,3\} = 6, \quad \|\boldsymbol{A}\|_\infty = \max\{4,4,7\} = 7.$$

定义 3.3　矩阵 $\boldsymbol{A}$ 的谱半径 $\rho(\boldsymbol{A})$ 定义为

$$\rho(\boldsymbol{A}) = \max\{|\lambda|\},$$

其中 λ 是 $\boldsymbol{A}$ 的特征值.

定理 3.5　$\boldsymbol{A}$ 的谱半径不会超过 $\boldsymbol{A}$ 的任一种诱导范数, 即 $\rho(\boldsymbol{A}) \leqslant \|\boldsymbol{A}\|$.

证明　设 λ 为 $\boldsymbol{A}$ 的任一特征值, $\boldsymbol{x}$ 为 $\boldsymbol{A}$ 的属于 λ 的特征向量, 因 $|\lambda|\|\boldsymbol{x}\| = \|\lambda\boldsymbol{x}\| = \|\boldsymbol{A}\boldsymbol{x}\| \leqslant \|\boldsymbol{A}\|\|\boldsymbol{x}\|$, 故 $|\lambda| \leqslant \|\boldsymbol{A}\|$. 由 λ 的任意性, $\rho(\boldsymbol{A}) = \max\limits_{1\leqslant n} |\lambda_i| \leqslant \|\boldsymbol{A}\|$. □

定理 3.6　设 $\boldsymbol{A}$ 为一个对称矩阵, 则 $\|\boldsymbol{A}\|_2 = \rho(\boldsymbol{A})$.

证明　若 λ 是 $\boldsymbol{A}$ 的一个特征值, 则 λ^2 是 $\boldsymbol{A}^2$ 的一个特征值. 若 $\boldsymbol{A}$ 是对称的, 则 $\boldsymbol{A}^{\mathrm{T}}\boldsymbol{A} = \boldsymbol{A}^2$, 且 $\boldsymbol{A}^{\mathrm{T}}\boldsymbol{A}$ 总是对称的, 设 $\rho(\boldsymbol{A}) = |\lambda_0|$, 由 $\boldsymbol{A}$ 对称, λ_0 是实数, λ_0^2 必为 $\boldsymbol{A}^2$ 的最大特征值, $\|\boldsymbol{A}\|_2 = \sqrt{\lambda_{\max}(\boldsymbol{A}^{\mathrm{T}}\boldsymbol{A})} = \sqrt{\lambda_{\max}(\boldsymbol{A}^2)} = \sqrt{\lambda_0^2} = |\lambda_0| = \rho(\boldsymbol{A})$. □

矩阵的 2 范数与谱半径有此联系, 2 范数也常称为谱模. $\mathbb{R}^{n\times n}$ 上的一个常用且易于计算的矩阵范数为

$$\|\boldsymbol{A}\|_{\mathrm{F}} = \left(\sum_{i,j=1}^{n} |a_{ij}|^2\right)^{1/2},$$

通常称为弗罗贝尼乌斯 (Frobenius) 范数.

定理 3.7　如果 $\|\boldsymbol{B}\| < 1$, 则 $\boldsymbol{I} \pm \boldsymbol{B}$ 为非奇异矩阵, 且 $\|(\boldsymbol{I} \pm \boldsymbol{B})^{-1}\| \leqslant \dfrac{1}{1-\|\boldsymbol{B}\|}$, 其中 $\|\cdot\|$ 为诱导范数.

证明 若 $\boldsymbol{I}\pm\boldsymbol{B}$ 为奇异矩阵, $(\boldsymbol{I}\pm\boldsymbol{B})\boldsymbol{x}=\boldsymbol{0}$ 有非零解 $\boldsymbol{x}_0$, $\boldsymbol{x}_0=\mp\boldsymbol{B}\boldsymbol{x}_0$, 而 $\|\mp\boldsymbol{B}\boldsymbol{x}_0\|=\|\boldsymbol{B}\boldsymbol{x}_0\|$, $\dfrac{\|\boldsymbol{B}\boldsymbol{x}_0\|}{\|\boldsymbol{x}_0\|}=\dfrac{\|\boldsymbol{x}_0\|}{\|\boldsymbol{x}_0\|}=1$, 于是 $\max\limits_{\boldsymbol{x}\neq\boldsymbol{0}}\dfrac{\|\boldsymbol{B}\boldsymbol{x}\|}{\|\boldsymbol{x}\|}\geqslant 1$, 与 $\|\boldsymbol{B}\|<1$ 矛盾.

$$\boldsymbol{I}=(\boldsymbol{I}-\boldsymbol{B})(\boldsymbol{I}-\boldsymbol{B})^{-1}=(\boldsymbol{I}-\boldsymbol{B})^{-1}-\boldsymbol{B}(\boldsymbol{I}-\boldsymbol{B})^{-1},$$

$$(\boldsymbol{I}-\boldsymbol{B})^{-1}=\boldsymbol{I}+\boldsymbol{B}(\boldsymbol{I}-\boldsymbol{B})^{-1},$$

$$\begin{aligned}\left\|(\boldsymbol{I}-\boldsymbol{B})^{-1}\right\|&=\left\|\boldsymbol{I}+\boldsymbol{B}(\boldsymbol{I}-\boldsymbol{B})^{-1}\right\|\leqslant\|\boldsymbol{I}\|+\|\boldsymbol{B}\|\left\|(\boldsymbol{I}-\boldsymbol{B})^{-1}\right\|\\&=1+\|\boldsymbol{B}\|\left\|(\boldsymbol{I}-\boldsymbol{B})^{-1}\right\|,\end{aligned}$$

$$(1-\|\boldsymbol{B}\|)\left\|(\boldsymbol{I}-\boldsymbol{B})^{-1}\right\|\leqslant 1,\quad \left\|(\boldsymbol{I}-\boldsymbol{B})^{-1}\right\|\leqslant\frac{1}{1-\|\boldsymbol{B}\|}.$$

由于 $\|-\boldsymbol{x}\|=\|\boldsymbol{x}\|$, 同理可证 $\|(\boldsymbol{I}+\boldsymbol{B})^{-1}\|\leqslant\dfrac{1}{1-\|\boldsymbol{B}\|}$. □

3.1.2 向量序列与矩阵序列的极限

定义 3.4 设向量序列 $\left\{\boldsymbol{x}^{(k)}\right\}\in\mathbb{R}^n$, $\boldsymbol{x}^{(k)}=\left(x_1^{(k)},x_2^{(k)},\cdots,x_n^{(k)}\right)^{\mathrm{T}}\in\mathbb{R}^n$. 若存在 $\boldsymbol{x}=(x_1,x_2,\cdots,x_n)^{\mathrm{T}}\in\mathbb{R}^n$, 使得

$$\lim_{k\to\infty}x_i^{(k)}=x_i,\quad i=1,2,\cdots,n,$$

则称向量序列 $\left\{\boldsymbol{x}^{(k)}\right\}$ 收敛于 $\boldsymbol{x}$, 记作 $\lim\limits_{k\to\infty}\boldsymbol{x}^{(k)}=\boldsymbol{x}$.

显然, $\lim\limits_{k\to\infty}\boldsymbol{x}^{(k)}=\boldsymbol{x}\Leftrightarrow\lim\limits_{k\to\infty}\left\|\boldsymbol{x}^{(k)}-\boldsymbol{x}\right\|=0$, 其中 $\|\cdot\|$ 为任一种向量范数.

定义 3.5 设有矩阵序列 $\boldsymbol{A}_k=\left(a_{ij}^{(k)}\right)\in\mathbb{R}^{n\times n}$ 及 $\boldsymbol{A}=(a_{ij})\in\mathbb{R}^{n\times n}$, 如果 n^2 个数列极限存在且有

$$\lim_{k\to\infty}a_{ij}^{(k)}=a_{ij},\quad i,j=1,2,\cdots,n,$$

则称 $\{\boldsymbol{A}_k\}$ 收敛于 $\boldsymbol{A}$, 记为 $\lim\limits_{k\to\infty}\boldsymbol{A}_k=\boldsymbol{A}$.

例 3.3 设有矩阵序列

$$\boldsymbol{A}=\begin{bmatrix}\lambda & 1\\ 0 & \lambda\end{bmatrix},\quad \boldsymbol{A}^2=\begin{bmatrix}\lambda^2 & 2\lambda\\ 0 & \lambda^2\end{bmatrix},\quad\cdots,\quad \boldsymbol{A}^k=\begin{bmatrix}\lambda^k & k\lambda^{k-1}\\ 0 & \lambda^k\end{bmatrix},\quad\cdots,$$

且设 $|\lambda|<1$, 求其极限.

解　容易证明, 当 $|\lambda|<1$ 时, 有 $\lim\limits_{k\to\infty}\boldsymbol{A}_k=\lim\limits_{k\to\infty}\boldsymbol{A}^k=\begin{bmatrix}0&0\\0&0\end{bmatrix}$.

矩阵序列极限概念可以用矩阵算子范数来描述.

定理 3.8　$\lim\limits_{k\to\infty}\boldsymbol{A}_k=\boldsymbol{A}$ 成立的充分必要条件是 $\lim\limits_{k\to\infty}\|\boldsymbol{A}_k-\boldsymbol{A}\|=0$, 其中 $\|\cdot\|$ 为矩阵 $\boldsymbol{A}$ 的任意一种算子范数.

证明　容易证明

$$\lim_{k\to\infty}\boldsymbol{A}_k=\boldsymbol{A}\Leftrightarrow\lim_{k\to\infty}\|\boldsymbol{A}_k-\boldsymbol{A}\|_\infty=0.$$

利用矩阵范数的等价性, 可证结论对其他算子范数亦成立. □

3.1.3　迭代解法的构造及其收敛性

本节讨论迭代解法的思想. 对于线性方程组 (2.2), 若 $\boldsymbol{A}$ 是非奇异的, 则可得与 (2.2) 等价的方程组

$$\boldsymbol{x}=\boldsymbol{B}\boldsymbol{x}+\boldsymbol{f}. \tag{3.4}$$

由此可以构造线性方程组 (2.2) 的单步定常迭代法:

$$\boldsymbol{x}^{(k+1)}=\boldsymbol{B}\boldsymbol{x}^{(k)}+\boldsymbol{f},\quad k=0,1,\cdots, \tag{3.5}$$

其中 $\boldsymbol{B}$ 为迭代矩阵. 如果给定了初始向量 $\boldsymbol{x}^{(0)}\in\mathbb{R}^n$, 按 (3.5) 式就可以逐次计算 $\boldsymbol{x}^{(1)},\boldsymbol{x}^{(2)},\cdots$ 产生向量序列 $\{\boldsymbol{x}^{(k)}\}$.

定义 3.6　若对任意初始向量 $\boldsymbol{x}^{(0)}\in\mathbb{R}^n$, 由迭代公式 (3.5) 产生的序列 $\{\boldsymbol{x}^{(k)}\}$ 都有

$$\lim_{k\to\infty}\boldsymbol{x}^{(k)}=\boldsymbol{x}^*,$$

则称迭代解法 (3.5) 是收敛的.

给定初始向量 $\boldsymbol{x}^{(0)}\in\mathbb{R}^n$, 由 (3.5) 式可以产生序列 $\{\boldsymbol{x}^{(k)}\}$. 若它有极限 $\boldsymbol{x}^*$, 则 $\boldsymbol{x}^*$ 就是 (2.2) 式或 (3.4) 式的解.

下面进一步分析迭代解法 (3.5) 收敛的条件. 设 $\boldsymbol{x}^*\in\mathbb{R}^n$ 是方程组 $\boldsymbol{A}\boldsymbol{x}=\boldsymbol{b}$ 的解, 它也是等价方程组 (3.4) 的解, 即 $\boldsymbol{x}^*=\boldsymbol{B}\boldsymbol{x}^*+\boldsymbol{f}$. 对于迭代解法 (3.5) 产生的序列 $\{\boldsymbol{x}^{(k)}\}$, 有

$$\boldsymbol{x}^{(k+1)}=\boldsymbol{B}\boldsymbol{x}^{(k)}+\boldsymbol{f}.$$

记误差向量为

$$\boldsymbol{e}^{(k)}=\boldsymbol{x}^{(k)}-\boldsymbol{x}^*,\quad k=0,1,2,\cdots, \tag{3.6}$$

显然, 迭代解法 (3.5) 是收敛的就意味着

$$\lim_{k\to\infty} \boldsymbol{e}^{(k)} = \boldsymbol{0}, \quad \forall \boldsymbol{e}^{(0)} \in \mathbb{R}^n. \tag{3.7}$$

由 $\boldsymbol{e}^{(k)} = \boldsymbol{B}\left(\boldsymbol{x}^{(k-1)} - x^*\right) = \boldsymbol{B}\boldsymbol{e}^{(k-1)}$, 递推可得

$$\boldsymbol{e}^{(k)} = \boldsymbol{B}^k \boldsymbol{e}^{(0)}, \tag{3.8}$$

其中 $\boldsymbol{e}^{(0)} = \boldsymbol{x}^{(0)} - \boldsymbol{x}^*$, 它与 k 无关.

下面的结果给出了迭代解法 (3.5) 是收敛的充分必要条件.

定理 3.9 设 $\boldsymbol{B} \in \mathbb{R}^{n\times n}$ 是迭代解法 (3.5) 的迭代矩阵, 则下列命题等价:

(1) 迭代解法 (3.5) 是收敛的;

(2) $\lim\limits_{k\to\infty} \boldsymbol{B}^k = \boldsymbol{O}$;

(3) $\rho(\boldsymbol{B}) < 1$;

(4) 至少存在一种从属的矩阵范数 $\|\cdot\|$, 使 $\|\boldsymbol{B}\|_\varepsilon < 1$.

证明 (1)⇔(2) 由 (3.7) 式和 (3.8) 式可知, 迭代解法 (3.5) 是收敛的充分必要条件为

$$\lim_{k\to\infty} \boldsymbol{B}^k \boldsymbol{e}^{(0)} = \boldsymbol{0}, \quad \forall \boldsymbol{e}^{(0)} \in \mathbb{R}^n.$$

这又等价于 $\lim\limits_{k\to\infty} \boldsymbol{B}^k = \boldsymbol{O}$.

(2) ⇒ (3) 用反证法. 假定 $\boldsymbol{B}$ 有一个特征值 λ, 满足 $|\lambda| \geqslant 1$, 则存在 $\boldsymbol{x} \neq \boldsymbol{0}$, 使得 $\boldsymbol{B}\boldsymbol{x} = \lambda\boldsymbol{x}$. 由此可得 $\left\|\boldsymbol{B}^k\boldsymbol{x}\right\| = |\lambda|^k\|\boldsymbol{x}\|$. 当 $k\to\infty$ 时 $\left\{\boldsymbol{B}^k\boldsymbol{x}\right\}$ 不收敛于零向量. 由 (1), (2) 的等价性可得 (2) 不成立. 从而 $|\lambda| < 1$, 即 (3) 成立.

(3) ⇒ (4) 容易证明, 对任意 $\varepsilon > 0$, 存在一种从属范数 $\|\cdot\|$, 使得 $\|\boldsymbol{B}\| \leqslant \rho(\boldsymbol{B}) + \varepsilon$. 因为 $\rho(\boldsymbol{B}) < 1$, 适当选择 $\varepsilon > 0$, 可使 $\|\boldsymbol{B}\| < 1$, 即 (4) 成立.

(4) ⇒ (2) 由题意 $\|\boldsymbol{B}\| < 1$, 由 $\left\|\boldsymbol{B}^k\right\| \leqslant \|\boldsymbol{B}\|^k$ 可知, $\lim\limits_{k\to\infty}\left\|\boldsymbol{B}^k\right\| = 0$, 从而有 $\lim\limits_{k\to\infty} \boldsymbol{B}^k = \boldsymbol{O}$. □

在实际判别一个迭代解法是否收敛时, 关于谱半径的条件 $\rho(\boldsymbol{B}) < 1$ 往往较难检验, 但由 3.1.1 节可知, $\|\boldsymbol{B}\|_1$, $\|\boldsymbol{B}\|_\infty$, $\|\boldsymbol{B}\|_{\mathrm{F}}$ 等可以用 $\boldsymbol{B}$ 的元素表示, 所以有时用 $\|\boldsymbol{B}\| < 1$ 作为收敛的充分条件较为方便.

定理 3.10 设 $\boldsymbol{x}^*$ 是方程组 $\boldsymbol{x} = \boldsymbol{B}\boldsymbol{x} + \boldsymbol{f}$ 的唯一解, $\|\cdot\|$ 是一种向量范数, 从属于它的矩阵范数 $\|\boldsymbol{B}\| < 1$, 则迭代解法 $\boldsymbol{x}^{(k+1)} = \boldsymbol{B}x^{(k)} + \boldsymbol{f}$ 收敛, 且

$$\left\|\boldsymbol{x}^{(k)} - \boldsymbol{x}^*\right\| \leqslant \frac{\|\boldsymbol{B}\|}{1 - \|\boldsymbol{B}\|}\left\|\boldsymbol{x}^{(k)} - \boldsymbol{x}^{(k-1)}\right\|, \tag{3.9}$$

$$\left\|\boldsymbol{x}^{(k)} - \boldsymbol{x}^*\right\| \leqslant \frac{\|\boldsymbol{B}\|^k}{1 - \|\boldsymbol{B}\|}\left\|\boldsymbol{x}^{(1)} - \boldsymbol{x}^{(0)}\right\|. \tag{3.10}$$

证明 因 $\|\boldsymbol{B}\| < 1$, 根据定理 3.9, 迭代解法收敛, $\lim\limits_{k\to\infty} \boldsymbol{x}^{(k)} = \boldsymbol{x}^*$. 而

$$\begin{aligned}
\boldsymbol{x}^{(k)} - \boldsymbol{x}^* &= \boldsymbol{B}\left(\boldsymbol{x}^{(k-1)} - \boldsymbol{x}^*\right) \\
&= \boldsymbol{B}\left(\boldsymbol{x}^{(k-1)} - \boldsymbol{x}^{(k)}\right) + \boldsymbol{B}\left(\boldsymbol{x}^{(k)} - \boldsymbol{x}^*\right), \\
\left\|\boldsymbol{x}^{(k)} - \boldsymbol{x}^*\right\| &\leqslant \left\|\boldsymbol{B}\left(\boldsymbol{x}^{(k-1)} - \boldsymbol{x}^{(k)}\right)\right\| + \left\|\boldsymbol{B}\left(\boldsymbol{x}^{(k)} - \boldsymbol{x}^*\right)\right\| \\
&\leqslant \|\boldsymbol{B}\| \left\|\boldsymbol{x}^{(k-1)} - \boldsymbol{x}^{(k)}\right\| + \|\boldsymbol{B}\| \left\|\boldsymbol{x}^{(k)} - \boldsymbol{x}^*\right\|.
\end{aligned}$$

由此可推得 (3.9). 重复这一过程

$$\left\|\boldsymbol{x}^{(k)} - \boldsymbol{x}^{(k-1)}\right\| = \left\|\boldsymbol{B}\left(\boldsymbol{x}^{(k-1)} - \boldsymbol{x}^{(k-2)}\right)\right\| \leqslant \|\boldsymbol{B}\| \left\|\boldsymbol{x}^{(k-1)} - \boldsymbol{x}^{(k-2)}\right\|,$$

可得 (3.10) 式. □

利用定理 3.10 作误差估计, 一般可取向量的 p 范数 $(p = 1, 2, \infty)$. 从 (3.9) 式可知, 只要 $\|\boldsymbol{B}\|$ 不是很接近 1, 若相邻两次的迭代向量 $\boldsymbol{x}^{(k-1)}$ 和 $\boldsymbol{x}^{(k)}$ 已经很接近, 则 $\boldsymbol{x}^{(k)}$ 与解向量 $\boldsymbol{x}^*$ 已经相当接近, 所以可以用 $\left\|\boldsymbol{x}^{(k)} - \boldsymbol{x}^{(k-1)}\right\| < \varepsilon$ 来控制迭代计算结束. 从定理 3.10 中的 (3.10) 式可以看到, 若 $\|\boldsymbol{B}\|$ 越小, 则迭代收敛越快.

3.2 几种常见的迭代解法

3.2.1 雅可比迭代法

将线性方程组 (2.2) 中的系数矩阵 $\boldsymbol{A} = (a_{ij})$ 分解为

$$\boldsymbol{A} = \begin{bmatrix} a_{11} & & & \\ & a_{22} & & \\ & & \ddots & \\ & & & a_{nn} \end{bmatrix} - \begin{bmatrix} 0 & & & & \\ -a_{21} & 0 & & & \\ \vdots & \vdots & \ddots & & \\ -a_{n-1,1} & -a_{n-1,2} & \cdots & 0 & \\ -a_{n1} & -a_{n2} & \cdots & -a_{n,n-1} & 0 \end{bmatrix}$$

$$- \begin{bmatrix} 0 & -a_{12} & \cdots & -a_{1,n-1} & -a_{1n} \\ & 0 & \cdots & -a_{2,n-1} & -a_{2n} \\ & & \ddots & \vdots & \vdots \\ & & & 0 & -a_{n-1,n} \\ & & & & 0 \end{bmatrix} = \boldsymbol{D} - \boldsymbol{L} - \boldsymbol{U}.$$

令 $a_{ii} \neq 0$ $(i=1,2,\cdots,n)$, 则线性方程组 (2.2) 等价于

$$\boldsymbol{x} = \boldsymbol{D}^{-1}(\boldsymbol{L}+\boldsymbol{U})\boldsymbol{x} + \boldsymbol{D}^{-1}\boldsymbol{b}.$$

由此构造迭代公式

$$\boldsymbol{x}^{(k+1)} = \boldsymbol{B}_{\mathrm{J}}\boldsymbol{x}^{(k)} + \boldsymbol{f}_{\mathrm{J}}, \quad k=0,1,2,\cdots, \tag{3.11}$$

其中

$$\boldsymbol{B}_{\mathrm{J}} = \boldsymbol{D}^{-1}(\boldsymbol{L}+\boldsymbol{U}) = \boldsymbol{I} - \boldsymbol{D}^{-1}\boldsymbol{A}, \quad \boldsymbol{f}_{\mathrm{J}} = \boldsymbol{D}^{-1}\boldsymbol{b}.$$

称 (3.11) 式确定的迭代算法为雅可比 (Jacobi) 迭代法, $\boldsymbol{B}_{\mathrm{J}}$ 称为雅可比迭代矩阵.

雅可比迭代法可以写成分量形式

$$x_i^{(k+1)} = \frac{1}{a_{ii}}\left(b_i - \sum_{j=1}^{i-1} a_{ij}x_j^{(k)} - \sum_{j=i+1}^{n} a_{ij}x_j^{(k)}\right), \quad i=1,2,\cdots,n. \tag{3.12}$$

算法 3.1 给出了求解线性方程组 (2.2) 的雅可比迭代法. 算法 3.1 的第 3 步要求对于每个 $i=1,2,\cdots,n$, 有 $a_{ii}\neq 0$. 如果有一个 a_{ii} 为 0 和系统 (2.2) 是非奇异的, 则可以对方程进行重新排序, 使不存在任何一个 $a_{ii}=0$. 为了加快收敛速度, 方程的排列应使所有 a_{ii} 都尽可能大. 第 4—6 步中另一个可能的停止条件是迭代直到

$$\frac{\|\boldsymbol{x}^{(k)} - \boldsymbol{x}^{(k-1)}\|}{\|\boldsymbol{x}^{(k)}\|}$$

小于给定的相对误差限.

算法 3.1 雅可比迭代法

输入: n, $\boldsymbol{A}$, $\boldsymbol{b}$, 初值 $\boldsymbol{x}^{(0)}$, 误差限 TOL >0, 最大迭代次数 N.

输出: 近似解 $(x_1,x_2,\cdots,x_n)$ 或已达最大迭代次数. $k=1$.

1: **while** $k \leqslant N$ **do**

2:     **for** $i=1,2,\cdots,n$ **do**

3:

$$x_i = \frac{1}{a_{ii}}\left(b_i - \sum_{j=1,j\neq i}^{n} a_{ij}x_j^{(0)}\right);$$

4:         **if** $\|\boldsymbol{x}-\boldsymbol{x}^{(0)}\| <$ TOL, **then**

5:             输出 $(x_1,x_2,\cdots,x_n)^{\mathrm{T}}$, 退出;

6:         **end if**

7:         $k=k+1$;

8:     **end for**

9:     **for** $i=1,2,\cdots,n$ **do**

10:         $x_i^{(0)} = x_i$;

11:     **end for**

12: **end while**

3.2.2 高斯-赛德尔迭代法

由雅可比迭代公式 (3.12) 可以看出, 用 $\boldsymbol{x}^{(k)}$ 计算 $\boldsymbol{x}^{(k+1)}$, 需同时存储 $\boldsymbol{x}^{(k)}$, $\boldsymbol{x}^{(k+1)}$ 两个向量. 但是对于 $i>1$, 分量 $x_1^{(k+1)}, x_2^{(k+1)}, \cdots, x_{i-1}^{(k+1)}$ 的解已被计算出来, 这比用 $x_1^{(k)}, x_2^{(k)}, \cdots, x_{i-1}^{(k)}$ 有望更好地近似于 $x_1, x_2, \cdots, x_{i-1}$. 用 $x_1^{(k+1)}$, $x_2^{(k+1)}, \cdots, x_{i-1}^{(k+1)}, x_{i+1}^{(k)}, \cdots, x_n^{(k)}$ 来计算 $x_i^{(k+1)}$, 即用

$$x_i^{(k+1)} = \frac{1}{a_{ii}}\left(b_i - \sum_{j=1}^{i-1} a_{ij}x_j^{(k+1)} - \sum_{j=i+1}^{n} a_{ij}x_j^{(k)}\right), \quad i=1,2,\cdots,n \tag{3.13}$$

代替 (3.12) 式. 这种改进后的迭代方法称为高斯-赛德尔 (Gauss-Seidel) 迭代法.

高斯-赛德尔迭代法 (3.13) 的矩阵形式可以表示为

$$\boldsymbol{x}^{(k+1)} = (\boldsymbol{D}-\boldsymbol{L})^{-1}\boldsymbol{U}\boldsymbol{x}^{(k)} + (\boldsymbol{D}-\boldsymbol{L})^{-1}\boldsymbol{b}, \quad k=1,2,\cdots. \tag{3.14}$$

令 $\boldsymbol{B}_{\text{G-S}} = (\boldsymbol{D}-\boldsymbol{L})^{-1}\boldsymbol{U}$ 和 $\boldsymbol{f}_{\text{G-S}} = (\boldsymbol{D}-\boldsymbol{L})^{-1}\boldsymbol{b}$, 则高斯-赛德尔迭代法 (3.14) 进一步表示为

$$\boldsymbol{x}^{(k)} = \boldsymbol{B}_{\text{G-S}}\boldsymbol{x}^{(k-1)} + \boldsymbol{f}_{\text{G-S}}, \tag{3.15}$$

这里 $\boldsymbol{B}_{\text{G-S}}$ 称为高斯-赛德尔矩阵. 算法 3.2 给出了求解线性方程组 (2.2) 的高斯-赛德尔迭代法.

算法 3.2 高斯-赛德尔迭代法

输入: n, $\boldsymbol{A}$, $\boldsymbol{b}$, 初值 $\boldsymbol{x}^{(0)}$, 误差上限 TOL >0, 最大迭代次数 N.

输出: 近似解 $(x_1, x_2, \cdots, x_n)^{\mathrm{T}}$, $k=1$.

while $k \leqslant N$ **do**

  for $i=1,2,\cdots,n$ **do**

$$x_i = \frac{1}{a_{ii}}\left[-\sum_{j=1}^{i-1} a_{ij}x_j - \sum_{j=i+1}^{n}\left(a_{ij}x_j^{(0)} + b_i\right)\right];$$

    if $\|\boldsymbol{x}-\boldsymbol{x}^{(0)}\| <$ TOL **then**

      输出 $(x_1, x_2, \cdots, x_n)^{\mathrm{T}}$, 退出;

    end if

    $k=k+1$;

  end for

  for $i=1,2,\cdots,n$ **do**

    $x_i^{(0)} = x_i$;

  end for

end while

输出 "超过最大迭代次数"; 退出.

3.2.3 雅可比迭代法与高斯-赛德尔迭代法的收敛性

定理 3.11 设 $\boldsymbol{Ax}=\boldsymbol{b}$, 其中 $\boldsymbol{A}=\boldsymbol{D}-\boldsymbol{L}-\boldsymbol{U}$ 为非奇异矩阵, 且对角矩阵 $\boldsymbol{D}$ 也是非奇异的, 则

(1) 雅可比迭代法 (3.11) 收敛的充要条件是 $\rho(\boldsymbol{J})<1$, 其中 $\boldsymbol{J}=\boldsymbol{D}^{-1}(\boldsymbol{L}+\boldsymbol{U})$;

(2) 高斯-赛德尔迭代法 (3.15) 收敛的充要条件是 $\rho(\boldsymbol{G})<1$, 其中 $\boldsymbol{G}=(\boldsymbol{D}-\boldsymbol{L})^{-1}\boldsymbol{U}$.

定理 3.11 的证明留给读者思考. 由定理 3.11 还可得到雅可比迭代法收敛的充分条件是 $\|\boldsymbol{G}\|<1$. 高斯-赛德尔迭代法收敛的充分条件是 $\|\boldsymbol{G}\|<1$.

在实际的科学与工程计算中, 线性方程组 $\boldsymbol{Ax}=\boldsymbol{b}$ 的系数矩阵 $\boldsymbol{A}$ 常常具有某些特性. 例如, $\boldsymbol{A}$ 具有对角占优性质或 $\boldsymbol{A}$ 为不可约矩阵, 或 $\boldsymbol{A}$ 是对称正定矩阵等. 下面讨论求解这些方程组的收敛性.

定义 3.7 (对角占优矩阵) 设 $\boldsymbol{A}=(a_{ij})_{n\times n}$.

(1) 如果 $\boldsymbol{A}$ 的元素满足

$$|a_{ii}|>\sum_{j=1,\ j\neq i}^{n}|a_{ij}|,\quad i=1,2,\cdots,n,$$

则称 $\boldsymbol{A}$ 为严格对角占优矩阵;

(2) 如果 $\boldsymbol{A}$ 的元素满足

$$|a_{ii}|\geqslant\sum_{j=1,\ j\neq i}^{n}|a_{ij}|,\quad i=1,2,\cdots,n,$$

且上式至少有一个不等式严格成立, 则称 $\boldsymbol{A}$ 为弱对角占优矩阵.

定义 3.8 (可约与不可约矩阵) 设 $\boldsymbol{A}=(a_{ij})_{n\times n}\ (n\geqslant 2)$, 如果存在置换矩阵 $\boldsymbol{P}$, 使得

$$\boldsymbol{P}^{\mathrm{T}}\boldsymbol{AP}=\begin{bmatrix}\boldsymbol{A}_{11} & \boldsymbol{A}_{12}\\ \boldsymbol{O} & \boldsymbol{A}_{22}\end{bmatrix},\tag{3.16}$$

其中 $\boldsymbol{A}_{11}$ 为 r 阶方阵, $\boldsymbol{A}_{22}$ 为 $n-r$ 阶方阵 $(1\leqslant r<n)$, 则称 $\boldsymbol{A}$ 为可约矩阵, 否则, 如果不存在这样的置换矩阵 $\boldsymbol{P}$ 使 (3.16) 式成立, 则称 $\boldsymbol{A}$ 为不可约矩阵.

若 $\boldsymbol{A}$ 为可约矩阵, 则 $\boldsymbol{A}$ 可经过若干行列重排化为 (3.16) 式或 $\boldsymbol{Ax}=\boldsymbol{b}$ 可化为两个低阶线性方程组求解 (如果 $\boldsymbol{A}$ 经过两行交换的同时进行相应两列的交换, 则称对 $\boldsymbol{A}$ 进行一次行列重排).

事实上, 由 $\boldsymbol{Ax}=\boldsymbol{b}$ 可化为

$$\boldsymbol{P}^{\mathrm{T}}\boldsymbol{AP}(\boldsymbol{P}^{\mathrm{T}}\boldsymbol{x})=\boldsymbol{P}^{\mathrm{T}}\boldsymbol{b}.$$

记 $\boldsymbol{y}=\boldsymbol{P}^{\mathrm{T}}\boldsymbol{x}=\begin{pmatrix}\boldsymbol{y}_1\\ \boldsymbol{y}_2\end{pmatrix}, \boldsymbol{P}^{\mathrm{T}}\boldsymbol{b}=\begin{pmatrix}\boldsymbol{d}_1\\ \boldsymbol{d}_2\end{pmatrix}$, 其中 $\boldsymbol{y}_1$, $\boldsymbol{d}_1$ 为 r 维向量, 则求解 $\boldsymbol{A}\boldsymbol{x}=\boldsymbol{b}$ 化为求解

$$\begin{cases}\boldsymbol{A}_{11}\boldsymbol{y}_1+\boldsymbol{A}_{12}\boldsymbol{y}_2=\boldsymbol{d}_1,\\ \qquad\qquad\ \boldsymbol{A}_{22}\boldsymbol{y}_2=\boldsymbol{d}_2.\end{cases}$$

由上式即可求出 $\boldsymbol{y}_1$ 和 $\boldsymbol{y}_2$.

例 3.4　设有矩阵

$$\boldsymbol{A}=\begin{bmatrix}b_1 & c_1 & & & \\ a_2 & b_2 & c_2 & & \\ & \ddots & \ddots & \ddots & \\ & & a_{n-1} & b_{n-1} & c_{n-1}\\ & & & a_n & b_n\end{bmatrix},$$

$a_i\ (i=2,3,\cdots,n), b_i\ (i=1,2,\cdots,n), c_i\ (i=1,2,\cdots,n-1)$ 都不为零,

$$\boldsymbol{B}=\begin{bmatrix}4 & -1 & -1 & 0\\ -1 & 4 & 0 & -1\\ -1 & 0 & 4 & -1\\ 0 & -1 & -1 & 4\end{bmatrix},$$

则 $\boldsymbol{A}, \boldsymbol{B}$ 都是不可约矩阵.

定理 3.12 (对角占优定理)　如果 $\boldsymbol{A}=(a_{ij})_{n\times n}$ 为严格对角占优矩阵或 $\boldsymbol{A}$ 为不可约弱对角占优矩阵, 则 $\boldsymbol{A}$ 为非奇异矩阵.

证明　只就 $\boldsymbol{A}$ 为严格对角占优矩阵证明此定理. 采用反证法, 如果 $\det(\boldsymbol{A})=0$, 则 $\boldsymbol{A}\boldsymbol{x}=\boldsymbol{0}$ 有非零解, 记为 $\boldsymbol{x}=(x_1,x_2,\cdots,x_n)^{\mathrm{T}}$, 则 $|x_k|=\max\limits_{0\leqslant i\leqslant n}|x_i|\neq 0\ (k=1,2,\cdots,n)$. 由齐次方程组第 k 个方程

$$\sum_{j=1}^{n}a_{kj}x_j=0,$$

则有

$$|a_{kk}x_k|=\left|\sum_{j=1,\ j\neq k}^{n}a_{kj}x_j\right|\leqslant\sum_{j=1,\ j\neq k}^{n}|a_{kj}|\,|x_j|\leqslant|x_k|\sum_{j=1,\ j\neq k}^{n}|a_{kj}|,$$

即

$$|a_{kk}|\leqslant\sum_{j=1,\ j\neq k}^{n}|a_{kj}|.$$

这与假设矛盾, 故 $\det(\boldsymbol{A})\neq 0$. □

定理 3.13 设 $\boldsymbol{Ax}=\boldsymbol{b}$.

(1) 若 $\boldsymbol{A}$ 为严格对角占优矩阵, 则求解 $\boldsymbol{Ax}=\boldsymbol{b}$ 的雅可比迭代法、高斯-赛德尔迭代法均收敛;

(2) 若 $\boldsymbol{A}$ 为弱对角占优矩阵, 且 $\boldsymbol{A}$ 为不可约矩阵, 则求解 $\boldsymbol{Ax}=\boldsymbol{b}$ 的雅可比迭代法、高斯-赛德尔迭代法均收敛.

如果线性方程组 (2.2) 的系数矩阵 $\boldsymbol{A}$ 是对称正定的, 则有以下的收敛定理.

定理 3.14 设矩阵 $\boldsymbol{A}$ 对称, 且对角元 $a_{ii}>0\ (i=1,2,\cdots,n)$, 则

(1) 解线性方程组 $\boldsymbol{Ax}=\boldsymbol{b}$ 的雅可比迭代法收敛的充分必要条件是 $\boldsymbol{A}$ 及 $2\boldsymbol{D}-\boldsymbol{A}$ 均为正定矩阵, 其中 $\boldsymbol{D}=\mathrm{diag}\,(a_{11},a_{22},\cdots,a_{nn})$;

(2) 解线性方程组 $\boldsymbol{Ax}=\boldsymbol{b}$ 的高斯-赛德尔迭代法收敛的充分条件是 $\boldsymbol{A}$ 正定.

定理 3.14 表明: 若 $\boldsymbol{A}$ 对称正定, 则高斯-赛德尔迭代法一定收敛, 但雅可比迭代法则不一定收敛.

例 3.5 在线性方程组 $\boldsymbol{Ax}=\boldsymbol{b}$ 中,

$$\boldsymbol{A}=\begin{bmatrix}1 & a & a\\ a & 1 & a\\ a & a & 1\end{bmatrix}.$$

证明: 当 $-\dfrac{1}{2}<a<1$ 时, 高斯-赛德尔迭代法是收敛的, 而当 $-\dfrac{1}{2}<a<\dfrac{1}{2}$ 时雅可比迭代法才是收敛的.

证明 只需要证明: 当 $-\dfrac{1}{2}<a<1$ 时 $\boldsymbol{A}$ 是正定的, 事实上由 $\boldsymbol{A}$ 的顺序主子式

$$\varDelta_2=\begin{vmatrix}1 & a\\ a & 1\end{vmatrix}=1-a^2>0,$$

得 $|a|<1$, 而 $\varDelta_3=\det(\boldsymbol{A})=1+2a^3-3a^2=(1-a)^2(1+2a)>0$, 得 $a>-\dfrac{1}{2}$. 于是, 当 $-\dfrac{1}{2}<a<1$ 时, $\varDelta_1>0$, $\varDelta_2>0$, $\varDelta_3>0$, 故 $\boldsymbol{A}$ 正定.

对雅可比迭代矩阵

$$\boldsymbol{J}=\begin{bmatrix}0 & -a & -a\\ -a & 0 & -a\\ -a & -a & 0\end{bmatrix},$$

有

$$\det(\lambda\boldsymbol{I}-\boldsymbol{J})=\lambda^3-3\lambda a^2+2a^3=(\lambda-a)^2(\lambda+2a)=0.$$

当 $\rho(\boldsymbol{J}) = |2a| < 1$, 即 $|a| < \dfrac{1}{2}$ 时, 雅可比迭代法收敛. 例如, 当 $a = 0.8$ 时高斯-赛德尔迭代法收敛, 而 $\rho(\boldsymbol{J}) = 1.6 > 1$, 雅可比迭代法不收敛, 此时 $2\boldsymbol{D} - \boldsymbol{A}$ 不是正定的. □

3.3 松弛迭代解法及收敛性

3.3.1 松弛迭代解法

本节研究高斯-赛德尔迭代法的一种加速方法, 即松弛迭代法. (3.13) 式两端同时减去 $x_i^{(k)}$, 则

$$x_i^{(k+1)} - x_i^{(k)} = \frac{1}{a_{ii}}\left(b_i - \sum_{j=1}^{i-1} a_{ij}x_j^{(k+1)} - \sum_{j=1}^{i} a_{ii}x_j^{(k)}\right) \triangleq \Delta x_i,$$

即

$$x_i^{(k+1)} = x_i^{(k)} + \Delta x_i, \tag{3.17}$$

这说明在高斯-赛德尔迭代法中, $x_i^{(k+1)}$ 是 $x_i^{(k)}$ 与修正项 Δx_i 的和. 若在修正项前面增加一个松弛参数 ω, 则得到松弛迭代法的计算公式

$$x_i^{(k+1)} = x_i^{(k)} + \omega\Delta x_i,$$

于是

$$x_i^{(k+1)} = (1-\omega)x_i^{(k)} + \frac{\omega}{a_{ii}}\left[b_i - \sum_{j=1}^{i-1} a_{ij}x_j^{(k+1)} - \sum_{j=i+1}^{n} a_{ij}x_j^{(k)}\right], \quad k = 1, 2, \cdots. \tag{3.18}$$

将 (3.18) 式改写为

$$a_{ii}x_i^{(k+1)} + \omega\sum_{j=1}^{i-1} a_{ij}x_j^{(k+1)} = (1-\omega)a_{ii}x_i^{(k)} - \omega\sum_{j=i+1}^{n} a_{ij}x_j^{(k)} + \omega b_i,$$

其矩阵形式为

$$(\boldsymbol{D} - \omega\boldsymbol{L})\boldsymbol{x}^{(k+1)} = [(1-\omega)\boldsymbol{D} + \omega\boldsymbol{U}]\boldsymbol{x}^{(k)} + \omega\boldsymbol{b},$$

即

$$\boldsymbol{x}^{(k+1)} = (\boldsymbol{D} - \omega\boldsymbol{L})^{-1}[(1-\omega)\boldsymbol{D} + \omega\boldsymbol{U}]\boldsymbol{x}^{(k)} + \omega(\boldsymbol{D} - \omega\boldsymbol{L})^{-1}\boldsymbol{b}. \tag{3.19}$$

令 $\boldsymbol{B}_\omega = (\boldsymbol{D}-\omega\boldsymbol{L})^{-1}[(1-\omega)\boldsymbol{D}+\omega\boldsymbol{U}]$ 和 $\boldsymbol{f}_\omega = \omega(\boldsymbol{D}-\omega\boldsymbol{L})^{-1}$, 则 (3.19) 式可表示为

$$\boldsymbol{x}^{(k+1)} = \boldsymbol{B}_\omega \boldsymbol{x}^{(k)} + \boldsymbol{f}_\omega. \tag{3.20}$$

$\boldsymbol{B}_\omega$ 称为松弛法的迭代矩阵. (3.18) 式或 (3.20) 式对应的迭代算法称为松弛迭代法, ω 称为松弛因子. 当 $\omega < 1$ 时, (3.20) 式称为低松弛法; 当 $\omega = 1$ 时, 松弛法即为高斯-赛德尔迭代法; 当 $\omega > 1$ 时, (3.20) 式叫做超松弛 (SOR) 迭代法.

例 3.6 用 SOR 迭代法求解线性方程组

$$\begin{bmatrix} 12 & -2 & 1 & & & & \\ -2 & 12 & -2 & 1 & & & \\ 1 & -2 & 12 & -2 & 1 & & \\ & \ddots & \ddots & \ddots & \ddots & \ddots & \\ & & 1 & -2 & 12 & -2 & 1 \\ & & & 1 & -2 & 12 & -2 \\ & & & & 1 & -2 & 12 \end{bmatrix} \begin{bmatrix} x_1 \\ x_2 \\ x_3 \\ \vdots \\ x_8 \\ x_9 \\ x_{10} \end{bmatrix} = \begin{bmatrix} 4 \\ 4 \\ 4 \\ \vdots \\ 4 \\ 4 \\ 4 \end{bmatrix}.$$

解 线性方程组表示为 $\boldsymbol{Ax}=\boldsymbol{b}$. 取 $\boldsymbol{x}^{(0)}=\boldsymbol{0}$, 迭代公式为

$$\begin{cases} x_1^{(k+1)} = x_1^{(k)} - \omega\left(4-\sum\limits_{j=1}^{10} a_{1j}x_j^{(k)}\right)\Big/10, \\ x_2^{(k+1)} = x_2^{(k)} - \omega\left(4-\sum\limits_{j=1}^{10} a_{2j}x_j^{(k)}\right)\Big/10, \\ \qquad\qquad\cdots\cdots \\ x_{10}^{(k+1)} = x_{10}^{(k)} - \omega\left(4-\sum\limits_{j=1}^{10} a_{10j}x_j^{(k)}\right)\Big/10. \end{cases}$$

令 $\|\boldsymbol{Ax}^{(k)}-\boldsymbol{b}\|$ 为计算误差, 且用 $\|\boldsymbol{Ax}^{(k)}-\boldsymbol{b}\| < 10^{-5}$ 作为停止迭代的标准. 取 $\omega = 1.3$, 第 18 次迭代结果为

$$\begin{aligned} \boldsymbol{x}^{(18)} = (&0.371034, 0.429823, 0.407235, 0.398648, 0.399141, \\ &0.399141, 0.398648, 0.407231, 0.429823, 0.371034)^{\mathrm{T}}. \end{aligned}$$

误差 $\|\varepsilon^{(18)}\| = 5.2563294\times 10^{-6}$. 对 ω 取其他值, 迭代次数如表 3.1. 从此例看到, 选取合适的松弛因子 ω, 会使 SOR 迭代法的收敛大大加速.

表 3.1　计算数据

松弛因子 ω	迭代次数	松弛因子 ω	迭代次数
1.0	10	1.5	28
1.1	12	1.6	34
1.2	14	1.7	50
1.3	18	1.8	77
1.4	22	1.9	167

算法 3.3　SOR 迭代法

输入: n, $\boldsymbol{A}$, $\boldsymbol{b}$, 初值 $\boldsymbol{x}^{(0)}$, 误差 TOL, 最大迭代次数 N.

输出: 近似解 $x_1, x_2, \cdots, x_n$ 或 "已达最大迭代次数", $k=1$.

while $k \leqslant N$ **do**
　for $i=1,2,\cdots,n$ **do**

$$x_i=(1-\omega)x_i^{(0)}+\frac{1}{a_{ii}}\left[\omega\left(-\sum_{j=1}^{i-1}a_{ij}x_j-\sum_{j=i+1}^{n}a_{ij}x_j^{(0)}+b_i\right)\right];$$

　　if $\|x-x^{(0)}\|<\mathrm{TOL}$ **then**
　　　输出 $(x_1,x_2,\cdots,x_n)^{\mathrm{T}}$, 退出;
　　end if
　　$k=k+1$;
　end for
　for $i=1,2,\cdots,n$ **do**
　　$x_i^{(0)}=x_i$;
　end for
end while
输出 "超过最大迭代次数", 退出.

3.3.2　松弛迭代解法的收敛性

由定理 3.9, 可知 $a_{ii}\neq 0\ (i=1,2,\cdots,n)$, 则 $\rho(\boldsymbol{B}_\omega)\geqslant|\omega-1|$.

定理 3.15　若 SOR 迭代法收敛, 则 $0<\omega<2$.

证明　由定理 3.9, 当 SOR 迭代法收敛时, 有 $\rho(\boldsymbol{B}_\omega)<1$. 令 $\boldsymbol{B}_\omega$ 的特征值为 $\lambda_1,\lambda_2,\cdots,\lambda_n$, 则

$$|\det(\boldsymbol{B}_\omega)|=|\lambda_1\lambda_2\cdots\lambda_n|\leqslant[\rho(\boldsymbol{B}_\omega)]^n$$

及

$$|\det(\boldsymbol{B}_\omega)|^{1/n}\leqslant\rho(\boldsymbol{B}_\omega)<1.$$

另一方面,

$$|\det(\boldsymbol{B}_\omega)|=\det\left[(\boldsymbol{D}-\omega\boldsymbol{L})^{-1}\right]\det((1-\omega)\boldsymbol{D}+\omega\boldsymbol{U})=(1-\omega)^n,$$

从而

$$\left|\det\left(\boldsymbol{B}_{\omega}\right)\right|^{1/n}=|1-\omega|\leqslant\rho\left(\boldsymbol{B}_{\omega}\right)<1,$$

于是 $0<\omega<2$. □

定理 3.16 设 $\boldsymbol{Ax}=\boldsymbol{b}$, 系数矩阵 $\boldsymbol{A}$ 为对称正定矩阵且 $0<\omega<2$, 则 SOR 迭代法收敛.

证明 设 $\boldsymbol{y}$ 为 $\boldsymbol{B}_{\omega}$ 的任一特征值 λ 对应的特征向量, 即

$$\boldsymbol{B}_{\omega}\boldsymbol{y}=\lambda\boldsymbol{y},\quad \boldsymbol{y}=\left(y_1,y_2,\cdots,y_n\right)^{\mathrm{T}}\neq\boldsymbol{0},$$

$$\left(\boldsymbol{D}-\omega\boldsymbol{L}\right)^{-1}\left((1-\omega)\boldsymbol{D}+\omega\boldsymbol{U}\right)=\lambda\boldsymbol{y}.$$

考虑

$$\left(\left((1-\omega)\boldsymbol{D}+\omega\boldsymbol{U}\right)\boldsymbol{y},\boldsymbol{y}\right)=\lambda\left(\left(\boldsymbol{D}-\omega\boldsymbol{L}\right)\boldsymbol{y},\boldsymbol{y}\right),$$

则

$$\lambda=\frac{(\boldsymbol{Dy},\boldsymbol{y})-\omega(\boldsymbol{Dy},\boldsymbol{y})+\omega(\boldsymbol{Uy},\boldsymbol{y})}{(\boldsymbol{Dy},\boldsymbol{y})-\omega(\boldsymbol{Ly},\boldsymbol{y})}.$$

又

$$(\boldsymbol{Dy},\boldsymbol{y})=\sum_{i=1}^{n}a_{ii}\left|y_i\right|^2\equiv\sigma>0,\tag{3.21}$$

令 $-(\boldsymbol{Ly},\boldsymbol{y})=\alpha+\mathrm{i}\beta$, 由于 $\boldsymbol{A}$ 对称, 那么 $\boldsymbol{U}=\boldsymbol{L}^{\mathrm{T}}$, 所以

$$-(\boldsymbol{Uy},\boldsymbol{y})=-(\boldsymbol{y},\boldsymbol{Ly})=-\overline{(\boldsymbol{Ly},\boldsymbol{y})}=\alpha-\mathrm{i}\beta,$$

$$0<(\boldsymbol{Ay},\boldsymbol{y})=\left((\boldsymbol{D}-\boldsymbol{L}-\boldsymbol{U})\boldsymbol{y},\boldsymbol{y}\right)=\sigma+2\alpha,\tag{3.22}$$

故

$$\lambda=\frac{(\sigma-\omega\sigma-\alpha\omega)+\mathrm{i}\omega\beta}{(\sigma+\alpha\omega)+\mathrm{i}\omega\beta},$$

从而

$$|\lambda|^2=\frac{(\sigma-\omega\sigma-\alpha\omega)^2+\omega^2\beta^2}{(\sigma+\alpha\omega)^2+\omega^2\beta^2}.$$

当 $0<\omega<2$ 时, 利用 (3.21) 式和 (3.22) 式得到

$$(\sigma-\omega\sigma-\alpha\omega)^2-(\sigma+\alpha\omega)^2=\omega\sigma(\sigma+2\alpha)(\omega-2)<0,$$

则 $\boldsymbol{B}_{\omega}$ 的任一特征值 λ 满足 $|\lambda|<1$, 于是 SOR 迭代法是收敛的. □

*3.4 共轭梯度法与预处理共轭梯度法

3.4.1 共轭梯度法

本节讨论求解线性方程组 (2.2) 的共轭梯度法. 假设矩阵 $\boldsymbol{A}$ 是正定的, 当 $\boldsymbol{x}$ 和 $\boldsymbol{y}$ 为 n 维向量时, 其内积为

$$(\boldsymbol{x},\boldsymbol{y})=\boldsymbol{x}^{\mathrm{T}}\boldsymbol{y}. \tag{3.23}$$

以下结果给出了正定线性方程组 $\boldsymbol{Ax}=\boldsymbol{b}$ 有解的一个充要条件.

定理 3.17 向量 $\boldsymbol{x}^*$ 是正定线性系统 $\boldsymbol{Ax}=\boldsymbol{b}$ 的解, 当且仅当 $\boldsymbol{x}^*$ 是函数

$$g(\boldsymbol{x})=(\boldsymbol{x},\boldsymbol{Ax})-2(\boldsymbol{x},\boldsymbol{b})$$

的最小值点.

证明 给定实数 t、向量 $\boldsymbol{x}$ 和 $\boldsymbol{v}\neq\boldsymbol{0}$, 我们有

$$\begin{aligned}g(\boldsymbol{x}+t\boldsymbol{v})&=(\boldsymbol{x}+t\boldsymbol{v},\boldsymbol{Ax}+t\boldsymbol{Av})-2(\boldsymbol{x}+t\boldsymbol{v},\boldsymbol{b})\\&=(\boldsymbol{x},\boldsymbol{Ax})-2(\boldsymbol{x},\boldsymbol{b})+2t(\boldsymbol{v},\boldsymbol{Ax})-2t(\boldsymbol{v},\boldsymbol{b})+t^2(\boldsymbol{v},\boldsymbol{Av})\\&=g(\boldsymbol{x})-2t(\boldsymbol{v},\boldsymbol{b}-\boldsymbol{Ax})+t^2(\boldsymbol{v},\boldsymbol{Av}).\end{aligned}$$

令

$$h(t)=g(\boldsymbol{x}+t\boldsymbol{v}), \tag{3.24}$$

则 $h(t)$ 为 t 的二次函数, 二次项系数 $(\boldsymbol{v},\boldsymbol{Av})>0$. 令

$$h'(t)=-2(\boldsymbol{v},\boldsymbol{b}-\boldsymbol{Ax})+2t(\boldsymbol{v},\boldsymbol{Av})=0,$$

则

$$\hat{t}=\frac{(\boldsymbol{v},\boldsymbol{b}-\boldsymbol{Ax})}{(\boldsymbol{v},\boldsymbol{Av})}.$$

于是 $h(t)$ 的最小值为

$$\begin{aligned}h(\hat{t})&=g(\boldsymbol{x}+\hat{t}\boldsymbol{v})\\&=g(\boldsymbol{x})-2\hat{t}(\boldsymbol{v},\boldsymbol{b}-\boldsymbol{Ax})+\hat{t}^2(\boldsymbol{v},\boldsymbol{Av})\\&=g(\boldsymbol{x})-2\frac{(\boldsymbol{v},\boldsymbol{b}-\boldsymbol{Ax})}{(\boldsymbol{v},\boldsymbol{Av})}(\boldsymbol{v},\boldsymbol{b}-\boldsymbol{Ax})+\left(\frac{(\boldsymbol{v},\boldsymbol{b}-\boldsymbol{Ax})}{(\boldsymbol{v},\boldsymbol{Av})}\right)^2(\boldsymbol{v},\boldsymbol{Av})\end{aligned}$$

$$= g(\boldsymbol{x}) - \frac{(\boldsymbol{v}, \boldsymbol{b}-\boldsymbol{A}\boldsymbol{x})}{(\boldsymbol{v}, \boldsymbol{A}\boldsymbol{v})}.$$

所以对于所有的向量 $\boldsymbol{v} \neq \boldsymbol{0}$ 且 $(\boldsymbol{v}, \boldsymbol{b}-\boldsymbol{A}\boldsymbol{x}) \neq 0$, 则 $g(\boldsymbol{x}+\hat{t}\boldsymbol{v}) < g(\boldsymbol{x})$. 当 $(\boldsymbol{v}, \boldsymbol{b}-\boldsymbol{A}\boldsymbol{x}) = 0$ 时, $g(\boldsymbol{x}) = g(\boldsymbol{x}+\hat{t}\boldsymbol{v})$.

假设 $\boldsymbol{x}^*$ 是 $\boldsymbol{A}\boldsymbol{x}=\boldsymbol{b}$ 的一个解, 则对于所有的向量 $\boldsymbol{v}$ 有 $(\boldsymbol{v}, \boldsymbol{b}-\boldsymbol{A}\boldsymbol{x}^*) = 0$, $g(\boldsymbol{x}^*)$ 是 $g(\boldsymbol{x})$ 的最小值, 即 $\boldsymbol{x}^*$ 是 $g(\boldsymbol{x})$ 的最小值点. 另一方面, 假设 $\boldsymbol{x}^*$ 是 $g(\boldsymbol{x})$ 的最小值点, 则对于所有的向量 $\boldsymbol{v} \neq \boldsymbol{0}$, 我们有 $g(\boldsymbol{x}^*+\hat{t}\boldsymbol{v}) \geqslant g(\boldsymbol{x}^*)$. 因此, $(\boldsymbol{v}, \boldsymbol{b}-\boldsymbol{A}\boldsymbol{x}^*) = 0$, 即 $\boldsymbol{b}-\boldsymbol{A}\boldsymbol{x}^* = \boldsymbol{0}$, 也就是 $\boldsymbol{A}\boldsymbol{x}^* = \boldsymbol{b}$. 于是 $\boldsymbol{x}^*$ 是 $\boldsymbol{A}\boldsymbol{x}=\boldsymbol{b}$ 的一个解. □

选择 $\boldsymbol{x}$ 为 $\boldsymbol{A}\boldsymbol{x}^*=\boldsymbol{b}$ 的一个近似解且 $\boldsymbol{v} \neq \boldsymbol{0}$, 这给出了一个从 $\boldsymbol{x}$ 开始移动, 以便提高近似解的质量的搜索方向. 设 $\boldsymbol{r} = \boldsymbol{b}-\boldsymbol{A}\boldsymbol{x}$ 是与 $\boldsymbol{x}$ 和

$$t = \frac{(\boldsymbol{v}, \boldsymbol{b}-\boldsymbol{A}\boldsymbol{v})}{(\boldsymbol{v}, \boldsymbol{A}\boldsymbol{v})} = \frac{(\boldsymbol{v}, \boldsymbol{r})}{(\boldsymbol{v}, \boldsymbol{A}\boldsymbol{v})}$$

有关的残差向量. 如果 $\boldsymbol{r} \neq \boldsymbol{0}$, $\boldsymbol{v}$ 和 $\boldsymbol{r}$ 不正交, 则 $g(\boldsymbol{x}+t\boldsymbol{v})$ 给出了一个比 $g(\boldsymbol{x})$ 更小的值, $\boldsymbol{x}+t\boldsymbol{v}$ 比 $\boldsymbol{x}$ 更接近于 $\boldsymbol{x}^*$. 这就提出了以下方法.

设 $\boldsymbol{x}^{(0)}$ 是 $\boldsymbol{x}^*$ 的初始近似值, 且令 $\boldsymbol{v}^{(1)} \neq \boldsymbol{0}$ 是初始搜索方向. 对于 $k = 1, 2, 3, \cdots$, 我们计算

$$t_k = \frac{(\boldsymbol{v}^{(k)}, \boldsymbol{b}-\boldsymbol{A}\boldsymbol{x}^{(k-1)})}{(\boldsymbol{v}^{(k)}, \boldsymbol{A}\boldsymbol{v}^{(k)})}, \quad \boldsymbol{x}^{(k)} = \boldsymbol{x}^{(k-1)} + t_k\boldsymbol{v}^{(k)},$$

然后选择一个新的搜索方向 $\boldsymbol{v}^{(k+1)}$, 使近似序列 $\{\boldsymbol{x}^{(k)}\}$ 能迅速收敛到 $\boldsymbol{x}^*$.

为了选择搜索方向, 我们把 g 表示为 $\boldsymbol{x} = (x_1, x_2, \cdots, x_n)^{\mathrm{T}}$ 的分量的函数, 即

$$g(x_1, x_2, \cdots, x_n) = (\boldsymbol{x}, \boldsymbol{A}\boldsymbol{x}) - 2(\boldsymbol{x}, \boldsymbol{b}) = \sum_{i=1}^{n}\sum_{j=1}^{n} a_{ij}x_ix_j - 2\sum_{i=1}^{n} x_ib_i.$$

对 g 关于向量 x 的第 k 个分量 x_k 求偏导数得

$$\frac{\partial}{\partial x_k}g(\boldsymbol{x}) = 2\sum_{i=1}^{n} a_{ki}x_i - 2b_k,$$

因此, g 的梯度为

$$\nabla g(\boldsymbol{x}) = \left(\frac{\partial}{\partial x_1}g(\boldsymbol{x}), \frac{\partial}{\partial x_2}g(\boldsymbol{x}), \cdots, \frac{\partial}{\partial x_n}g(\boldsymbol{x})\right)^{\mathrm{T}} = 2(\boldsymbol{A}\boldsymbol{x}-\boldsymbol{b}) = -2\boldsymbol{r},$$

其中 $\boldsymbol{r}$ 是 $\boldsymbol{x}$ 的残差向量.

在多元微积分学习中, 我们知道 $g(\boldsymbol{x})$ 值减少最快的方向是由 $-\nabla g(\boldsymbol{x})$ 给出的方向, 也就是在残差 $\boldsymbol{r}$ 的方向上. 这个选择

$$\boldsymbol{v}^{(k+1)}=\boldsymbol{r}^{(k)}=\boldsymbol{b}-\boldsymbol{A}\boldsymbol{x}^{(k)}$$

的方法被称为最速下降法.

另一种方法是使用一组非零方向向量 $\{\boldsymbol{v}^{(1)},\boldsymbol{v}^{(2)},\cdots,\boldsymbol{v}^{(n)}\}$, 对于任意的 $i\neq j$, 如果这个非零方向向量组满足称为 $\boldsymbol{A}$-正交条件, 即

$$\langle\boldsymbol{v}^{(i)},\boldsymbol{A}\boldsymbol{v}^{(j)}\rangle=0,$$

则称向量集 $\{\boldsymbol{v}^{(1)},\boldsymbol{v}^{(2)},\cdots,\boldsymbol{v}^{(n)}\}$ 是 $\boldsymbol{A}$-正交的.

下面的定理表明这种搜索方向的选择最多在 n 步内收敛, 所以作为一种直接方法, 如果算法是精确的, 它便能产生精确解.

定理 3.18 设 $\{\boldsymbol{v}^{(1)},\boldsymbol{v}^{(2)},\cdots,\boldsymbol{v}^{(n)}\}$ 是与正定矩阵有关的一组非零 $\boldsymbol{A}$-正交向量集, 而且 $\boldsymbol{x}^{(0)}$ 是任意的. 定义对于 $k=1,2,\cdots,n$,

$$t_k=\frac{(\boldsymbol{v}^{(k)},\boldsymbol{b}-\boldsymbol{A}\boldsymbol{x}^{(k-1)})}{(\boldsymbol{v}^{(k)},\boldsymbol{A}\boldsymbol{v}^{(k)})},\quad \boldsymbol{x}^{(k)}=\boldsymbol{x}^{(k-1)}+t_k\boldsymbol{v}^{(k)}.$$

若算法是精确的, 则 $\boldsymbol{A}\boldsymbol{x}^{(n)}=\boldsymbol{b}$.

证明 对任意 $k=1,2,\cdots,n$, $\boldsymbol{x}^{(k)}=\boldsymbol{x}^{(k-1)}+t_k\boldsymbol{v}^{(k)}$, 我们有

$$\begin{aligned}\boldsymbol{A}\boldsymbol{x}^{(n)}&=\boldsymbol{A}\boldsymbol{x}^{(n-1)}+t_n\boldsymbol{A}\boldsymbol{v}^{(n)}\\&=(\boldsymbol{A}\boldsymbol{x}^{(n-2)}+t_{n-1}\boldsymbol{A}\boldsymbol{v}^{(n-1)})+t_n\boldsymbol{A}\boldsymbol{v}^{(n)}\\&=\cdots=\boldsymbol{A}\boldsymbol{x}^{(0)}+t_1\boldsymbol{A}\boldsymbol{v}^{(1)}+t_2\boldsymbol{A}\boldsymbol{v}^{(2)}+\cdots+t_n\boldsymbol{A}\boldsymbol{v}^{(n)}.\end{aligned}$$

两边同时减去 $\boldsymbol{b}$ 得到

$$\boldsymbol{A}\boldsymbol{x}^{(n)}-\boldsymbol{b}=\boldsymbol{A}\boldsymbol{x}^{(0)}-\boldsymbol{b}+t_1\boldsymbol{A}\boldsymbol{v}^{(1)}+t_2\boldsymbol{A}\boldsymbol{v}^{(2)}+\cdots+t_n\boldsymbol{A}\boldsymbol{v}^{(n)}.$$

两边与 $\boldsymbol{v}^{(k)}$ 作内积, 可得

$$\begin{aligned}(\boldsymbol{A}\boldsymbol{x}^{(n)}-\boldsymbol{b},\boldsymbol{v}^{(k)})&=(\boldsymbol{A}\boldsymbol{x}^{(0)}-\boldsymbol{b},\boldsymbol{v}^{(k)})+t_1(\boldsymbol{A}\boldsymbol{v}^{(1)},\boldsymbol{v}^{(k)})+\cdots+t_n(\boldsymbol{A}\boldsymbol{v}^{(n)},\boldsymbol{v}^{(k)})\\&=(\boldsymbol{A}\boldsymbol{x}^{(0)}-\boldsymbol{b},\boldsymbol{v}^{(k)})+t_1(\boldsymbol{v}^{(1)},\boldsymbol{A}\boldsymbol{v}^{(k)})+\cdots+t_n(\boldsymbol{v}^{(n)},\boldsymbol{A}\boldsymbol{v}^{(k)}).\end{aligned}$$

由 $\boldsymbol{A}$-正交性质, 我们有

$$(\boldsymbol{A}\boldsymbol{x}^{(n)}-\boldsymbol{b},\boldsymbol{v}^{(k)})=(\boldsymbol{A}\boldsymbol{x}^{(0)}-\boldsymbol{b},\boldsymbol{v}^{(k)})+t_k(\boldsymbol{v}^{(k)},\boldsymbol{A}\boldsymbol{v}^{(k)}). \tag{3.25}$$

注意到 $t_k(\boldsymbol{v}^{(k)},\boldsymbol{A}\boldsymbol{v}^{(k)})=(\boldsymbol{v}^{(k)},\boldsymbol{b}-\boldsymbol{A}\boldsymbol{x}^{(k-1)})$, 故

$$\begin{aligned}t_k(\boldsymbol{v}^{(k)},\boldsymbol{A}\boldsymbol{v}^{(k)})=&(\boldsymbol{v}^{(k)},\boldsymbol{b}-\boldsymbol{A}\boldsymbol{v}^{(0)}+\boldsymbol{A}\boldsymbol{v}^{(0)}-\boldsymbol{A}\boldsymbol{v}^{(1)}+\cdots-\boldsymbol{A}\boldsymbol{v}^{(k-2)}\\&+\boldsymbol{A}\boldsymbol{v}^{(k-2)}-\boldsymbol{A}\boldsymbol{v}^{(k-1)})\\=&(\boldsymbol{v}^{(k)},\boldsymbol{b}-\boldsymbol{A}\boldsymbol{v}^{(0)})+(\boldsymbol{v}^{(k)},\boldsymbol{A}\boldsymbol{v}^{(0)}-\boldsymbol{A}\boldsymbol{v}^{(1)})+\cdots\\&+(\boldsymbol{v}^{(k)},\boldsymbol{A}\boldsymbol{v}^{(k-2)}-\boldsymbol{A}\boldsymbol{v}^{(k-1)}).\end{aligned}$$

因为

$$\boldsymbol{x}^{(i)}=\boldsymbol{x}^{(i-1)}+t_i\boldsymbol{v}^{(i)},\quad \boldsymbol{A}\boldsymbol{x}^{(i)}=\boldsymbol{A}\boldsymbol{x}^{(i-1)}+t_i\boldsymbol{A}\boldsymbol{v}^{(i)},$$

所以

$$\boldsymbol{A}\boldsymbol{x}^{(i-1)}-\boldsymbol{A}\boldsymbol{x}^{(i)}=-t_i\boldsymbol{A}\boldsymbol{v}^{(i)}.$$

因此

$$t_k(\boldsymbol{v}^{(k)},\boldsymbol{A}\boldsymbol{v}^{(k)})=(\boldsymbol{v}^{(k)},\boldsymbol{b}-\boldsymbol{A}\boldsymbol{v}^{(0)})-t_1(\boldsymbol{v}^{(k)},\boldsymbol{A}\boldsymbol{v}^{(1)})-\cdots-t_{k-1}(\boldsymbol{v}^{(k)},\boldsymbol{A}\boldsymbol{v}^{(k-1)}).$$

由 $\boldsymbol{A}$-正交性质可知: 对于 $i\neq k$ 有 $(\boldsymbol{v}^{(k)},\boldsymbol{A}\boldsymbol{v}^{(i)})=0$, 所以

$$t_k(\boldsymbol{v}^{(k)},\boldsymbol{A}\boldsymbol{v}^{(k)})=(\boldsymbol{v}^{(k)},\boldsymbol{b}-\boldsymbol{A}\boldsymbol{v}^{(0)}).$$

由 (3.25) 式得

$$\begin{aligned}(\boldsymbol{A}\boldsymbol{v}^{(n)}-\boldsymbol{b},\boldsymbol{v}^{(k)})&=(\boldsymbol{A}\boldsymbol{v}^{(0)}-\boldsymbol{b},\boldsymbol{v}^{(k)})+(\boldsymbol{v}^{(k)},\boldsymbol{b}-\boldsymbol{A}\boldsymbol{v}^{(0)})\\&=(\boldsymbol{A}\boldsymbol{v}^{(0)}-\boldsymbol{b},\boldsymbol{v}^{(k)})+(\boldsymbol{b}-\boldsymbol{A}\boldsymbol{v}^{(0)},\boldsymbol{v}^{(k)})\\&=(\boldsymbol{A}\boldsymbol{v}^{(0)}-\boldsymbol{b},\boldsymbol{v}^{(k)})-(\boldsymbol{A}\boldsymbol{v}^{(0)}-\boldsymbol{b},\boldsymbol{v}^{(k)})=0.\end{aligned}$$

因此, 向量 $\boldsymbol{A}\boldsymbol{x}^{(n)}-\boldsymbol{b}$ 与 $\boldsymbol{A}$-正交向量集 $\{\boldsymbol{v}^{(1)},\boldsymbol{v}^{(2)},\cdots,\boldsymbol{v}^{(n)}\}$ 是正交的. 由此, 可得 $\boldsymbol{A}\boldsymbol{x}^{(n)}-\boldsymbol{b}=\boldsymbol{0}$, 即 $\boldsymbol{A}\boldsymbol{x}^{(n)}=\boldsymbol{b}$. □

在讨论如何确定 $\boldsymbol{A}$-正交向量集之前, 我们继续利用 $\boldsymbol{A}$-正交向量集 $\{\boldsymbol{v}^{(1)},\boldsymbol{v}^{(2)},\cdots,\boldsymbol{v}^{(n)}\}$ 的方向向量给出共轭方向法. 下面的定理显示了残差向量 $\boldsymbol{r}^{(k)}$ 和方向向量 $\boldsymbol{v}^{(j)}$ 的正交性.

定理 3.19 对于共轭方向方法残差向量 $\boldsymbol{r}^{(k)},k=1,2,\cdots,n$, 满足方程

$$(\boldsymbol{r}^{(k)},\boldsymbol{v}^{(j)})=0,\quad j=1,2,\cdots,k.$$

用赫斯特内斯 (Hestenes) 和斯蒂弗尔 (Stiefel) 的共轭梯度法选择搜索方向使残差向量 $\{\boldsymbol{r}^{(k)}\}$ 相互正交. 为了构造方向向量 $\{\boldsymbol{v}^{(1)},\boldsymbol{v}^{(2)},\cdots\}$ 和近似值 $\{\boldsymbol{x}^{(1)},\boldsymbol{x}^{(2)},\cdots\}$, 我们从初始近似值 $\boldsymbol{x}^{(0)}$ 开始, 使用最速下降方向 $\boldsymbol{r}^{(0)}=\boldsymbol{b}-\boldsymbol{A}\boldsymbol{x}^{(0)}$ 作为第一个搜索方向 $\boldsymbol{v}^{(1)}$.

假设共轭方向 $\boldsymbol{v}^{(1)},\boldsymbol{v}^{(2)},\cdots,\boldsymbol{v}^{(k-1)}$ 和近似值 $\boldsymbol{x}^{(1)},\boldsymbol{x}^{(2)},\cdots,\boldsymbol{x}^{(k-1)}$ 已经被计算:

$$\boldsymbol{x}^{(k-1)}=\boldsymbol{x}^{(k-2)}+t_{k-1}\boldsymbol{v}^{(k-1)},$$

其中对于 $i\neq j$,

$$(\boldsymbol{v}^{(i)},\boldsymbol{A}\boldsymbol{v}^{(j)})=0,\quad (\boldsymbol{r}^{(i)},\boldsymbol{r}^{(j)})=0.$$

若 $\boldsymbol{x}^{(k-1)}$ 是 $\boldsymbol{A}\boldsymbol{x}=\boldsymbol{b}$ 的解, 计算结束. 否则, $\boldsymbol{r}^{(k-1)}=\boldsymbol{b}-\boldsymbol{A}\boldsymbol{x}^{(k-1)}\neq\boldsymbol{0}$. 据定理 3.19, 对于每一个 $i=1,2,\cdots,k-1$ 有 $(\boldsymbol{r}^{(k-1)},\boldsymbol{v}^{(i)})=0$.

令

$$\boldsymbol{v}^{(k)}=\boldsymbol{r}^{(k-1)}+s_{k-1}\boldsymbol{v}^{(k-1)}$$

产生 $\boldsymbol{v}^{(k)}$. 现确定 s_{k-1} 使得

$$(\boldsymbol{v}^{(k-1)},\boldsymbol{A}\boldsymbol{v}^{(k)})=0.$$

因为

$$\boldsymbol{A}\boldsymbol{v}^{(k)}=\boldsymbol{A}\boldsymbol{r}^{(k-1)}+s_{k-1}\boldsymbol{A}\boldsymbol{v}^{(k-1)}$$

和

$$(\boldsymbol{v}^{(k-1)},\boldsymbol{A}\boldsymbol{v}^{(k)})=(\boldsymbol{v}^{(k-1)},\boldsymbol{A}\boldsymbol{r}^{(k-1)})+s_{k-1}(\boldsymbol{v}^{(k-1)},\boldsymbol{A}\boldsymbol{v}^{(k-1)}),$$

可得 $(\boldsymbol{v}^{(k-1)},\boldsymbol{A}\boldsymbol{v}^{(k)})=0$, 这里

$$s_{k-1}=-\frac{(\boldsymbol{v}^{(k-1)},\boldsymbol{A}\boldsymbol{r}^{(k-1)})}{(\boldsymbol{v}^{(k-1)},\boldsymbol{A}\boldsymbol{v}^{(k-1)})}.$$

容易验证: 对于 $i=1,2,\cdots,k-2$, 有 $(\boldsymbol{v}^{(k)},\boldsymbol{A}\boldsymbol{v}^{(i)})=0$, 因此 $\{\boldsymbol{v}^{(1)},\boldsymbol{v}^{(2)},\cdots,\boldsymbol{v}^{(k)}\}$ 是 $\boldsymbol{A}$-正交向量集.

因为

$$\begin{aligned}t_k=\frac{(\boldsymbol{v}^{(k)},\boldsymbol{r}^{(k-1)})}{(\boldsymbol{v}^{(k)},\boldsymbol{A}\boldsymbol{v}^{(k)})}&=\frac{(\boldsymbol{r}^{(k-1)}+s_{k-1}\boldsymbol{v}^{(k-1)},\boldsymbol{r}^{(k-1)})}{(\boldsymbol{v}^{(k)},\boldsymbol{A}\boldsymbol{v}^{(k)})}\\&=\frac{(\boldsymbol{r}^{(k-1)},\boldsymbol{r}^{(k-1)})}{(\boldsymbol{v}^{(k)},\boldsymbol{A}\boldsymbol{v}^{(k)})}+s_{k-1}\frac{(\boldsymbol{v}^{(k-1)},\boldsymbol{r}^{(k-1)})}{(\boldsymbol{v}^{(k)},\boldsymbol{A}\boldsymbol{v}^{(k)})}.\end{aligned}$$

由定理 3.19 得 $(\boldsymbol{v}^{(k-1)}, \boldsymbol{r}^{(k-1)}) = 0$, 所以

$$t_k = \frac{(\boldsymbol{r}^{(k-1)}, \boldsymbol{r}^{(k-1)})}{(\boldsymbol{v}^{(k)}, \boldsymbol{A}\boldsymbol{v}^{(k)})}. \tag{3.26}$$

因此

$$\boldsymbol{x}^{(k)} = \boldsymbol{x}^{(k-1)} + t_k \boldsymbol{v}^{(k)}.$$

为了得到 $\boldsymbol{r}^{(k)}$, 对 $\boldsymbol{x}^{(k)}$ 右乘以 $\boldsymbol{A}$ 再减去 $\boldsymbol{b}$ 得到

$$\boldsymbol{A}\boldsymbol{x}^{(k)} - \boldsymbol{b} = \boldsymbol{A}\boldsymbol{x}^{(k-1)} - \boldsymbol{b} + t_k \boldsymbol{A}\boldsymbol{v}^{(k)}$$

或者

$$\boldsymbol{r}^{(k)} = \boldsymbol{r}^{(k-1)} - t_k \boldsymbol{A}\boldsymbol{v}^{(k)}.$$

这说明

$$(\boldsymbol{r}^{(k)}, \boldsymbol{r}^{(k)}) = (\boldsymbol{r}^{(k-1)}, \boldsymbol{r}^{(k)}) - t_k(\boldsymbol{A}\boldsymbol{v}^{(k)}, \boldsymbol{r}^{(k)}) = -t_k(\boldsymbol{r}^{(k)}, \boldsymbol{A}\boldsymbol{v}^{(k)}).$$

进一步由 (3.26) 得

$$(\boldsymbol{r}^{(k-1)}, \boldsymbol{r}^{(k-1)}) = t_k(\boldsymbol{v}^{(k)}, \boldsymbol{A}\boldsymbol{v}^{(k)}),$$

所以

$$s_k = -\frac{(\boldsymbol{v}^{(k)}, \boldsymbol{A}\boldsymbol{r}^{(k)})}{(\boldsymbol{v}^{(k)}, \boldsymbol{A}\boldsymbol{v}^{(k)})} = -\frac{(\boldsymbol{r}^{(k)}, \boldsymbol{A}\boldsymbol{v}^{(k)})}{(\boldsymbol{v}^{(k)}, \boldsymbol{A}\boldsymbol{v}^{(k)})} = \frac{1/t_k(\boldsymbol{r}^{(k)}, \boldsymbol{r}^{(k)})}{1/t_k(\boldsymbol{r}^{(k-1)}, \boldsymbol{r}^{(k-1)})} = \frac{(\boldsymbol{r}^{(k)}, \boldsymbol{r}^{(k)})}{(\boldsymbol{r}^{(k-1)}, \boldsymbol{r}^{(k-1)})}.$$

总结以上推导过程, 我们有

$$\boldsymbol{r}^{(0)} = \boldsymbol{b} - \boldsymbol{A}\boldsymbol{x}^{(0)}, \quad \boldsymbol{v}^{(1)} = \boldsymbol{r}^{(0)},$$

对于 $k = 1, 2, \cdots, n$,

$$t_k = \frac{(\boldsymbol{r}^{(k-1)}, \boldsymbol{r}^{(k-1)})}{(\boldsymbol{v}^{(k)}, \boldsymbol{A}\boldsymbol{v}^{(k)})}, \quad \boldsymbol{x}^{(k)} = \boldsymbol{x}^{(k-1)} + t_k \boldsymbol{v}^{(k)},$$

$$\boldsymbol{r}^{(k)} = \boldsymbol{r}^{(k-1)} - t_k \boldsymbol{A}\boldsymbol{v}^{(k)}, \quad s_k = \frac{(\boldsymbol{r}^{(k)}, \boldsymbol{r}^{(k)})}{(\boldsymbol{r}^{(k-1)}, \boldsymbol{r}^{(k-1)})}$$

和

$$\boldsymbol{v}^{(k+1)} = \boldsymbol{r}^{(k)} + s_k \boldsymbol{v}^{(k)}. \tag{3.27}$$

算法 3.4 总结了赫斯特内斯-斯蒂弗尔共轭梯度的算法过程.

算法 3.4 赫斯特内斯-斯蒂弗尔共轭梯度法

输入: $\boldsymbol{A}$, $\boldsymbol{b}$, 初值 $\boldsymbol{x}^{(0)}$, 误差 TOL.

输出: 近似解 $\boldsymbol{x}^{*}$.

$k=0$, $\boldsymbol{r}^{(0)}=\boldsymbol{b}-\boldsymbol{A}\boldsymbol{x}^{(0)}$;

while $\|\boldsymbol{r}^{(k)}\|>\mathrm{TOL}$ **do**

  $k=k+1$;

  if $k=1$ **then**

    $\boldsymbol{v}^{(k)}=\boldsymbol{r}^{(0)}$;

  else

    $s_{k-1}=\dfrac{(\boldsymbol{r}^{(k-1)},\boldsymbol{r}^{(k-1)})}{(\boldsymbol{r}^{(k-2)},\boldsymbol{r}^{(k-2)})}$;

    $\boldsymbol{v}^{(k)}=\boldsymbol{r}^{(k-1)}+s_k\boldsymbol{v}^{(k-1)}$;

  end if

  $t_k=\dfrac{(\boldsymbol{r}^{(k-1)},\boldsymbol{r}^{(k-1)})}{(\boldsymbol{v}^{(k)},\boldsymbol{A}\boldsymbol{v}^{(k)})}$;

  $\boldsymbol{x}^{(k)}=\boldsymbol{x}^{(k-1)}+t_k\boldsymbol{v}^{(k)}$;

  $\boldsymbol{r}^{(k)}=\boldsymbol{r}^{(k-1)}-t_k\boldsymbol{A}\boldsymbol{v}^{(k)}$;

end while

$\boldsymbol{x}^{*}=\boldsymbol{x}^{(k)}$.

注意算法 3.4 在运行过程中产生的舍入误差会导致残差之间不满足正交性, 因此算法可能会进入死循环. 如果 $\boldsymbol{x}^{(k)}$ 表示最后的迭代, $\boldsymbol{x}^{*}$ 表示精确解, 在实际计算中, 最好在 k 接近 n 前终止迭代, 因为对于任意初始解 $\boldsymbol{x}^{(0)}$, 可以证明算法 3.4 有如下误差上界

$$\|\boldsymbol{x}^{*}-\boldsymbol{x}^{(k)}\|_{\boldsymbol{A}}\leqslant 2\|\boldsymbol{x}^{*}-\boldsymbol{x}^{(0)}\|_{\boldsymbol{A}}\left(\frac{\sqrt{\operatorname{cond}(\boldsymbol{A})_2}-1}{\sqrt{\operatorname{cond}(\boldsymbol{A})_2}+1}\right)^{k}.$$

例 3.7 用共轭梯度法求解线性方程组

$$\begin{cases}3x_1+\ \ x_2=5,\\ \ \ x_1+2x_2=5.\end{cases}$$

解 $\boldsymbol{A}=\begin{bmatrix}3&1\\1&2\end{bmatrix}$ 是对称正定的, 取 $\boldsymbol{x}^{(0)}=(0,0)^{\mathrm{T}}$, 则 $\boldsymbol{v}^{(1)}=\boldsymbol{r}^{(0)}=\boldsymbol{b}-\boldsymbol{A}\boldsymbol{x}^{(0)}=(5,5)^{\mathrm{T}}$,

$$t_0=\frac{(\boldsymbol{r}^{(0)},\boldsymbol{r}^{(0)})}{(\boldsymbol{A}\boldsymbol{v}^{(1)},\boldsymbol{v}^{(1)})}=\frac{2}{7},$$

$$\boldsymbol{x}^{(1)}=\boldsymbol{x}^{(0)}+t_0\boldsymbol{v}^{(1)}=\left(\frac{10}{7},\frac{10}{7}\right)^{\mathrm{T}},$$

$$\boldsymbol{r}^{(1)}=\boldsymbol{r}^{(0)}-t_0\boldsymbol{A}\boldsymbol{v}^{(1)}=\left(-\frac{5}{7},\frac{5}{7}\right)^{\mathrm{T}},$$

$$s_1=\frac{(\boldsymbol{r}^{(1)},\boldsymbol{r}^{(1)})}{(\boldsymbol{r}^{(0)},\boldsymbol{r}^{(0)})}=\frac{1}{49},$$

$$\boldsymbol{v}^{(2)}=\boldsymbol{r}^{(1)}+s_1\boldsymbol{v}^{(1)}=\left(-\frac{30}{49},\frac{40}{49}\right)^{\mathrm{T}}.$$

可以得到 $t_0=\dfrac{7}{10}$ 和方程组的精确解 $\boldsymbol{x}^{(2)}=(1,2)^{\mathrm{T}}$.

3.4.2 预处理共轭梯度法

对于线性方程组 (2.2), 如果矩阵 $\boldsymbol{A}$ 是病态的, 则共轭梯度法极易受到舍入误差的影响. 本节介绍一种求解病态线性方程组 (2.2) 的预处理共轭梯度法. 先举一个病态矩阵的例子.

例 3.8 考虑著名的希尔伯特矩阵

$$\boldsymbol{H}_n=\begin{bmatrix}1 & \frac{1}{2} & \cdots & \frac{1}{n}\\ \frac{1}{2} & \frac{1}{3} & \cdots & \frac{1}{n+1}\\ \vdots & \vdots & & \vdots\\ \frac{1}{n} & \frac{1}{n+1} & \cdots & \frac{1}{2n-1}\end{bmatrix}.$$

可以证明 $\boldsymbol{H}_n$ 是正定的. 计算条件数有 $\mathrm{cond}(\boldsymbol{H}_4)=1.5514\times10^4$, $\mathrm{cond}(\boldsymbol{H}_6)=1.4951\times10^7$, $\mathrm{cond}(\boldsymbol{H}_8)=1.525\times10^{10}$. 由此可见, 随着 n 的增加, $\boldsymbol{H}_n$ 的病态越来越严重, $\boldsymbol{H}_n$ 常常在数据拟合和函数逼近中出现.

由于稀疏矩阵的病态特性会无限放大计算过程产生的误差, 故直接用迭代法求解病态线性方程组通常毫无意义. 可以考虑对原方程组 (2.2) 作某些预处理, 以降低系统矩阵的条件数, 即选择非奇异矩阵 $\boldsymbol{P}$ 或 $\boldsymbol{Q}$, 一般选择 $\boldsymbol{P}$ 或 $\boldsymbol{Q}$ 为对角矩阵或三角矩阵, 使

$$\mathrm{cond}(\boldsymbol{PAQ})<\mathrm{cond}(\boldsymbol{A}).$$

然后, 求解等价方程组 $\boldsymbol{PAQy}=\boldsymbol{Pb},\boldsymbol{y}=\boldsymbol{Q}^{-1}\boldsymbol{x}$.

例 3.9 对矩阵 $\boldsymbol{A}=\begin{bmatrix}1 & 10^5\\ 1 & 1\end{bmatrix}$, $\boldsymbol{A}^{-1}=\dfrac{1}{1-10^5}\begin{bmatrix}1 & -10^5\\ -1 & 1\end{bmatrix}$ 进行预处理, 以降低 $\boldsymbol{A}$ 的条件数.

解　由条件数的定义得 $\text{cond}(\boldsymbol{A}) \approx 10^5$, 若对 $\boldsymbol{A}$ 左乘矩阵 $\boldsymbol{P} = \begin{bmatrix} 10^5 & 0 \\ 0 & 1 \end{bmatrix}$ 进行预处理得

$$\boldsymbol{B} = \boldsymbol{P}\boldsymbol{A} = \begin{bmatrix} 10^5 & 10^{10} \\ 1 & 1 \end{bmatrix}.$$

矩阵 $\boldsymbol{B}$ 的条件数为 4, 这使得条件数得到极大的改善.

为了保持求解系统的正定性, 当采用预处理共轭梯度法时, 不直接应用于矩阵 $\boldsymbol{A}$, 而是应用于另一个条件数较小的正定矩阵. 为此, 我们需要在两边乘以一个非奇异矩阵, 用 $\boldsymbol{C}^{-1}$ 来表示这个矩阵, 然后考虑

$$\tilde{\boldsymbol{A}} = \boldsymbol{C}^{-1}\boldsymbol{A}(\boldsymbol{C}^{-1})^{\mathrm{T}},$$

使 $\tilde{\boldsymbol{A}}$ 的条件数比 $\boldsymbol{A}$ 的小. 为了简化符号, 使用矩阵符号 $\boldsymbol{C}^{-\mathrm{T}} = (\boldsymbol{C}^{-1})^{\mathrm{T}}$. 接下来考虑应用于 $\tilde{\boldsymbol{A}}$ 的共轭.

考虑线性系统

$$\tilde{\boldsymbol{A}}\tilde{\boldsymbol{x}} = \tilde{\boldsymbol{b}}, \tag{3.28}$$

其中 $\tilde{\boldsymbol{x}} = \boldsymbol{C}^{\mathrm{T}}\boldsymbol{x}$ 和 $\tilde{\boldsymbol{b}} = \boldsymbol{C}^{-1}\boldsymbol{b}$, 则

$$\tilde{\boldsymbol{A}}\tilde{\boldsymbol{x}} = (\boldsymbol{C}^{-1}\boldsymbol{A}\boldsymbol{C}^{-\mathrm{T}})(\boldsymbol{C}^{\mathrm{T}}\boldsymbol{x}) = \boldsymbol{C}^{-1}\boldsymbol{A}\boldsymbol{x}.$$

因此一旦找到这个新线性系统 (3.28) 的解 $\tilde{\boldsymbol{x}}$, 就很容易得到原线性系统 (2.2) 的解 $\boldsymbol{x} = \boldsymbol{C}^{-\mathrm{T}}\tilde{\boldsymbol{x}}$, 而不需要用 $\tilde{\boldsymbol{r}}^{(k)}$, $\tilde{\boldsymbol{v}}^{(k)}$, $\tilde{t}_k$, $\tilde{\boldsymbol{x}}^{(k)}$ 和 $\tilde{s}_k$ 重写 (3.28), 我们隐式地纳入了预处理.

因为

$$\tilde{\boldsymbol{x}}^{(k)} = \boldsymbol{C}^{\mathrm{T}}\boldsymbol{x}^{(k)},$$

有

$$\tilde{\boldsymbol{r}}^{(k)} = \tilde{\boldsymbol{b}} - \boldsymbol{A}\tilde{\boldsymbol{x}}^{(k)} = \boldsymbol{C}^{-1}\boldsymbol{b} - (\boldsymbol{C}^{-1}\boldsymbol{A}\boldsymbol{C}^{-\mathrm{T}})\boldsymbol{C}^{\mathrm{T}}\boldsymbol{x}^{(k)} = \boldsymbol{C}^{-1}(\boldsymbol{b} - \boldsymbol{A}\boldsymbol{x}^{(k)}) = \boldsymbol{C}^{-1}\boldsymbol{r}^{(k)}.$$

令 $\tilde{\boldsymbol{v}}^{(k)} = \boldsymbol{C}^{\mathrm{T}}\boldsymbol{v}^{(k)}$ 和 $\boldsymbol{w}^{(k)} = \boldsymbol{C}^{-1}\boldsymbol{r}^{(k)}$, 则

$$\tilde{s}_k = \frac{(\tilde{\boldsymbol{r}}^{(k)}, \tilde{\boldsymbol{r}}^{(k)})}{(\tilde{\boldsymbol{r}}^{(k-1)}, \tilde{\boldsymbol{r}}^{(k-1)})} = \frac{(\boldsymbol{C}^{-1}\boldsymbol{r}^{(k)}, \boldsymbol{C}^{-1}\boldsymbol{r}^{(k)})}{(\boldsymbol{C}^{-1}\boldsymbol{r}^{(k-1)}, \boldsymbol{C}^{-1}\boldsymbol{r}^{(k-1)})},$$

所以

$$\tilde{s}_k = \frac{(\boldsymbol{w}^{(k)}, \boldsymbol{w}^{(k)})}{(\boldsymbol{w}^{(k-1)}, \boldsymbol{w}^{(k-1)})}. \tag{3.29}$$

因此

$$\tilde{t}_k=\frac{(\tilde{\boldsymbol{r}}^{(k-1)},\tilde{\boldsymbol{r}}^{(k-1)})}{(\tilde{\boldsymbol{v}}^{(k)},\tilde{\boldsymbol{A}}\tilde{\boldsymbol{v}}^{(k)})}=\frac{(\boldsymbol{C}^{-1}\boldsymbol{r}^{(k-1)},\boldsymbol{C}^{-1}\boldsymbol{r}^{(k-1)})}{(\boldsymbol{C}^{\mathrm{T}}\boldsymbol{v}^{(k)},\boldsymbol{C}^{-1}\boldsymbol{A}\boldsymbol{C}^{-\mathrm{T}}\boldsymbol{C}^{\mathrm{T}}\boldsymbol{v}^{(k)})}=\frac{(\boldsymbol{w}^{(k-1)},\boldsymbol{w}^{(k-1)})}{(\boldsymbol{C}^{\mathrm{T}}\boldsymbol{v}^{(k)},\boldsymbol{C}^{-1}\boldsymbol{A}\boldsymbol{v}^{(k)})},$$

又因为

$$\begin{aligned}(\boldsymbol{C}^{\mathrm{T}}\boldsymbol{v}^{(k)},\boldsymbol{C}^{-1}\boldsymbol{A}\boldsymbol{v}^{(k)})&=[\boldsymbol{C}^{\mathrm{T}}v^{(k)}]^{\mathrm{T}}\boldsymbol{C}^{-1}\boldsymbol{A}\boldsymbol{v}^{(k)}\\&=[\boldsymbol{v}^{(k)}]^{\mathrm{T}}\boldsymbol{C}\boldsymbol{C}^{-1}\boldsymbol{A}\boldsymbol{v}^{(k)}=[\boldsymbol{v}^{(k)}]^{\mathrm{T}}\boldsymbol{A}\boldsymbol{v}^{(k)}=(\boldsymbol{v}^{(k)},\boldsymbol{A}\boldsymbol{v}^{(k)}),\end{aligned}$$

所以

$$\tilde{t}_k=\frac{(\boldsymbol{w}^{(k-1)},\boldsymbol{w}^{(k-1)})}{(\boldsymbol{v}^{(k)},\boldsymbol{A}\boldsymbol{v}^{(k)})}.\tag{3.30}$$

此外, $\tilde{\boldsymbol{x}}^{(k)}=\tilde{\boldsymbol{x}}^{(k-1)}+\tilde{t}_k\tilde{\boldsymbol{v}}^{(k)}$, 所以, $\boldsymbol{C}^{\mathrm{T}}\boldsymbol{x}^{(k)}=\boldsymbol{C}^{\mathrm{T}}\boldsymbol{x}^{(k-1)}+\tilde{t}_k\boldsymbol{C}^{\mathrm{T}}\boldsymbol{v}^{(k)}$ 和

$$\boldsymbol{x}^{(k)}=\boldsymbol{x}^{(k-1)}+\tilde{t}_k\boldsymbol{v}^{(k)}.\tag{3.31}$$

因为

$$\tilde{\boldsymbol{r}}^{(k)}=\tilde{\boldsymbol{r}}^{(k-1)}-\tilde{t}_k\tilde{\boldsymbol{A}}\tilde{\boldsymbol{v}}^{(k)},$$

所以

$$\boldsymbol{C}^{-1}\boldsymbol{r}^{(k)}=\boldsymbol{C}^{-1}\boldsymbol{r}^{(k-1)}-\tilde{t}_k\boldsymbol{C}^{-1}\boldsymbol{A}\boldsymbol{C}^{-\mathrm{T}}\tilde{\boldsymbol{v}}^{(k)},\quad \boldsymbol{r}^{(k)}=\boldsymbol{r}^{(k-1)}-\tilde{t}_k\boldsymbol{A}\boldsymbol{C}^{-\mathrm{T}}\boldsymbol{C}^{\mathrm{T}}\boldsymbol{v}^{(k)}$$

和

$$\boldsymbol{r}^{(k)}=\boldsymbol{r}^{(k-1)}-\tilde{t}_k\boldsymbol{A}\boldsymbol{v}^{(k)}.\tag{3.32}$$

最后

$$\tilde{\boldsymbol{v}}^{(k+1)}=\tilde{\boldsymbol{r}}^{(k)}+\tilde{s}_k\tilde{\boldsymbol{v}}^{(k)},\quad \boldsymbol{C}^{\mathrm{T}}\boldsymbol{v}^{(k+1)}=\boldsymbol{C}^{-1}\boldsymbol{r}^{(k)}+\tilde{s}_k\boldsymbol{C}^{\mathrm{T}}\boldsymbol{v}^{(k)},$$

所以

$$\boldsymbol{v}^{(k+1)}=\boldsymbol{C}^{-\mathrm{T}}\boldsymbol{C}^{-1}\boldsymbol{r}^{(k)}+\tilde{s}_k\boldsymbol{v}^{(k)}=\boldsymbol{C}^{-\mathrm{T}}\boldsymbol{w}^{(k)}+\tilde{s}_k\boldsymbol{v}^{(k)}.\tag{3.33}$$

算法 3.5 总结了基于 (3.29)—(3.33) 的预处理共轭梯度法. 算法 3.5 按照顺序 (3.30), (3.31), (3.32), (3.29) 和 (3.33) 进行处理.

算法 3.5 预处理共轭梯度法

输入: 方程数 n, 矩阵 $\boldsymbol{A}$, 向量 $\boldsymbol{b}$, 预处理矩阵 $\boldsymbol{C}^{-1}$ 的元素 γ_{ij}, 初始解 $\boldsymbol{x}^{(0)}$, 最大迭代次数 N, 误差 TOL.

输出: 近似解 $\boldsymbol{x}_1,\boldsymbol{x}_2,\cdots,\boldsymbol{x}_n$ 和残差 $\boldsymbol{r}_1,\boldsymbol{r}_2,\cdots,\boldsymbol{r}_n$ 或“已达最大迭代次数”.

1: $\boldsymbol{r}=\boldsymbol{b}-\boldsymbol{A}\boldsymbol{x},\boldsymbol{w}=\boldsymbol{C}^{-1}\boldsymbol{r},\boldsymbol{v}=\boldsymbol{C}^{-\mathrm{T}}\boldsymbol{w},\alpha=\sum_{j=1}^{n}w_j^2$;

$k=1$;
while $k \leqslant N$ **do**
　if $\|\boldsymbol{v}\| < \text{TOL}$ **then**
　　输出解和残差向量, 退出;
　end if
　$\boldsymbol{u}=\boldsymbol{A}\boldsymbol{v}, t=\dfrac{\alpha}{\sum_{j=1}^{n} v_j u_j}, \boldsymbol{x}=\boldsymbol{x}+t\boldsymbol{v}, \boldsymbol{r}=\boldsymbol{r}-t\boldsymbol{u}, \boldsymbol{w}=\boldsymbol{C}^{-1}\boldsymbol{r}, \beta=\sum_{j=1}^{n} w_j^2$;
　if $|\beta| < \text{TOL}, \|\boldsymbol{r}\| < \text{TOL}$ **then**
　　输出解和残差向量, 退出;
　end if
　$s=\beta/\alpha, \boldsymbol{v}=\boldsymbol{C}^{-\mathrm{T}}\boldsymbol{w}+s\boldsymbol{v}, \alpha=\beta, k=k+1$;
end while
if $k > N$ **then**
　输出 "已达最大迭代次数", 退出;
end if

习 题 3

1. 求矩阵 $\boldsymbol{A}=\begin{bmatrix}2 & 1 & 1\\ 2 & 3 & 2\\ 1 & 1 & 2\end{bmatrix}$ 的特征值和对应的特征向量及谱半径.

2. 下列矩阵中哪一个矩阵收敛?

$$\boldsymbol{A}=\begin{bmatrix}3 & 2 & -1\\ 1 & -2 & 3\\ 2 & 0 & 4\end{bmatrix},\quad \boldsymbol{B}=\begin{bmatrix}2 & -1 & 0\\ 0 & 2 & 4\\ 0 & 0 & 2\end{bmatrix},\quad \boldsymbol{C}=\begin{bmatrix}\dfrac{1}{2} & 0 & 0\\ -1 & \dfrac{1}{2} & 0\\ 2 & 2 & -\dfrac{1}{3}\end{bmatrix}.$$

3. 试证明定理 3.15.

4. 用雅可比迭代法求下列线性方程组的前两次迭代, 其中 $\boldsymbol{x}^{(0)}=\mathbf{0}$.

$$(1)\ \begin{cases}3x_1-x_2+x_3=1,\\ 3x_1+6x_2+2x_3=0,\\ 3x_1+3x_2+7x_3=4;\end{cases}\qquad (2)\ \begin{cases}4x_1-x_2-x_4=0,\\ -x_1+4x_2-x_3-x_5=5,\\ -x_2+4x_3-x_5=0,\\ -x_1+x_4-x_5=6.\end{cases}$$

5. 用高斯-赛德尔方法求解第 4 题中的线性系统的前两次迭代.

6. 设定 l_∞, $\mathrm{TOL}=10^3$, 分别用雅可比迭代法和高斯-赛德尔迭代法求解第 4 题中的线性系统.

7. 用 $\omega=1.2$ 的 SOR 方法求解第 4 题中的线性系统, 直到 $\|\boldsymbol{x}^{(k+1)}-\boldsymbol{x}^*\|<10^{-3}$.

8. 某桁架桥受力满足表 3.2 所示的方程组.

表 3.2

连接点	水平分量	垂直分量
1	$-F_1+\frac{\sqrt{2}}{2}f_1+f_2=0$	$\frac{\sqrt{2}}{2}f_1-F_2=0$
2	$-\frac{\sqrt{2}}{2}f_1+\frac{\sqrt{3}}{2}f_4=0$	$-\frac{\sqrt{2}}{2}f_1-f_3-\frac{1}{2}f_4=0$
3	$-f_2+f_5=0$	$f_3-10000=0$
4	$-\frac{\sqrt{3}}{2}f_4-f_5=0$	$\frac{1}{2}f_4-F_3=0$

这个线性系统可以用矩阵形式表示

$$\begin{bmatrix} -1 & 0 & 0 & \frac{\sqrt{2}}{2} & 1 & 0 & 0 & 0 \\ 0 & -1 & 0 & \frac{\sqrt{2}}{2} & 0 & 0 & 0 & 0 \\ 0 & 0 & -1 & 0 & 0 & 0 & \frac{1}{2} & 0 \\ 0 & 0 & 0 & -\frac{\sqrt{2}}{2} & 0 & -1 & -\frac{1}{2} & 0 \\ 0 & 0 & 0 & 0 & -1 & 0 & 0 & 1 \\ 0 & 0 & 0 & 0 & 0 & 1 & 0 & 0 \\ 0 & 0 & 0 & -\frac{\sqrt{2}}{2} & 0 & 0 & \frac{\sqrt{3}}{2} & 0 \\ 0 & 0 & 0 & 0 & 0 & 0 & -\frac{\sqrt{3}}{2} & -1 \end{bmatrix} \begin{bmatrix} F_1 \\ F_2 \\ F_3 \\ f_1 \\ f_2 \\ f_3 \\ f_4 \\ f_5 \end{bmatrix} = \begin{bmatrix} 0 \\ 0 \\ 0 \\ 0 \\ 0 \\ 10000 \\ 0 \\ 0 \end{bmatrix}.$$

(1) 解释为什么方程组被重新排序;

(2) 用 SOR 迭代法 ($\omega=1.25$) 近似得到的线性系统的解, 直到

$$\|\boldsymbol{x}^{(k+1)}-\boldsymbol{x}^*\|<10^{-2},$$

初始解向量为全 1 向量.

9. 如下线性系统的解是 $(1/6, 1/7)^{\mathrm{T}}$.

$$\begin{cases} x_1 + \dfrac{1}{2}x_2 = \dfrac{5}{21}, \\ \dfrac{1}{2}x_1 + \dfrac{1}{3}x_2 = \dfrac{11}{84}. \end{cases}$$

(1) 用高斯消元法求解该线性系统, 四舍五入保留 2 位小数;

(2) 用共轭梯度法 ($\boldsymbol{C} = \boldsymbol{C}^{-1} = \boldsymbol{I}$) 求解该线性系统, 四舍五入保留 2 位小数;

(3) 上面两种方法哪一种更好?

(4) 选择 $\boldsymbol{C}^{-1} = \boldsymbol{D}^{-1/2}$, 这是否改进了共轭梯度法?

实验 3

1. 分别取松弛因子 $\omega = 0.5, 1, 1.7$, 用 SOR 迭代法求解如下 50 阶线性方程组

$$\begin{bmatrix} 5 & -1 & -1 & & & & \\ -1 & 5 & -1 & -1 & & & \\ -1 & -1 & 5 & -1 & -1 & & \\ & \ddots & \ddots & \ddots & \ddots & \ddots & \\ & & -1 & -1 & 5 & -1 & -1 \\ & & & -1 & -1 & 5 & -1 \\ & & & & -1 & -1 & 5 \end{bmatrix} \begin{bmatrix} x_1 \\ x_2 \\ x_3 \\ \vdots \\ x_{48} \\ x_{49} \\ x_{50} \end{bmatrix} = \begin{bmatrix} 1 \\ 2 \\ 2 \\ \vdots \\ 2 \\ 2 \\ 1 \end{bmatrix},$$

计算到 $\left\|\boldsymbol{x}^{(k+1)} - \boldsymbol{x}^{(k)}\right\|_\infty \leqslant 10^{-4}$ 时停止迭代, 比较三种情况下满足精度要求的迭代次数.

2. 给出线性方程组 $\boldsymbol{H}_n \boldsymbol{x} = \boldsymbol{b}$, 其中系数矩阵组 $\boldsymbol{H}_n$ 为希尔伯特矩阵

$$\boldsymbol{H}_n = (h_{ij}) \in \mathbb{R}^{n \times n}, \quad h_{ij} = \frac{1}{i+j-1}, \quad i, j = 1, 2, \cdots, n.$$

假设 $\boldsymbol{x}^* = (1, 1, \cdots, 1)^{\mathrm{T}} \in \mathbb{R}^n, \boldsymbol{b} = \boldsymbol{H}_n \boldsymbol{x}$. 若取 $n = 6, 8, 10$, 分别用雅可比迭代法及 SOR 迭代法 ($\omega = 1, 1.25, 1.5$) 求解并比较计算结果.

3. 试用 SOR 迭代法计算下述线性方程组:

$$\begin{cases} -5x_1 - x_2 + x_3 = 1, \\ 2x_1 + 6x_2 - 3x_3 = 2, \\ 2x_1 + x_2 + 7x_3 = 32. \end{cases}$$

取 $\boldsymbol{x}^{(0)}=(0,0,0)^{\mathrm{T}}$, 松弛因子分别选取为 $\omega=0.1i, 1\leqslant i\leqslant 19$, 要求达到精度 $\|\boldsymbol{x}^{(k+1)}-\boldsymbol{x}^{(k)}\|\leqslant 10^{-6}$. 试通过数值计算得出不同的松弛因子所需要的迭代次数和收敛最快的松弛因子. 并指出哪些松弛因子使得迭代发散.

4. 用共轭梯度法求二次函数

$$f\left(x_1,x_2\right)=x_1^2+2x_2^2-4x_1-2x_1x_2$$

的极小值.

第 4 章　非线性方程 (组) 的数值解法

非线性是实际问题中经常出现的, 并且在科学与工程计算中的地位越来越重要, 很多我们熟悉的线性模型都是在一定条件下由非线性问题简化得到的. 为得到更符合实际的解答, 往往需要直接研究非线性模型, 从而产生非线性科学, 它是 21 世纪科学技术发展的重要支柱. 非线性问题的数学模型有无限维的, 如微分方程, 也有有限维的. 但要用计算机进行科学计算都要转化为非线性的单个方程或方程组的求解. 从线性到非线性是一个质的变化, 方程的性质有本质不同, 求解方法也有很大差别. 本章将讨论非线性方程 (组) 的数值解法.

4.1　非线性方程求根与二分法

本章讨论的非线性方程的一般形式是

$$f(x) = 0, \tag{4.1}$$

其中 $x \in \mathbb{R}$, $f \in C[a, b]$, 这里 $[a, b]$ 也可以是无穷区间. 如果实数 x^* 满足 $f(x^*) = 0$, 称 x^* 是方程 (4.1) 的根, 也称 x^* 为函数 $f(x)$ 的零点.

若 $f(x)$ 为多项式, 则称其为代数方程; 若 $f(x)$ 为超越函数, 则称其为超越方程. 对于高于 4 次的代数方程, 理论上已经证明不存在通用的解析求根公式; 而对于超越方程, 更没有通用的求根公式. 所以, 对于大多数非线性方程, 只能用数值方法求出根的近似值.

一般情况下, 用计算机求解非线性方程分两步进行: 第一步是根的隔离, 即找出隔根区间 (区间内只包含方程的一个根); 第二步是根的精确化, 即从隔根区间内根的近似值出发, 利用迭代解法计算满足精度要求的根的近似值.

对根进行隔离的常用方法有以下几种.

(1) 画图: 对于方程 $f_1(x) - f_2(x) = 0$, 考虑等价的方程 $f_1(x) = f_2(x)$. 在同一坐标系中画出 $y = f_1(x)$ 及 $y = f_2(x)$ 的图形后, 由两个曲线交点横坐标所在的大致范围求出方程根的近似值, 进而确定隔根区间.

(2) 分析: 根据函数 $f(x)$ 的连续性、介值定理及单调性寻找隔根区间.

(3) 搜索: 在某一区间上以适当的步长 h, 考察函数值 $f(x_i)(x_i = x_0 + ih, i = 0, 1, 2, \cdots)$ 的符号. 若 $f(x)$ 连续且 $f(x_i)f(x_{i+1}) < 0$ 时, 则区间 $[x_i, x_{i+1}]$ 为有根区间; 又若在此区间内 $f'(x) > 0$ 或 $f'(x) < 0$, 则区间 $[x_i, x_{i+1}]$ 为隔根区间.

在完成了根的隔离之后, 用迭代解法对根进行精确化. 其基本思想就是在方程隔根区间 $[a,b]$ 内, 从给定的初值 x_0 出发, 按某种方法产生一个序列 $x_0,x_1,x_2,\cdots,x_n,\cdots$, 此序列在一定条件下收敛于方程的根. 本章将介绍非线性方程求根常用的迭代解法, 并讨论这些方法的收敛性、收敛速度以及误差估计等.

非线性方程求根方法的适用范围及收敛性, 与方程根的重数有关. 下面给出方程重根的定义及其相关定理.

定义 4.1 如果有 α 使 $f(\alpha)=0$, 则称 α 为方程 $f(x)=0$ 的根或函数 $f(x)$ 的零点. 特别地, 如果函数 $f(x)$ 可分解为

$$f(x)=(x-\alpha)^m g(x),$$

且 $g(\alpha)\neq 0$, m 为正整数, 则当 $m=1$ 时, 称 α 为 $f(x)=0$ 的单根或 $f(x)$ 的单零点; 当 $m\geqslant 2$ 时, 称 α 为 $f(x)=0$ 的 m 重根或 $f(x)$ 的 m 重零点.

定理 4.1 若 $f(x)$ 有 m 阶连续导数, 则 α 是 $f(x)$ 的 m 重零点的充要条件为

$$f(\alpha)=0, f'(\alpha)=0,\cdots,f^{(m-1)}(\alpha)=0, f^{(m)}(\alpha)\neq 0.$$

证明 充分性: 设 α 满足

$$f(\alpha)=0, f'(\alpha)=0,\cdots,f^{(m-1)}(\alpha)=0, f^{(m)}(\alpha)\neq 0.$$

由 $f(x)$ 在点 α 处的泰勒展开

$$\begin{aligned}f(x)=&f(\alpha)+f'(\alpha)(x-\alpha)+\cdots+\frac{f^{(m-1)}(\alpha)}{(m-1)!}(x-\alpha)^{m-1}\\&+\frac{f^{(m)}\left(\alpha+\theta(x-\alpha)\right)}{m!}(x-\alpha)^m,\end{aligned}$$

其中 $0<\theta<1$, 得到

$$f(x)=\frac{f^{(m)}\left(\alpha+\theta(x-\alpha)\right)}{m!}(x-\alpha)^m.$$

令 $g(x)=\dfrac{f^{(m)}\left(\alpha+\theta(x-\alpha)\right)}{m!}$, 则有

$$f(x)=(x-\alpha)^m g(x),\quad g(\alpha)=\frac{f^{(m)}(\alpha)}{m!}\neq 0,$$

根据定义 4.1, α 是 $f(x)$ 的 m 重零点.

必要性: 设 α 是 $f(x)$ 的 m 重零点, 则 $f(x)=(x-\alpha)^m g(x)$, 且 $g(\alpha)\neq 0$, 由

$$
\begin{aligned}
f^{(k)}(x) &= \sum_{i=0}^{k} \mathrm{C}_k^i (x-\alpha)^{(i)} g^{(k-i)}(x) \\
&= \sum_{i=0}^{k} \mathrm{C}_k^i (m-1)\cdots(m-i+1)(x-\alpha)^{m-i} g^{k-i}(x),
\end{aligned}
$$

即得

$$
f^{(k)}(\alpha)=\sum_{i=0}^{k} \mathrm{C}_k^i (m-1)\cdots(m-i+1)(\alpha-\alpha)^{m-i} g^{k-i}(x)=0
$$

$$
(0\leqslant k\leqslant m-1),
$$

$$
f^{(m)}(\alpha)=\sum_{i=0}^{k} \mathrm{C}_k^i (m-1)\cdots(m-i+1)(\alpha-\alpha)^{m-i} g^{m-i}(x)=m!g(\alpha)\neq 0.
$$

这里, C_k^i 是二次项系数. □

设方程 (4.1) 中函数 $f(x)$ 为区间 $[a,b]$ 上的连续函数.

定理 4.2 *函数 $f(x)$ 为区间 $[a,b]$ 上的连续函数, 如果 $f(a)f(b)<0$, 则由连续函数的介值定理知, 方程 (4.1) 在 $[a,b]$ 上至少有一个实根.*

此时, 当 $[a,b]$ 为隔根区间时, 运用二分法即可求得方程的唯一实根. 二分法的基本思想是: 以连续函数的介值定理为基础, 在迭代过程中, 根据区间中点处函数值的符号不断对隔根区间进行压缩, 从而由一系列隔根区间中点构成的序列逼近方程的根. 二分法实质上是一种区间迭代算法.

下面给出非线性方程求根的二分法. 令隔根区间 $[a,b]=[a_1,b_1]$, 用中点 $x_1=\dfrac{1}{2}(a_1+b_1)$ 将区间 $[a_1,b_1]$ 分成 $[a_1,x_1]$ 和 $[x_1,b_1]$, 计算 $f(x_1)$. 随后分析可能出现的三种情况:

(1) 若 $f(x_1)f(a_1)<0$, 则 $f(x)$ 在区间 $[a_1,x_1]$ 内有零点, 令 $[a_2,b_2]=[a_2,x_1]$;

(2) 若 $f(x_1)f(b_1)<0$, 则 $f(x)$ 在区间 $(x_1,b_1]$ 内有零点, 令 $[a_2,b_2]=[x_1,b_1]$;

(3) 若 $f(x_1)=0$, 则 x_1 是 $f(x)$ 在区间 $[a_1,b_1]$ 内所求的零点.

如果前两种情况之一发生, 则表明找到一个比原区间长度小一半的新隔根区间 $[a_2,b_2]$, 即 $[a_1,b_1]\supset[a_2,b_2], b_2-a_2=\dfrac{1}{2}(b_1-a_1)$. 舍去无根区间, 将有根区间再次一分为二, 寻找更小的隔根区间, 这样重复, 不断二分, 则可产生一系列有根区间:

$$
[a_1,b_1]\supset[a_2,b_2]\supset[a_3,b_3]\supset\cdots\supset[a_k,b_k]
$$

且

$$b_k - a_k = \frac{1}{2}(b_{k-1} - a_{k-1}) = \cdots = \frac{1}{2^{k-1}}(b-a),$$

当 k 充分大时, 取区间 $[a_k, b_k]$ 中点 $x_k = \frac{1}{2}(a_k + b_k)$ 作为 $f(x)$ 零点 α 的近似值, 有如下二分法收敛定理.

定理 4.3 设 α 为方程 $f(x) = 0$ 在区间 $[a, b]$ 内的唯一根, 其中 $f(x)$ 为满足 $f(a)f(b) < 0$ 的连续函数, 则二分法计算过程中第 k 个区间 $[a_k, b_k]$ 的中点 x_k 满足不等式

$$|x_k - \alpha| \leqslant \frac{1}{2}(b_k - a_k) = \frac{1}{2^k}(b-a) \quad (k = 1, 2, 3, \cdots) \tag{4.2}$$

且二分法产生的序列 $\{x_k\}_{k=1}^{\infty}$ 收敛于 α.

证明 因 $a_k \leqslant \alpha \leqslant b_k$, 故

$$\begin{aligned}|x_k - \alpha| &= \left|\frac{1}{2}(a_k + b_k) - \alpha\right| = \frac{1}{2}|(a_k - \alpha) + (b_k - \alpha)| \\ &\leqslant \frac{1}{2}(|a_k - \alpha| + |b_k - \alpha|) \\ &= \frac{1}{2}[(\alpha - a_k) + (b_k - \alpha)] = \frac{1}{2}(b_k - a_k).\end{aligned}$$

注意 $b_k - a_k = \frac{1}{2^{k-1}}(b-a)$, 则有 $|x_k - \alpha| \leqslant \frac{1}{2^k}(b-a)$. 所以 $\lim\limits_{k\to\infty} x_k = \alpha$, 即二分法产生的序列收敛. □

用二分法求 $f(x) = 0$ 的根可以达到任意指定精度. 对任意给定的绝对误差限 ε, 根据 (4.2) 式, 取 k 满足 $\frac{1}{2^k}(b-a) \leqslant \varepsilon$, 则可估计出满足要求的区间对分次数 k. 此时将区间对分 k 次后得到的 x_k 将满足 $[x_k - \alpha] \leqslant \varepsilon$.

二分法的优点是计算过程简单, 对区间端点函数值异号的连续函数, 收敛性可以保证; 它的缺点是迭代格式收敛的速度较慢, 且不能用于求方程的复根和偶数重根. 实际中, 二分法常用来求一个较好的使迭代开始的根的初始近似值.

例 4.1 用二分法求方程

$$f(x) = x^3 + 4x^2 - 10 = 0$$

在 $[1, 2]$ 的一个零点.

解　计算可得 $f(1)=-5$, $f(2)=14$. 用二分法计算结果如表 4.1 所示.

表 4.1　计算结果

n	有根区间	x_n	$f(x_n)$
1	[1.0, 2.0]	1.5	2.375
2	[1.0, 1.5]	1.25	−1.79687
3	[1.25, 1.5]	1.375	0.16211
4	[1.25, 1.375]	1.3125	−0.84839
5	[1.3125, 1.375]	1.34375	−0.35098
6	[1.34375, 1.375]	1.359375	−0.09641
7	[1.359375, 1.375]	1.3671875	0.03236
8	[1.359375, 1.36718175]	1.36328125	−0.03215

经过 8 次二分法, $x_8=1.36328125$, 由估计式 (4.2) 得到

$$|x_8-x^*|\leqslant 2^{-8}\approx 3.9\times 10^{-3}.$$

实际上有 $x^*\approx 1.36523001$, $|x_8-x^*|\approx 1.95\times 10^{-3}$. 另外, 如果要求 $\varepsilon=10^{-5}$, 则可以由 (4.2) 式确定需要的二分次数 N, 即由

$$|x_N-x^*|\leqslant \frac{b-a}{2^N}\approx 2^{-N},$$

令 $2^{-N}<10^{-5}$, 取对数计算得 $N>5/\lg 2\approx 16.6$, 即进行 17 次二分法可满足要求.

例 4.1 说明: 二分法简单适用, 但是收敛速度太慢.

二分法是计算机上的一种常用算法, 算法 4.1 列出其伪代码.

算法 4.1　二分法

输入: 函数 $f(x)$, 满足条件 $f(a)f(b)<0$ 的初始区间 $[a,b]$, 误差范围 ε.

输出: 估计值 x, 迭代数 k.

while $(b-a)/2>\varepsilon$ **do**
　令 $c=(a+b)/2$;
　if $f(a)f(c)<0$ **then**
　　$b==c$;
　else
　　$a==c$;
　end if
　$k=k+1$;
end while

4.2 不动点迭代法及其收敛性

迭代解法是一种逐次逼近的方法. 它不仅用于非线性方程求根, 也可用于线性代数方程组的求解、矩阵特征值的计算等. 选取迭代初值、按迭代格式进行迭代计算以及判别收敛是迭代计算的三个主要部分. 对迭代解法研究的主要内容则包括迭代格式的构造、迭代格式的收敛性分析、迭代收敛速度的估计以及加速收敛的技巧等.

4.2.1 不动点与不动点迭代法

设方程 $f(x)=0$ 在区间 $[a,b]$ 内有唯一的根 x. 在 $[a,b]$ 内将方程 $f(x)=0$ 改写为同解方程 $x=\varphi(x)$.

如果有 α 满足 $f(\alpha)=0$, 则 α 也满足 $\alpha=\varphi(\alpha)$, 反之亦然. 此时称 α 是函数 $\varphi(x)$ 的不动点, 即映射关系 $\varphi(x)$ 将 α 映射到 α 自身. 求 $f(x)$ 的零点等价于求 $\varphi(x)$ 的不动点. 选择初始近似值 (简称初值) x_0, 并构造迭代方程

$$x_{k+1}=\varphi(x_k),\quad k=0,1,2,3,\cdots. \tag{4.3}$$

根据初值和迭代方程 (4.3) 可产生序列 $\{x_k\}_{k=1}^{\infty}$. 若该序列有极限

$$\lim_{k\to\infty} x_k = x^*,$$

则称迭代方程 (4.3) 收敛, 且 $x^*=\varphi(x^*)$ 为 $\varphi(x)$ 的不动点, 故称 (4.3) 为不动点迭代法. 下面给出不动点迭代法的伪代码.

算法 4.2 不动点迭代法

输入: 输入初值 x_0, 函数 $f(x)$ 和 $\varphi(x)$, 误差 δ 和 ε.
输出: 估计值 x, 迭代次数 k.

```
while |f(x_k)| > δ 或 |x_k − x_{k−1}| > ε do
    计算 x_{k+1} = φ(x_k);
    计算 k = k + 1;
end while
```

上述迭代解法是一种逐次逼近法, 其基本思想是将隐式方程归结为一组显式的计算公式 (4.3), 就是说, 迭代过程实质上是个逐步显式化的过程.

我们用几何图像来显示迭代过程, 方程 $x=\varphi(x)$ 的求根问题在 xOy 平面上就是要确定曲线 $y=\varphi(x)$ 与直线 $y=x$ 的交点 P^*, 如图 4.1 所示. 对于 x^* 的某个近似值 x_0, 在曲线 $y=\varphi(x)$ 上可确定一点 P_0, 它以 x_0 为横坐标, 而纵坐标则等于 $\varphi(x_0)=x_1$. 过 P_0 引平行 x 轴的直线, 设此直线交直线 $y=x$ 于点 Q_1,

然后过 Q_1 再作平行于 y 轴的直线, 它与曲线 $y=\varphi(x)$ 的交点记作 P_1, 则点 P_1 的横坐标为 x_1, 纵坐标则等于 $\varphi(x_1)=x_2$. 按图 4.1 中箭头所示的路径继续做下去得到点列 P_1, P_2, $\cdots$, 其横坐标分别为按公式 $x_{k+1}=\varphi(x_k)$ 求得的迭代值 x_1, x_2, $\cdots$. 如果点列 $\{P_k\}$ 趋向点 P^*, 则相应的迭代值 x_k 收敛到所求的根 x^*.

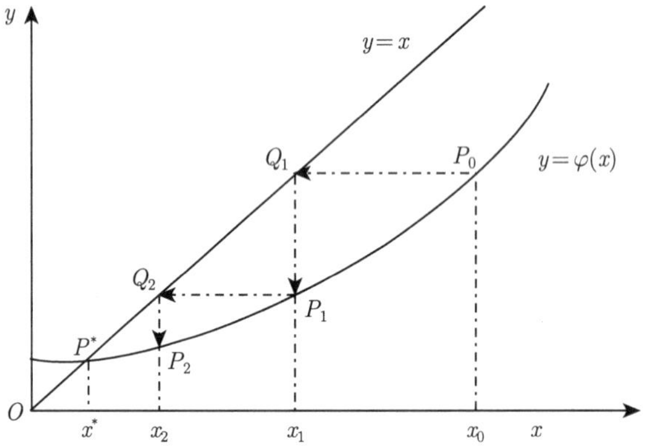

图 4.1　不动点迭代法

例 4.2　*求方程*

$$f(x)=x^4-x-2=0$$

在 $x_0=1.5$ 附近的根. 用不同的方式得到方程的等价形式, 讨论相应的不动点迭代法的收敛情况.

解　将原方程改为等价的 (1) 和 (2) 两种形式, 得到下述两种不动点迭代法.

(1) 将方程改写为 $x=x^4-2$, 得到的迭代法计算公式为 $x_0=1.5$, $x_{k+1}=x_k^4-2\ (k=0,1,2,\cdots)$. 计算出的结果如下:

$$x_1=1.5^4-2=3.0625,$$

$$x_2=3.0625^4-2=85.9639,$$

$$\cdots\cdots$$

从上述计算结果看, 序列 $\{x_k\}$ 有趋于无穷大的趋势, 迭代法不收敛, 无法求出近似解.

(2) 将方程改写为 $x=\sqrt[4]{x+2}$, 得到的迭代法计算公式为 $x_0=1.5$, $x_{k+1}=\sqrt[4]{x_k+2}\ (k=0,1,2,\cdots)$. 计算出的结果如下:

$$x_1=\sqrt[4]{1.5+2}=1.3678,$$

$$x_2 = \sqrt[4]{1.3678+2} = 1.3547,$$

$$x_3 = \sqrt[4]{1.3547+2} = 1.3534,$$

$$x_4 = \sqrt[4]{1.3534+2} = 1.3532,$$

$$x_5 = \sqrt[4]{1.3532+2} = 1.3532.$$

从上述计算结果看, x_4 和 x_5 前 5 位有效数字均为 1.3532, 可认为迭代过程是收敛的, 要求的根为 1.3532.

通过例 4.2 可以看出, 原方程化为迭代式的形式不同, 所产生的迭代序列也不同, 其收敛性质也不同. 因此, 判断一个不动点迭代法是否收敛至关重要.

4.2.2 不动点迭代法的收敛性

若在 $[a,b]$ 中任意选取初值 x_0 均能保证某迭代格式收敛时, 则称该迭代格式具有全局收敛性. 下面, 给出判断迭代格式全局收敛的有关定理.

定理 4.4 对于方程 $x=\varphi(x)$, 若 $\varphi'(x)$ 在 $[a,b]$ 上连续, 且

(1) 当 $x\in[a,b]$ 时, $\varphi(x)\in[a,b]$;

(2) 存在常数 $0<L<1$, 使得当 $x\in[a,b]$ 时, $|\varphi'(x)|\leqslant L<1$,

则

(1) $\varphi(x)$ 在 $[a,b]$ 上有唯一的不动点 α;

(2) 对任意初值 $x_0\in[a,b]$, 迭代格式 $x_{k+1}=\varphi(x_k)(k=0,1,2,3,\cdots)$ 收敛, 且

$$\lim_{k\to\infty} x_k = \alpha;$$

(3) 序列 $\{x_k\}_{k=0}^{\infty}$ 有误差估计式

$$|x_k-\alpha| = \frac{L}{1-L}|x_k-x_{k-1}|, \quad k=1,2,3,\cdots, \tag{4.4}$$

$$|x_k-\alpha| = \frac{L^k}{1-L}|x_1-x_0|, \quad k=1,2,3,\cdots \tag{4.5}$$

及误差渐近表达式

$$\lim_{k\to\infty}\frac{x_k-\alpha}{x_{k-1}-\alpha} = \varphi'(\alpha). \tag{4.6}$$

证明 (1) 作函数 $\psi(x)=\varphi(x)-x$, 显然 $\psi'(x)$ 在 $[a,b]$ 上连续, 且

$$\psi(a)=\varphi(a)-a\geqslant 0, \quad \psi(b)=\varphi(b)-b\leqslant 0,$$

若 $\psi(a)=0$ 或 $\psi(b)=0$, 则 $\varphi(x)$ 在 $[a,b]$ 上至少有一个零点; 若 $\psi(a)>0$ 且 $\psi(b)<0$, 则由连续函数的介值定理知, $\psi(x)$ 在 $[a,b]$ 上至少有一个零点. 注意

$$\psi'(x)=\varphi'(x)-1\leqslant L-1<0,$$

故由 $\psi(x)$ 的单调性可知, 存在唯一的 $\alpha\in[a,b]$ 使 $\psi(\alpha)=0$, 即 $\varphi(x)$ 在 $[a,b]$ 上有唯一的不动点 α.

(2) 由微分中值定理及迭代格式 $x_{k+1}=\varphi(x_k)$, 有 $x_k-\alpha=\varphi(x_{k-1})-\varphi(\alpha)=\varphi'(\xi_{k-1})(x_{k-1}-\alpha)$, 其中 ξ_{k-1} 介于 x_{k-1} 与 α 之间. 因 $x\in[a,b]$ 时, $\varphi(x)\in[a,b]$, 故对任意 $x_0\in[a,b]$, 有 $x_{k-1}=\varphi(x_{k-2})\in[a,b]$. 所以 $\xi_{k-1}\in[a,b]$.

当 $x\in[a,b]$ 时, $|\varphi'(x)|\leqslant L$, 得

$$|x_k-\alpha|\leqslant L|x_{k-1}-\alpha|,\quad k=1,2,\cdots,$$

反复递推即得

$$|x_k-\alpha|\leqslant L|x_{k-1}-\alpha|\leqslant\cdots\leqslant L^k|x_0-\alpha|.$$

因 $0<L<1$, 故迭代格式收敛, 且 $\lim\limits_{k\to\infty}x_k=\alpha$.

(3) 由 (2) 中 $|x_k-\alpha|\leqslant L|x_{k-1}-\alpha|$, 有

$$|x_k-\alpha|\leqslant L|x_{k-1}-x_k+x_k-\alpha|\leqslant L(|x_{k-1}-x_k|+|x_k-\alpha|),$$

故

$$|x_k-\alpha|\leqslant\frac{L}{1-L}|x_k-x_{k-1}|.$$

即 (4.4) 式得证.

注意对任意 $x_0\in[a,b]$, 有 $x_{k-1}\in[a,b]$, $x_{k-2}\in[a,b]$, 故

$$\begin{aligned}|x_k-x_{k-1}|&=|\varphi(x_{k-1})-\varphi(x_{k-2})|\\&=|\varphi'(\eta_{k-1})(x_{k-1}-x_{k-2})|\leqslant L|x_{k-1}-x_{k-2}|,\end{aligned}$$

将上式代入 (4.4) 式, 得

$$|x_k-\alpha|\leqslant\frac{L^2}{1-L}|x_{k-1}-x_{k-2}|\leqslant\cdots\leqslant\frac{L^k}{1-L}|x_1-x_0|,$$

即 (4.5) 式得证.

注意 $\varphi'(x)$ 在 $[a,b]$ 上连续, $x_k-\alpha=\varphi'(\xi_{k-1})(x_{k-1}-\alpha)$, $\lim\limits_{k\to\infty}\xi_k=\alpha$, 得

$$\lim_{k\to\infty}\frac{x_k-\alpha}{x_{k-1}-\alpha}=\varphi(\alpha).$$

即 (4.6) 式得证. □

误差估计式 (4.4) 用到 $x_k - x_{k-1}$ 的计算值, 称为误差后验估计式; 误差估计式 (4.5) 在迭代开始就可运用, 称为误差先验估计式. (4.6) 式称为误差渐近表达式. 误差渐近表达式表明: $\varphi(\alpha)$ 越小, 迭代收敛的速度越快. 误差先验式表明: 当 L 越小时, 迭代收敛的速度越快; 当 L 接近于 1 时, 则迭代可能收敛很慢. 如果能够恰当地估计出 L 的值, 则由误差先验估计式, 可针对给定的精度估计出需要迭代的次数. 误差后验估计式则表明: 若前后两次迭代值 x_k 与 x_{k-1} 满足 $|x_k - x_{k-1}| \leqslant \varepsilon$, 则 $|x_k - \alpha| \leqslant \dfrac{L}{1-L}\varepsilon$; 对于给定的绝对误差限 ε, 只要 L 比较小, 就可用相邻两次迭代值之差的绝对值的大小判断迭代是否终止. 但因 L 一般未知, 实际计算中通常当 x_k 与 x_{k-1} 满足 $|x_k - x_{k-1}| \leqslant \varepsilon$, 则终止迭代, 并取 $\alpha \approx x_k$. 实际计算中, 还应给出迭代次数的一个上限, 以便在迭代不收敛或发生其他错误时使迭代过程强行终止.

上面给出了 x_0 取自区间 $[a,b]$ 上时所产生的迭代序列 $\{x_k\}$ 的收敛性. 通常称为全局收敛性. 有时不易检验定理的条件, 实际应用时通常只在不动点 x^* 的邻近考察其收敛性, 即局部收敛性.

定义 4.2 设 $p(x)$ 有不动点 x^*, 如果存在 x^* 的某个邻域 $R: |x - x^*| \leqslant \varepsilon$, 对任意 $x_0 \in \mathbb{R}$, 迭代解法 (4.3) 产生的序列 $\{x_k\} \subset \mathbb{R}$, 且收敛到 x^*, 则称迭代解法 (4.3) 局部收敛.

定理4.5 设 x^* 为 $\varphi(x)$ 的不动点, $\varphi'(x)$ 在 x^* 的某个邻域连续, 且 $|\varphi'(x^*)| < 1$, 则迭代解法 (4.3) 局部收敛.

证明 由连续函数的性质, 存在 x^* 的某个邻域 $R: |x - x^*| \leqslant \varepsilon$, 使对于任意 $x \in \mathbb{R}$, 存在常数 L 使得下式成立

$$|\varphi'(x^*)| \leqslant L < 1.$$

此外, 对于任意 $x \in \mathbb{R}$, 总有 $\varphi(x) \in \mathbb{R}$. 这是因为

$$|\varphi(x) - x^*| = |\varphi(x) - \varphi(x^*)| \leqslant L|x - x^*| < |x - x^*| \leqslant \varepsilon,$$

于是由定理 4.4 可以断定迭代过程 $x_{k+1} = \varphi(x_k)$ 对任意初值 $x_0 \in \mathbb{R}$ 均收敛. □

下面讨论迭代序列的收敛速度, 先看下面例子.

例 4.3 对 $f(x) = x^4 - x - 2 = 0$ 在 $x_0 = 1.5$ 附近的求根问题, 使用定理 4.5 考察例 4.2 中两种方法的全局收敛性.

解 在区间 $[1,2]$ 上考察如下两种不动点迭代法的收敛性:

方法 (1): $x_{k+1} = x_k^4 - 2 \ (k = 0, 1, 2, \cdots)$.

方法 (2): $x_{k+1} = \sqrt[4]{x_k + 2} \ (k = 0, 1, 2, \cdots)$.

很容易看出, 方法 (2) 符合定理 4.5 中的条件 (1), 而 $\varphi'(x)=\dfrac{1}{4}(x+2)^{-3/4}$ 也符合条件 (2), 因此方法 (2) 具有全局收敛性. 方法 (1) 不符合定理中的条件 (1), 因此无法根据定理 4.5 说明其具有全局收敛性.

为衡量迭代 (2) 式收敛速度的快慢可给出如下定义.

定义 4.3　设迭代过程 $x_{k+1}=\varphi(x_k)$ 收敛于方程 $x=\varphi(x)$ 的根 x^*, 如果当 $k\to\infty$ 时迭代误差 $e_k=x_k-x^*$ 满足

$$\frac{e_{k+1}}{e_k^p}\to C\quad(\text{常数}C\leqslant 0),$$

则称该迭代过程是 p 阶收敛的. 当 $p=1$ $(C<1)$ 时称为线性收敛; 当 $p>1$ 时称为超线性收敛; 当 $p=2$ 时称为平方收敛.

定理 4.6　对于迭代过程 $x_{k+1}=\varphi(x_k)$ 及正整数 p, 如果 $\varphi^{(p)}$ 在所求根 x^* 的邻域内连续, 并且

$$\varphi'(x^*)=\varphi''(x^*)=\cdots=\varphi^{(p-1)}(x^*)=0,\quad \varphi^{(p)}(x^*)\neq 0, \tag{4.7}$$

则该迭代过程在点 x^* 邻域内是 p 阶收敛的.

证明　由于 $\varphi'(x^*)=0$, 据定理 4.5 立即可以断定迭代过程 $x_{k+1}=\varphi(x_k)$ 具有局部收敛性. 再将 $\varphi(x_k)$ 在根 x^* 处作泰勒展开, 结合条件 (4.7), 则有

$$\varphi(x_k)=\varphi(x^*)+\frac{\varphi^{(p)}(\varepsilon)}{p!}(x_k-x^*)^p,$$

其中 ε 在 x_k 和 x^* 之间. 注意到 $\varphi(x_k)=x_{k+1}$, $\varphi(x^*)=x^*$, 由上式得

$$x_{k+1}-x^*=\frac{\varphi^{(p)}(\varepsilon)}{p!}(x_k-x^*)^p,$$

因此当 $k\to\infty$ 时有

$$\frac{e_{k+1}}{e_k^p}\to\frac{\varphi^{(p)}(\varepsilon)}{p!}.$$

这表明迭代过程 $x_{k+1}=\varphi(x_k)$ 确实是 p 阶收敛的. □

该定理告诉我们, 迭代过程的收敛速度依赖于迭代函数 $\varphi(x)$ 的选取, 当 $x\in[a,b]$ 时, 如果 $\varphi'(x)\neq 0$, 则该迭代过程只可能是线性速度收敛的.

*4.2.3　迭代收敛的加速方法

对于收敛的迭代过程, 只要不断迭代, 就可以使结果达到任意的精度, 但有时迭代过程收敛缓慢, 从而使计算量很大, 因此迭代过程的加速是一个重要的课题.

法 1　艾特金 (Aitken) 加速方法

设 x_0 是根 x^* 的某个近似值, 用迭代公式迭代一次得

$$x_1 = \varphi(x_0).$$

而由微分中值定理, 有

$$x_1 - x^* = \varphi(x_0) - \varphi(x^*) = \varphi'(\varepsilon)(x_0 - x^*),$$

其中 ε 介于 x^* 和 x_0 之间.

假定 $\varphi'(x)$ 在 x^* 的附近改变不大, 近似地取某个近似值 L, 则有

$$x_1 - x^* \approx L(x_0 - x^*), \tag{4.8}$$

若将校正值 $x_1 = \varphi(x_0)$ 再迭代一次, 又得

$$x_2 = \varphi(x_1).$$

类似地有

$$x_2 - x^* \approx L(x_1 - x^*),$$

将上式与 (4.8) 式联立, 消去未知的 L, 有

$$\frac{x_1 - x^*}{x_2 - x^*} \approx \frac{x_0 - x^*}{x_1 - x^*}.$$

由此推知

$$x^* \approx \frac{x_0 x_2 - x_1^2}{x_2 - 2x_1 + x_0} = x_0 - \frac{(x_1 - x_0)^2}{x_2 - 2x_1 + x_0},$$

计算了 x_1 和 x_2 之后, 可用上式右端作为 x^* 的新近似, 记作 $\overline{x}_1$. 一般情形是由 x_k 计算 x_{k+1}, x_{k+2} 的, 记

$$\overline{x}_{k+1} = x_k - \frac{(x_{k+1} - x_k)^2}{x_{k+2} - 2x_{k+1} + x_k}. \tag{4.9}$$

(4.9) 式称为艾特金加速方法.

可以证明

$$\lim_{k\to\infty} \frac{\overline{x}_{k+1} - x^*}{x_k - x^*} = 0,$$

它表明序列 $\{\overline{x}_k\}$ 的收敛速度比 $\{x_k\}$ 的收敛速度快.

下面给出艾特金加速方法的伪代码.

算法 4.3 艾特金加速方法

输入: 输入初值 x_0, 函数 $\varphi(x)$, 最大迭代次数 N.

输出: 估计值 $x \approx x_k$.

1: **for** $k = 0, 1, 2, \cdots, N$ **do**

  计算 $x_{k+1}=\varphi(x_k)$, $x_{k+2}=\varphi(x_{k+1})$;

  计算 $\overline{x}_{k+1}=x_k-\dfrac{(x_{k+1}-x_k)^2}{x_k-2x_{k+1}+x_{k+2}}$;

  $k=k+1$;

end for

法 2 斯特芬森 (Steffensen) 迭代法

艾特金方法直接对 $\{x_k\}$ 进行加速计算, 得到序列 $\{\overline{x}_k\}$. 如果把艾特金加速方法与不动点迭代相结合, 则可得到如下迭代法:

$$\begin{cases}y_k=\varphi(x_k), \quad z_k=\varphi(y_k),\\ x_{k+1}=x_k-\dfrac{(y_k-x_k)^2}{z_k-2y_k+x_k},\end{cases} \quad k=0,1,2,\cdots \tag{4.10}$$

称为斯特芬森迭代法. 我们要求解 $x=\varphi(x)$ 的根 x^*, 令 $\varepsilon(x)=\varphi(x)-x$, 则 $\varepsilon(x^*)=\varphi(x^*)-x^*=0$, 已知 x^* 的近似值 x_k 及 y_k, 其误差分别为

$$\varepsilon(x_k)=\varphi(x_k)-x_k=y_k-x_k,$$

$$\varepsilon(y_k)=\varphi(y_k)-y_k=z_k-y_k,$$

把误差 $\varepsilon(x)$“外推到零”, 即过点 $(x_k,\varepsilon(x_k))$ 及 $(y_k,\varepsilon(y_k))$ 两点作线性插值函数, 它与 x 轴交点就是 (4.10) 式中的 x_{k+1}, 即方程

$$\varepsilon(x_k)+\frac{\varepsilon(y_k)-\varepsilon(x_k)}{y_k-x_k}(x-x_k)=0$$

的解

$$x=x_k-\frac{\varepsilon(x_k)}{\varepsilon(y_k)-\varepsilon(x_k)}(y_k-x_k)=x_k-\frac{(y_k-x_k)^2}{z_k-2y_k+x_k}=x_{k+1}.$$

实际上 (4.10) 式是将不动点迭代法 (4.3) 计算两步合并成一步得到的, 可将它写成另一种不动点迭代

$$x_{k+1}=\psi(x_k), \quad k=0,1,\cdots, \tag{4.11}$$

其中

$$\psi(x)=x-\frac{[\varphi(x)-x]^2}{\varphi(\varphi(x))-2\varphi(x)+x}. \tag{4.12}$$

其伪代码如下:

算法 4.4 斯特芬森迭代法

输入: 输入初值 x_0, 函数 $f(x)$ 和 $\varphi(x)$, 误差 δ 和 ε, 最大迭代次数 N.

输出: 估计值 $x\approx x_k$.

for $k=0,1,2,\cdots,N$ **do**

  计算

$$\begin{cases} x_{k+1}=\varphi(x_k),\ x_{k+2}=\varphi(x_{k+1}),\\ x_{k+1}=x_k-\dfrac{(x_{k+1}-x_k)^2}{x_k-2x_{k+1}+x_{k+2}}; \end{cases}$$

  令 $k=k+1$;

end for

对不动点迭代法 (4.11) 有以下局部收敛性定理.

定理 4.7 迭代格式 (4.11) 中的迭代函数 $\psi(x)$ 由 $\varphi(x)$ 按 (4.12) 式的定义.

(1) 若 α 是 $\psi(x)$ 的不动点, 则 α 是 $\varphi(x)$ 的不动点, 反之, 若 α 是 $\varphi(x)$ 的不动点, 且 $\varphi'(x)$ 在 α 的邻域内连续, $\varphi'(\alpha)\neq 1$, 则 α 是 $\psi(x)$ 的不动点;

(2) 若 $\varphi(x)$ 在其不动点 α 的邻域内有二阶连续导数, 且 $\varphi'(x)=A\neq 1$, $A\neq 0$, 则斯特芬森迭代局部收敛;

(3) 若 $\varphi''(\alpha)\neq 0$, 则斯特芬森迭代平方收敛; 若 $\varphi''(\alpha)=0$, 则斯特芬森迭代超平方收敛.

证明 (1) 若 α 是 $\psi(x)$ 的不动点, 则

$$[\varphi(\alpha)-\alpha]^2=[\alpha-\psi(\alpha)][\varphi(\varphi(\alpha))-2\varphi(\alpha)+\alpha]=0,$$

即 α 是 $\varphi(x)$ 的不动点. 反之, 若 α 是 $\varphi(x)$ 的不动点, 注意 $\varphi'(x)$ 在 α 的邻域内连续, 且 $\varphi'(\alpha)\neq 1$, 则

$$\begin{aligned}\lim_{x\to\alpha}[x-\psi(x)]&=\lim_{x\to\alpha}\frac{[\varphi(x)-x]^2}{[\varphi(\varphi(x))-\varphi(x)]-[\varphi(x)-x]}\\&=\lim_{x\to\alpha}\frac{2[\varphi(x)-x][\varphi'(x)-1]}{[\varphi'(\varphi(x))\varphi'(x)-\varphi'(x)]-[\varphi'(x)-1]}\\&=2\frac{\varphi(\alpha)-\alpha}{\varphi'(\alpha)-1},\end{aligned}$$

即 α 是 $\psi(x)$ 的不动点.

(2) 设 $g(x)=[\varphi(\varphi(x))-\varphi(x)]-[\varphi(x)-x]$, 则

$$\psi(x)=x-\frac{[\varphi(x)-x]^2}{g(x)},$$

且

$$\psi'(x)=1-\frac{2[\varphi(x)-x][\varphi'(x)-1]g(x)-g'(x)[\varphi(x)-x]^2}{g^2(x)},$$

由

$$g'(x) = [\varphi'(\varphi(x))\varphi'(x) - \varphi'(x)] - [\varphi'(x) - 1]$$

及

$$g(x) = [\varphi'(\xi) - 1][\varphi(x) - x],$$

其中 ξ 介于 $\varphi(x)$ 与 x 之间, 则可得到

$$\psi'(x) = 1 - \frac{2[\varphi'(x) - 1]}{\varphi'(\xi) - 1} + \frac{g'(x)}{[\varphi'(\xi) - 1]^2}.$$

由于 $\varphi'(x)$ 在其不动点的邻域内连续, $\lim\limits_{x\to\alpha} g'(x) = [\varphi'(\alpha) - 1]^2$, $\varphi'(\alpha) \neq 1$, 故 $\psi'(\alpha) = \lim\limits_{x\to\alpha} \psi'(x) = 0$. 根据定理 4.5, 斯特芬森迭代局部收敛.

(3) 由于 α 是 $\varphi(x)$ 的不动点, $\varphi''(x)$ 在 α 的邻域内连续, 且 $\varphi'(\alpha) = A \neq 1$, $A \leqslant 0$, 则有

$$\begin{aligned}\varphi(x) - \alpha = \varphi(x) - \varphi(\alpha) &= \varphi'(\alpha)(x - a) + \frac{1}{2}\varphi''(\xi)(x - \alpha)^2 \\ &= A(x - \alpha) + \frac{1}{2}\varphi''(\xi)(x - \alpha)^2,\end{aligned}$$

其中 ξ 介于 α 与 x 之间. 故得到如下关系式:

$$\begin{aligned}\varphi(x) - x &= \varphi(x) - \alpha - (x - \alpha) \\ &= (A - 1)(x - \alpha) + \frac{1}{2}\varphi''(\xi)(x - \alpha)^2, \\ \varphi(\varphi(x)) - \varphi(x) &= (A - 1)(\varphi(x) - \varphi(\alpha)) + \frac{1}{2}\varphi''(\eta)[\varphi(x) - \varphi(\alpha)]^2 \\ &= (A - 1)\left[A(x - \alpha) + \frac{1}{2}\varphi''(\xi)(x - \alpha)^2\right] \\ &\quad + \frac{1}{2}\varphi''(\eta)\left[A(x - \alpha) + \frac{1}{2}\varphi''(\xi)(x - \alpha)^2\right]^2 \\ &= (A - 1)A(x - \alpha) \\ &\quad + \frac{1}{2}[(A - 1)\varphi''(\xi) + A^2\varphi''(\eta)](x - \alpha)^2 + o((x - \alpha)^3).\end{aligned}$$

其中 η 介于 $\varphi(x)$ 和 α 之间. 根据上述关系式, 得

$$
\begin{aligned}
& x_{k+1}-\alpha \\
= & x_k-\alpha-\frac{[\varphi(x_k)-x_k]^2}{[\varphi(\varphi(x_k))-\varphi(x_k)]-[\varphi(x_k)-x_k]} \\
= & x_k-\alpha \\
& -\frac{(A-1)(x_k-\alpha)+\frac{1}{2}\varphi''(\xi_k)(x_k-\alpha)^2}{(A-1)^2(x_k-\alpha)+\frac{1}{2}[(A-2)\varphi''(\xi_k)+A^2\varphi''(\eta_k)](x_k-\alpha)^2+o((x_k-\alpha)^3)} \\
= & \frac{\frac{1}{2}[A^2\varphi''(\eta_k)-A\varphi''(\xi_k)](x_k-\alpha)^2+o((x_k-\alpha)^3)}{(A-1)^2+\frac{1}{2}[(A-2)\varphi''(\xi_k)+A^2\varphi''(\eta_k)](x_k-\alpha)+o((x_k-\alpha)^2)}.
\end{aligned}
$$

注意迭代局部收敛, ξ_k 介于 x_k 和 α 之间, η_k 介于 $\varphi(x_k)$ 和 α 之间, 且 $\varphi''(x)$ 在其不动点 α 的邻域内连续, $\varphi'(\alpha)=A\neq 1$, $A\neq 0$, 故

$$
\lim_{k\to\infty}\frac{x_{k+1}-\alpha}{(x_k-\alpha)^2}=\frac{A\varphi''(\alpha)}{2(A-1)}.
$$

因此, 若 $\varphi''(\alpha)\neq 0$, 则斯特芬森迭代平方收敛; 若 $\varphi''(\alpha)=0$, 则斯特芬森迭代超平方收敛. □

显然, 当 $0<|\varphi'(\alpha)|<1$ 时, 迭代 $x_{k+1}=\varphi(x_k)$ 线性收敛; 而当 $|\varphi'(\alpha)|>1$ 时, 迭代 $x_{k+1}=\varphi(x_k)$ 发散. 但在定理 4.7 的条件下, 无论原不动点迭代是线性收敛还是不收敛, 由它构建的斯特芬森迭代将至少平方收敛. 所以, 斯特芬森迭代不仅能提高迭代格式的收敛速度, 在一定条件下也能将不收敛的迭代格式改成至少二阶收敛的迭代格式. 然而, 若原迭代格式的收敛阶已经大于等于 2, 则通常不使用斯特芬森迭代对之进行加速.

例 4.4 求方程 $3x^2-\mathrm{e}^x=0$ 在 $[3,4]$ 中的解.

解 由方程 $3x^2=\mathrm{e}^x$, 取对数得

$$
x=\ln(3x^2)=2\ln x+\ln 3=\varphi(x).
$$

若构造迭代法

$$
x_{k+1}=2\ln x_k+\ln 3,
$$

由于 $\varphi'(x)=\dfrac{2}{x}$, $\max\limits_{3\leqslant x\leqslant 4}|\varphi'(x)|\leqslant\dfrac{2}{3}<1$, 且当 $x\in[3,4]$ 时, $\varphi(x)\in[3,4]$, 根据定理 4.4 得此迭代解法是收敛的, 若取 $x_0=3.5$ 迭代 16 次得 $x_{16}=3.73307$, 有六位有效数字. 若用迭代解法 (4.10) 进行加速, 计算结果如表 4.2.

表 4.2　计算结果

k	x_k	y_k	z_k
0	3.5	3.60414	3.66278
1	3.73835	3.73590	3.73459
2	3.73308		

这里迭代 2 步相当于 (4.3) 式迭代 4 步, 结果与 x_{16} 相同, 说明用迭代解法 (4.10) 的收敛速度比迭代解法 (4.3) 快很多.

4.3　牛顿迭代法

求解非线性方程的牛顿 (Newton) 迭代, 是一种将非线性方程线性化的方法. 求单根时, 牛顿迭代不仅有局部收敛性, 而且有较快的收敛速度. 同时, 牛顿迭代不仅可以用来求方程的实根, 还可用来求方程的复根. 因此, 牛顿迭代法是求解代数方程和超越方程的代数方法.

4.3.1　牛顿迭代法及其收敛性

设已知方程 $f(x)=0$ 有近似根 x_k (假定 $f'(x_k)\neq 0$), 将函数 $f(x)$ 在点 x_k 进行泰勒展开, 有

$$f(x)\approx f(x_k)+f'(x_k)(x-x_k),$$

于是方程 $f(x)=0$ 可近似地表示为

$$f(x_k)+f'(x_k)(x-x_k)=0. \tag{4.13}$$

这是一个线性方程, 记其根为 x_{k+1}, 则 x_{k+1} 的计算公式为

$$x_{k+1}=x_k-\frac{f(x_k)}{f'(x_k)},\quad k=0,1,2,\cdots, \tag{4.14}$$

这就是牛顿迭代法.

牛顿迭代法有下面的几何解释. 方程 $f(x)=0$ 的根 x^* 可解释为曲线 $y=f(x)$ 与 x 轴的交点的横坐标, 如图 4.2 所示. 设 x_k 是根 x^* 的某个近似值, 过曲线 $y=f(x)$ 上横坐标为 x_k 的点 P_k 引切线, 并将该切线与 x 轴的交点的横坐标 x_{k+1} 作为 x^* 的新的近似值. 注意到切线方程为

$$y=f(x_k)+f'(x_k)(x-x_k),$$

这样求得的值 x_{k+1} 必满足 (4.13) 式, 从而就是牛顿公式 (4.14) 的计算结果. 由于这种几何背景, 牛顿迭代法亦称切线法.

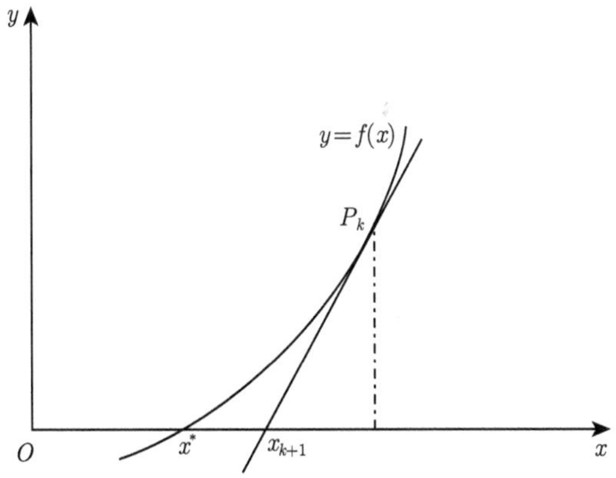

图 4.2 牛顿迭代法

例 4.5 用牛顿迭代法求方程

$$f(x)=x^4-x-2=0$$

在 1.5 附近的实根.

解 牛顿迭代法的计算公式为

$$x_{k+1}=x_k-\frac{f\left(x_k\right)}{f'\left(x_k\right)}=\frac{3x_k^4+2}{4x_k^3-1},\quad k=0,1,2,\cdots, \tag{4.15}$$

设初始值为 $x_0=1.5$, 代入 (4.15) 式依次算出各个迭代解, 列于表 4.3.

表 4.3 采用牛顿迭代法求解的过程和结果

k	0	1	2	3	4
x_k	1.5	1.375	1.3538	1.3532	1.3532

从表 4.3 中的数据可以看出, 到第 4 步迭代, 解的前 5 位有效数字已经不变化了, 迭代过程收敛得很快.

此例与例 4.2、例 4.3 求解的是同一个方程, 将它们进行对比也可以看出, 牛顿迭代法比二分法和不动点迭代法收敛得都快, 这体现了 2 阶收敛性的优势.

下面列出牛顿迭代法的伪代码.

算法 4.5 牛顿迭代法

输入: 初值 x_0, 函数 $f(x)$, 误差 δ 和 ε.

输出: 估计值 $x\approx x_k$, 迭代次数 k.

while $|f(x_k)|>\delta$ 或 $|x_k-x_{k-1}|>\varepsilon$ **do**:

  计算 $x_{k+1}=x_k-f(x_k)/f'(x_k)$;

3:　　　令 $k = k + 1$;
4: **end while**

例 4.6 (用牛顿迭代法计算平方根)　**要求方程**

$$f(x) = x^2 - c = 0, \quad c > 0$$

的正根 x^*. 试分析采用牛顿迭代法求解过程的收敛性质.

解　列出牛顿迭代法计算公式:

$$x_{k+1} = x_k - \frac{x_k^2 - c}{2x_k} = \frac{1}{2}\left(x_k + \frac{c}{x_k}\right), \quad k = 0, 1, 2, \cdots, \tag{4.16}$$

现在证明, 这种迭代公式对于任意初值 $x_0 > 0$ 都是收敛的. 事实上, 对 (4.16) 式进行配方, 易知

$$x_{k+1} - \sqrt{C} = \frac{1}{2x_k}(x_k - \sqrt{C})^2,$$

$$x_{k+1} + \sqrt{C} = \frac{1}{2x_k}(x_k + \sqrt{C})^2,$$

以上两式相除得

$$\frac{x_{k+1} - \sqrt{C}}{x_{k+1} + \sqrt{C}} = \left(\frac{x_k - \sqrt{C}}{x_k + \sqrt{C}}\right)^2,$$

据此反复递推有

$$\frac{x_{k+1} - \sqrt{C}}{x_{k+1} + \sqrt{C}} = \left(\frac{x_k - \sqrt{C}}{x_k + \sqrt{C}}\right)^{2^k}. \tag{4.17}$$

记 $q = \dfrac{x_0 - \sqrt{C}}{x_0 + \sqrt{C}}$, 整理 (4.17) 式, 得

$$x_k - \sqrt{C} = 2\sqrt{C}\frac{q^{2^k}}{1 - q^{2^k}}.$$

对任意 $x_0 > 0$, 总有 $|q| < 1$, 故由上式推知, 当 $k \to \infty$ 时 $x_k \to \sqrt{C}$, 即迭代过程恒收敛.

由于 $f'(x^*) \neq 0$, 且 $f''(x^*) \neq 0$, 根据定理 2.8 知, (4.16) 式局部二阶收敛.

牛顿迭代的收敛性　根据定理 4.6, 可以得到牛顿迭代的局部收敛性定理.

定理 4.8 设 α 是方程 $f(x)=0$ 的根, $f'(x)$ 在 α 的邻域内连续, 则牛顿迭代局部收敛, 且当求单根时, 牛顿迭代至少二阶收敛; 而当求重根时, 牛顿迭代只有一阶收敛.

证明 设 α 为 $f(x)=0$ 的 m 重根, 即 $f(x)=(x-\alpha)^m g(x), g(\alpha)\neq 0$, 则

$$f(x)=m(x-\alpha)^{m-1}g(x)+(x-\alpha)^m g'(x),$$

对牛顿迭代, 有

$$\varphi(x)=x-\frac{f(x)}{f'(x)}=x-\frac{(x-\alpha)g(x)}{mg(x)+(x-\alpha)g'(x)}.$$

因此

$$\varphi(\alpha)=\lim_{x\to\alpha}\varphi(x)=\alpha,$$

$$\begin{aligned}\varphi'(x)&=\lim_{x\to\alpha}\frac{\varphi(x)-\varphi(\alpha)}{x-\alpha}\\&=\lim_{x\to\alpha}\frac{1}{x-\alpha}\left[x-\alpha-\frac{(x-\alpha)g(x)}{mg(x)+(x-\alpha)g'(x)}\right]\\&=1-\frac{1}{m}\quad(m\geqslant 1).\end{aligned}$$

故由定理 4.6 可知: 牛顿迭代局部收敛, 且求单根时, 牛顿迭代至少二阶收敛; 而求重根时, 牛顿迭代只有一阶收敛. □

牛顿迭代并不是总能成功, 不妨看下面的例子.

例 4.7 用牛顿迭代法分别求解方程 $x\mathrm{e}^{-x}=0$ 及 $x^3-x-3=0$, 要求 $|x_{k+1}-x_k|\leqslant 10^{-9}$.

解 (1) 经判断可知方程 $x\mathrm{e}^{-x}=0$ 在 $[-2,2]$ 内有唯一的根. 分别选初值 $x_0=0.5, x_0=2$, 用牛顿迭代格式

$$x_{k+1}=x_k-\frac{x_k\mathrm{e}^{-x_k}}{(1-x_k)\mathrm{e}^{-x_k}}=\frac{x_k^2}{x_k-1}\quad(k=0,1,\cdots).$$

计算的结果由表 4.4 给出. 由表 4.4 可见, 取初值 $x_0=2$, 迭代格式并不收敛. 倘若程序设计中用 $|f(x_{k+1})|<\varepsilon$ 作为迭代停止的控制标准, 则可能对根的判断出现错误. 如取 $\varepsilon=10^{-6}$, 当自变量变大时, 函数 $f(x)$ 迅速趋近于零, 此时 $f(x_{13})=f(17.60673001)\approx 3.97\times 10^{-7}$, 算法有可能错误地将 x_{13} 作为根. 但取初值 $x_0=1.5$, 则得到方程在 $[-2,2]$ 内的根 $\alpha=0$.

(2) 经判断可知方程 $x^3-x-3=0$ 在 $[-3,3]$ 内有唯一的根. 分别选初值 $x_0=-3, x_0=1.5$, 用牛顿迭代格式

$$x_{k+1}=x_k-\frac{x_k^3-x_k-3}{3x_k^2-1}=\frac{2x_k^3+3}{3x_k^2-1}\quad(k=0,1,\cdots).$$

计算的结果也由表 4.4 给出. 由表 4.4 可见, 取初值 $x_0=-3$, 迭代序列以四项为一个周期而产生死循环. 但取初值 $x_0=1.5$, 则得到方程在 $[-3,3]$ 内的根 $\alpha\approx1.671699882$.

表 4.4 牛顿迭代格式的计算结果

k	$x\mathrm{e}^{-x}=0$		$x^3-x-3=0$	
0	0.5	2.0	−3.0	1.5
1	−0.500000000	4.00000000	−1.961538462	1.695652174
2	−0.166666666	5.333333333	−1.147175961	1.672080792
3	−0.023809523	6.564102564	−0.006579371	1.671699980
4	−0.000553709	8.892109843	−3.000389074	1.671699882
5	−0.000000306	10.01881867	−1.961818176	1.671699882
6	−0.000000000	10.01881867	−1.147430228	
7	−0.000000000	11.12969794	−0.007256247	
8		12.22841757	−3.000473189	
9		13.31747731	−1.961878646	
10		14.39866277	−1.147485193	
11		15.4732970	−0.007402501	
12		16.54238984	−3.000492443	
13		17.60673001	······	

例 4.7 说明, 牛顿迭代的局部收敛性要求初值取得合适, 否则将可能无法求出方程的根. 在牛顿迭代中, 通常当初值选取充分接近根时, 才能保证迭代序列收敛. 初值选取的苛刻性, 是牛顿迭代的主要缺陷. 若要求初值在较大范围内取值时, 牛顿迭代仍然具有收敛性, 则一般还需对 $f(x)$ 增加一些限制条件. 下面给出牛顿迭代全局收敛的一个充分条件.

定理 4.9 给定 $f(x)=0$, 如果 $f''(x)$ 在 $[a,b]$ 上连续, 且

(1) $f(a)f(b)<0$;

(2) 对任何 $x\in[a,b], f'(x)\neq0, f''(x)\neq0$;

(3) 取 $x_0\in[a,b]$, 使得 $f'(x_0)f''(x_0)>0$,

则 $f(x)=0$ 在 $[a,b]$ 内有唯一的根 α, 且由初值 x_0 按牛顿迭代公式产生的序列收敛于 α, 并有

$$\lim_{k\to\infty}\frac{x_{k+1}-\alpha}{(x_k-\alpha)^2}=\frac{f''(\alpha)}{2f'(\alpha)},\tag{4.18}$$

即牛顿迭代二阶收敛.

证明 由条件 (1) 及连续函数的介值定理知 $f(x)=0$ 在 $[a,b]$ 内至少有一个根. 再由条件 (2) 中 $f(x)$ 的单调性知, $f(x)=0$ 在 $[a,b]$ 内有唯一的根 α.

在 $[a,b]$ 中满足条件 (1) 及 $f''(x)\neq 0$ 的情形共有四种:

(i) $f(a)<0, f(b)>0, f''(x)>0$;

(ii) $f(a)<0, f(b)>0, f''(x)<0$;

(iii) $f(a)>0, f(b)<0, f''(x)>0$;

(iv) $f(a)>0, f(b)<0, f''(x)<0$.

下面仅就情形 (i) 证明牛顿迭代的收敛性, 其他情形可类似证明.

由微分中值定理, 存在 $\xi\in(a,b)$, 使得

$$f'(\xi)=\frac{f(b)-f(a)}{b-a}>0.$$

由条件 (2), 知 $f'(x)$ 在 $[a,b]$ 上恒大于零, 即 $f(x)$ 在 $[a,b]$ 上单调递增. 由条件 (3), 取 $x_0\in[a,b]$ 使得 $f(x_0)>0$, 从而可知 $x_0>\alpha$. 再由牛顿迭代公式, 得

$$x_1=x_0-\frac{f(x_0)}{f'(x_0)}<x_0,$$

即 $x_1<x_0$. 将 $f(\alpha)$ 在 x_0 处作泰勒展开, 得

$$f(\alpha)=f(x_0)+f'(x_0)(\alpha-x_0)+\frac{1}{2}f''(\xi_0)(\alpha-x_0)^2=0,$$

其中 ξ_0 介于 x_0 与 α 之间, 将上式两边除以 $f'(x_0)$, 整理得

$$\alpha-\left[x_0-\frac{f(x_0)}{f'(x_0)}\right]=-\frac{1}{2}\frac{f''(\xi_0)}{f'(x_0)}(\alpha-x_0)^2<0,$$

即 $\alpha-x_1<0$, 所以 $\alpha<x_1<x_0$.

一般地, 设 $\alpha<x_k$, 由 $f'(x)$ 在 $[a,b]$ 上恒大于零, 知 $f(x_k)>0$, 且

$$x_{k+1}=x_k-\frac{f(x_k)}{f'(x_k)}<x_k,$$

再将 $f(\alpha)$ 在 x_k 处作泰勒展开, 得

$$f(\alpha)=f(x_k)+f'(x_k)(\alpha-x_k)+\frac{1}{2}f''(\xi_k)(\alpha-x_k)^2=0,$$

其中 ξ_k 介于 x_k 与 α 之间, 将上式两边除以 $f'(x_k)$, 整理得

$$\alpha - x_{k+1} = -\frac{1}{2}\frac{f''(\xi_k)}{f'(x_k)}(\alpha - x_k)^2 < 0, \tag{4.19}$$

所以 $\alpha < x_{k+1} < x_k, k = 0, 1, 2, \cdots$. 这说明牛顿迭代产生的序列 $\{x_k\}_{k=1}^{\infty}$ 单调有下界, 因而必收敛于其极限值 $\bar{x}$.

对牛顿迭代公式取极限, 得 $\bar{x} = \bar{x} - \dfrac{f(\bar{x})}{f'(\bar{x})}$, 即 $\bar{x}$ 是方程 $f(x) = 0$ 的根. 前面已经推证 α 是该方程在区间 $[a, b]$ 内的唯一根, 故 $\bar{x} = \alpha$. 因此, 牛顿迭代收敛于方程 $f(x) = 0$ 的唯一根 α.

由 $\lim\limits_{k\to\infty} x_k = \alpha$ 及 (4.19) 式, 得

$$\lim_{k\to\infty}\frac{x_{k+1} - \alpha}{(x_k - \alpha)^2} = \frac{f''(\alpha)}{2f'(\alpha)},$$

根据条件 (2), 则牛顿迭代二阶收敛. □

例 4.8 对方程 $f(x) = x^3 - x - 3 = 0$, 讨论区间 $[1, 2]$ 内根的存在唯一性, 并选取使牛顿迭代收敛的初值计算方程根的近似值, 要求 $|x_{k+1} - x_k| \leqslant 10^{-9}$.

解 因 $f(1)f(2) < 0$, 且当 $x \in [1, 2]$ 时, $f'(x) = 3x^2 - 1 > 0$, 故 $f(x) = 0$ 在 $[1, 2]$ 内有唯一的根.

当 $x \in [1, 2]$ 时, $f'(x) > 0$, $f''(x) > 0$, 且取初值 $x_0 \in [1.7, 2]$, 有 $f(x_0) \cdot f''(x_0) > 0$, 因此对任意 $x_0 \in [1.7, 2]$, 牛顿迭代收敛.

结合例 4.7, 表 4.5 给出分别取 $x_0 = 2.0, x_0 = 1.5, x_0 = -3$ 的计算结果. 由表 4.5 可见, 当 $x_0 = 2.0$ 时, 定理 4.9 的条件成立, 从而得到方程在 $[1, 2]$ 内的根 $\alpha \approx 1.671699882$; 而取 $x_0 = 1.5$ 及 $x_0 = -3$ 时, $f(x_0)f''(x_0) > 0$ 均不成立, 但取 $x_0 = 1.5$ 能够产生收敛于方程根的迭代序列, 而取 $x_0 = -3$ 产生的迭代序列却并不收敛. 所以定理 4.9 的条件是牛顿迭代收敛的充分条件.

表 4.5 不同初值的计算结果

k	$x_0 = 2.0$	$x_0 = 1.5$	$x_0 = -3.0$
0	2.0	1.5	−3.0
1	1.727272727	1.695652174	−1.961538462
2	1.673691174	1.672080792	−1.147175961
3	1.671702570	1.671699980	−0.006579371
4	1.671699882	1.671699882	−3.000389074
5	1.671699882	1.671699882	−1.961818176
6			−1.147430228
7			−0.007256247
8			−3.000473189
⋮			⋮

由定理 4.9 可以看出, 对初值的选取赋予一定的强制性条件, 可使牛顿迭代具有全局收敛性. 下面给出牛顿迭代全局收敛的另一个充分条件.

定理 4.10 给定 $f(x)=0$, 如果 $f''(x)$ 在 $[a,b]$ 上连续, 且

(1) $f(a)f(b)<0$;

(2) 对任何 $x\in[a,b], f'(x)\neq 0,\ f''(x)\neq 0$;

(3) $\left|\dfrac{f(a)}{f'(a)}\right|\leqslant b-a, \left|\dfrac{f(b)}{f'(b)}\right|\leqslant b-a$,

则对任何初值 $x_0\in[a,b]$, 由牛顿迭代格式产生的序列 $\{x_k\}_{k=1}^{\infty}$ 收敛于 $f(x)=0$ 的根 α.

定理 4.10 的证明方法与定理 4.9 类似, 定理 4.10 与定理 4.9 的差别仅在于条件 (3), 由图 4.3 可见: 条件 (3) 保证了从 α 两侧任取 x_0, 如 $x_0=a$ 或 $x_0=b$ 所得到的迭代序列 $\{x_k\}_{k=1}^{\infty}$ 均在 $[a,b]$ 内.

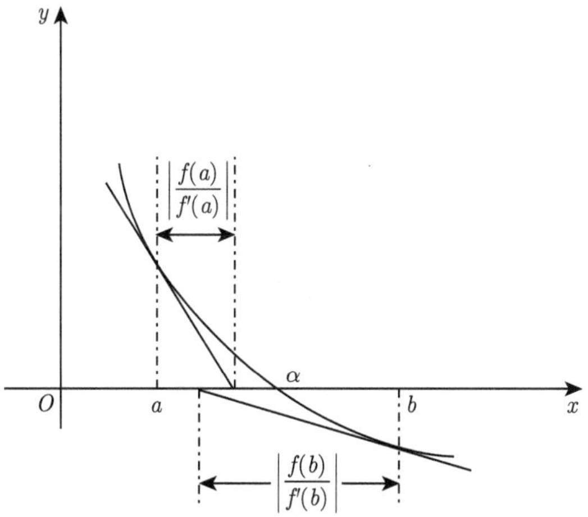

图 4.3 简化牛顿迭代法

4.3.2 简化牛顿迭代法与牛顿下山法

牛顿迭代法的优点是收敛快, 缺点: 一是每步迭代要计算 $f(x)$ 及 $f'(x_k)$, 计算量较大且有时 $f'(x)$ 计算较困难; 二是初始近似 x_0 只在根 x^* 附近才能保证收敛, 如 x_0 不适合可能不收敛. 为了克服这两个缺点, 通常可用下述方法.

(1) 简化牛顿迭代法, 也称平行弦法. 其迭代公式为

$$x_{k+1}=x_k-Cf(x_k),\quad C\neq 0,\ k=0,1,2,\cdots, \tag{4.20}$$

迭代函数为 $\varphi(x)=x-Cf(x)$. 其伪代码如下 (算法 4.6).

算法 4.6　简化牛顿迭代法

输入: 初值 x_0, C, 误差 δ 和 ε.

输出: 估计值 $x \approx x_k$, 迭代次数为 k.

1: **while** $|f(x_k)| > \delta$ 或者 $|x_k - x_{k-1}| > \varepsilon$ **do**:

2: 　计算 $x_{k+1} = x_k - Cf(x_k)$;

3: 　令 $k = k+1$;

4: **end while**

若 $|\varphi'(x)| = |1 - Cf'(x)| < 1$, 即取 $0 < Cf'(x) < 2$, 在根 x^* 附近成立, 则迭代法 (4.20) 局部收敛. 在 (4.20) 式中取 $C = \dfrac{1}{f'(x_0)}$, 则称为简化牛顿迭代法, 这类方法计算量小, 但只有线性收敛, 其几何意义是用斜率为 $f'(x)$ 的平行弦与 x 轴的交点作为 x^* 的近似, 如图 4.4 所示.

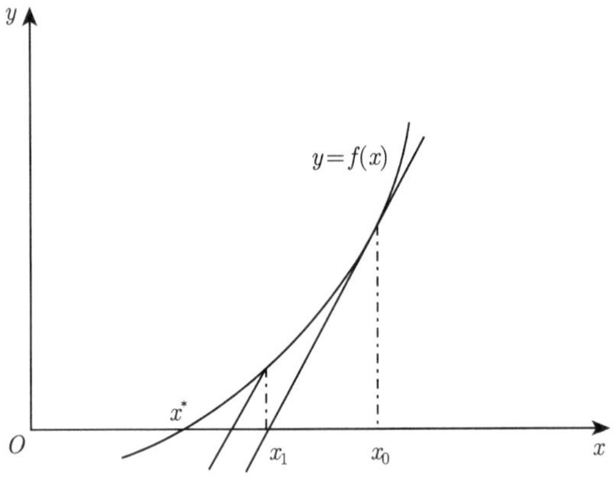

图 4.4　简化牛顿迭代法

(2) 牛顿下山法.

牛顿迭代法的收敛性依赖初值 x_0 的选取, 如果 x_0 偏离所求根 x^* 较远, 则牛顿迭代法可能发散.

例如, 用牛顿迭代法求解方程

$$x^3 - x - 1 = 0, \tag{4.21}$$

此方程在 $x = 1.5$ 附近有一个根 x^*. 设取迭代初值 $x_0 = 1.5$, 用牛顿公式

$$x_{k+1} = x_k - \frac{x_k^3 - x_k - 1}{3x_k^2 - 1}. \tag{4.22}$$

计算得

$$x_1 = 1.34783, \quad x_2 = 1.32520, \quad x_3 = 1.32472.$$

迭代三次得到的结果 x_3 有 6 位有效数字. 但是, 如果改用 $x_0 = 0.6$ 作为迭代初值, 则依牛顿迭代法公式 (4.22) 迭代一次得

$$x_1 = 17.9.$$

这个结果反而比 $x_0 = 0.6$ 更偏离了所求的根 $x^* = 1.32472$.

为了防止迭代发散, 我们对迭代过程再附加一项要求, 即具有单调性:

$$|f(x_{k+1})| < |f(x_k)|, \tag{4.23}$$

满足这项要求的算法称为牛顿下山法. 其伪代码如下.

算法 4.7 牛顿下山法

输入: 初始近似值 x_0, 下山因子 λ, 误差 ε_1 和 ε_2.
输出: 估计值 x.

1: 计算: $x_{k+1} = x_k - \lambda \dfrac{f(x_k)}{f'(x_k)}$;
2: 计算: $f(x_{k+1})$;
3: **if** $|f(x_{k+1})| < |f(x_k)|$ **then**
4: 当 $|x_{k+1} - x_k| < \varepsilon_1$ 时, 取 $x^* \approx x_{k+1}$, 结束;
当 $|x_{k+1} - x_k| > \varepsilon_1$ 时, 把 x_{k+1} 作为新的近似值, 并返回到 1;
5: **else**
6: 当 $\lambda < \varepsilon_2$ 且 $|f(x_{k+1})| < \varepsilon_1$ 时, 取 $x^* \approx x_{k+1}$, 计算结束;
当 $\lambda < \varepsilon_2$ 而 $|f(x_{k+1})| > \varepsilon_1$ 时, 则给 x_{k+1} 加上一个适当选定的小正数, 即取 $x_{k+1} + \delta$ 作为新的 x_k 值, 并转向 1 重复计算;
当 $\lambda > \varepsilon_2$, 且 $|f(x_{k+1})| > \varepsilon_1$ 时, 则将下山因子缩小一半, 取 $\dfrac{\lambda}{2}$ 代入, 并转向 1 重复计算;
7: **end if**

将牛顿迭代法与牛顿下山法结合起来使用, 即在牛顿下山法保证函数值稳定下降的前提下, 用牛顿迭代法加快收敛速度. 为此, 我们将牛顿迭代法的计算结果

$$\overline{x}_{k+1} = x_k - \frac{f(x_k)}{f'(x_k)}$$

与前一步的近似值 x_k 的适当加权平均作为新的改进值

$$x_{k+1} = \lambda \overline{x}_{k+1} + (1 - \lambda) x_k, \tag{4.24}$$

其中 λ $(0 < \lambda \leqslant 1)$ 称为下山因子, (4.24) 式即为

$$x_{k+1} = x_k - \lambda \frac{f(x_k)}{f'(x_k)}, \quad k = 0, 1, 2, \cdots, \tag{4.25}$$

称为牛顿下山法. 选择下山因子时从 $\lambda = 1$ 开始, 逐次将 λ 减半进行试算, 直到能使下降条件 (4.23) 成立为止. 若用此方法解方程 (4.21), 当 $x_0 = 0.6$ 时由 (4.22) 式求得 $x_1 = 17.9$, 它不满足条件 (4.23), 通过对 λ 逐次取半进行试算, 当 $\lambda = \dfrac{1}{32}$ 时可求得 $x_1 = 1.140625$. 此时有 $f(x_1) = 0.656643$, 而 $f(x_0) = 1.384$, 显然 $|f(x_1)| < |f(x_0)|$. 由 x_1 计算 $x_2, x_3, \cdots$ 时 $\lambda = 1$, 均能使条件 (4.23) 满足. 计算结果如下:

$$x_2 = 1.36181, \quad f(x_2) = 0.1866;$$

$$x_3 = 1.32628, \quad f(x_3) = 0.00667;$$

$$x_4 = 1.32472, \quad f(x_4) = 0.0000086.$$

x_4 即为 x^* 的近似, 一般情况下只要能使条件 (4.23) 成立, 则可以得到 $\lim\limits_{k\to\infty} f(x_k) = 0$, 从而使 $\{x_k\}$ 收敛.

4.3.3 重根情形

设 $f(x) = (x - x^*)^m g(x)$, 整数 $m \geqslant 2$, $g(x^*) \neq 0$, 则 x^* 为方程 $f(x) = 0$ 的 m 重根, 此时有

$$f(x^*) = f'(x^*) = f''(x^*) = \cdots = f^{(m-1)}(x^*) = 0, \quad f^{(m)}(x^*) \neq 0.$$

只要 $f'(x_k) \neq 0$ 仍可用牛顿迭代法 (4.14) 计算, 此时迭代函数 $\varphi(x) = x - \dfrac{f(x)}{f'(x)}$ 的导数满足 $\varphi'(x^*) = 1 - \dfrac{1}{m} \neq 0$, 且 $|\varphi'(x^*)| < 1$, 所以牛顿迭代法求重根只是线性收敛. 若取

$$\varphi(x) = x - m\frac{f(x)}{f'(x)},$$

则 $\varphi'(x^*) = 0$. 用迭代解法

$$x_{k+1} = x_k - m\frac{f(x_k)}{f'(x_k)}, \quad k = 0, 1, 2, \cdots \tag{4.26}$$

求 m 重根, 具有二阶收敛性, 但要知道 x^* 的重数 m.

构造求重根的迭代解法, 还可令 $\mu(x) = f(x)/f'(x)$, 若 x^* 是 $f(x) = 0$ 的 m 重根, 则

$$\mu(x) = \frac{(x - x^*)g(x)}{mg(x) + (x - x^*)g'(x)},$$

故 x^* 是 $\mu(x) = 0$ 的单根. 对它用牛顿迭代法, 其迭代函数为

$$\varphi(x)=x-\frac{\mu(x)}{\mu'(x)}=x-\frac{f(x)f'(x)}{[f'(x)]^2-f(x)f''(x)},$$

从而可构造迭代解法

$$x_{k+1}=x_k-\frac{f(x_k)f'(x_k)}{[f'(x_k)]^2-f(x_k)f''(x_k)},\quad k=0,1,2,\cdots,\tag{4.27}$$

它是二阶收敛的.

例 4.9 方程 $x^4-4x^2+4=0$ 的根 $x^*=\sqrt{2}$ 是二重根, 用上述三种方法求根.

解 先写出三种方法的迭代公式.

(1) 牛顿迭代法: $x_{k+1}=x_k-\dfrac{x_k^2-2}{4x_k}$.

(2) 用 (4.26) 式: $x_{k+1}=x_k-\dfrac{x_k^2-2}{2x_k}$.

(3) 用 (4.27) 式: $x_{k+1}=x_k-\dfrac{x_k(x_k^2-2)}{2x_k^2+2}$.

取初值 $x_0=1.5$, 计算结果如表 4.6.

表 4.6 计算结果

k	x_k	方法 (1)	方法 (2)	方法 (3)
0	x_1	1.458333333	1.41666667	1.411764706
1	x_2	1.436607143	1.414215686	1.414211438
2	x_3	1.425497619	1.414213562	1.414213562

计算三步, 计算方法 (2) 及 (3) 均达到 10 位有效数字, 而用牛顿迭代法只有线性收敛, 要达到同样的精度需要迭代 30 次.

*4.4 弦截法与抛物线法

用牛顿迭代法求方程 (4.1) 的根, 每步除了计算 $f(x_k)$ 外还要计算 $f'(x_k)$, 当函数 $f(x)$ 比较复杂时, 计算 $f'(x)$ 往往比较困难, 为此可以利用函数值 $f(x_k)$, $f(x_{k-1}),\cdots$ 来回避导数值 $f'(x)$ 的计算. 这种方法是建立在插值原理基础上的, 下面介绍两种常用的方法.

4.4.1 弦截法

设 x_k, x_{k+1} 是 $f(x)$ 的近似根, 我们利用 $f(x_k)$, $f(x_{k-1})$ 构造一次插值多项式 $p_1(x)$, 并用 $p_1(x)=0$ 的根作为 $f(x)=0$ 的新的近似根 x_{k+1}, 由此

$$p_1(x)=f(x_k)+\frac{f(x_k)-f(x_{k-1})}{x_k-x_{k-1}}(x-x_k).\tag{4.28}$$

因此有

$$x_{k+1}=x_k-\frac{f(x_k)}{f(x_k)-f(x_{k-1})}(x_k-x_{k-1}), \tag{4.29}$$

这样导出的迭代公式 (4.29) 可以看作牛顿公式

$$x_{k+1}=x_k-\frac{f(x_k)}{f'(x_k)}$$

中的导数 $f'(x_k)$ 用差商 $\dfrac{f(x_k)-f(x_{k-1})}{x_k-x_{k-1}}$ 取代的结果. 现在解释这种迭代过程的几何意义. 如图 4.5 所示, 曲线 $y=f(x)$ 上横坐标为 x_k, x_{k-1} 的点分别记为 P_k, P_{k-1}, 则弦线 $\overline{P_kP_{k-1}}$ 的斜率等于差商值 $\dfrac{f(x_k)-f(x_{k-1})}{x_k-x_{k-1}}$, 其方程是

$$y=f(x_k)+\frac{f(x_k)-f(x_{k-1})}{x_k-x_{k-1}}(x-x_k).$$

因此, 按 (4.29) 式所求的 x_{k+1} 实际上是弦线 $\overline{P_kP_{k-1}}$ 与 x 轴的交点的横坐标. 这种算法称为弦截法.

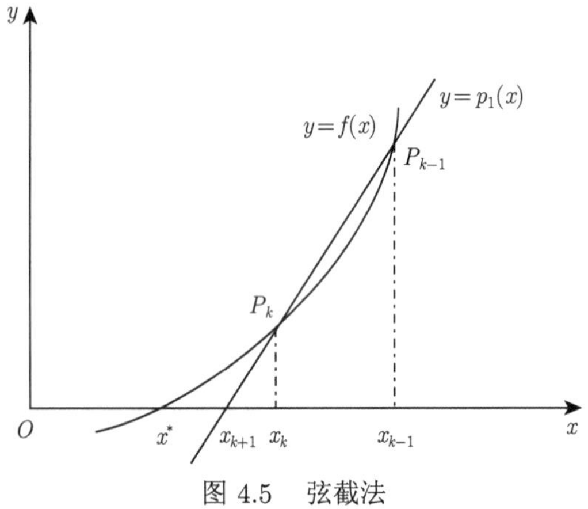

图 4.5　弦截法

算法 4.8　弦截法

输入: 初值 x_0, 函数 $f(x)$, 误差 δ 和 ε.

输出: 估计值 $x\approx x_k$, 迭代次数 k.

while $|f(x_k)|>\delta$ 或 $|x_k-x_{k-1}|>\varepsilon$ **do**:
　　计算 $\mathrm{d}f=(f(x_k)-f(x_{k-1}))/(x_k-x_{k-1})$;
　　计算 $x_{k+1}:=x_k-f(x_k)/\mathrm{d}f$;
　　令 $k=k+1$;
end while

弦截法与切线法 (牛顿迭代法) 都是线性化方法, 但两者有本质的区别. 切线法在计算 x_{k+1} 时只用到前一步的值 x_k, 而弦截法 (4.29), 在求 x_{k+1} 时要用到前面两步的结果 x_k, x_{k-1}, 因此使用这种方法必须先给出两个开始值 x_0, x_1.

例 4.10 分别用弦截法和牛顿迭代法求解 Leonardo 方程

$$f(x) = x^3 + 2x^2 + 10x - 20 = 0.$$

解 易得 $f'(x) = 3x^2+4x+10$, $f''(x) = 6x+4$. 由于 $f'(x) > 0$, $f(1) = -7 < 0$, $f(2) = 12 > 0$, 故 $f(x) = 0$ 在 $(1,2)$ 内仅有一个根. 对于弦截法, 取 $x_0 = 1$, $x_1 = 2$, 计算结果如表 4.7. 对于牛顿迭代法, 由于在 $(1,2)$ 内 $f''(x) > 0$, $f(2) > 0$, 故取 $x_0 = 2$, 计算结果如表 4.7. 由计算结果知, 利用弦截法有 $|x_5 - x_4| \approx 0.4 \times 10^{-8}$; 利用牛顿迭代法有 $|x_5 - x_4| \approx 0.1 \times 10^{-8}$, 故取 $x^* \approx 1.368808108$.

表 4.7 计算结果

x_k	弦截法	牛顿迭代法
x_2	1.368421053	1.383388704
x_3	1.368850469	1.368869419
x_4	1.368808104	1.368808109
x_5	1.368808108	1.368808108

弦截法的收敛阶虽然低于牛顿迭代法, 但迭代一次只需计算一次 $f(x_k)$ 的函数值, 不需计算导数值 $f'(x_k)$, 所以效率高, 实际问题中经常使用.

实际上, 弦截法具有超线性的收敛性.

定理 4.11 假设 $f(x)$ 在根 x^* 的邻域 $\Delta: |x - x^*| \leqslant \delta$ 内具有二阶连续导数, 且对任意 $x \in \Delta$ 有 $f'(x) \neq 0$, 又初值 $x_0, x_1 \in \Delta$, 那么当邻域 Δ 充分小时, 弦截法 (4.29) 将按阶 $p = \dfrac{1+\sqrt{5}}{2} \approx 1.618$ 收敛到根 x^*. 这里 p 是方程 $\lambda^2 - \lambda - 1 = 0$ 的正根.

4.4.2 抛物线法

设已知方程 $f(x) = 0$ 的三个近似根 x_k, x_{k-1}, x_{k-2}, 我们以这三点为节点构造二次插值多项式 $p_2(x)$, 并适当选取 $p_2(x)$ 的一个零点 x_{k+1} 作为新的近似根, 这样确定的迭代过程称为抛物线法, 亦称为密勒 (Muller) 法. 在几何图形上, 这种方法的基本思想是用抛物线 $y = p_2(x)$ 与 x 轴的交点 x_{k+1} 作为所求根 x^* 的近似值, 如图 4.6 所示.

现在推导抛物线法的计算公式. 插值多项式

$$p_2(x) = f(x_k) + f[x_k, x_{k-1}](x - x_k) + f[x_k, x_{k-1}, x_{k-2}](x - x_k)(x - x_{k-1})$$

有两个零点:

$$x_{k+1}=x_k-\frac{2f(x_k)}{\omega\pm\sqrt{\omega^2-4f(x_k)f[x_k,x_{k-1},x_{k-2}]}},\tag{4.30}$$

其中

$$\omega=f[x_k,x_{k-1}]+f[x_k,x_{k-1},x_{k-2}](x_k-x_{k-1}),$$

这里 $f[x_k,x_{k-1}],f[x_k,x_{k-1},x_{k-2}]$ 分别是函数 f 在点 x_k,x_{k-1} 处的二阶差商和函数 f 在点 x_k,x_{k-1},x_{k-2} 处的三阶差商.

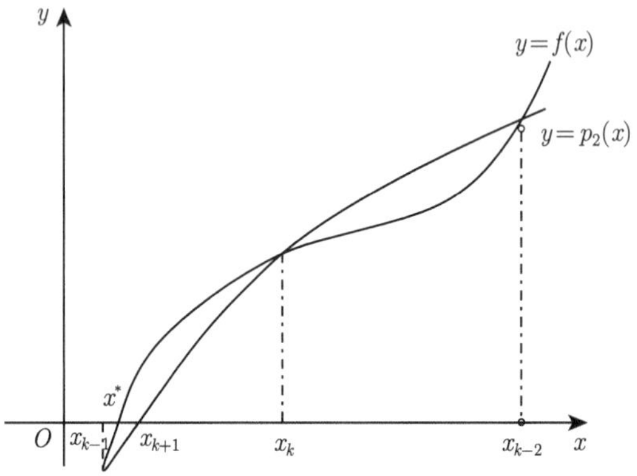

图 4.6 抛物线法

为了从 (4.30) 式定出一个值 x_{k+1}, 我们需要讨论根式前正负号的取舍问题. 在 x_k, x_{k-1}, x_{k-2} 三个近似根中, 自然假定 x_k 更接近所求的根 x^*, 这时, 为了保证精度, 我们选取 (4.30) 式中较接近 x_k 的一个值作为新的近似根 x_{k+1}. 为此, 只要取根号前的符号与 ω 的符号相同. 下面给出该方法的伪代码.

算法 4.9 抛物线法

输入: 满足其对应的函数值 f_0,f_1,f_2 满足 $f_1<f_0,f_1<f_2$ 的三个点 x_0,x_1,x_2, 误差限 δ 和 ε.

输出: 估计值 x, 迭代次数 k.

while $|f(x_k)|>\delta$ 或者 $|x_k-x_{k-1}|>\delta$ **do**:

  计算 $x_{k+1}=x_k-\dfrac{2f(x_k)}{\omega\pm\sqrt{\omega^2-4f(x_k)f[x_k,x_{k-1},x_{k-2}]}}$, 其中 $\omega=f[x_k,x_{k-1}]+f[x_k,x_{k-1},x_{k-2}](x_k-x_{k-1})$;

  令 $k=k+1$;

end while

例 4.11 用抛物线法求解方程 $f(x)=x\mathrm{e}^x-1=0$.

解 前三个值可以通过其他方法得到, 这里取

$$x_0=0.5,\quad x_1=0.6,\quad x_2=0.56532$$

作为初始值, 计算得

$$f(x_0) = -0.175639, \quad f(x_1) = 0.093271, \quad f(x_2) = -0.005031,$$

$$f[x_1, x_0] = 2.68910, \quad f[x_2, x_1] = 2.83454, \quad f[x_2, x_1, x_0] = 2.22658.$$

故

$$\omega = f[x_2, x_1] + f[x_2, x_1, x_0](x_2 - x_1) = 2.75732.$$

代入 (4.30) 式求得

$$x_3 = x_2 - \frac{2f(x_2)}{\omega + \sqrt{\omega^2 - 4f(x_2)f[x_2, x_1, x_0]}} = 0.56714.$$

以上计算表明, 抛物线法比弦截法收敛得更快.

事实上, 在一定条件下可以证明, 对于抛物线法, 迭代误差有下列渐近关系式:

$$\frac{|e_{k+1}|}{|e_k|^{1.840}} \to \left| \frac{f'''(x^*)}{6f'(x^*)} \right|^{0.42}.$$

可见抛物线法也是超线性收敛的, 其收敛的阶 $p = 1.840$ (是方程 $\lambda^3 - \lambda^2 - \lambda - 1 = 0$ 的根), 收敛速度比弦截法更接近于牛顿迭代法.

从 (4.30) 式可以看到, 即使 x_{k-2}, x_{k-1}, x_k 均为实数, x_{k+1} 也可以是复数, 所以抛物线法适用于求多项式的实根和复根.

4.5 非线性方程组的数值解法

非线性方程组是非线性科学的重要组成部分. 在实际应用中, 许多问题都是以方程组的形式呈现的. 单个方程可解决的问题非常有限, 因此, 关于非线性方程组的研究也是非常重要的, 也是更为复杂的.

考虑方程组

$$\begin{cases} f_1(x_1, x_2, \cdots, x_n) = 0, \\ f_2(x_1, x_2, \cdots, x_n) = 0, \\ \qquad \cdots\cdots \\ f_n(x_1, x_2, \cdots, x_n) = 0, \end{cases} \tag{4.31}$$

其中 $f_1, f_2, \cdots, f_n$ 均为 $x_1, x_2, \cdots, x_n$ 的多元函数.

若用向量记号记 $\boldsymbol{x} = (x_1, x_2, \cdots, x_n)^{\mathrm{T}} \in \mathbb{R}^n$, $\boldsymbol{F} = (f_1, f_2, \cdots, f_n)^{\mathrm{T}}$, 方程组 (4.31) 就可写成

$$\boldsymbol{F}(\boldsymbol{x}) = \boldsymbol{0}. \tag{4.32}$$

当 $n \geqslant 2$, 且 $f_i(i=1,2,\cdots,n)$ 中至少有一个是自变量 $x_i\ (i=1,2,\cdots,n)$ 的非线性函数时, 则称方程组 (4.31) 为非线性方程组. 非线性方程组 (4.31) 的求解问题无论在理论上还是在实际解法上均比线性方程组和单个方程求解要复杂和困难, 它可能无解也可能有一个解或多个解.

例 4.12 求 xOy 平面上两条抛物线 $y=x^2+\alpha$ 及 $x=y^2+\alpha$ 的交点, 这就是方程组 (4.31) 中 $n=2$, $x=x_1$, $y=x_2$ 的情形.

解 当 $\alpha=1$ 时, 无解. 当 $\alpha=\dfrac{1}{4}$ 时有唯一解 $x=y=\dfrac{1}{2}$. 当 $\alpha=0$ 时, 有两个解 $x=y=0$ 及 $x=y=1$. 当 $\alpha=-1$ 时, 有 4 个解 $x=-1$, $y=0$; $x=0$, $y=-1$; $x=y=\dfrac{1}{2}(1\pm\sqrt{5})$.

求方程组 (4.31) 的根可直接将单个方程 $(n=1)$ 的求根方法加以推广, 实际上只要把单变量函数 $f(x)$ 看成向量函数 $\boldsymbol{F}(\boldsymbol{x})$, 将方程组 (4.31) 改写为方程组 (4.32), 就可将前面讨论的求根方法用于求方程组 (4.31) 的根, 为此设向量函数 $\boldsymbol{F}(\boldsymbol{x})$ 定义在区域 $D\subset\mathbb{R}^n$, $\boldsymbol{x}_0\in D$. 若 $\lim\limits_{\boldsymbol{x}\to\boldsymbol{x}_0}\boldsymbol{F}(\boldsymbol{x})=\boldsymbol{F}(\boldsymbol{x}_0)$, 则称 $\boldsymbol{F}(\boldsymbol{x})$ 在 $\boldsymbol{x}_0$ 处连续, 这意味着对任意实数 $\varepsilon>0$, 存在实数 $\delta>0$, 使得对满足 $0<\|\boldsymbol{x}-\boldsymbol{x}_0\|<\delta$ 的 $\boldsymbol{x}\in D$, 有

$$\|\boldsymbol{F}(\boldsymbol{x})-\boldsymbol{F}(\boldsymbol{x}_0)\|<\varepsilon.$$

如果 $\boldsymbol{F}(\boldsymbol{x})$ 在 D 上每点都连续, 则称 $\boldsymbol{F}(\boldsymbol{x})$ 在域 D 上连续. 向量函数 $\boldsymbol{F}(\boldsymbol{x})$ 的导数 $\boldsymbol{F}'(\boldsymbol{x})$ 称为 $\boldsymbol{F}$ 的雅可比矩阵, 它表示为

$$\boldsymbol{F}'(\boldsymbol{x})=\begin{bmatrix}\dfrac{\partial f_1(\boldsymbol{x})}{\partial x_1} & \dfrac{\partial f_1(\boldsymbol{x})}{\partial x_2} & \cdots & \dfrac{\partial f_1(\boldsymbol{x})}{\partial x_n}\\ \dfrac{\partial f_2(\boldsymbol{x})}{\partial x_1} & \dfrac{\partial f_2(\boldsymbol{x})}{\partial x_2} & \cdots & \dfrac{\partial f_2(\boldsymbol{x})}{\partial x_n}\\ \vdots & \vdots & & \vdots\\ \dfrac{\partial f_n(\boldsymbol{x})}{\partial x_1} & \dfrac{\partial f_n(\boldsymbol{x})}{\partial x_2} & \cdots & \dfrac{\partial f_n(\boldsymbol{x})}{\partial x_n}\end{bmatrix}. \tag{4.33}$$

4.5.1 不动点迭代法

为了求解方程组 (4.32), 可将它改写为便于迭代的形式

$$\boldsymbol{x}=\boldsymbol{\Phi}(\boldsymbol{x}), \tag{4.34}$$

其中向量函数 $\boldsymbol{\Phi}\in D\subset\mathbb{R}^*$, 且在定义域 D 上连续, 如果 $\boldsymbol{x}^*\in D$, 满足 $\boldsymbol{x}^*=\boldsymbol{\Phi}(\boldsymbol{x}^*)$, 称 $\boldsymbol{x}^*$ 为函数 $\boldsymbol{\Phi}$ 的不动点, $\boldsymbol{x}^*$ 也就是方程组 (4.32) 的一个解.

根据 (4.34) 式构造的迭代法

$$\boldsymbol{x}^{(k+1)}=\Phi\left(\boldsymbol{x}^{(k)}\right),\quad k=0,1,\cdots \tag{4.35}$$

称为不动点迭代法, Φ 称为迭代函数, 如果由它产生的向量序列 $\left\{\boldsymbol{x}^{(k)}\right\}$ 满足 $\lim\limits_{k\to\infty}\boldsymbol{x}^{(k)}=\boldsymbol{x}^*$, 对 (4.35) 式取极限, 由 Φ 的连续性可得 $\boldsymbol{x}^*=\Phi(\boldsymbol{x}^*)$, 故 $\boldsymbol{x}^*$ 是 Φ 的不动点, 也就是方程组 (4.32) 的一个解. 类似于 $n=1$ 时的单个方程, 有下面的定理.

定理 4.12 函数 Φ 定义在区域 $D\subset\mathbb{R}^*$, 假设

(1) 存在闭集 $D_0\subset D$ 及实数 $L\in(0,1)$, 使得

$$\|\Phi(\boldsymbol{x})-\Phi(\boldsymbol{y})\|\leqslant L\|\boldsymbol{x}-\boldsymbol{y}\|,\quad \forall\boldsymbol{x},\boldsymbol{y}\in D_0; \tag{4.36}$$

(2) 对任意 $\boldsymbol{x}\in D_0$ 有 $\Phi(\boldsymbol{x})\in D_0$,

则 Φ 在 D_0 上有唯一不动点 $\boldsymbol{x}^*$, 且对任意 $\boldsymbol{x}^{(0)}\in D_0$, 由迭代法 (4.35) 生成的序列 $\left\{\boldsymbol{x}^{(k)}\right\}$ 收敛到 $\boldsymbol{x}^*$, 并有误差估计

$$\left\|\boldsymbol{x}^*-\boldsymbol{x}^{(k)}\right\|\leqslant\frac{L^k}{1-L}\left\|\boldsymbol{x}^{(1)}-\boldsymbol{x}^{(0)}\right\|. \tag{4.37}$$

此定理的条件 (1) 称为 Φ 的压缩条件. 若 Φ 是压缩的, 则它也是连续的. 条件 (2) 表明 Φ 把区域 D_0 映入自身, 此定理也称为压缩映射原理. 它是迭代法在区域 D_0 的全局收敛定理. 类似于单个方程, 还有以下局部收敛定理.

定理 4.13 设 Φ 在定义域内有不动点 $\boldsymbol{x}^*$, Φ 的分量函数有连续偏导数且

$$\rho\left(\Phi'\left(\boldsymbol{x}^*\right)\right)<1, \tag{4.38}$$

则存在 $\boldsymbol{x}^*$ 的一个邻域 S, 对任意 $\boldsymbol{x}^{(0)}\in S$, 迭代法 (4.35) 产生的序列 $\left\{\boldsymbol{x}^{(n)}\right\}$ 收敛于 $\boldsymbol{x}^*$.

(4.38) 式中的 $\rho\left(\Phi'\left(\boldsymbol{x}^*\right)\right)$ 是指函数 Φ 的导数的雅可比矩阵的谱半径. 类似地, 也有向量序列 $\left\{\boldsymbol{x}^{(k)}\right\}$ 收敛阶的定义, 设 $\left\{\boldsymbol{x}^{(k)}\right\}$ 收敛于 $\boldsymbol{x}^*$, 若存在常数 $p\geqslant 1$ 及 $\alpha>0$, 使得

$$\lim_{k\to\infty}\frac{\left\|\boldsymbol{x}^{(k+1)}-\boldsymbol{x}^*\right\|}{\left\|\boldsymbol{x}^{(k)}-\boldsymbol{x}^*\right\|^p}=\alpha, \tag{4.39}$$

则称 $\left\{\boldsymbol{x}^{(k)}\right\}$ 为 p 阶收敛.

例 4.13 用不动点迭代法求解方程组

$$\begin{cases} x_1^2-10x_1+x_2^2+8=0,\\ x_1x_2^2+x_1-10x_2+8=0. \end{cases}$$

解 将方程组化为 (4.34) 式的形式, 其中

$$\boldsymbol{x}=\begin{bmatrix} x_1 \\ x_2 \end{bmatrix},\quad \boldsymbol{\Phi}(\boldsymbol{x})=\begin{bmatrix} \varphi_1(\boldsymbol{x}) \\ \varphi_2(\boldsymbol{x}) \end{bmatrix}=\begin{bmatrix} \dfrac{1}{10}\left(x_1^2+x_2^2+8\right) \\ \dfrac{1}{10}\left(x_1x_2^2+x_1+8\right) \end{bmatrix}.$$

设 $D=\{(x_1,x_2)\mid 0\leqslant x_1,x_2\leqslant 1.5\}$, 不难验证

$$0.8\leqslant\varphi_1(\boldsymbol{x})\leqslant 1.25,\quad 0.8\leqslant\varphi_2(\boldsymbol{x})\leqslant 1.2875,$$

故当 $\boldsymbol{x}\in D$ 时, 有 $\boldsymbol{\Phi}(\boldsymbol{x})\in D$. 又对一切 $\boldsymbol{x},\boldsymbol{y}\in D$,

$$|\varphi_1(\boldsymbol{y})-\varphi_1(\boldsymbol{x})|=\frac{1}{10}\left|y_1^2-x_1^2+y_2^2-x_2^2\right|\leqslant\frac{3}{10}\left(|y_1-x_1|+|y_2-x_2|\right),$$

$$|\varphi_2(\boldsymbol{y})-\varphi_2(\boldsymbol{x})|=\frac{1}{10}\left|y_1y_2^2-x_1x_2^2+y_1-x_1\right|\leqslant\frac{4.5}{10}\left(|y_1-x_1|+|y_2-x_2|\right).$$

于是有 $\|\boldsymbol{\Phi}(\boldsymbol{y})-\boldsymbol{\Phi}(\boldsymbol{x})\|_1\leqslant 0.75\|\boldsymbol{y}-\boldsymbol{x}\|_1$, 即 $\boldsymbol{\Phi}$ 满足条件 (4.36). 根据定理 4.12, $\boldsymbol{\Phi}$ 在区域 D 中存在唯一不动点 $\boldsymbol{x}^*$, D 内任一点 $\boldsymbol{x}^{(0)}$ 出发的迭代法收敛于 $\boldsymbol{x}^*$, 今取 $\boldsymbol{x}^{(0)}=(0,0)^{\mathrm{T}}$, 用迭代法 (4.35) 可求得 $\boldsymbol{x}^{(1)}=(0.8,0.8)^{\mathrm{T}}$, $\boldsymbol{x}^{(2)}=(0.928,0.9312)^{\mathrm{T}},\cdots,\boldsymbol{x}^{(6)}=(0.999328,0.999329)^{\mathrm{T}},\cdots,\boldsymbol{x}^*=(1,1)^{\mathrm{T}}$.

由于

$$\boldsymbol{\Phi}'(\boldsymbol{x})=\begin{bmatrix} \dfrac{1}{5}x_1 & \dfrac{1}{5}x_2 \\ \dfrac{1}{10}\left(x_2^2+1\right) & \dfrac{1}{5}x_1x_2 \end{bmatrix},$$

对一切 $\boldsymbol{x}\in D$ 都有 $\left|\dfrac{\partial\varphi_i(\boldsymbol{x})}{\partial x_j}\right|\leqslant\dfrac{0.9}{2}$, 故 $\|\boldsymbol{\Phi}'(\boldsymbol{x})\|_1\leqslant 0.9$, 从而有 $\rho\left(\boldsymbol{\Phi}'(\boldsymbol{x})\right)<1$, 满足定理 4.12 的条件. 此外还可看到

$$\boldsymbol{\Phi}'\left(\boldsymbol{x}^*\right)=\begin{bmatrix} 0.2 & 0.2 \\ 0.2 & 0.2 \end{bmatrix},\quad \left\|\boldsymbol{\Phi}'\left(\boldsymbol{x}^*\right)\right\|_1=0.4<1,$$

故 $\rho\left(\boldsymbol{\Phi}'\left(\boldsymbol{x}^*\right)\right)\leqslant 0.4$, 即满足定理 4.13 的条件.

4.5.2 非线性方程组牛顿迭代法

将单个方程的牛顿迭代法直接用于方程组 (4.32), 则可得到解非线性方程组的牛顿迭代法

$$\boldsymbol{x}^{(k+1)}=\boldsymbol{x}^{(k)}-\boldsymbol{F}'\left(\boldsymbol{x}^{(k)}\right)^{-1}\boldsymbol{F}\left(\boldsymbol{x}^{(k)}\right),\quad k=0,1,\cdots, \tag{4.40}$$

这里 $\boldsymbol{F}'(\boldsymbol{x})^{-1}$ 是 (4.33) 式给出的雅可比矩阵的逆矩阵, 具体计算时记 $\boldsymbol{x}^{(k+1)}-\boldsymbol{x}^{(k)}=\Delta\boldsymbol{x}^{(k)}$, 先解线性方程组

$$\boldsymbol{F}'\left(\boldsymbol{x}^{(k)}\right)\Delta\boldsymbol{x}^{(k)}=-\boldsymbol{F}\left(\boldsymbol{x}^{(k)}\right),$$

求出向量 $\Delta\boldsymbol{x}^{(k)}$, 再令 $\boldsymbol{x}^{(k+1)}=\boldsymbol{x}^{(k)}+\Delta\boldsymbol{x}^{(k)}$. 每步包括了计算向量函数 $\boldsymbol{F}(\boldsymbol{x}^{(k)})$ 及矩阵 $\boldsymbol{F}'\left(\boldsymbol{x}^{(k)}\right)$, 牛顿迭代法有下面的收敛性定理.

定理 4.14 设 $\boldsymbol{F}(\boldsymbol{x})$ 的定义域为 $D\subset\mathbb{R}^n$, $\boldsymbol{x}^*\in D$ 满足 $\boldsymbol{F}(\boldsymbol{x}^*)=\boldsymbol{0}$, 在 $\boldsymbol{x}^*$ 的开邻域 $S_0\subset D$ 上 $\boldsymbol{F}'(\boldsymbol{x})$ 存在且连续, $\boldsymbol{F}'(\boldsymbol{x}^*)$ 非奇异, 则牛顿迭代法生成的序列 $\left\{\boldsymbol{x}^{(k)}\right\}$ 在闭区域 $S\subset S_0$ 上超线性收敛于 $\boldsymbol{x}^*$, 若还存在常数 $L>0$, 使得

$$\left\|\boldsymbol{F}'(\boldsymbol{x})-\boldsymbol{F}'(\boldsymbol{x}^*)\right\|\leqslant L\left\|\boldsymbol{x}-\boldsymbol{x}^*\right\|,\quad \forall\boldsymbol{x}\in S,$$

则 $\left\{\boldsymbol{x}^{(k)}\right\}$ 至少平方收敛.

例 4.14 用牛顿迭代法解例 4.13 的方程组.

解

$$\boldsymbol{F}(\boldsymbol{x})=\begin{bmatrix}x_1^2-10x_1+x_2^2+8\\ x_1x_2^2+x_1-10x_2+8\end{bmatrix},\quad \boldsymbol{F}'(\boldsymbol{x})=\begin{bmatrix}2x_1-10 & 2x_2\\ x_2^2+1 & 2x_1x_2-10\end{bmatrix}.$$

选 $\boldsymbol{x}^{(0)}=(0,0)^{\mathrm{T}}$, 解线性方程组 $\boldsymbol{F}'\left(\boldsymbol{x}^{(0)}\right)\Delta\boldsymbol{x}^{(0)}=-\boldsymbol{F}\left(\boldsymbol{x}^{(0)}\right)$, 即

$$\begin{bmatrix}-10 & 0\\ 1 & -10\end{bmatrix}\begin{bmatrix}\Delta x_1^{(0)}\\ \Delta x_2^{(0)}\end{bmatrix}=\begin{bmatrix}-8\\ -8\end{bmatrix}.$$

解得 $\Delta\boldsymbol{x}^{(0)}=(0.8,0.88)^{\mathrm{T}}$, $\boldsymbol{x}^{(1)}=\boldsymbol{x}^{(0)}+\Delta\boldsymbol{x}^{(0)}=(0.8,0.88)^{\mathrm{T}}$, 按牛顿迭代法 (4.40) 计算, 结果如表 4.8.

表 4.8 计算结果

	$\boldsymbol{x}^{(0)}$	$\boldsymbol{x}^{(1)}$	$\boldsymbol{x}^{(2)}$	$\boldsymbol{x}^{(3)}$	$\boldsymbol{x}^{(4)}$
$x_1^{(k)}$	0	0.80	0.9917872	0.9999752	1.0000000
$x_2^{(k)}$	0	0.88	0.9917117	0.9999685	1.0000000

习 题 4

1. 讨论方程 $x^3+4x^2-10=0$ 的有根区间.
2. 用二分法求方程

$$f(x)=x^3-x-1=0$$

在 $[1,2]$ 内的实根, 取精度要求为 $\varepsilon=10^{-3}$.

3. 构造迭代格式, 用迭代法求方程 $x=\mathrm{e}^{-x}$ 在 $\left[\frac{1}{2},\ln 2\right]$ 内的一个实根, 计算的终止条件为 $|x_{k+1}-x_k|<10^{-3}$, 并且分析迭代的收敛性.

4. 已知方程 $x^3+4x^2-10=0$ 在区间 $[1,2]$ 上有一个根, 构造不动点迭代法求这个根. 取 $x_0=1.5$ 计算.

5. 用斯特芬森迭代加速方法计算方程 $x=\mathrm{e}^{-x}$ 在 $\left[\frac{1}{2},\ln 2\right]$ 内的一个实根, 计算的终止条件为 $|x_k-x_{k-1}|<10^{-5}$.

6. 用不同的方法求 $x^2-3=0$ 的根 $x^*=\sqrt{3}$, 其不动点为 $x^*=\sqrt{3}$.

7. 设 $f(x)=x\mathrm{e}^x-3$, 写出求方程 $f(x)=0$ 根的牛顿迭代公式, 并说明它的收敛阶是多少?

8. 用牛顿迭代法求方程 $f(x)=x^3-x-1=0$ 的实根, 取 $x_0=1.5$, 精度要求为 $\varepsilon=10^{-3}$.

9. 取初始点 $x_0=1.5$, 分别用牛顿迭代法和求重根的两种方法计算方程

$$(x+1)(x-1)^2=0$$

的根.

10. 求 $\sqrt{115}$.

11. 用斯特芬森方法和牛顿迭代法解方程 $x^3+4x^2-10=0$.

12. 用弦截法求方程 $x^3-x-1=0$ 的实根, 取 $x_0=1.6$, $x_1=1.5$, $\varepsilon=10^{-3}$.

13. 设 $\phi(x)=x+a\left(x^2-5\right)$, 试讨论 a 的取值范围, 使得迭代公式 $x_{k+1}=\phi(x_k)$ 局部收敛到 $x^*=\sqrt{5}$.

14. 设 $\boldsymbol{A}\in\mathbb{R}^{n\times n}$, $\boldsymbol{b}\in\mathbb{R}^n$, $\boldsymbol{A}$ 非奇异. 如果用牛顿迭代法求解线性方程组 $\boldsymbol{A}\boldsymbol{x}=\boldsymbol{b}$, 则将会出现什么情况?

15. 对非线性方程组

$$\begin{cases} x_1^2-10x_1+x_2^2+8=0, \\ x_1x_2^2+x_1-10x_2+8=0 \end{cases}$$

构造一种不动点迭代法, 分析其收敛性, 并迭代计算若干次, 使误差小于 10^{-3}.

实验 4

1. 公元 1225 年, 比萨的数学家斐波那契 (Fibonacci) 研究了方程

$$x^3+2x^2+10x-20=0,$$

得到一个根 $x^* \approx 1.368808107$ (没有人知道他是怎样得到这个值的). 对此方程, 用下列方法:

(1) 迭代法 $x_{k+1} = \dfrac{20}{x_k^2 + 2x_k + 10}$;

(2) 迭代法 $x_{k+1} = \dfrac{20 - 2x_k^2 - x_k^3}{10}$;

(3) 对 (1) 的斯特芬森加速方法;

(4) 对 (2) 的斯特芬森加速方法;

(5) 牛顿迭代法.

取 $x_0 = 1$, 求方程的根, 要求精确到 10^{-9}.

2. 对非线性方程组

$$\begin{cases} 3x_1 - \cos(x_2x_3) - \dfrac{1}{2} = 0, \\ x_1^2 - 81(x_2 + 0.1)^2 + \sin x_3 + 1.06 = 0, \\ \mathrm{e}^{-x_1x_2} + 20x_3 + \dfrac{10\pi - 3}{3} = 0. \end{cases}$$

(1) 建立一个在区域 $D = \{(x_1, x_2, x_3) \mid |x_i| \leqslant 1, i = 1, 2, 3\}$ 上满足压缩映射原理的不动点迭代法, 计算方程组的根;

(2) 用牛顿迭代法解方程组, 试不同的初值.

第 5 章　矩阵特征值与特征向量的计算

设矩阵 $\boldsymbol{A}\in\mathbb{R}^{n\times n}$, 矩阵 $\boldsymbol{A}$ 的特征值问题是求 $\lambda\in\mathbb{C}$ 和非零向量 $\boldsymbol{x}\in\mathbb{R}^{n}$, 使

$$\boldsymbol{A}\boldsymbol{x}=\lambda\boldsymbol{x}, \tag{5.1}$$

其中 $\boldsymbol{x}$ 是矩阵 $\boldsymbol{A}$ 的属于特征值 λ 的特征向量. 在科学和工程技术中很多问题在数学上都归结为求矩阵的特征值问题. 本章讨论计算矩阵的特征值问题的数值方法.

求 $\boldsymbol{A}$ 的特征值等价于求 $\boldsymbol{A}$ 的特征方程

$$p(\lambda)=\det(\lambda\boldsymbol{I}-\boldsymbol{A})=0 \tag{5.2}$$

的根. 下面列出特征值的基本性质.

定理 5.1　设 λ 为 $\boldsymbol{A}\in\mathbb{R}^{n\times n}$ 的特征值, $\boldsymbol{A}\boldsymbol{x}=\lambda\boldsymbol{x}$, $\boldsymbol{x}\neq\boldsymbol{0}$, 则

(1) $c\lambda$ 为 $c\boldsymbol{A}$ 的特征值 (c 为常数, $c\neq0$);

(2) $\lambda-\mu$ 为 $\boldsymbol{A}-\mu\boldsymbol{I}$ 的特征值, 即 $(\boldsymbol{A}-\mu\boldsymbol{I})\boldsymbol{x}=(\lambda-\mu)\boldsymbol{x}$;

(3) λ^k 为 $\boldsymbol{A}^k$ 的特征值.

定理 5.2　(1) 设 $\boldsymbol{A}\in\mathbb{R}^{n\times n}$ 可对角化, 即存在非奇异矩阵 $\boldsymbol{P}$, 使

$$\boldsymbol{P}^{-1}\boldsymbol{A}\boldsymbol{P}=\begin{bmatrix}\lambda_1&&&\\&\lambda_2&&\\&&\ddots&\\&&&\lambda_n\end{bmatrix}$$

的充分必要条件是 $\boldsymbol{A}$ 具有 n 个线性无关的特征向量;

(2) 如果 $\boldsymbol{A}$ 有 m ($m\leqslant n$) 个不同的特征值 $\lambda_1,\lambda_2,\cdots,\lambda_m$, 则对应的特征向量 $\boldsymbol{x}_1,\boldsymbol{x}_2,\cdots,\boldsymbol{x}_m$ 线性无关.

定理 5.3　设 $\boldsymbol{A}\in\mathbb{R}^{n\times n}$ 为对称矩阵, 则

(1) $\boldsymbol{A}$ 的特征值均为实数;

(2) $\boldsymbol{A}$ 有 n 个线性无关的特征向量;

(3) 存在一个正交矩阵 $\boldsymbol{P}$ 使

$$P^{-1}AP=\begin{bmatrix}\lambda_1&&&\\&\lambda_2&&\\&&\ddots&\\&&&\lambda_n\end{bmatrix},$$

其中 $\lambda_i\ (i=1,2,\cdots,n)$ 为 $\boldsymbol{A}$ 的特征值, 而 $\boldsymbol{P}=(\boldsymbol{\mu}_1,\boldsymbol{\mu}_2,\cdots,\boldsymbol{\mu}_n)$ 的列向量 $\boldsymbol{\mu}_j$ 为 $\boldsymbol{A}$ 对应于 λ_i 的特征向量.

定理 5.4 设 $\boldsymbol{A}\in\mathbb{R}^{n\times n}$ 为对称矩阵 (其特征值依次记为 $\lambda_1\geqslant\lambda_2\geqslant\cdots\geqslant\lambda_n$), 则

(1) $\lambda_n\leqslant\dfrac{(\boldsymbol{Ax},\boldsymbol{x})}{(\boldsymbol{x},\boldsymbol{x})}\leqslant\lambda_1$(对任何非零向量 $\boldsymbol{x}\in\mathbb{R}^n$);

(2) $\lambda_1=\max\limits_{\substack{\boldsymbol{x}\in\mathbb{R}^n\\ \boldsymbol{x}\neq\boldsymbol{0}}}\dfrac{(\boldsymbol{Ax},\boldsymbol{x})}{(\boldsymbol{x},\boldsymbol{x})},\lambda_n=\min\limits_{\substack{\boldsymbol{x}\in\mathbb{R}^n\\ \boldsymbol{x}\neq\boldsymbol{0}}}\dfrac{(\boldsymbol{Ax},\boldsymbol{x})}{(\boldsymbol{x},\boldsymbol{x})}$.

记 $R(\boldsymbol{x})=\dfrac{(\boldsymbol{Ax},\boldsymbol{x})}{(\boldsymbol{x},\boldsymbol{x})},\boldsymbol{x}\neq\boldsymbol{0}$, 称为矩阵 $\boldsymbol{A}$ 的瑞利 (Rayleigh) 商.

证明 只证 (1), 关于 (2) 由读者自行证明. 由于 $\boldsymbol{A}$ 为实对称矩阵, 可将 $\lambda_1,\lambda_2,\cdots,\lambda_n$ 对应的特征向量 $\boldsymbol{x}_1,\boldsymbol{x}_2,\cdots,\boldsymbol{x}_n$ 正交规范化, 则有 $(\boldsymbol{x}_i,\boldsymbol{x}_j)=\delta_{ij}$. 设 $\boldsymbol{x}\neq\boldsymbol{0}$ 为 $\mathbb{R}^n$ 中任一向量, 则有展开式

$$\boldsymbol{x}=\sum_{i=1}^n\alpha_i\boldsymbol{x}_i,\quad\|\boldsymbol{x}\|_2=\left(\sum_{i=1}^n\alpha_i^2\right)^{\frac{1}{2}},$$

于是

$$\frac{(\boldsymbol{Ax},\boldsymbol{x})}{(\boldsymbol{x},\boldsymbol{x})}=\frac{\sum\limits_{i=1}^n\alpha_i^2\lambda_i}{\sum\limits_{i=1}^n\alpha_i^2}.$$

从而 (1) 成立. 结论 (1) 说明瑞利商必位于 λ_n 和 λ_1 之间. □

5.1 特征值估计

如果可以大概估计特征值的位置或者近似区间, 对解决实际问题而言非常重要. 下面给出特征值估计的一个非常经典的结论.

定义 5.1 设 $\boldsymbol{A}=[a_{ij}]_{n\times n}$. 令

(1) $r_i=\sum\limits_{\substack{j=1\\ j\neq i}}^n|a_{ij}|\,(i=1,2,\cdots,n)$;

(2) 集合 $D_i = \{z||z - a_{ii}| \leqslant r_i, z \in \mathbb{C}\}$,
称复平面上以 a_{ii} 为圆心, 以 r_i 为半径的所有圆盘为 $\boldsymbol{A}$ 的盖尔 (Gershgorin) 圆盘.

定理 5.5 (盖尔圆盘定理) (1) 设 $\boldsymbol{A} = [a_{ij}]_{n\times n}$, 则 $\boldsymbol{A}$ 的每一个特征值必属于下述某个圆盘之中

$$|\lambda - a_{ii}| \leqslant r_i = \sum_{\substack{j=1 \\ j\neq i}}^{n} |a_{ij}|, \quad i = 1, 2, \cdots, n, \tag{5.3}$$

即 $\boldsymbol{A}$ 的特征值都在复平面上 n 个圆盘的并集中;

(2) 如果 $\boldsymbol{A}$ 有 m 个圆盘, 这 m 个圆盘组成一个连通的并集 S, 且 S 与余下 $n - m$ 个圆盘是分离的, 则 S 内恰包含 $\boldsymbol{A}$ 的 m 个特征值.

特别地, 如果 $\boldsymbol{A}$ 的一个圆盘 D_i 是与其他圆盘分离的 (即孤立圆盘), 则 D_i 中精确地包含 $\boldsymbol{A}$ 的一个特征值.

证明 这里只就 (1) 给出证明. 设 λ 为 $\boldsymbol{A}$ 的特征值, 即

$$\boldsymbol{Ax} = \lambda\boldsymbol{x}, \quad 其中\ \boldsymbol{x} = (x_1, x_2, \cdots, x_n)^{\mathrm{T}} \neq \boldsymbol{0}.$$

记 $|x_k| = \max\limits_{1\leqslant i\leqslant n} |x_i| = \|x\|_\infty \neq 0$, 考虑 $\boldsymbol{Ax} = \lambda\boldsymbol{x}$ 的第 k 个方程, 即

$$\sum_{j=1}^{n} a_{kj}x_j = \lambda x_k \quad 或 \quad [\lambda - a_{kk}]\, x_k = \sum_{j\neq k} a_{kj}x_j,$$

于是

$$|\lambda - a_{kk}|\,|x_k| \leqslant \sum_{j\neq k} |a_{kj}|\,|x_j| \leqslant |x_k| \sum_{j\neq k} |a_{kj}|,$$

即

$$|\lambda - a_{kk}| \leqslant \sum_{j\neq k} |a_{kj}| = r_k.$$

这说明, $\boldsymbol{A}$ 的每一个特征值必位于 $\boldsymbol{A}$ 的一个圆盘中, 并且相应的特征值 λ 一定位于第 k 个圆盘中 (其中 k 是对应特征向量 $\boldsymbol{x}$ 绝对值最大的分量的下标).

利用相似矩阵性质, 有时可以获得 $\boldsymbol{A}$ 的特征值进一步的估计, 即适当选取非奇异对角矩阵

$$\boldsymbol{D}^{-1} = \begin{bmatrix} \alpha_1^{-1} & & & \\ & \alpha_2^{-1} & & \\ & & \ddots & \\ & & & \alpha_n^{-1} \end{bmatrix},$$

并作相似变换 $\boldsymbol{D}^{-1}\boldsymbol{A}\boldsymbol{D}=\left[\dfrac{a_{ij}\alpha_j}{\alpha_i}\right]_{n\times n}$. 适当选取 $\alpha_i\ (i=1,2,\cdots,n)$ 可使某些圆盘半径及连通性发生变化. □

例 5.1 估计矩阵 $\boldsymbol{A}$ 的特征值的范围, 其中

$$\boldsymbol{A}=\begin{bmatrix}2&0&1\\1&-1&2\\0&1&5\end{bmatrix}.$$

解 $\boldsymbol{A}$ 的 3 个盖尔圆盘是

$$D_1:\{z|\ |z-2\ |\leqslant 1\},$$

$$D_2:\{z|\ |z+1\ |\leqslant 3\},$$

$$D_3:\{z|\ |z-5\ |\leqslant 1\},$$

其中 D_3 为孤立圆盘, 故恰好包含了一个特征值 λ_3, 并有估计

$$4\leqslant\lambda_3\leqslant 6,$$

而另外两个特征值 λ_1 和 λ_2 则包含在 D_1 与 D_2 的并集中. 为获得 λ_1 和 λ_2 较准确的估计, 现对 $\boldsymbol{A}$ 作相似变换:

$$\boldsymbol{B}=\boldsymbol{P}^{-1}\boldsymbol{A}\boldsymbol{P},$$

其中

$$\boldsymbol{P}=\begin{bmatrix}1&&\\&5/3&\\&&1\end{bmatrix},\quad \boldsymbol{B}=\begin{bmatrix}2&0&1\\3/5&-1&6/5\\0&5/3&5\end{bmatrix}.$$

$\boldsymbol{B}$ 的 3 个盖尔圆盘为

$$D_1':\{z|\ |z-2|\leqslant 1\},$$

$$D_2':\left\{z\ \middle|\ |z+1|\leqslant\frac{9}{5}\right\},$$

$$D_3':\left\{z\ \middle|\ |z-5|\leqslant\frac{5}{3}\right\}.$$

它们都是孤立圆盘. 故 $\boldsymbol{A}$ 的特征值分布为

$$-\frac{14}{5}\leqslant\lambda_1\leqslant\frac{4}{5},\quad 1\leqslant\lambda_2\leqslant 3,\quad \frac{10}{3}\leqslant\lambda_3\leqslant\frac{20}{3}.$$

5.2 幂法与反幂法

在实际工程应用中, 往往需要计算振动系统的最低频率 (或前几个最低频率) 及相应的振型, 相应的数学问题就是求解矩阵的按模最大或前几个按模最大的特征值及相应的特征向量. 矩阵按模最大的特征值称为主特征值, 求解主特征值通常采用幂法. 本章介绍幂法和反幂法.

5.2.1 幂法

设实矩阵 $\boldsymbol{A}=(a_{ij})_{n\times n}$ 有一个完全的特征向量组 (矩阵 $\boldsymbol{A}$ 有 n 个线性无关的特征向量), 其特征值为 $\lambda_1,\lambda_2,\cdots,\lambda_n$, 相应的特征向量为 $\boldsymbol{x}_1,\boldsymbol{x}_2,\cdots,\boldsymbol{x}_n$. 已知 $\boldsymbol{A}$ 的主特征值是实根, 且满足条件

$$|\lambda_1|\geqslant|\lambda_2|\geqslant|\lambda_3|\geqslant\cdots\geqslant|\lambda_n|, \tag{5.4}$$

现讨论求 λ_1 及 $\boldsymbol{x}_1$ 的方法.

幂法的基本思想是任取一个非零的初始向量 $\boldsymbol{v}_0$, 由矩阵 $\boldsymbol{A}$ 构造一向量序列

$$\begin{cases}\boldsymbol{v}_1=\boldsymbol{A}\boldsymbol{v}_0,\\ \boldsymbol{v}_2=\boldsymbol{A}\boldsymbol{v}_1=\boldsymbol{A}^2\boldsymbol{v}_0,\\ \qquad\cdots\cdots\\ \boldsymbol{v}_{k+1}=\boldsymbol{A}\boldsymbol{v}_k=\boldsymbol{A}^{k+1}\boldsymbol{v}_0,\\ \qquad\cdots\cdots\end{cases} \tag{5.5}$$

称为迭代向量. 由假设 $\boldsymbol{v}_0$ 可表示为

$$\boldsymbol{v}_0=\alpha_1\boldsymbol{x}_1+\alpha_2\boldsymbol{x}_2+\cdots+\alpha_n\boldsymbol{x}_n \quad (\text{设 } \alpha_1\neq 0). \tag{5.6}$$

于是

$$\begin{aligned}\boldsymbol{v}_k&=\boldsymbol{A}\boldsymbol{v}_{k-1}=\boldsymbol{A}^k\boldsymbol{v}_0=\alpha_1\lambda_1^k\boldsymbol{x}_1+\alpha_2\lambda_2^k\boldsymbol{x}_2+\cdots+\alpha_n\lambda_n^k\boldsymbol{x}_n\\&=\lambda_1^k\left[\alpha_1\boldsymbol{x}_1+\sum_{i=2}^{n}\alpha_i(\lambda_i/\lambda_1)^k\boldsymbol{x}_i\right]=\lambda_1^k\left[\alpha_1\boldsymbol{x}_1+\boldsymbol{\varepsilon}_k\right],\end{aligned}$$

其中 $\boldsymbol{\varepsilon}_k=\sum\limits_{i=2}^{n}\alpha_i\left[\lambda_i/\lambda_1\right]^k\boldsymbol{x}_i$, 由假设 $|\lambda_i/\lambda_1|<1\,(i=2,3,\cdots,n)$, 故 $\lim\limits_{k\to\infty}\boldsymbol{\varepsilon}_k=\boldsymbol{0}$, 从而

$$\lim_{k\to\infty}\frac{\boldsymbol{v}_k}{\lambda_1^k}=\alpha_1\boldsymbol{x}_1. \tag{5.7}$$

这说明序列 $\left\{\dfrac{\boldsymbol{v}_k}{\lambda_1^k}\right\}$ 越来越接近 $\boldsymbol{A}$ 的对应于 λ_i 的特征向量, 或者说当 k 充分大时

$$\boldsymbol{v}_k \approx \alpha_1\lambda_1^k\boldsymbol{x}_1, \tag{5.8}$$

即迭代向量 $\boldsymbol{v}_k$ 为 λ_1 的特征向量的近似向量 (除因子外).

下面再考虑主特征值 λ_1 的计算, 用 $(\boldsymbol{v}_k)_i$ 表示 $\boldsymbol{v}_k$ 的第 i 个分量, 则

$$\frac{(\boldsymbol{v}_{k+1})_i}{(\boldsymbol{v}_k)_i} = \lambda_1\left\{\frac{\alpha_1(\boldsymbol{x}_1)_i + (\boldsymbol{\varepsilon}_{k+1})_i}{\alpha_1(\boldsymbol{x}_1)_i + (\boldsymbol{\varepsilon}_k)_i}\right\}, \tag{5.9}$$

故

$$\lim_{k\to\infty}\frac{(\boldsymbol{v}_{k+1})_i}{(\boldsymbol{v}_k)_i} = \lambda_1, \tag{5.10}$$

也就是说两个相邻迭代向量分量的比值收敛到主特征值.

这种由已知非零向量 $\boldsymbol{v}_0$ 及矩阵 $\boldsymbol{A}$ 的乘幂 $\boldsymbol{A}^k$ 构造向量序列 $\{\boldsymbol{v}_k\}$ 以计算 $\boldsymbol{A}$ 的主特征值 λ_1 (利用 (5.10) 式) 及相应特征向量 (利用 (5.8) 式) 的方法称为幂法. 幂法是一种计算矩阵主特征值及对应特征向量的迭代方法, 特别适用于大型稀疏矩阵.

算法 5.1 幂法

输入: $\boldsymbol{A} = (a_{ij})$, 初始向量 $\boldsymbol{v}_0 = (\boldsymbol{v}_1, \boldsymbol{v}_2, \cdots, \boldsymbol{v}_n)^{\mathrm{T}}$, 误差限 ε, 最大迭代次数 N.

输出: 最大特征值 λ, 最大特征值 λ 对应的特征向量 $\boldsymbol{v}$.

1: 令 $k = 1, \mu = 0$;

2: 求整数 r, 使 $|(\boldsymbol{v}_k)_r| = \max\limits_{1\leqslant i\leqslant n}|(\boldsymbol{v}_k)_i|, |(\boldsymbol{v}_k)_r| \to C$;

3: 计算 $\boldsymbol{u} = \dfrac{\boldsymbol{v}}{C}, \boldsymbol{v} = \boldsymbol{A}\boldsymbol{u}$, 令 $C \to \lambda$;

4: 若 $|\lambda - \mu| < \varepsilon$, 输出 $\lambda, \boldsymbol{v}$ 停机, 否则转 5;

5: 若 $k < K$, 令 $k + 1 \to k, \lambda \to \mu$, 转 2, 否则输出失败停机.

由 (5.9) 式知, $\dfrac{(\boldsymbol{v}_{k+1})_i}{(\boldsymbol{v}_k)_i} \to \lambda_1$ 的收敛速度由比值 $r = \left|\dfrac{\lambda_2}{\lambda_1}\right|$ 来确定, r 越小收敛越快, 但当 $r = \left|\dfrac{\lambda_2}{\lambda_1}\right| \approx 1$ 时收敛可能就很慢.

定理 5.6 设 $\boldsymbol{A} \in \mathbb{R}^{n\times n}$ 有 n 个线性无关的特征向量, 主特征值 λ_1 满足

$$|\lambda_1| > |\lambda_2| \geqslant |\lambda_3| \geqslant \cdots \geqslant |\lambda_n|,$$

则对任何非零初始向量 $\boldsymbol{v}$ $(\alpha_1 \neq 0)$, (5.7) 式和 (5.10) 式成立.

如果 $\boldsymbol{A}$ 的主特征值为实的重根, 即 $\lambda_1=\lambda_2=\cdots=\lambda_r$, 且

$$|\lambda_r|>|\lambda_{r+1}|\geqslant\cdots\geqslant|\lambda_n|,$$

又设 $\boldsymbol{A}$ 有 n 个线性无关的特征向量, λ_i 对应的 r 个线性无关特征向量为 $\boldsymbol{x}_1$, $\boldsymbol{x}_2,\cdots,\boldsymbol{x}_r$, 则由 (5.5) 式得

$$\boldsymbol{v}_k=\boldsymbol{A}^k\boldsymbol{v}_0=\lambda_1^k\left\{\sum_{i=1}^r\alpha_i\boldsymbol{x}_i+\sum_{i=r+1}^n\alpha_i\left[\lambda_i/\lambda_1\right]^k\boldsymbol{x}_i\right\},$$

$$\lim_{k\to\infty}\frac{\boldsymbol{v}_k}{\lambda_1^k}=\sum_{i=1}^r\alpha_i\boldsymbol{x}_i\quad\left(\text{设}\sum_{i=1}^r\alpha_i\boldsymbol{x}_i\neq\boldsymbol{0}\right).$$

这说明当 $\boldsymbol{A}$ 的主特征值是实的重根时, 定理 5.6 的结论还是正确的.

用幂法计算 $\boldsymbol{A}$ 的主特征值 λ_1 及对应的特征向量时, 如果 $|\lambda_1|>1$, 则迭代向量 $\boldsymbol{v}_k$ 的各个不等于零的分量将随 $k\to\infty$ 而趋向于无穷; 如果 $|\lambda_1|<1$, 则迭代向量 $\boldsymbol{v}_k$ 的各个不等于零的分量将随 $k\to\infty$ 趋于零, 这样在计算机实现时就可能"溢出". 为了克服这个缺点, 就需要将迭代向量加以规范化.

设有一向量 $\boldsymbol{v}\neq\boldsymbol{0}$, 将其规范化得到向量

$$\boldsymbol{u}=\frac{\boldsymbol{v}}{\max\{\boldsymbol{v}\}},$$

其中 $\max\{\boldsymbol{v}\}$ 表示向量 $\boldsymbol{v}$ 的绝对值最大的分量, 即如果有

$$|v_{i_0}|=\max_{1\leqslant i\leqslant n}|\boldsymbol{v}_i|,$$

则 $\max\{\boldsymbol{v}\}=v_{i_0}$, 且 i_0 为所有绝对值最大的分量中的最小下标.

在定理 5.6 的条件下幂法可这样进行: 任取一初始向量 $\boldsymbol{v}_0\neq\boldsymbol{0}$ $(\alpha_1\neq0)$, 构造向量序列 $\max\{\boldsymbol{v}\}$:

$$\begin{cases}\boldsymbol{v}_1=\boldsymbol{A}\boldsymbol{u}_0=\boldsymbol{A}\boldsymbol{v}_0, & \boldsymbol{u}_1=\dfrac{\boldsymbol{v}_1}{\max\{\boldsymbol{v}_1\}}=\dfrac{\boldsymbol{A}\boldsymbol{v}_0}{\max\{\boldsymbol{A}\boldsymbol{v}_0\}},\\[2ex] \boldsymbol{v}_2=\boldsymbol{A}\boldsymbol{u}_1=\dfrac{\boldsymbol{A}^2\boldsymbol{v}_0}{\max\{\boldsymbol{A}\boldsymbol{v}_0\}}, & \boldsymbol{u}_2=\dfrac{\boldsymbol{v}_2}{\max\{\boldsymbol{v}_2\}}=\dfrac{\boldsymbol{A}^2\boldsymbol{v}_0}{\max\{\boldsymbol{A}^2\boldsymbol{v}_0\}},\\ \cdots\cdots & \\ \boldsymbol{v}_k=\dfrac{\boldsymbol{A}^k\boldsymbol{v}_0}{\max\{\boldsymbol{A}^{k-1}\boldsymbol{v}_0\}}, & \boldsymbol{u}_k=\dfrac{\boldsymbol{A}^k\boldsymbol{v}_0}{\max\{\boldsymbol{A}^k\boldsymbol{v}_0\}}.\end{cases}$$

由 (5.6) 式有

$$\boldsymbol{A}^k\boldsymbol{v}_0 = \sum_{i=1}^n \alpha_i\lambda_i^k\boldsymbol{x}_i = \lambda_1^k\left[\alpha_1\boldsymbol{x}_1 + \sum_{i=2}^n \alpha_i\left(\frac{\lambda_i}{\lambda_1}\right)\boldsymbol{x}_i\right], \tag{5.11}$$

$$\boldsymbol{u}_k = \frac{\boldsymbol{A}^k\boldsymbol{v}_0}{\max\{\boldsymbol{A}^k\boldsymbol{v}_0\}} = \frac{\lambda_1^k\left[\alpha_1\boldsymbol{x}_1 + \sum\limits_{i=2}^n \alpha_i\left(\frac{\lambda_i}{\lambda_1}\right)^k\boldsymbol{x}_i\right]}{\max\left\{\lambda_1^k\left[\alpha_1\boldsymbol{x}_1 + \sum\limits_{i=2}^n \alpha_i\left(\frac{\lambda_i}{\lambda_1}\right)^k\boldsymbol{x}_i\right]\right\}}$$

$$= \frac{\alpha_1\boldsymbol{x}_1 + \sum\limits_{i=2}^n \alpha_i\left(\frac{\lambda_i}{\lambda_1}\right)^k\boldsymbol{x}_i}{\max\left\{\alpha_1\boldsymbol{x}_1 + \sum\limits_{i=2}^n \alpha_i\left(\frac{\lambda_i}{\lambda_1}\right)^k\boldsymbol{x}_i\right\}} \to \frac{\boldsymbol{x}_1}{\max\{\boldsymbol{x}_1\}}, \quad k\to\infty.$$

这说明规范化向量序列收敛到主特征值对应的特征向量. 同理, 可得到

$$\boldsymbol{v}_k = \frac{\lambda_1^k\left[\alpha_1\boldsymbol{x}_1 + \alpha_i\left(\frac{\lambda_i}{\lambda_1}\right)^k\boldsymbol{x}_i\right]}{\max\left\{\lambda_1^{k-1}\alpha_1\boldsymbol{x}_1 + \alpha_i\left(\frac{\lambda_i}{\lambda_1}\right)^{k-1}\boldsymbol{x}_i\right\}},$$

$$\max\{\boldsymbol{v}_k\} = \frac{\lambda_1\max\left\{\alpha_1\boldsymbol{x}_1 + \sum\limits_{i=2}^n \alpha_i\left(\frac{\lambda_i}{\lambda_1}\right)^k\boldsymbol{x}_i\right\}}{\max\left\{\alpha_1\boldsymbol{x}_1 + \sum\limits_{i=2}^n \alpha_i\left(\frac{\lambda_i}{\lambda_1}\right)^{k-1}\boldsymbol{x}_i\right\}} \to \lambda_1, \quad k\to\infty,$$

收敛速度由比值 $r = |\lambda_2/\lambda_1|$ 确定.

定理 5.7 设 $\boldsymbol{A}\in\mathbb{R}^{n\times n}$ 有 n 个线性无关的特征向量, 主特征值 λ_1 满足 $|\lambda_1| > |\lambda_2| \geqslant |\lambda_3| \geqslant \cdots \geqslant |\lambda_n|$, 则对任意非零初始向量 $\boldsymbol{v}_0$ $(\alpha_1\neq 0)$, 按下述方法构造的向量序列 $\{\boldsymbol{u}_k\}, \{\boldsymbol{v}_k\}$:

$$\begin{cases} \boldsymbol{v}_0 = \boldsymbol{u}_0 \neq \boldsymbol{0}, \\ \boldsymbol{v}_k = \boldsymbol{A}\boldsymbol{u}_{k-1}, \\ \mu_k = \max\{(\boldsymbol{v}_k)_i\}, \\ \boldsymbol{u}_k = \dfrac{\boldsymbol{v}_k}{\mu_k}, \end{cases} \quad k = 1,2,\cdots. \tag{5.12}$$

则有

(1) $\lim\limits_{k\to\infty} \boldsymbol{u}_k = \dfrac{\boldsymbol{x}_1}{\max\{\boldsymbol{x}_1\}}$;

(2) $\lim\limits_{k\to\infty} \mu_k = \lambda_1$.

例 5.2 求矩阵

$$\boldsymbol{A} = \begin{bmatrix} 2 & 0 & 1 \\ 1 & -1 & 2 \\ 0 & 1 & 5 \end{bmatrix}$$

的主特征值及相应的特征向量.

解 可知 $\boldsymbol{A}$ 满足上述定理中的条件, 因而可用幂法计算主特征值及相应的特征向量. 取 $\boldsymbol{z}_0 = (1,1,1)^{\mathrm{T}}$, 按算法得到的序列如表 5.1 所示. 可见主特征值为 5.3612, 相应的特征向量为 $(1.5951, 1.9364, 5.3612)^{\mathrm{T}}$.

表 5.1 计算结果

k	0	1	2	3	4
$\boldsymbol{v}_k$		3.0000 2.0000 6.0000	2.0000 2.1667 5.3333	1.7500 1.9688 5.4063	1.6474 1.9595 5.3642
μ_k		6.0000	5.3333	5.4063	5.3642
$\boldsymbol{u}_k$	1.0000 1.0000 1.0000	0.5000 0.3333 1.0000	0.3750 0.4063 1.0000	0.3237 0.3642 1.0000	0.3071 0.3653 1.0000
k	5	…	9	10	11
$\boldsymbol{v}_k$	1.6142 1.9418 5.3653	… … …	1.5953 1.9364 5.3612	1.5951 1.9364 5.3612	1.5951 1.9364 5.3612
μ_k	5.3653	…	5.3612	5.3612	5.3612
$\boldsymbol{u}_k$	0.3009 0.3619 1.0000	… … …	0.2976 0.3612 1.0000	0.2975 0.3612 1.0000	0.2975 0.3612 1.0000

由前面讨论知道, 应用幂法计算 $\boldsymbol{A}$ 的主特征值的收敛速度主要由比值 $r = \dfrac{\lambda_2}{\lambda_1}$ 来决定, 但当 r 接近于 1 时, 收敛可能很慢. 这时, 采用加速收敛的方法来改进.

引进矩阵

$$\boldsymbol{B} = \boldsymbol{A} - p\boldsymbol{I},$$

其中 p 为选择参数. 设 $\boldsymbol{A}$ 的特征值为 $\lambda_1, \lambda_2, \cdots, \lambda_n$, 则 $\boldsymbol{B}$ 的相应特征值为 $\lambda_1 - p, \lambda_2 - p, \cdots, \lambda_n - p$, 而且 $\boldsymbol{A}, \boldsymbol{B}$ 的特征向量相同.

如果需要计算 $\boldsymbol{A}$ 的主特征值 λ_1, 就要适当选择 p 使 $\lambda_1 - p$ 仍然是 $\boldsymbol{B}$ 的主特征值, 且使

$$\left|\frac{\lambda_2 - p}{\lambda_1 - p}\right| < \left|\frac{\lambda_2}{\lambda_1}\right|.$$

对 $\boldsymbol{B}$ 应用幂法, 使得在计算 $\boldsymbol{B}$ 的主特征值 $\lambda_1 - p$ 的过程中得到了加速. 这种方法通常称为原点平移法. 对于 $\boldsymbol{A}$ 的特征值的某种分布, 它是十分有效的.

例 5.3 设三阶方阵 $\boldsymbol{A}$ 有特征值

$$\lambda_1 = 12, \quad \lambda_2 = 10, \quad \lambda_3 = 8,$$

则当直接用乘幂法时, 比值 $|\lambda_2/\lambda_1| \approx 0.8$, 但若用原点平移法并取 $p = 9$ 时, 则比值大幅度降为 $|\lambda_2 - p| / |\lambda_1 - p| = 1/3$.

p 的选取有赖于对 $\boldsymbol{A}$ 的特征值分布的大致了解, 因此选择适当的 p 常常是很困难的. 原点平移法在计算上并不常用.

虽然常常能够选择有利的 p 值, 使幂法得到加速, 但设计一个自动选择适当参数 p 的过程是相当困难的.

下面考虑当 $\boldsymbol{A}$ 的特征值是实数时, 怎样选择 p 使采用幂法计算 λ_1 得到加速. 设 $\boldsymbol{A}$ 的特征值满足

$$\lambda_1 > \lambda_2 \geqslant \cdots \geqslant \lambda_{n-1} > \lambda_n, \tag{5.13}$$

则不管 p 如何, $\boldsymbol{B} = \boldsymbol{A} - p\boldsymbol{I}$ 的主特征值为 $\lambda_1 - p$ 或 $\lambda_n - p$. 当我们希望计算 λ_1 及 $\boldsymbol{x}_1$ 时, 首先应选择 p 使

$$|\lambda_1 - p| > |\lambda_n - p|,$$

且使收敛速度的比值

$$\omega = \max\left\{\frac{|\lambda_2 - p|}{|\lambda_1 - p|}, \frac{|\lambda_n - p|}{|\lambda_1 - p|}\right\}$$

取最小. 显然, 当 $\dfrac{|\lambda_2 - p|}{|\lambda_1 - p|} = -\dfrac{|\lambda_n - p|}{|\lambda_1 - p|}$, 即 $p = \dfrac{\lambda_2 + \lambda_n}{2} \equiv p^*$ 时 ω 为最小, 这时收敛速度的比值为

$$\frac{|\lambda_2 - p^*|}{|\lambda_1 - p^*|} = -\frac{|\lambda_n - p^*|}{|\lambda_1 - p^*|} \equiv \frac{\lambda_2 - \lambda_n}{2\lambda_1 - \lambda_2 - \lambda_n}.$$

当 $\boldsymbol{A}$ 的特征值满足 (5.13) 式且 λ_2, λ_n 能初步估计时, 我们就能确定 p^* 的近似值.

当希望计算 λ_n 时, 选择

$$p=\frac{\lambda_1+\lambda_{n-1}}{2}=p^*,$$

使得用幂法计算 λ_n 时得到加速.

算法 5.2　原点平移法

输入: $\boldsymbol{A}=(a_{ij})$, 初始向量 $\boldsymbol{v}_0=(v_1,v_2,\cdots,v_n)^{\mathrm{T}}$, 误差限 ε, 最大迭代次数 N, 选择参数 p.
输出: 矩阵 $\boldsymbol{A}$ 的最大特征值为 $\lambda_{\boldsymbol{A}}$, 最大特征值对应的特征向量为 $\boldsymbol{v}$.

1: 令 $\boldsymbol{B}=\boldsymbol{A}-p\boldsymbol{I}$, $k=1,\mu=0$;
2: 求整数 r, 使 $|(\boldsymbol{v}_k)_r|=\max\limits_{1\leqslant i\leqslant n}|(\boldsymbol{v}_k)_i|, |(\boldsymbol{v}_k)_r|\to C$;
3: 计算 $\boldsymbol{u}=\dfrac{\boldsymbol{v}}{C}$, $\boldsymbol{v}=\boldsymbol{B}\boldsymbol{u}$, 令 $C\to\lambda$;
4: 若 $|\lambda-\mu|<\varepsilon$, 输出 $\lambda+p,\boldsymbol{v}$ 停机, 否则转 5;
5: 若 $k<K$, 令 $k+1\to k,\lambda\to\mu$, 转 2, 否则输出失败停机.

例 5.4　计算矩阵 $\boldsymbol{A}=\begin{bmatrix}1&1&0.5\\1&1&0.25\\0.5&0.25&2\end{bmatrix}$ 的主特征值.

解　作变换 $\boldsymbol{B}=\boldsymbol{A}-p\boldsymbol{I}$, 取 $p=0.75$, 则

$$\boldsymbol{B}=\begin{bmatrix}0.25&1&0.5\\1&0.25&0.25\\0.5&0.25&1.25\end{bmatrix}.$$

对 $\boldsymbol{B}$ 用幂法, 计算结果如表 5.2 所示. 由此得 $\boldsymbol{B}$ 的主特征值为 $\mu\approx1.7865914$, $\boldsymbol{A}$ 的主特征值为 λ_1 为

$$\lambda_1=\mu_{10}+0.75=2.5365914,$$

与对 $\boldsymbol{A}$ 直接进行幂法比较, 可以发现上面的结果更好.

表 5.2　计算结果

k	$\boldsymbol{u}_k^{\mathrm{T}}$(规范化向量)	$\max\{(\boldsymbol{v}_k)_i\}$
0	(1, 1, 1)	
5	(0.7516, 0.6522, 1)	1.7914011
6	(0.7491, 0.6511, 1)	1.8999443
7	(0.7488, 0.6501, 1)	1.7873300
8	(0.7484, 0.6499, 1)	1.7869152
9	(0.7483, 0.6497, 1)	1.7866587
10	(0.7482, 0.6497, 1)	1.7865914

原点位移的加速方法, 是一个矩阵变换方法. 这种变换容易计算, 又不破坏矩阵 $\boldsymbol{A}$ 的稀疏性, 但 p 的选择依赖于对 $\boldsymbol{A}$ 的特征值分布的大致了解.

由定理 5.4 知, 对称矩阵 $\boldsymbol{A}$ 的 λ_1 及 λ_n 可用瑞利商的极值来表示. 下面我们把瑞利商应用到用幂法计算实对称矩阵 $\boldsymbol{A}$ 的主特征值的加速收敛上来.

定理 5.8 设 $\boldsymbol{A}\in\mathbb{R}^{n\times n}$ 为对称矩阵, 特征值满足

$$|\lambda_1|>|\lambda_2|\geqslant|\lambda_3|\geqslant\cdots\geqslant|\lambda_n|,$$

对应的特征向量满足 $(\boldsymbol{x}_i,\boldsymbol{x}_j)=\delta_{ij}$, 应用幂法公式 (5.12) 计算 $\boldsymbol{A}$ 的主特征值 λ_1, 则规范化向量 $\boldsymbol{u}_k$ 的瑞利商给出 λ_1 的较好的近似

$$\frac{(\boldsymbol{A}\boldsymbol{u}_k,\boldsymbol{u}_k)}{(\boldsymbol{u}_k,\boldsymbol{u}_k)}=\lambda_1+O\left(\left(\frac{\lambda_2}{\lambda_1}\right)^{2k}\right).$$

证明 由 (5.11) 式及

$$\boldsymbol{u}_k=\frac{\boldsymbol{A}^k\boldsymbol{u}_0}{\max\{\boldsymbol{A}^k\boldsymbol{u}_0\}},\quad \boldsymbol{v}_{k+1}=\boldsymbol{A}\boldsymbol{u}_k=\frac{\boldsymbol{A}^{k+1}\boldsymbol{u}_0}{\max\{\boldsymbol{A}^k\boldsymbol{u}_0\}},$$

得

$$\frac{(\boldsymbol{A}\boldsymbol{u}_k,\boldsymbol{u}_k)}{(\boldsymbol{u}_k,\boldsymbol{u}_k)}=\frac{(\boldsymbol{A}^{k+1}\boldsymbol{u}_0,\boldsymbol{A}^k\boldsymbol{u}_0)}{(\boldsymbol{A}^k\boldsymbol{u}_0,\boldsymbol{A}^k\boldsymbol{u}_0)}=\frac{\sum_{j=1}^n\alpha_j^2\lambda_j^{2k+1}}{\sum_{j=1}^n\alpha_j^2\lambda_j^{2k}}=\lambda_1+O\left(\left(\frac{\lambda_2}{\lambda_1}\right)^{2k}\right).\quad\square$$

算法 5.3 瑞利商加速

输入: $\boldsymbol{A}=(a_{ij})$, 初始向量 $\boldsymbol{v}_0=((\boldsymbol{v}_0)_1,(\boldsymbol{v}_0)_2,\cdots,(\boldsymbol{v}_0)_n)^{\mathrm{T}}$, 误差限 ε, 最大迭代次数 N.

输出: 特征值 λ, 特征值对应的特征向量 $\boldsymbol{v}$.

1: 令 $k=1$, $\lambda_0=0$;

2: 求整数 r, 使 $|(\boldsymbol{v}_k)_r|=\max\limits_{1\leqslant i\leqslant n}|(\boldsymbol{v}_k)_i|$, $|(\boldsymbol{v}_k)_r|\to C$;

3: 计算: $\boldsymbol{u}=\dfrac{\boldsymbol{v}}{C}$, $\boldsymbol{v}=\boldsymbol{A}\boldsymbol{u}$;

4: 计算 $\lambda=\dfrac{(\boldsymbol{A}\boldsymbol{v},\boldsymbol{v})}{(\boldsymbol{v},\boldsymbol{v})}$;

5: 若 $|\lambda-\lambda_0|<\varepsilon$, 输出 λ, $\boldsymbol{v}$ 停机, 否则转 6;

6: 若 $k<N$, 令 $a_1\to a_0$, $a_2\to a_1$, $\lambda\to\lambda_0$, $k+1\to k$ 转 3, 否则停止.

例 5.5 (瑞利商加速的幂法) 对

$$\boldsymbol{A}=\begin{bmatrix}3&1\\1&3\end{bmatrix},$$

采用瑞利商加速方法的幂法计算主特征值. 瑞利商加速的结果见表 5.3. 可以发现, 瑞利商收敛到主特征值 $\lambda_1=4$ 的速度要比原始的幂法快得多.

表 5.3　计算结果

k	$\max\{(\boldsymbol{v}_k)_i\}$	$\boldsymbol{u}_k^{\mathrm{T}}$	$\boldsymbol{u}_k^{\mathrm{T}}\boldsymbol{A}\boldsymbol{u}_k/\boldsymbol{u}_k^{\mathrm{T}}\boldsymbol{u}_k$
0		(0.000, 1.0)	3.000
1	3.000	(0.333, 1.0)	3.600
2	3.333	(0.600, 1.0)	3.882
3	3.600	(0.778, 1.0)	3.969
4	3.778	(0.882, 1.0)	3.992
5	3.882	(0.939, 1.0)	3.998
6	3.939	(0.969, 1.0)	4.000

5.2.2　反幂法

反幂法又称逆幂法, 它是求矩阵 $\boldsymbol{A}$ 按模最小的特征值及其相应特征向量的一种方法. 设实矩阵 $\boldsymbol{A}=(a_{ij})_{n\times n}$, 且无零特征值, 则由

$$\boldsymbol{A}\boldsymbol{x}=\lambda\boldsymbol{x}\quad(\lambda\neq 0)$$

有

$$\boldsymbol{A}^{-1}\boldsymbol{x}=\frac{1}{\lambda}\boldsymbol{x},$$

即若 λ 为矩阵 $\boldsymbol{A}$ 的特征值, 则 $\dfrac{1}{\lambda}$ 必为矩阵 $\boldsymbol{A}^{-1}$ 的特征值, 且特征向量相同.

如果 $\boldsymbol{A}$ 的 n 个特征值 $\lambda_i\ (i=1,2,\cdots,n)$ 满足

$$|\lambda_1|\geqslant|\lambda_2|\geqslant\cdots>|\lambda_n|,$$

相应的特征向量为 $\boldsymbol{x}_1,\boldsymbol{x}_2,\cdots,\boldsymbol{x}_n$, 则 $\boldsymbol{A}^{-1}$ 的 n 个特征值满足

$$\left|\frac{1}{\lambda_n}\right|>\left|\frac{1}{\lambda_{n-1}}\right|\geqslant\cdots\geqslant\left|\frac{1}{\lambda_1}\right|,$$

对应的特征向量为 $\boldsymbol{x}_n,\boldsymbol{x}_{n-1},\cdots,\boldsymbol{x}_1$. 因此计算 $\boldsymbol{A}$ 的按模最小的特征值 λ_n 的问题就是计算 $\boldsymbol{A}^{-1}$ 的按模最大的特征值的问题.

对于 $\boldsymbol{A}^{-1}$ 应用幂法迭代, 可求得矩阵 $\boldsymbol{A}^{-1}$ 的主特征值 $1/\lambda_n$, 从而求得 $\boldsymbol{A}$ 的按模最小的特征值 λ_n, 这样的方法称作反幂法. 反幂法迭代公式为: 任取初始向量 $\boldsymbol{v}_0=\boldsymbol{u}_0\neq\boldsymbol{0}$, 构造向量序列

$$\begin{cases}\boldsymbol{v}_k=\boldsymbol{A}^{-1}\boldsymbol{u}_{k-1},\\ \boldsymbol{u}_k=\dfrac{\boldsymbol{v}_k}{\max\{\boldsymbol{v}_k\}},\end{cases}\quad k=1,2,\cdots.$$

由于逆矩阵计算复杂, 有时还会破坏矩阵的稀疏性, 因此迭代向量 $\boldsymbol{v}_k$ 可以通过解线性方程组

$$\boldsymbol{A}\boldsymbol{v}_k = \boldsymbol{u}_{k-1}$$

求得.

反幂法的收敛性由下面的定理给出.

定理 5.9 设 $\boldsymbol{A}$ 为非奇异矩阵且有 n 个线性无关的特征向量, 其对应的特征值满足

$$|\lambda_1| \geqslant |\lambda_2| \geqslant \cdots \geqslant |\lambda_{n-1}| > |\lambda_n| > 0,$$

则对任何初始非零向量 $\boldsymbol{u}_0$ $(\alpha_n \neq 0)$, 由反幂法构造的向量序列 $\{\boldsymbol{v}_k\}, \{\boldsymbol{u}_k\}$ 满足

(1) $\lim\limits_{k\to\infty} \boldsymbol{u}_k = \dfrac{\boldsymbol{x}_n}{\max\{\boldsymbol{x}_n\}}$;

(2) $\lim\limits_{k\to\infty} \max\{\boldsymbol{v}_k\} = \dfrac{1}{\lambda_n}$.

收敛速度的比值为 $\left|\dfrac{\lambda_n}{\lambda_{n-1}}\right|$.

在反幂法中也可以用原点平移法来加速迭代过程. 如果矩阵 $(\boldsymbol{A}-p\boldsymbol{I})^{-1}$ 存在, 显然其特征值为

$$\frac{1}{\lambda_1 - p}, \frac{1}{\lambda_2 - p}, \cdots, \frac{1}{\lambda_n - p},$$

对应的特征向量仍然是 $\boldsymbol{x}_1, \boldsymbol{x}_2, \cdots, \boldsymbol{x}_n$. 现对矩阵 $(\boldsymbol{A}-p\boldsymbol{I})^{-1}$ 应用幂法, 得到反幂法的迭代公式

$$\begin{cases} \boldsymbol{u}_0 = \boldsymbol{v}_0 \neq \boldsymbol{0}, \text{初始向量}, \\ \boldsymbol{v}_k = [z\boldsymbol{A} - p\boldsymbol{I}]^{-1} \boldsymbol{u}_{k-1}, \quad k = 1, 2, \cdots. \\ \boldsymbol{u}_k = \dfrac{\boldsymbol{v}_k}{\max\{\boldsymbol{v}_k\}}, \end{cases} \tag{5.14}$$

如果 p 是 $\boldsymbol{A}$ 的特征值 λ_j 的一个近似值, 且设 λ_j 与其他特征值是分离的, 即

$$|\lambda_j - p| \ll |\lambda_i - p|.$$

就是说 $\dfrac{1}{\lambda_j - p}$ 是 $(\boldsymbol{A}-p\boldsymbol{I})^{-1}$ 的主特征值, 可以用反幂法 (5.14) 计算该特征值及特征向量.

设 $\boldsymbol{A} \in \mathbb{R}^{n\times n}$ 有 n 个线性无关的特征向量 $\boldsymbol{x}_1, \boldsymbol{x}_2, \cdots, \boldsymbol{x}_n$, 则

$$\boldsymbol{u}_0 = \sum_{i=1}^{n} \alpha_i \boldsymbol{x}_i \quad (\alpha_j \neq 0),$$

$$\boldsymbol{v}_k = \frac{(\boldsymbol{A}-p\boldsymbol{I})^{-k}\boldsymbol{u}_0}{\max\{(\boldsymbol{A}-p\boldsymbol{I})^{-[k-1]}\boldsymbol{u}_0\}},$$
$$\boldsymbol{u}_k = \frac{(\boldsymbol{A}-p\boldsymbol{I})^{-k}\boldsymbol{u}_0}{\max\{(\boldsymbol{A}-p\boldsymbol{I})^{-k}\boldsymbol{u}_0\}},$$

其中

$$(\boldsymbol{A}-p\boldsymbol{I})^{-k}\boldsymbol{u}_0 = \sum_{i=1}^{n}\alpha_i\left[\lambda_i-p\right]^{-k}\boldsymbol{x}_i.$$

同理可得下面的定理.

定理 5.10　设 $\boldsymbol{A}\in\mathbb{R}^{n\times n}$ 有 n 个线性无关的特征向量, $\boldsymbol{A}$ 的特征值及对应的特征向量分别记为 λ_j 及 $\boldsymbol{x}_i$ $(i=1,2,\cdots,n)$, 而 p 为 λ_j 的近似值, $(\boldsymbol{A}-p\boldsymbol{I})^{-1}$ 存在, 且

$$|\lambda_j-p|\ll|\lambda_i-p|,\quad i\neq j,$$

则对任意的非零初始向量 $\boldsymbol{u}_0$ $(\alpha_j\neq 0)$, 由反幂法迭代公式 (5.14) 构造的向量序列 $\{\boldsymbol{v}_k\},\{\boldsymbol{u}_k\}$ 满足

(1) $\lim\limits_{k\to\infty}\boldsymbol{u}_k = \dfrac{\boldsymbol{x}_j}{\max\{\boldsymbol{x}_j\}}$;

(2) $\lim\limits_{k\to\infty}\max\{\boldsymbol{v}_k\} = \dfrac{1}{\lambda_j-p}$, 即

$$p+\frac{1}{\max\{\boldsymbol{v}_k\}}\to\lambda_j,\quad k\to\infty,$$

且收敛速度由比值 $r=\dfrac{|\lambda_j-p|}{\min\limits_{i\neq j}|\lambda_i-p|}$ 确定.

由该定理知, 对 $\boldsymbol{A}-p\boldsymbol{I}$ (其中 $p\approx\lambda_j$) 用反幂法, 可用来计算特征向量 $\boldsymbol{x}_j$. 只要选择的 p 是 λ_j 的一个较好的近似且特征值分离情况较好, 一般 r 很小, 常常只要迭代一两次即可完成特征向量的计算.

类似地, 反幂法迭代公式中的 $\boldsymbol{v}_k$ 是通过解线性方程组

$$(\boldsymbol{A}-p\boldsymbol{I})\boldsymbol{v}_k=\boldsymbol{u}_{k-1}$$

求得的.

考虑到反幂法的主要工作量是每一次迭代都要求解一个线性方程组, 且矩阵系数不变, 因此, 为了节省工作量, 可以先将 $\boldsymbol{A}-p\boldsymbol{I}$ 进行三角形分解

$$\boldsymbol{P}(\boldsymbol{A}-p\boldsymbol{I})=\boldsymbol{L}\boldsymbol{U},$$

其中 $\boldsymbol{P}$ 为某个排列阵, 于是求 $\boldsymbol{v}_k$ 相当于解两个三角形方程组

$$\boldsymbol{L}\boldsymbol{y}_k = \boldsymbol{P}\boldsymbol{u}_{k-1},$$

$$\boldsymbol{U}\boldsymbol{v}_k = \boldsymbol{y}_k.$$

实验表明, 按下述方法选择 $\boldsymbol{u}_0$ 是较好的: 选 $\boldsymbol{u}_0$ 使

$$\boldsymbol{U}\boldsymbol{v}_1 = \boldsymbol{L}^{-1}\boldsymbol{P}\boldsymbol{u}_0 = (1, 1, \cdots, 1)^{\mathrm{T}}, \tag{5.15}$$

用回代求解三角形方程组 (5.15) 即得 $\boldsymbol{v}_1$, 然后再按公式 (5.14) 进行迭代. 总结一下, 反幂法计算公式如下.

(1) 通过三角分解计算 $\boldsymbol{P}(\boldsymbol{A} - p\boldsymbol{I}) = \boldsymbol{L}\boldsymbol{U}$, 得到 $\boldsymbol{L}, \boldsymbol{U}$ 及 $\boldsymbol{P}$.

(2) 反幂法迭代求解:

(i) 解 $\boldsymbol{U}\boldsymbol{v}_1 = (1, 1, \cdots, 1)^{\mathrm{T}}$ 求 $\boldsymbol{v}_1$.

$$\mu_1 = \max\{\boldsymbol{v}_1\}, \quad \boldsymbol{u}_1 = \boldsymbol{v}_1/\mu_1.$$

(ii) $k = 2, 3, \cdots$.

① 解 $\boldsymbol{L}\boldsymbol{y}_k = \boldsymbol{P}\boldsymbol{u}_{k-1}$ 求 $\boldsymbol{y}_k$, 解 $\boldsymbol{U}\boldsymbol{v}_k = \boldsymbol{y}_k$ 求 $\boldsymbol{v}_k$;

② $\mu_k = \max\{\boldsymbol{v}_k\}$;

③ 计算 $\boldsymbol{u}_k = \boldsymbol{v}_k/\mu_k$.

算法 5.4 反幂法

输入: $\boldsymbol{A} = (a_{ij})$, 近似值 $\overline{\lambda}$, 初值向量 $\boldsymbol{y}_0 = ((\boldsymbol{y}_0)_1, (\boldsymbol{y}_0)_2, \cdots, (\boldsymbol{y}_0)_n)$, 误差限 ε, 最大迭代次数 N.

输出: 最小特征值 λ, 最小特征值对应的特征向量 $\boldsymbol{y}$.

1: 令 $k = 1, \mu = 1$;

2: 作三角分解 $\boldsymbol{P}(\boldsymbol{A} - \overline{\lambda}\boldsymbol{I}) = \boldsymbol{L}\boldsymbol{U}$;

3: 求整数 r, 使 $|(\boldsymbol{y}_k)_r| = \max\limits_{1 \leqslant i \leqslant n} |(\boldsymbol{y}_k)_i|, |(\boldsymbol{y}_k)_r| \to C$;

4: 计算 $\boldsymbol{z} = \dfrac{\boldsymbol{y}}{C}$, $\boldsymbol{z} = \boldsymbol{L}\boldsymbol{w}$, $\boldsymbol{U}\boldsymbol{y} = \boldsymbol{w}$, 令 $\boldsymbol{y}_r \to \beta$;

5: 若 $\left|\dfrac{1}{\beta} - \dfrac{1}{\mu}\right| < \varepsilon$, 令 $\lambda = \overline{\lambda} + \dfrac{1}{\beta}$, 输出 λ, y 停机, 否则转 6;

6: 若 $k < N$, 令 $k + 1 \to k, \beta \to \mu$, 转 3, 否则输出失败, 停机.

例 5.6 用反幂法求

$$\boldsymbol{A} = \begin{bmatrix} 2 & 1 & 0 \\ 1 & 3 & 1 \\ 0 & 1 & 4 \end{bmatrix}$$

的对应于计算特征值 $\lambda = 1.2679$ (精确特征值为 $\lambda_3 = 3 - \sqrt{3}$) 的特征向量 (用 5 位浮点数进行运算).

解 用部分选主元的三角分解将 $\boldsymbol{A}-p\boldsymbol{I}$ (其中 $p=1.2679$) 分解为

$$\boldsymbol{P}(\boldsymbol{A}-p\boldsymbol{I})=\boldsymbol{L}\boldsymbol{U},$$

其中

$$\boldsymbol{L}=\begin{bmatrix}1&0&0\\0&1&0\\0.7321&-0.26807&1\end{bmatrix},\quad \boldsymbol{U}=\begin{bmatrix}1&1.7321&1\\0&1&2.7321\\0&0&0.29405\times10^{-3}\end{bmatrix},$$

$$\boldsymbol{P}=\begin{bmatrix}0&1&0\\0&0&1\\1&0&0\end{bmatrix}.$$

由 $\boldsymbol{U}\boldsymbol{v}_1=(1,1,1)^{\mathrm{T}}$, 得

$$\boldsymbol{v}_1=(12692,-9290.3,3400.8)^{\mathrm{T}},$$

$$\boldsymbol{u}_1=(1,-0.73198,0.26795)^{\mathrm{T}},$$

由 $\boldsymbol{L}\boldsymbol{U}\boldsymbol{v}_2=\boldsymbol{P}\boldsymbol{u}_1$ 得

$$\boldsymbol{v}_2=(20404,-14937,5467.4)^{\mathrm{T}},$$

$$\boldsymbol{u}_2=(1,-0.73206,0.26796)^{\mathrm{T}},$$

λ_3 对应的特征向量是

$$\boldsymbol{x}_3=(1,1-\sqrt{3},2-\sqrt{3})^{\mathrm{T}}\approx(1,-0.73205,0.26795)^{\mathrm{T}},$$

由此看出 $\boldsymbol{u}_2$ 是 $\boldsymbol{x}_3$ 的相当好的近似.

特征值 $\lambda_3\approx1.2679+1/\mu_2=1.26794901$, λ_3 的准确值为 $\lambda_3=3-\sqrt{3}=1.267949192\cdots$.

5.3 正交变换与约化矩阵

正交变换是计算矩阵特征值的有力工具, 本节介绍豪斯霍尔德 (Householder) 变换和吉文斯 (Givens) 变换, 并用它们进行矩阵约化. 这里主要讨论实矩阵和实向量.

5.3.1 豪斯霍尔德变换

定义 5.2 设向量 $\boldsymbol{w}\in\mathbb{R}^n$, 且 $\boldsymbol{w}^{\mathrm{T}}\boldsymbol{w}=1$, 称矩阵

$$\boldsymbol{H}(\boldsymbol{w})=\boldsymbol{I}-2\boldsymbol{w}\boldsymbol{w}^{\mathrm{T}}$$

为初等反射矩阵, 也称为豪斯霍尔德变换, 若记 $\boldsymbol{w}=\begin{pmatrix}w_1, & w_2, & \cdots, & w_n\end{pmatrix}^{\mathrm{T}}$, 则

$$\boldsymbol{H}(\boldsymbol{w})=\begin{bmatrix}1-2w_1^2 & -2w_1w_2 & \cdots & -2w_1w_n\\ -2w_2w_1 & 1-2w_2^2 & \cdots & -2w_2w_n\\ \vdots & \vdots & & \vdots\\ -2w_nw_1 & -2w_nw_2 & \cdots & 1-2w_n^2\end{bmatrix}. \tag{5.16}$$

定理 5.11 设有初等反射矩阵 $\boldsymbol{H}=\boldsymbol{I}-2\boldsymbol{w}\boldsymbol{w}^{\mathrm{T}}$, 其中 $\boldsymbol{w}^{\mathrm{T}}\boldsymbol{w}=1$, 则

(1) $\boldsymbol{H}$ 是对称矩阵, 即 $\boldsymbol{H}^{\mathrm{T}}=\boldsymbol{H}$;

(2) $\boldsymbol{H}$ 是正交矩阵, 即 $\boldsymbol{H}^{-1}=\boldsymbol{H}$;

(3) 设 $\boldsymbol{A}$ 为对称矩阵, 那么 $\boldsymbol{A}_1=\boldsymbol{H}^{-1}\boldsymbol{A}\boldsymbol{H}=\boldsymbol{H}\boldsymbol{A}\boldsymbol{H}$ 也是对称矩阵.

证明 只证 $\boldsymbol{H}$ 的正交性, 其他显然.

$$\begin{aligned}\boldsymbol{H}^{\mathrm{T}}\boldsymbol{H}=\boldsymbol{H}^2&=(\boldsymbol{I}-2\boldsymbol{w}\boldsymbol{w}^{\mathrm{T}})(\boldsymbol{I}-2\boldsymbol{w}\boldsymbol{w}^{\mathrm{T}})\\&=\boldsymbol{I}-4\boldsymbol{w}\boldsymbol{w}^{\mathrm{T}}+4\boldsymbol{w}(\boldsymbol{w}^{\mathrm{T}}\boldsymbol{w})\boldsymbol{w}^{\mathrm{T}}=\boldsymbol{I}.\end{aligned}$$

设向量 $\boldsymbol{u}\neq\boldsymbol{0}$, 则显然

$$\boldsymbol{H}=\boldsymbol{I}-2\frac{\boldsymbol{u}\boldsymbol{u}^{\mathrm{T}}}{\|\boldsymbol{u}\|_2^2}$$

是一个初等反射矩阵. □

下面考察初等反射矩阵的几何意义, 参见图 5.1, 考虑以 $\boldsymbol{w}$ 为法向量且过原点 O 的超平面 S: $\boldsymbol{w}^{\mathrm{T}}\boldsymbol{x}=0$. 设任意向量 $\boldsymbol{v}\in\mathbb{R}^n$, 则 $\boldsymbol{v}=\boldsymbol{x}+\boldsymbol{y}$, 其中 $\boldsymbol{x}\in S,\boldsymbol{y}\in S^{\perp}$, 于是

$$\boldsymbol{H}\boldsymbol{x}=(\boldsymbol{I}-2\boldsymbol{w}\boldsymbol{w}^{\mathrm{T}})\boldsymbol{x}=\boldsymbol{x}-2\boldsymbol{w}\boldsymbol{w}^{\mathrm{T}}\boldsymbol{x}=\boldsymbol{x}.$$

对于 $\boldsymbol{y}\in S^{\perp}$, 已知 $\boldsymbol{H}\boldsymbol{y}=-\boldsymbol{y}$, 从而对任意向量 $\boldsymbol{v}\in\mathbb{R}^n$, 总有

$$\boldsymbol{H}\boldsymbol{v}=\boldsymbol{x}-\boldsymbol{y}=\boldsymbol{v}',$$

其中 $\boldsymbol{v}'$ 为 $\boldsymbol{v}$ 关于平面 S 的镜面反射 (图 5.1).

初等反射矩阵在计算上的意义是它能用来约化矩阵, 例如, 设向量 $\boldsymbol{x}\neq\boldsymbol{0}$, 可选择一初等反射矩阵 $\boldsymbol{H}$ 使 $\boldsymbol{H}\boldsymbol{x}=\sigma\boldsymbol{e}_1$. 为此给出下面定理.

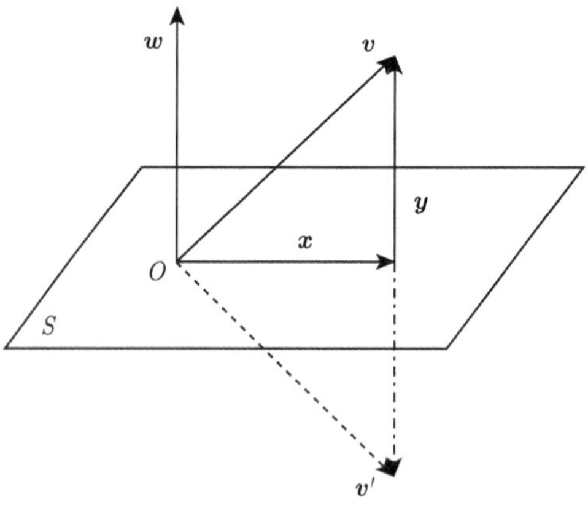

图 5.1　初等反射矩阵的几何意义

定理 5.12　设 $\boldsymbol{x},\boldsymbol{y}$ 为两个不相等的 n 维向量, $\|\boldsymbol{x}\|_2=\|\boldsymbol{y}\|_2$, 则存在一个初等反射矩阵 $\boldsymbol{H}$, 使 $\boldsymbol{Hx}=\boldsymbol{y}$.

证明　令 $\boldsymbol{w}=\dfrac{\boldsymbol{x}-\boldsymbol{y}}{\|\boldsymbol{x}-\boldsymbol{y}\|_2}$, 则得到一个初等反射矩阵

$$\boldsymbol{H}=\boldsymbol{I}-2\boldsymbol{w}\boldsymbol{w}^{\mathrm{T}}=\boldsymbol{I}-2\frac{\boldsymbol{x}-\boldsymbol{y}}{\|\boldsymbol{x}-\boldsymbol{y}\|_2^2}(\boldsymbol{x}^{\mathrm{T}}-\boldsymbol{y}^{\mathrm{T}}),$$

而且

$$\boldsymbol{Hx}=\boldsymbol{x}-2\frac{\boldsymbol{x}-\boldsymbol{y}}{\|\boldsymbol{x}-\boldsymbol{y}\|_2^2}(\boldsymbol{x}^{\mathrm{T}}-\boldsymbol{y}^{\mathrm{T}})\boldsymbol{x}=\boldsymbol{x}-2\frac{(\boldsymbol{x}-\boldsymbol{y})(\boldsymbol{x}^{\mathrm{T}}\boldsymbol{x}-\boldsymbol{y}^{\mathrm{T}}\boldsymbol{x})}{\|\boldsymbol{x}-\boldsymbol{y}\|_2^2}.$$

因为

$$\|\boldsymbol{x}-\boldsymbol{y}\|_2^2=(\boldsymbol{x}-\boldsymbol{y})^{\mathrm{T}}(\boldsymbol{x}-\boldsymbol{y})=2(\boldsymbol{x}^{\mathrm{T}}\boldsymbol{x}-\boldsymbol{y}^{\mathrm{T}}\boldsymbol{x}),$$

所以

$$\boldsymbol{Hx}=\boldsymbol{x}-(\boldsymbol{x}-\boldsymbol{y})=\boldsymbol{y}.$$

容易说明, $\boldsymbol{w}$ 是使 $\boldsymbol{Hx}=\boldsymbol{y}$ 成立的唯一长度等于 1 的向量 (不计符号).　□

定理 5.13 (初等反射矩阵约化定理)　设 $\boldsymbol{x}=(1,1,\cdots,1)^{\mathrm{T}}$, 则存在初等反射矩阵 $\boldsymbol{H}$ 使 $\boldsymbol{Hx}=-\sigma\boldsymbol{e}_1$, 其中

$$\begin{cases}\boldsymbol{H}=\boldsymbol{I}-\beta^{-1}\boldsymbol{u}\boldsymbol{u}^{\mathrm{T}},\\ \sigma=\mathrm{sgn}(x_1)\|\boldsymbol{x}\|_2,\\ \boldsymbol{u}=\boldsymbol{x}+\sigma\boldsymbol{e}_1,\\ \beta=\dfrac{1}{2}\|\boldsymbol{u}\|_2^2=\sigma(\sigma+x_1).\end{cases}\tag{5.17}$$

证明 记 $\boldsymbol{y}=-\sigma\boldsymbol{e}_1$, 设 $\boldsymbol{x}\neq\boldsymbol{y}$, 取 $\sigma=\pm\|\boldsymbol{x}\|_2$, 则有 $\|\boldsymbol{x}\|_2=\|\boldsymbol{y}\|_2$, 于是由定理 5.12, 存在 $\boldsymbol{H}$ 变换

$$\boldsymbol{H}=\boldsymbol{I}-2\boldsymbol{w}\boldsymbol{w}^{\mathrm{T}},$$

其中 $\boldsymbol{w}=\dfrac{\boldsymbol{x}+\sigma\boldsymbol{e}_1}{\|\boldsymbol{x}+\sigma\boldsymbol{e}_1\|_2}$, 使 $\boldsymbol{H}=\boldsymbol{y}=-\sigma\boldsymbol{e}_1$. 记 $\boldsymbol{u}=\boldsymbol{x}+\sigma\boldsymbol{e}_1=(\boldsymbol{u}_1,\boldsymbol{u}_2,\cdots,\boldsymbol{u}_n)^{\mathrm{T}}$. 于是

$$\boldsymbol{H}=\boldsymbol{I}-2\frac{\boldsymbol{u}\boldsymbol{u}^{\mathrm{T}}}{\|\boldsymbol{u}\|_2^2}=\boldsymbol{I}-\beta^{-1}\boldsymbol{u}\boldsymbol{u}^{\mathrm{T}},$$

其中 $\boldsymbol{u}=(x_1+\sigma,x_2,\cdots,x_n)^{\mathrm{T}},\beta=\dfrac{1}{2}\|\boldsymbol{u}\|_2^2$. 显然

$$\beta=\frac{1}{2}\|\boldsymbol{u}\|_2^2=\frac{1}{2}\left[(x_1+\sigma)^2+x_2^2+\cdots+x_n^2\right]=\sigma(\sigma+x_1).$$

如果 σ 和 x_1 异号, 那么计算 $x_1+\sigma$ 时有效数字可能损失, 我们取 σ 和 x_1 有相同的符号, 即取

$$\sigma=\operatorname{sgn}(x_1)\|x\|_2=\operatorname{sgn}(x_1)\left[\sum_{i=1}^{n}x_i^2\right]^{1/2}.$$

在计算 σ 时, 可能上溢或下溢, 为了避免溢出, 将 $\boldsymbol{x}$ 规范化

$$d=\|\boldsymbol{x}\|_\infty,\quad \boldsymbol{x}'=\frac{\boldsymbol{x}}{d}\quad (\text{设 } d\neq 0),$$

则有 $\boldsymbol{H}'$ 使 $\boldsymbol{H}'\boldsymbol{x}'=\sigma'\boldsymbol{e}_1$, 其中

$$\begin{cases}\boldsymbol{H}'=\boldsymbol{I}-[\beta']^{-1}\,\boldsymbol{u}'\boldsymbol{u}'^{\mathrm{T}},\\ \sigma'=\sigma/d,\quad \boldsymbol{u}'=\boldsymbol{u}/d,\quad \beta'=\beta/d^2,\\ \boldsymbol{H}'=\boldsymbol{H}.\end{cases}$$ □

例 5.7 (豪斯霍尔德变换) 确定一个豪斯霍尔德变换, 用于消去下面向量中除第一个分量以外的分量

$$\boldsymbol{a}=\begin{bmatrix}2\\1\\2\end{bmatrix}.$$

解 令 $\sigma = \mathrm{sgn}(a_1)\|\boldsymbol{a}\|_2 = 3$, 则构造向量

$$\boldsymbol{v} = \boldsymbol{a} + \sigma\boldsymbol{e}_1 = \begin{bmatrix} 2 \\ 1 \\ 2 \end{bmatrix} + \begin{bmatrix} 3 \\ 0 \\ 0 \end{bmatrix} = \begin{bmatrix} 5 \\ 1 \\ 2 \end{bmatrix},$$

取 $\boldsymbol{w} = \boldsymbol{v}/\|\boldsymbol{v}\|_2$ 可根据定义构造豪斯霍尔德矩阵 $\boldsymbol{H}$. 此时,

$$\boldsymbol{H}\boldsymbol{a} = \boldsymbol{a} - 2(\boldsymbol{w}^{\mathrm{T}}\boldsymbol{a}) \cdot \boldsymbol{w} = \boldsymbol{a} - 2\frac{\boldsymbol{v}^{\mathrm{T}}\boldsymbol{a}}{\boldsymbol{v}^{\mathrm{T}}\boldsymbol{v}}\boldsymbol{v} = \begin{bmatrix} 2 \\ 1 \\ 2 \end{bmatrix} - 2 \times \frac{15}{30} \times \begin{bmatrix} 5 \\ 1 \\ 2 \end{bmatrix} = \begin{bmatrix} -3 \\ 0 \\ 0 \end{bmatrix}.$$

这验证豪斯霍尔德变换的效果. 注意, 这里没有生成矩阵 $\boldsymbol{H}$ 和向量 $\boldsymbol{w}$, 而是利用一个与 $\boldsymbol{w}$ 同方向的向量 $\boldsymbol{v}$ 表示豪斯霍尔德变换. 这给计算豪斯霍尔德变换的结果带来方便, 因为

$$\boldsymbol{H}\boldsymbol{x} = \left[\boldsymbol{I} - 2\frac{\boldsymbol{v}\boldsymbol{v}^{\mathrm{T}}}{\boldsymbol{v}^{\mathrm{T}}\boldsymbol{v}}\right]\boldsymbol{x} = \boldsymbol{x} - 2\frac{\boldsymbol{v}\boldsymbol{v}^{\mathrm{T}}\boldsymbol{x}}{\boldsymbol{v}^{\mathrm{T}}\boldsymbol{v}},$$

只需计算向量 $\boldsymbol{v}$ 与 $\boldsymbol{x}$ 的内积, 而不需要计算矩阵与向量的乘法.

5.3.2 吉文斯变换

设 $\boldsymbol{x}, \boldsymbol{y} \in \mathbb{R}^2$, 则变换

$$\begin{bmatrix} y_1 \\ y_2 \end{bmatrix} = \begin{bmatrix} \cos\theta & \sin\theta \\ -\sin\theta & \cos\theta \end{bmatrix} \begin{bmatrix} x_1 \\ x_2 \end{bmatrix},$$

或 $\boldsymbol{y} = \boldsymbol{P}\boldsymbol{x}$ 是平面上向量的一个旋转变换, 其中

$$\boldsymbol{P}(\theta) = \begin{bmatrix} \cos\theta & \sin\theta \\ -\sin\theta & \cos\theta \end{bmatrix}$$

为正交矩阵. $\mathbb{R}^n$ 中变换

$$\boldsymbol{y} = \boldsymbol{P}\boldsymbol{x},$$

其中 $\boldsymbol{x} = (x_1, x_2, \cdots, x_n)^{\mathrm{T}}$, $\boldsymbol{y} = (y_1, y_2, \cdots, y_n)^{\mathrm{T}}$, 而

$$
\boldsymbol{P} \equiv \boldsymbol{P}(i,j,\theta) = \begin{bmatrix}
1 & & & & & & & & & \\
& \ddots & & & & & & & & \\
& & 1 & & & & & & & \\
& & & \cos\theta & & \cdots & & \sin\theta & & \\
& & & & 1 & & & & & \\
& & & \vdots & & \ddots & & \vdots & & \\
& & & & & & 1 & & & \\
& & & -\sin\theta & & \cdots & & \cos\theta & & \\
& & & & & & & & 1 & \\
& & & & & & & & & \ddots \\
& & & & & & & & & & 1
\end{bmatrix} \tag{5.18}
$$

称为 $\mathbb{R}^n$ 中平面 $\{x_i, x_j\}$ 的旋转变换, 也称为吉文斯变换. $\boldsymbol{P} = \boldsymbol{P}(i,j,\theta) = \boldsymbol{P}(i,j)$ 称为平面旋转矩阵. 显然, $\boldsymbol{P}(i,j,\theta)$ 具有性质:

(1) $\boldsymbol{P}$ 与单位矩阵 $\boldsymbol{I}$ 只是在 $(i,i),(i,j),(j,i),(j,j)$ 位置元素不一样, 其他相同;

(2) $\boldsymbol{P}$ 为正交矩阵 $(\boldsymbol{P}^{-1} = \boldsymbol{P}^{\mathrm{T}})$;

(3) $\boldsymbol{P}(i,j)\boldsymbol{A}$ (左乘)　只需计算第 i 行与第 j 行元素, 即对 $\boldsymbol{A} = (a_{ij})_{m\times n}$ 有

$$
\begin{bmatrix} a'_{il} \\ a'_{jl} \end{bmatrix} = \begin{bmatrix} c & s \\ -s & c \end{bmatrix} \begin{bmatrix} a_{il} \\ a_{jl} \end{bmatrix}, \quad l = 1, 2, \cdots, n,
$$

其中 $c = \cos\theta, s = \sin\theta$;

(4) $\boldsymbol{A}\boldsymbol{P}(i,j)$ (右乘)　只需计算第 i 行与第 j 行元素

$$
[a'_{li}, a'_{lj}] = [a_{li}, a_{lj}] \begin{bmatrix} c & s \\ -s & c \end{bmatrix}, \quad l = 1, 2, \cdots, m.
$$

利用平面旋转变换, 可使向量 $\boldsymbol{x}$ 中的指定元素变为零.

定理 5.14 (吉文斯约化定理)　设 $\boldsymbol{x} = (x_1, \cdots, x_i, \cdots, x_j, \cdots, x_n)^{\mathrm{T}}$, 其中 $\boldsymbol{x}_i, \boldsymbol{x}_j$ 不全为零, 则可选择平面旋转阵 $\boldsymbol{P}(i,j,\theta)$, 使

$$
\boldsymbol{P}\boldsymbol{x} = (x_1, \cdots, x'_i, \cdots, 0, \cdots, x_n)^{\mathrm{T}},
$$

其中 $x'_i = \sqrt{x_i^2 + x_j^2}, \theta = \arctan(x_j/x_i)$.

证明　取 $c=\cos\theta=x_i/x_i'$, $s=\sin\theta=x_j/x_i'$. 由 $\boldsymbol{P}(i,j,\theta)\boldsymbol{x}=\boldsymbol{x}'=(x_1',x_2',\cdots,x_i',\cdots,x_j',\cdots,x_n')^{\mathrm{T}}$, 利用矩阵乘法, 显然有

$$\begin{cases} x_i'=cx_i+sx_j, \\ x_j'=-sx_i+cx_j, \\ x_k'=x_k, \quad k\neq i,j. \end{cases}$$

于是, 由 c,s 的取法得

$$x_i'=\sqrt{x_i'+x_j'},\ \ x_j'=0.$$

□

例 5.8 (吉文斯旋转变换)　通过一系列吉文斯旋转变换, 消去下面向量中除第 1 个分量以外的分量

$$\boldsymbol{a}=(1,2,1,2)^{\mathrm{T}}.$$

解　首先针对向量的第一、三分量构造旋转变换矩阵 $\boldsymbol{G}_1'=\begin{bmatrix} c_1 & s_1 \\ -s_1 & c_1 \end{bmatrix}$, 利用 (5.18) 式求出 $c_1=2/\sqrt{5}$, $s_1=1/\sqrt{5}$, 则

$$\boldsymbol{G}_1=\begin{bmatrix} c_1 & 0 & s_1 & 0 \\ 0 & 1 & 0 & 0 \\ -s_1 & 0 & c_1 & 0 \\ 0 & 0 & 0 & 1 \end{bmatrix},\quad \boldsymbol{G}_1\boldsymbol{a}=\begin{bmatrix} \sqrt{5} \\ 0 \\ 0 \\ 2 \end{bmatrix}.$$

其次, 针对向量的第二、四分量构造旋转变换矩阵 $\boldsymbol{G}_2'=\begin{bmatrix} c_2 & s_2 \\ -s_2 & c_2 \end{bmatrix}$, 利用 (5.18) 式求出 $c_2=\sqrt{5}/3$, $s_2=2/3$, 则

$$\boldsymbol{G}_2=\begin{bmatrix} c_2 & 0 & 0 & s_2 \\ 0 & 1 & 0 & 0 \\ 0 & 0 & 1 & 0 \\ -s_2 & 0 & 0 & c_2 \end{bmatrix},\quad \boldsymbol{G}_2\boldsymbol{G}_1\boldsymbol{a}=\begin{bmatrix} c_2 & 0 & 0 & s_2 \\ 0 & 1 & 0 & 0 \\ 0 & 0 & 1 & 0 \\ -s_2 & 0 & 0 & c_2 \end{bmatrix}\begin{bmatrix} \sqrt{5} \\ 0 \\ 0 \\ 2 \end{bmatrix}=\begin{bmatrix} 3 \\ 0 \\ 0 \\ 0 \end{bmatrix}.$$

5.3.3　约化一般矩阵

设 $\boldsymbol{A}=(a_{ij})\in\mathbb{R}^{n\times n}$.

定义 5.3 形如

$$\begin{bmatrix} b_{11} & b_{12} & \cdots & b_{1n} \\ b_{21} & b_{22} & \cdots & b_{2b} \\ & \ddots & \ddots & \vdots \\ & & b_{n,n-1} & b_{nn} \end{bmatrix}$$

的矩阵称为上海森伯矩阵. 若 $b_{i+1,i} \neq 0,\ i=1,2,\cdots,n-1$, 则称 $\boldsymbol{B}$ 为不可约海森伯矩阵. 类似地可定义下海森伯矩阵.

下面来说明, 可选择初等反射矩阵 $\boldsymbol{U}_1, \boldsymbol{U}_2, \cdots, \boldsymbol{U}_{n-2}$ 使 $\boldsymbol{A}$ 经正交相似变换约化为一个上海森伯矩阵.

(1) 设

$$\boldsymbol{A} = \begin{bmatrix} a_{11} & a_{12} & \cdots & a_{1n} \\ a_{21} & a_{22} & \cdots & a_{2n} \\ \vdots & \vdots & & \vdots \\ a_{n1} & a_{n2} & \cdots & a_{nn} \end{bmatrix} = \begin{bmatrix} a_{11} & \boldsymbol{A}_{12}^{[1]} \\ \boldsymbol{c}_1 & \boldsymbol{A}_{22}^{[1]} \end{bmatrix},$$

其中 $\boldsymbol{c}_1 = (a_{21}, \cdots, a_{n1})^{\mathrm{T}} \in \mathbb{R}^{n-1}$, 不妨设 $\boldsymbol{c}_1 \neq \boldsymbol{0}$, 否则这一步不需要约化. 于是, 可选择初等反射矩阵 $\boldsymbol{R}_1 = \boldsymbol{I} - \beta_1^{-1}\boldsymbol{u}_1\boldsymbol{u}_1^{\mathrm{T}}$ 使 $\boldsymbol{R}_1\boldsymbol{c}_1 = -\sigma_1\boldsymbol{e}_1$, 其中

$$\begin{cases} \sigma_1 = \operatorname{sgn}(a_{21})\left(\sum\limits_{i=2}^{n} a_{i1}^2\right)^{1/2}, \\ \boldsymbol{u}_1 = \boldsymbol{c}_1 + \sigma_1\boldsymbol{e}_1, \\ \beta_1 = \sigma_1\left[\sigma_1 + a_{21}\right]. \end{cases} \tag{5.19}$$

令

$$\boldsymbol{U}_1 = \begin{bmatrix} 1 & \\ & \boldsymbol{R}_1 \end{bmatrix},$$

则

$$\boldsymbol{A}_2 = \boldsymbol{U}_1\boldsymbol{A}_1\boldsymbol{U}_1 = \begin{bmatrix} a_{11} & \boldsymbol{A}_{12}^{(1)}\boldsymbol{R}_1 \\ \boldsymbol{R}_1 c_1 & \boldsymbol{R}_1\boldsymbol{A}_{22}^{(1)}\boldsymbol{R}_1 \end{bmatrix}$$

$$= \begin{bmatrix} a_{11} & a_{12}^{(2)} & a_{13}^{(2)} & \cdots & a_{1n}^{(2)} \\ -\delta_1 & a_{22}^{(2)} & a_{23}^{(2)} & \cdots & a_{2n}^{(2)} \\ 0 & a_{32}^{(2)} & a_{33}^{(2)} & \cdots & a_{3n}^{(2)} \\ \vdots & \vdots & \vdots & & \vdots \\ 0 & a_{n2}^{(2)} & a_{n3}^{(2)} & \cdots & a_{nn}^{(2)} \end{bmatrix} \equiv \left[\begin{array}{cc|c} \boldsymbol{A}_{11}^{(2)} & & \boldsymbol{A}_{12}^{(2)} \\ \hline \boldsymbol{0} & \boldsymbol{c}_2 & \boldsymbol{A}_{22}^{(2)} \end{array}\right],$$

其中 $\boldsymbol{c}_2=(a_{32}^{(2)},\cdots,a_{n2}^{(2)})^{\mathrm{T}}\in\mathbb{R}^{n-2}$, $\boldsymbol{A}_{22}^{(2)}\in\mathbb{R}^{(n-2)\times(n-2)}$.

(2) 第 k 步约化: 重复上述过程, 设 $\boldsymbol{A}$ 已完成第 1 步, $\cdots$, 第 k 步正交相似变换, 即有

$$\boldsymbol{A}_k=\boldsymbol{U}_{k_1}\boldsymbol{A}_{k-1}\boldsymbol{U}_{k_1}\quad 或 \quad \boldsymbol{A}_k=\boldsymbol{U}_{k-1}\cdots\boldsymbol{U}_1\boldsymbol{A}_1\boldsymbol{U}_1\cdots\boldsymbol{U}_{k-1},$$

且

$$\boldsymbol{A}_k=\begin{bmatrix} a_{11}^{(1)} & a_{12}^{(2)} & \cdots & a_{1,k-1}^{(k-1)} & a_{1k}^{(k)} & a_{1,k+1}^{(k)} & \cdots & a_{1n}^{(k)} \\ -\delta_1 & a_{22}^{(2)} & \cdots & a_{2,k-1}^{(k-1)} & a_{2k}^{(k)} & a_{2,k+1}^{(k+1)} & \cdots & a_{2n}^{(k)} \\ & & \ddots & \vdots & \vdots & \vdots & & \vdots \\ & & & -\delta_{k-1} & a_{kk}^{(k)} & a_{k,k+1}^{(k)} & \cdots & a_{kn}^{(k)} \\ & & & & a_{k+1,k}^{(k)} & a_{k+1,k+1}^{(k)} & \cdots & a_{k+1,n}^{(k)} \\ & & & & \vdots & \vdots & & \vdots \\ & & & & a_{nk}^{(k)} & a_{n,k+1}^{(k)} & \cdots & a_{nn}^{(k)} \end{bmatrix}$$

$$\equiv\begin{bmatrix} \boldsymbol{A}_{11}^{(k)} & & \boldsymbol{A}_{12}^{(k)} \\ \boldsymbol{O} & \boldsymbol{c}_k & \boldsymbol{A}_{22}^{(k)} \end{bmatrix},$$

其中 $\boldsymbol{c}_k=(a_{k+1,k}^{k},\cdots,a_{nk}^{(k)})^{\mathrm{T}}\in\mathbb{R}^{n-k}$, $\boldsymbol{A}_{11}^{(k)}$ 为 k 阶上海森伯矩阵, $\boldsymbol{A}_{12}^{(k)}\in\mathbb{R}^{k\times(n-k)}$, $\boldsymbol{A}_{22}^{(k)}\in\mathbb{R}^{(n-k)\times(n-k)}$.

设 $\boldsymbol{c}_k\neq\boldsymbol{0}$, 于是可选择初等反射矩阵 $\boldsymbol{R}_k$ 使 $\boldsymbol{R}_k\boldsymbol{c}_k=-\delta_k\boldsymbol{e}_1$, 其中, $\boldsymbol{R}_k$ 的计算公式为

$$\begin{cases} \sigma_k=\operatorname{sgn}(a_{k+1,k}^{(k)})\left(\sum\limits_{i=k+1}^{n}(a_{ik}^{(k)})^2\right)^{\frac{1}{2}}, \\ \boldsymbol{u}_k=\boldsymbol{c}_k+\sigma_k\boldsymbol{e}_k, \\ \beta=\sigma_k(a_{k+1,k}^{(k)}+\sigma_k), \\ \boldsymbol{R}_k=\boldsymbol{I}-\beta_k^{-1}\boldsymbol{u}_k\boldsymbol{u}_k^{\mathrm{T}}. \end{cases}\tag{5.20}$$

令 $\boldsymbol{U}_k=\begin{bmatrix}\boldsymbol{I} & \\ & \boldsymbol{R}_k\end{bmatrix}$, 则

$$\begin{aligned}\boldsymbol{A}_{k+1}=\boldsymbol{U}_k\boldsymbol{A}_k\boldsymbol{U}_k&=\left[\begin{array}{cc:c} \boldsymbol{A}_{11}^{(k)} & & \boldsymbol{A}_{12}^{(k)}\boldsymbol{R}_k \\ \hdashline \boldsymbol{O} & \boldsymbol{R}_k c_k & \boldsymbol{R}_k\boldsymbol{A}_{22}^{(k)}\boldsymbol{R}_k \end{array}\right] \\ &=\left[\begin{array}{cc:c} \boldsymbol{A}_{11}^{(k+1)} & & \boldsymbol{A}_{12}^{(k+1)} \\ \hdashline \boldsymbol{O} & \boldsymbol{c}_{k+1} & \boldsymbol{A}_{22}^{(k+1)} \end{array}\right],\end{aligned}\tag{5.21}$$

其中 $\boldsymbol{A}_{11}^{(k+1)}$ 为 $k+1$ 阶海森伯矩阵. 第 k 步约化只需计算 $\boldsymbol{A}_{12}^{(k)}$ 及 $\boldsymbol{R}_k\boldsymbol{A}_{22}^{(k)}\boldsymbol{R}_k$.

(3) 重复上述过程, 则有

$$\begin{aligned}&\boldsymbol{U}_{n-2}\cdots\boldsymbol{U}_2\boldsymbol{U}_1\boldsymbol{A}\boldsymbol{U}_1\boldsymbol{U}_2\cdots\boldsymbol{U}_{n-2}\\ =&\begin{bmatrix} a_{11} & * & * & \cdots & * & * \\ -\delta_1 & a_{22}^{(2)} & * & \cdots & * & * \\ & -\delta_2 & a_{33}^{(3)} & \cdots & * & * \\ & & \ddots & \ddots & \vdots & \vdots \\ & & & -\delta_{n-2} & a_{n-1,n-1}^{(n-2)} & * \\ & & & & -\delta_{n-1} & a_{nn}^{(n-1)} \end{bmatrix}=\boldsymbol{A}_{n-1}.\end{aligned}$$

总结上述讨论, 有下面的定理.

定理 5.15 (豪斯霍尔德约化矩阵为上海森伯矩阵) 设 $\boldsymbol{A}\in\mathbb{R}^{n\times n}$, 则存在初等反射矩阵 $\boldsymbol{U}_1, \boldsymbol{U}_2, \cdots, \boldsymbol{U}_{n_2}$ 使

$$\boldsymbol{U}_{n-2}\cdots\boldsymbol{U}_2\boldsymbol{U}_1\boldsymbol{A}\boldsymbol{U}_1\boldsymbol{U}_2\cdots\boldsymbol{U}_{n-2}\equiv\boldsymbol{U}_0^{\mathrm{T}}\boldsymbol{A}\boldsymbol{U}_0=\boldsymbol{H},$$

这里 $\boldsymbol{H}$ 是海森伯矩阵.

本算法约需要 $\dfrac{5}{2}n^3$ 次乘法运算. 如果要把 $\boldsymbol{U}_0$ 也算出来还需增加 $\dfrac{2}{3}n^3$ 次乘法.

例 5.9 用豪斯霍尔德方法将矩阵

$$\boldsymbol{A}=\boldsymbol{A}_1=\begin{bmatrix}-4 & -3 & -7\\ 2 & 3 & 2\\ 4 & 2 & 7\end{bmatrix}$$

约化为上海森伯矩阵.

解 选取初等反射矩阵 $\boldsymbol{R}_1$ 使 $\boldsymbol{R}_1\boldsymbol{c}_1=-\sigma_1\boldsymbol{e}_1$, 其中 $\boldsymbol{c}_1=(2,4)^{\mathrm{T}}$.

(1) 计算 $\boldsymbol{R}_1$: $\alpha=\max\{2,4\}=4, \boldsymbol{c}_1\to\boldsymbol{c}_1'=(0.5,1)^{\mathrm{T}}$ (规范化),

$$\begin{cases}\sigma=\sqrt{1.25}=1.118034,\\ \boldsymbol{u}_1=\boldsymbol{c}_1'+\sigma\boldsymbol{e}_1=(1.618034,1)^{\mathrm{T}},\\ \beta_1=\sigma\,[\sigma+0.5]=1.809017,\\ \sigma_1=\alpha\sigma=4.472136,\\ \boldsymbol{R}_1=\boldsymbol{I}-\beta_1^{-1}\boldsymbol{u}_1\boldsymbol{u}_1^{\mathrm{T}},\end{cases}$$

则有 $\boldsymbol{R}_1\boldsymbol{c}_1=-\sigma_1\boldsymbol{e}_1$.

(2) 约化计算: 令

$$\boldsymbol{U}_1=\begin{bmatrix}1 & \boldsymbol{0}\\ \boldsymbol{0} & \boldsymbol{R}_1\end{bmatrix},$$

则

$$\boldsymbol{A}_2=\boldsymbol{U}_1\boldsymbol{A}\boldsymbol{U}_1=\begin{bmatrix}-4 & 7.602631 & -0.447214\\ -4.472136 & 7.799999 & -0.400000\\ 0 & -0.399999 & 2.200000\end{bmatrix}=\boldsymbol{H}.$$

如果 $\boldsymbol{A}$ 是对称的, 则 $\boldsymbol{H}=\boldsymbol{U}_0^{\mathrm{T}}\boldsymbol{A}\boldsymbol{U}_0$ 也对称, 这时 $\boldsymbol{H}$ 是一个对称三对角矩阵.

定理 5.16 (豪斯霍尔德约化对称矩阵为对称三对角矩阵)　设 $\boldsymbol{A}\in\mathbb{R}^{n\times n}$ 为对称矩阵, 则存在初等反射矩阵 $\boldsymbol{U}_1,\boldsymbol{U}_2,\cdots,\boldsymbol{U}_{n-2}$ 使

$$\boldsymbol{U}_{n-2}\cdots\boldsymbol{U}_2\boldsymbol{U}_1\boldsymbol{A}\boldsymbol{U}_1\boldsymbol{U}_2\cdots\boldsymbol{U}_{n-2}=\begin{bmatrix}c_1 & b_1 & & & \\ b_1 & c_2 & b_2 & & \\ & \ddots & \ddots & \ddots & \\ & & b_{n-2} & c_{n-1} & b_{n-1}\\ & & & b_{n-1} & c_n\end{bmatrix}=\boldsymbol{C}.$$

证明　由定理 5.15 知, 存在初等反射矩阵 $\boldsymbol{U}_1,\boldsymbol{U}_2,\cdots,\boldsymbol{U}_{n-2}$ 使得

$$\boldsymbol{U}_{n-2}\cdots\boldsymbol{U}_2\boldsymbol{U}_1\boldsymbol{A}\boldsymbol{U}_1\boldsymbol{U}_2\cdots\boldsymbol{U}_{n-2}=\boldsymbol{H}=\boldsymbol{A}_{n-1}$$

为上海森伯矩阵, 且 $\boldsymbol{A}_{n-1}$ 亦是对称矩阵, 因此, $\boldsymbol{A}_{n-1}$ 为对称三对角矩阵.

由上面讨论可知, 当 $\boldsymbol{A}$ 为对称矩阵时, 由 $\boldsymbol{A}_k\to\boldsymbol{A}_{k+1}=\boldsymbol{U}_k\boldsymbol{A}_k\boldsymbol{U}_k$ 一步约化计算中只需计算 $\boldsymbol{R}_k$ 及 $\boldsymbol{R}_k\boldsymbol{A}_{22}^{[k]}\boldsymbol{R}_k$. 又由于 $\boldsymbol{A}$ 的对称性, 故只需计算 $\boldsymbol{R}_k\boldsymbol{A}_{22}^{[k]}\boldsymbol{R}_k$ 的对角线以下元素. 注意到

$$\boldsymbol{R}_k\boldsymbol{A}_{22}^{[k]}\boldsymbol{R}_k=\left[\boldsymbol{I}-\beta_k^{-1}\boldsymbol{u}_k\boldsymbol{u}_k^{\mathrm{T}}\right]\left[\boldsymbol{A}_{22}^{[k]}-\beta_k^{-1}\boldsymbol{A}_{22}^{[k]}\boldsymbol{u}_k\boldsymbol{u}_k^{\mathrm{T}}\right],$$

引进记号

$$\boldsymbol{r}_k=\beta_k^{-1}\boldsymbol{A}_{22}^{[k]}\boldsymbol{u}_k\in\mathbb{R}^{n-k},\quad \boldsymbol{t}_k=\boldsymbol{r}_k-\frac{\beta_k^{-1}}{2}(\boldsymbol{u}_k^{\mathrm{T}}\boldsymbol{r}_k)\boldsymbol{u}_k\in\mathbb{R}^{n-k},$$

则

$$\boldsymbol{R}_k\boldsymbol{A}_{22}^{[k]}\boldsymbol{R}_k=\boldsymbol{A}_{22}^{[k]}-\boldsymbol{u}_k\boldsymbol{t}_k^{\mathrm{T}}-\boldsymbol{t}_k\boldsymbol{u}_k^{\mathrm{T}},\quad i=k+1,\cdots,n,\ j=k+1,\cdots,i.$$ □

对称矩阵 $\boldsymbol{A}$ 用初等反射矩阵正交相似约化为对称三对角矩阵大约需要 $\dfrac{2}{3}n^3$ 次乘法.

用正交矩阵进行相似约化有一些特点, 如构造的 $\boldsymbol{U}_k$ 容易求逆, 且 $\boldsymbol{U}_k$ 的元素数量级不大, 这个算法是十分稳定的.

*5.4 矩阵分解和 QR 算法

QR 算法可用于计算一般中小型矩阵的全部特征值和特征向量, 其基本思想是: 利用矩阵的 QR 分解 (即将矩阵 $\boldsymbol{A}$ 分解为一个正交矩阵 $\boldsymbol{Q}$ 与一个上三角形矩阵 $\boldsymbol{R}$ 的乘积), 通过迭代格式

$$\begin{cases}\boldsymbol{A}_k = \boldsymbol{Q}_k\boldsymbol{R}_k, \\ \boldsymbol{A}_{k+1} = \boldsymbol{R}_k\boldsymbol{Q}_k,\end{cases} \qquad k = 1, 2, \cdots, \tag{5.22}$$

将 $\boldsymbol{A} = \boldsymbol{A}_1$ 化成相似的上三角形矩阵, 从而求出矩阵 $\boldsymbol{A}$ 的全部特征值和对应的特征向量, 其中 $\boldsymbol{Q}_k$ 为正交矩阵, $\boldsymbol{R}_k$ 为上三角形矩阵. 在 (5.22) 式中, $\boldsymbol{A} = \boldsymbol{A}_1 = \boldsymbol{Q}_1\boldsymbol{R}_1$, 故

$$\boldsymbol{A}_2 = \boldsymbol{R}_1\boldsymbol{Q}_1 = \boldsymbol{Q}_1^{\mathrm{T}}\boldsymbol{Q}_1\boldsymbol{R}_1\boldsymbol{Q}_1 = \boldsymbol{Q}_1^{\mathrm{T}}\boldsymbol{A}\boldsymbol{Q}_1,$$

即 $\boldsymbol{A}_2$ 与 $\boldsymbol{A}$ 相似, 同理 $\boldsymbol{A}_k$ 与 $\boldsymbol{A}$ 相似, 因此 $\boldsymbol{A}$ 与 $\boldsymbol{A}_k$ 有相同的特征值. 当 k 充分大时, 如果 $\boldsymbol{A}_k$ 趋于一个对角矩阵或上三角形矩阵, 则 $\boldsymbol{A}_k$ 的对角元素就可作为 $\boldsymbol{A}$ 的特征值.

现在的问题是: $\boldsymbol{A}$ 的 QR 分解是否存在, 若存在, 分解是否唯一? 在何种条件下, $\{\boldsymbol{A}_k\}$ 收敛于一个对角矩阵或上三角形矩阵?

对于一般的非奇异矩阵 $\boldsymbol{A}$, 将其按列分块, 并记为

$$\boldsymbol{A} = \boldsymbol{A}_1 = (a_{ij}^{(1)})_{n\times n} = (\boldsymbol{a}_1, \boldsymbol{a}_2, \cdots, \boldsymbol{a}_n).$$

由于 $\boldsymbol{a}_1 \neq \boldsymbol{0}$, 故存在豪斯霍尔德矩阵 $\boldsymbol{H}_1$, 使得

$$\boldsymbol{H}_1\boldsymbol{a}_1 = -\delta_1\boldsymbol{e}_1,$$

其中 $\boldsymbol{e}_1$ 为 n 维单位向量, $\boldsymbol{H}_1$ 可由已有式子求得. 并有

$$\begin{aligned}\boldsymbol{A}_2 &= \boldsymbol{H}_1\boldsymbol{A}_1 = (\boldsymbol{H}_1\boldsymbol{a}_1, \boldsymbol{H}_1\boldsymbol{a}_2, \cdots, \boldsymbol{H}_1\boldsymbol{a}_n) \\ &= \begin{bmatrix} -\delta_1 & a_{12}^{(2)} & \cdots & a_{1n}^{(2)} \\ 0 & a_{22}^{(2)} & \cdots & a_{2n}^{(2)} \\ \vdots & \vdots & & \vdots \\ 0 & a_{n2}^{(2)} & \cdots & a_{nn}^{(2)} \end{bmatrix} = \begin{bmatrix} -\delta_1 & a_{12}^{(2)} & \boldsymbol{B}_2 \\ \boldsymbol{0} & \boldsymbol{C}_2 & \boldsymbol{D}_2 \end{bmatrix},\end{aligned}$$

其中

$$\boldsymbol{B}_2=\left(a_{13}^{(2)},a_{14}^{(2)},\cdots,a_{1n}^{(2)}\right),\quad \boldsymbol{C}_2=\left(a_{22}^{(2)},a_{32}^{(2)},\cdots,a_{n2}^{(2)}\right)^{\mathrm{T}},\quad \boldsymbol{D}_2\in\mathbb{R}^{(n-1)\times(n-2)}.$$

由 $\boldsymbol{C}_2\neq\boldsymbol{0}$ 知, 存在 $n-1$ 阶豪斯霍尔德矩阵 $\tilde{\boldsymbol{H}}_2$, 使得

$$\tilde{\boldsymbol{H}}_2\boldsymbol{C}_2=-\delta_2\boldsymbol{e}_1',$$

其中 $\boldsymbol{e}_1'$ 为 $n-1$ 维单位向量, $\tilde{\boldsymbol{H}}_2$ 可由 (5.17) 式求得. 令

$$\boldsymbol{H}_2=\begin{bmatrix}1 & \\ & \tilde{\boldsymbol{H}}_2\end{bmatrix},$$

则有

$$\begin{aligned}\boldsymbol{A}_3&=\boldsymbol{H}_2\boldsymbol{A}_2=\boldsymbol{H}_2\boldsymbol{H}_1\boldsymbol{A}\\&=\begin{bmatrix}-\delta_1 & a_{12}^{(2)} & a_{13}^{(2)} & \cdots & a_{1n}^{(2)}\\ & -\delta_2 & a_{23}^{(3)} & \cdots & a_{2n}^{(3)}\\ & & a_{33}^{(3)} & \cdots & a_{3n}^{(3)}\\ & & \vdots & & \vdots\\ & & a_{n3}^{(3)} & \cdots & a_{nn}^{(3)}\end{bmatrix}=\begin{bmatrix}-\delta_1 & a_{12}^{(2)} & a_{13}^{(2)} & \\ & -\delta_2 & a_{23}^{(3)} & \boldsymbol{B}_3\\ & & \boldsymbol{C}_3 & \boldsymbol{D}_3\end{bmatrix},\end{aligned}$$

其中

$$\boldsymbol{C}_3=\left[a_{33}^{(3)},a_{43}^{(3)},\cdots,a_{n3}^{(3)}\right]^{\mathrm{T}},\quad \boldsymbol{B}_3\in\mathbb{R}^{2\times(n-3)},\quad \boldsymbol{D}_3\in\mathbb{R}^{(n-2)\times(n-3)}.$$

如此进行下去, 当进行 $n-1$ 步后, 有

$$\boldsymbol{H}_{n-1}\boldsymbol{H}_{n-2}\cdots\boldsymbol{H}_2\boldsymbol{H}_1=\boldsymbol{A}_n,$$

其中 $\boldsymbol{A}_n$ 为上三角形矩阵, 可记为 $\boldsymbol{R}$, 即 $\boldsymbol{R}=\boldsymbol{A}_n$.

由于 $\boldsymbol{H}_1,\boldsymbol{H}_2,\cdots,\boldsymbol{H}_{n-1}$ 都是正交矩阵, 正交矩阵的乘积仍为正交矩阵, 正交矩阵的逆矩阵也为正交矩阵, 故记 $\boldsymbol{Q}=\boldsymbol{H}_1^{\mathrm{T}}\boldsymbol{H}_2^{\mathrm{T}}\cdots\boldsymbol{H}_{n-1}^{\mathrm{T}}$, 则

$$\boldsymbol{A}=\boldsymbol{H}_1^{\mathrm{T}}\boldsymbol{H}_2^{\mathrm{T}}\cdots\boldsymbol{H}_{n-1}^{\mathrm{T}}\boldsymbol{R}=\boldsymbol{Q}\boldsymbol{R}.$$

可以证明, 当 $\boldsymbol{R}$ 的对角元素全为正时, 非奇异矩阵 $\boldsymbol{A}=\boldsymbol{Q}\boldsymbol{R}$ 的分解形式唯一. 设 $\boldsymbol{A}=\boldsymbol{Q}_1\boldsymbol{R}_1=\boldsymbol{Q}_2\boldsymbol{R}_2$, $\boldsymbol{A}^{\mathrm{T}}\boldsymbol{A}$ 为对称正定矩阵, 故由楚列斯基 (Cholesky) 分解的唯一性可得 $\boldsymbol{R}_1=\boldsymbol{R}_2$.

综上所述, 可得如下定理.

定理 5.17 设 $\boldsymbol{A} \in \mathbb{R}^{n\times n}$ 为实非奇异矩阵, 则 $\boldsymbol{A}$ 有正交分解 $\boldsymbol{A}=\boldsymbol{QR}$, 其中 $\boldsymbol{Q}$ 为正交矩阵, $\boldsymbol{R}$ 为上三角形矩阵. 当 $\boldsymbol{R}$ 的对角元全为正时, 分解时式 $\boldsymbol{A}=\boldsymbol{QR}$ 是唯一的.

对于更一般的实矩阵 $\boldsymbol{A} \in \mathbb{R}^{n\times n}$, 有如下的分解定理.

定理 5.18 (实舒尔 (Schur) 分解定理) 设 $\boldsymbol{A} \in \mathbb{R}^{n\times n}$, 则存在正交矩阵 $\boldsymbol{Q} \in \mathbb{R}^{n\times n}$, 使

$$\begin{bmatrix} \boldsymbol{R}_{11} & \boldsymbol{R}_{12} & \cdots & \boldsymbol{R}_{1m} \\ & \boldsymbol{R}_{22} & \cdots & \boldsymbol{R}_{2m} \\ & & \ddots & \vdots \\ & & & \boldsymbol{R}_{mm} \end{bmatrix}, \tag{5.23}$$

其中每个 $\boldsymbol{R}_{ii}$ 是 1×1 或 2×2 的矩阵. 若是 1×1 的, 则其元素就是 $\boldsymbol{A}$ 的特征值; 若是 2×2 的, $\boldsymbol{R}_{ii}$ 的特征值就是 $\boldsymbol{A}$ 的一对共轭特征值.

5.4.1 QR 算法

为了利用 QR 算法求得一般实非奇异矩阵的全部特征值, 如果每步对一个满阵 $\boldsymbol{A}_k$ 进行 QR 分解, 耗费机时较多. 因此引入海森伯矩阵来简化计算.

QR 算法的基本思想就是利用豪斯霍尔德变换将矩阵 $\boldsymbol{A}$ 经正交相似变换约为上海森伯矩阵, 然后对所得上海森伯矩阵使用 QR 算法. 此时的 QR 分解常采用吉文斯旋转变换来实现.

定理 5.19 设 $\boldsymbol{A} \in \mathbb{R}^{n\times n}$ 为实非奇异矩阵, 则存在豪斯霍尔德矩阵 $\boldsymbol{H}_1$, $\boldsymbol{H}_2, \cdots, \boldsymbol{H}_{n-2}$, 使得

$$\boldsymbol{H}_{n-2}\boldsymbol{H}_{n-3}\cdots\boldsymbol{H}_1\boldsymbol{A}\boldsymbol{H}_1\boldsymbol{H}_2\cdots\boldsymbol{H}_{n-2}=\boldsymbol{B}, \tag{5.24}$$

其中 $\boldsymbol{B}$ 为上海森伯矩阵.

推论 5.1 当 $\boldsymbol{A} \in \mathbb{R}^{n\times n}$ 为实对称非奇异矩阵时, 存在豪斯霍尔德矩阵 $\boldsymbol{H}_1$, $\boldsymbol{H}_2, \cdots, \boldsymbol{H}_{n-2}$ 使得

$$\boldsymbol{H}_{n-2}\boldsymbol{H}_{n-3}\cdots\boldsymbol{H}_1\boldsymbol{A}\boldsymbol{H}_1\boldsymbol{H}_2\cdots\boldsymbol{H}_{n-2}=\begin{bmatrix} a_{11}^{(1)} & -\delta_1 & & & \\ -\delta_1 & a_{22}^{(2)} & -\delta_2 & & \\ & -\delta_2 & a_{33}^{(3)} & \ddots & \\ & & \ddots & \ddots & \delta_{n-1} \\ & & & -\delta_{n-1} & a_{nn}^{(n)} \end{bmatrix}.$$

综上所述, QR 算法的计算过程见算法 5.5.

算法 5.5 QR 算法

输入: 矩阵 $\boldsymbol{A}=(a_{ij})$.

输出: 矩阵 $\boldsymbol{A}=(a_{ij})$ 对应的特征值 λ, 特征值对应的特征向量 $\boldsymbol{y}$.

1: 用豪斯霍尔德变换化矩阵 $\boldsymbol{A}$ 为上海森伯矩阵 $\boldsymbol{B}$, $\boldsymbol{B}=\boldsymbol{Q}^{\mathrm{T}}\boldsymbol{A}\boldsymbol{Q}$;

2: 用吉文斯旋转变换对上海森伯矩阵 $\boldsymbol{B}$ 进行 QR 分解, 即 $\boldsymbol{B}_1=\boldsymbol{B}=\boldsymbol{Q}_1\boldsymbol{R}_1$;

3: 利用 (5.22) 式对获得的上海森伯矩阵反复进行 QR 分解, 且 $\boldsymbol{B}_{k+1}=\boldsymbol{R}_k\boldsymbol{Q}_k=\boldsymbol{Q}_k^{\mathrm{T}}\boldsymbol{Q}_{k-1}^{\mathrm{T}}\cdots\boldsymbol{Q}_1^{\mathrm{T}}\boldsymbol{Q}\boldsymbol{A}\boldsymbol{Q}\boldsymbol{Q}_1\boldsymbol{Q}_2\cdots\boldsymbol{Q}_k$, 直到矩阵序列 $\{\boldsymbol{B}_k\}$ 趋于一个对角矩阵或上三角形矩阵为止;

4: 最终所得矩阵的对角元, 即是原矩阵的特征值. 如果 $\boldsymbol{B}_{k+1}$ 为对角矩阵, $\boldsymbol{Q}\boldsymbol{Q}_1\boldsymbol{Q}_2\cdots\boldsymbol{Q}_k$ 的各列即为对应的近似特征向量.

例 5.10 使用 QR 算法求矩阵 $\boldsymbol{A}$ 的特征值.

$$\boldsymbol{A}=\begin{bmatrix}2.9766&0.3945&0.4198&1.1159\\0.3945&2.7328&-0.3097&0.1129\\0.4198&-0.3097&2.5675&0.6079\\1.1159&0.1129&0.6079&1.7231\end{bmatrix}.$$

解 对实对称矩阵 $\boldsymbol{A}$ 进行 QR 迭代, 矩阵 $\boldsymbol{A}$ 的特征值为 $\lambda_1=4$, $\lambda_2=3$, $\lambda_3=2$, $\lambda_4=1$. 计算其 QR 分解并交换顺序相乘得

$$\boldsymbol{A}_1=\begin{bmatrix}3.7703&0.1745&0.5126&-0.3934\\0.1745&2.7675&-0.3872&0.0539\\0.5126&-0.3872&2.4019&-0.1241\\-0.3934&0.0539&-0.1241&1.0603\end{bmatrix},$$

再作几次迭代, 依次得到

$$\boldsymbol{A}_2=\begin{bmatrix}3.9436&0.0143&0.3046&0.1038\\0.0143&2.8737&-0.3362&-0.0285\\0.3046&-0.3362&2.1785&0.0083\\0.1038&-0.0285&0.0083&1.0042\end{bmatrix},$$

$$\boldsymbol{A}_3=\begin{bmatrix}3.9832&-0.0356&0.1611&-0.0262\\-0.0356&2.9421&-0.2432&0.0098\\0.1611&-0.2432&2.0743&0.0047\\-0.0262&0.0098&0.0047&1.0003\end{bmatrix},$$

$$\boldsymbol{A}_4=\begin{bmatrix}3.9941&-0.0430&0.0823&0.0066\\-0.0430&2.9748&-0.1660&-0.0032\\0.0823&-0.1660&2.0311&-0.0037\\0.0066&-0.0032&-0.0037&1.0000\end{bmatrix}.$$

可以看出, 大多数非对角元素的值都已很小, 且对角元素已非常接近 $\boldsymbol{A}$ 的特征值.

在 $\boldsymbol{A}$ 受相当限制的假设下, 由 QR 算法产生的矩阵序列 $\{\boldsymbol{B}_k\}$ 基本上收敛于上三角形矩阵, 该结论由下面的定理给出.

定理 5.20 (QR 算法的收敛性定理) 设 $\boldsymbol{A}\in\mathbb{R}^{n\times n}$, 且 $\boldsymbol{A}$ 的特征值满足

(1) $|\lambda_1|>|\lambda_2|>\cdots>|\lambda_n|>0$;

(2) 存在非奇异矩阵 $\boldsymbol{X}$, 使 $\boldsymbol{A}=\boldsymbol{X}\boldsymbol{D}\boldsymbol{X}^{-1}$, 其中 $\boldsymbol{D}=\mathrm{diag}(\lambda_1,\lambda_2,\cdots,\lambda_n)$, 且设 $\boldsymbol{X}^{-1}$ 有三角分解 $\boldsymbol{X}^{-1}=\boldsymbol{L}\boldsymbol{U}$($\boldsymbol{L}$ 为单位下三角形矩阵, $\boldsymbol{U}$ 为上三角形矩阵), 则 QR 算法产生的矩阵序列 $\{\boldsymbol{B}_k\}$ 基本上收敛于上三角形矩阵, 即

$$\lim_{k\to\infty}\boldsymbol{B}_k=\begin{bmatrix}\lambda_1 & b_{12}^{(*)} & \cdots & b_{1n}^{(*)}\\ & \lambda_2 & \cdots & b_{2n}^{(*)}\\ & & \ddots & \vdots\\ & & & \lambda_n\end{bmatrix},$$

这里基本收敛是指

$$\lim_{k\to\infty}b_{ii}^{(k)}=\lambda_i\quad(i=1,2,\cdots,n),\qquad\lim_{k\to\infty}b_{ij}^{(k)}=0\quad(i>j),$$

但 $\lim\limits_{k\to\infty}b_{ij}^{(k)}(i<j)$ 不一定存在.

推论 5.2 若 $\boldsymbol{A}$ 为 n 阶非奇异实对称矩阵且满足 QR 算法收敛性定理的条件, 则由 QR 算法产生的矩阵序列 $\{\boldsymbol{B}_k\}$ 收敛于对角矩阵 $\boldsymbol{D}=\mathrm{diag}(\lambda_1,\lambda_2,\cdots,\lambda_n)$.

对于一般的实矩阵, 在某些条件下, QR 算法产生的矩阵序列 $\{\boldsymbol{B}_k\}$ 收敛于实舒尔型的矩阵. 对于这种情形, 一般通过 QR 算法得到特征值后, 再采用结合原点平移的反幂法即可求得特征向量.

例 5.11 试将矩阵 $\boldsymbol{A}$ 相似化为上海森伯矩阵, 然后用 QR 算法求 $\boldsymbol{A}$ 的全部特征值, 要求下三角部分元素的平方和不超过 10^{-12} 时停止迭代, 其中矩阵 $\boldsymbol{A}$ 为

$$\boldsymbol{A}=\begin{bmatrix}-12 & 3 & 3\\ 3 & 1 & -2\\ 3 & -2 & 7\end{bmatrix}.$$

解 首先用豪斯霍尔德变换将 $\boldsymbol{A}$ 化为上海森伯矩阵. 取 $\boldsymbol{a}=\begin{bmatrix}3\\3\end{bmatrix}$, 则有 $\widetilde{\boldsymbol{H}}_1\boldsymbol{a}=-\sigma\boldsymbol{e}_1$, 其中

$$\sigma=\mathrm{sgn}(3)\|\boldsymbol{a}\|_2=3\sqrt{2},\quad \boldsymbol{e}_1=\begin{bmatrix}1\\0\end{bmatrix},$$

$$\tilde{\boldsymbol{u}} = \boldsymbol{a} + \sigma \boldsymbol{e}_1 = \begin{bmatrix} 3+3\sqrt{2} \\ 3 \end{bmatrix}, \quad \tilde{\beta} = \frac{1}{2}\|\tilde{\boldsymbol{u}}\|_2^2 = 18 + 9\sqrt{2},$$

$$\widetilde{\boldsymbol{H}}_1 = \boldsymbol{I}_2 - \tilde{\beta}^{-1}\tilde{\boldsymbol{u}}\tilde{\boldsymbol{u}}^{\mathrm{T}} = \begin{bmatrix} -\dfrac{\sqrt{2}}{2} & -\dfrac{\sqrt{2}}{2} \\ -\dfrac{\sqrt{2}}{2} & -\dfrac{\sqrt{2}}{2} \end{bmatrix}.$$

令 $\boldsymbol{H}_1 = \begin{bmatrix} 1 & \\ & \tilde{\boldsymbol{H}}_1 \end{bmatrix}$, 则

$$\boldsymbol{B} = \boldsymbol{H}_1 \boldsymbol{A} \boldsymbol{H}_1 = \begin{bmatrix} -12 & -3\sqrt{2} & 0 \\ -3\sqrt{2} & 2 & -3 \\ 0 & -3 & 6 \end{bmatrix}.$$

下面对 $\boldsymbol{B}$ 采用吉文斯变换进行 QR 分解. 根据定理 5.14 及其证明过程, 有

$$\cos\theta_1 = \frac{-12}{\sqrt{(-12)^2 + (-3\sqrt{2})^2}} = -\frac{2\sqrt{2}}{3},$$

$$\sin\theta_1 = \frac{-3\sqrt{2}}{\sqrt{(-12)^2 + (-3\sqrt{2})^2}} = -\frac{1}{3},$$

$$\boldsymbol{R}_{12} = \begin{bmatrix} -\dfrac{2\sqrt{2}}{3} & -\dfrac{1}{3} & 0 \\ \dfrac{1}{3} & -\dfrac{2\sqrt{2}}{3} & 0 \\ 0 & 0 & 1 \end{bmatrix}, \qquad \boldsymbol{R}_{12}\boldsymbol{B} = \begin{bmatrix} 9\sqrt{2} & \dfrac{10}{3} & 1 \\ 0 & -\dfrac{7\sqrt{2}}{3} & 2\sqrt{2} \\ 0 & -3 & 6 \end{bmatrix},$$

$$\cos\theta_2 = \frac{-\dfrac{7\sqrt{2}}{3}}{\sqrt{\left(-\dfrac{7\sqrt{2}}{3}\right)^2 + (-3)^2}} = -0.7399230,$$

$$\sin\theta_2 = \frac{-3}{\sqrt{\left(-\dfrac{7\sqrt{2}}{3}\right)^2 + (-3)^2}} = -0.6726916,$$

$$\boldsymbol{R}_{23} = \begin{bmatrix} 1 & 0 & 0 \\ 0 & -0.7399230 & -0.6726916 \\ 0 & 0.6726916 & -0.7399230 \end{bmatrix},$$

$$\boldsymbol{R}_1=\boldsymbol{R}_{23}\boldsymbol{R}_{12}\boldsymbol{B}=\begin{bmatrix}12.7279221 & -0.3333333 & 0\\ 0 & 4.4596961 & -6.1289678\\ 0 & 0 & -2.5368788\end{bmatrix},$$

故

$$\boldsymbol{Q}_1=\boldsymbol{R}_{12}^{\mathrm{T}}\boldsymbol{R}_{23}^{\mathrm{T}}=\begin{bmatrix}-0.9428090 & -0.2466410 & 0.2242305\\ -0.3333333 & -6976061 & -0.6342197\\ 0 & -0.6726916 & -0.7399230\end{bmatrix}.$$

这就实现了一次对 $\boldsymbol{B}$ 的 QR 分解 $\boldsymbol{B}_1=\boldsymbol{Q}_1\boldsymbol{R}_1$. 下一步应对

$$\boldsymbol{B}_2=\boldsymbol{R}_1\boldsymbol{Q}_1=\begin{bmatrix}-13.1111111 & -1.4865654 & 0\\ -0.4865654 & 7.2340161 & 1.7065370\\ 0 & -1.7065370 & 1.8770950\end{bmatrix}$$

进行 QR 分解. 注意 $\boldsymbol{B}_2$ 仍为上海森伯矩阵, 且

$$\boldsymbol{B}_2=\boldsymbol{R}_1\boldsymbol{Q}_1=\boldsymbol{Q}_1^{\mathrm{T}}\boldsymbol{H}_1\boldsymbol{A}\boldsymbol{H}_1\boldsymbol{Q}_1=\tilde{\boldsymbol{Q}}_1\boldsymbol{A}\tilde{\boldsymbol{Q}}_1.$$

类似于前一步, 对 $\boldsymbol{B}_2$ 继续用吉文斯变换进行 QR 分解, 直至基本收敛. 计算在第 30 步达到收敛, 从收敛结果中可以看出, $\boldsymbol{A}$ 的特征值分别为

$$\lambda_1=-13.2201800,\quad \lambda_2=7.8288616,\quad \lambda_3=1.3913183,$$

对应的特征向量分别为

$$\boldsymbol{x}_1=(0.9601509,-0.2257367,-0.1647822)^{\mathrm{T}},$$

$$\boldsymbol{x}_2=(-0.1106883,0.2342477,-0.9658551)^{\mathrm{T}},$$

$$\boldsymbol{x}_3=(0.2566289,-0.9456061,-0.1999268)^{\mathrm{T}}.$$

5.4.2 带原点平移的 QR 算法

假定 $\boldsymbol{A}$ 已化为上海森伯矩阵 $\boldsymbol{B}$. 为了使 QR 算法收敛更快, 通常使用带原点平移的 QR 算法. 令 $\boldsymbol{B}_1=\boldsymbol{B}$, 其一般形式为

$$\begin{cases}\boldsymbol{B}_k-s_k\boldsymbol{I}=\boldsymbol{Q}_k\boldsymbol{R}_k,\\ \boldsymbol{B}_{k+1}=s_k\boldsymbol{I}+\boldsymbol{R}_k\boldsymbol{Q}_k,\end{cases}\qquad k=1,2,\cdots, \tag{5.25}$$

其中 s_k 为平移量. 这样产生的矩阵序列 $\{\boldsymbol{B}_k\}$ 具有下列性质:

(1) 因 $\boldsymbol{B}_{k+1}=s_k\boldsymbol{I}+\boldsymbol{Q}_k^{-1}(\boldsymbol{B}_k-s_k\boldsymbol{I})\boldsymbol{Q}_k=\boldsymbol{Q}_k^{-1}\boldsymbol{B}_k\boldsymbol{Q}_k$, 故 $\boldsymbol{B}_{k+1}$ 与 $\boldsymbol{B}_k$ 相似;

(2) 当 $\boldsymbol{B}_k$ 为上海森伯矩阵时, $\boldsymbol{B}_{k+1}$ 也是上海森伯矩阵.

迭代若干步后, 若 $\left\{b_{n,n-1}^{(k+1)}\right\}$ 足够小, 就可以认为 $b_{n,n}^{(k+1)}$ 是特征值的近似值, 然后将 $\boldsymbol{B}_{k+1}$ 的第 n 行、第 n 列去掉 (剩下的 $n-1$ 阶矩阵仍为上海森伯矩阵), 对压缩后的矩阵重复上述分解过程即可. 恰当选取平移量 s_k 可以加速迭代过程的收敛. s_k 的选取通常有两种方法:

(1) 直接选取 $s_k=b_{n,n}^{(k)}$;

(2) 当初始矩阵 $\boldsymbol{A}$ 为实对称矩阵时, 经豪斯霍尔德变换后得到的上海森伯矩阵 $\boldsymbol{B}$ 实际上是一个对称三对角矩阵. 当再利用一系列吉文斯旋转变换进行分解时, 对称三对角性保持不变. 可以证明, 这种情况下平移量 s_k 取二阶矩阵 $\begin{bmatrix} b_{n-1,n-1}^{(k)} & b_{n-1,n}^{(k)} \\ b_{n,n-1}^{(k)} & b_{n,n}^{(k)} \end{bmatrix}$ 最接近于 $b_{n,n}^{(k)}$ 的那一个特征值, 能使 $b_{n,n}^{(k)}$ 很快趋于零.

该算法的伪代码如下.

算法 5.6 带有原点平移的 QR 算法

输入: 矩阵 $\boldsymbol{B}$.

输出: 矩阵序列 $\boldsymbol{B}_k$.

1: 令 $\boldsymbol{B}_1=\boldsymbol{B}$;
2: 令 $k=1,2,\cdots$;
3: 选取 μ_k;
4: 作 $\boldsymbol{B}_k-\mu_k\boldsymbol{I}$ 的 QR 分解 $\boldsymbol{B}_k-\mu_k\boldsymbol{I}=\boldsymbol{Q}_k\boldsymbol{R}_k$;
5: $\boldsymbol{B}_{k+1}=\boldsymbol{R}_k\boldsymbol{Q}_k+\mu_k\boldsymbol{I}$.

习 题 5

1. 利用盖尔圆盘定理分析矩阵

$$\boldsymbol{A}=\begin{bmatrix} 4 & 1 & 1 \\ 0 & 2 & 1 \\ -2 & 0 & 9 \end{bmatrix}$$

的特征值在复平面上的分布.

2. 用幂迭代法求矩阵 $\boldsymbol{A}$ 的主特征值和对应的特征向量, 其中

$$\boldsymbol{A}=\begin{bmatrix} 0 & 11 & -5 \\ -2 & 17 & -7 \\ -4 & 26 & -10 \end{bmatrix}.$$

3. 用幂法计算

$$A=\begin{bmatrix}1.0 & 1.0 & 0.5\\ 1.0 & 1.0 & 0.25\\ 0.5 & 0.25 & 2.0\end{bmatrix}$$

的主特征值和相应的特征向量.

4. 用幂法计算矩阵

$$A=\begin{bmatrix}2 & -1 & 0\\ -1 & 2 & -1\\ 0 & -1 & 2\end{bmatrix}$$

的绝对值最大的特征值及相应的特征向量. 取 $\boldsymbol{u}^{(0)}=(1,1,1)^{\mathrm{T}}$, 精度要求为 $\varepsilon=10^{-4}$.

5. 用原点平移法计算矩阵

$$A=\begin{bmatrix}2 & -1 & 0\\ -1 & 2 & -1\\ 0 & -1 & 2\end{bmatrix}$$

绝对值最大的特征值. 取 $\boldsymbol{u}^{(0)}=(1,1,1)^{\mathrm{T}}$, 精度要求为 $\varepsilon=10^{-4}$ 的主特征值, 取 $p=0.6$.

6. 用反幂法计算矩阵

$$A=\begin{bmatrix}2 & 8 & 9\\ 8 & 3 & 4\\ 9 & 4 & 7\end{bmatrix}$$

绝对值最小的特征值及相应的特征向量. 取 $\boldsymbol{u}^{(0)}=(1,1,1)^{\mathrm{T}}$, 精度要求为 $\varepsilon=10^{-4}$.

7. 已知 $\boldsymbol{x}=(3,5,1,1)^{\mathrm{T}}\in\mathbb{R}^4$, 求豪斯霍尔德矩阵 $\boldsymbol{P}\in\mathbb{R}^{4\times 4}$, 使 $\boldsymbol{Px}=k\boldsymbol{e}_1$, 其中 $\boldsymbol{e}_1=(1,0,0,0)^{\mathrm{T}}$.

8. 已知向量 $\boldsymbol{x}=(1,2,3,4)^{\mathrm{T}}\in\mathbb{R}^4$, 求吉文斯矩阵 $\boldsymbol{J}(2,4,\theta)$, 使 $\boldsymbol{J}(2,4,\theta)\boldsymbol{x}$ 的第 4 个分量为零.

9. 求矩阵

$$A=\begin{bmatrix}4 & 4 & 0\\ 3 & 3 & -1\\ 0 & 1 & 1\end{bmatrix}$$

的 QR 分解, 使 $\boldsymbol{R}$ 的对角元为正数.

10. 用反幂法求

$$\boldsymbol{A}=\begin{bmatrix}2 & 1 & 0\\ 1 & 3 & 1\\ 0 & 1 & 4\end{bmatrix}$$

的对应于计算特征值 $\lambda=1.2679$ (精确特征值为 $\lambda_3=3-\sqrt{3}$) 的特征向量 (用 5 位浮点数进行运算).

11. 计算矩阵 $\boldsymbol{A}$ 的主特征值, 其中

$$\boldsymbol{A}=\begin{bmatrix}1 & 1 & 0.5\\ 1 & 1 & 0.25\\ 0.5 & 0.25 & 2\end{bmatrix}.$$

12. 设 $\boldsymbol{x}=(3,5,1,1)^{\mathrm{T}}$, 进行豪斯霍尔德变换, 化成 $\boldsymbol{Hx}=(a,0,0,0)^{\mathrm{T}}$ 的形式.

13. 求正交矩阵 $\boldsymbol{Q}$, 使 $\boldsymbol{Q}^{\mathrm{T}}\boldsymbol{AQ}$ 为上海森伯矩阵, 其中

$$\boldsymbol{A}=\begin{bmatrix}5 & 1 & 3\\ 1 & 2 & 1\\ 2 & 4 & 3\end{bmatrix}.$$

14. 用豪斯霍尔德变换将矩阵

$$\boldsymbol{A}=\boldsymbol{A}_1=\begin{bmatrix}-4 & -3 & -7\\ 2 & 3 & 2\\ 4 & 2 & 7\end{bmatrix}$$

约化为上海森伯矩阵.

15. 将矩阵 $\boldsymbol{A}$ 相似化为上海森伯矩阵, 然后用 QR 算法求 $\boldsymbol{A}$ 的全部特征值, 要求下三角部分元素的平方和不超过 10^{-12} 时停止迭代, 其中矩阵 $\boldsymbol{A}$ 为

$$\boldsymbol{A}=\begin{bmatrix}-12 & 3 & 3\\ 3 & 1 & -2\\ 3 & -2 & 7\end{bmatrix}.$$

16. 用雅可比迭代法求对称矩阵

$$\boldsymbol{A}=\begin{bmatrix}2 & -1 & 0\\ -1 & 2 & -1\\ 0 & -1 & 2\end{bmatrix}$$

的特征值及特征向量.

实 验 5

1. 对以下三种类型的矩阵:

$$A=\begin{bmatrix}10&7&8&7\\7&5&6&5\\8&6&10&9\\7&5&9&10\end{bmatrix},\quad B=\begin{bmatrix}5&-1&0&0&0\\-1&4.5&0.2&0&0\\0&0.2&1&-0.4&0\\0&0&-0.4&3&1\\0&0&0&1&3\end{bmatrix},$$

$$C=\begin{bmatrix}1&\frac{1}{2}&\cdots&\frac{1}{n}\\\frac{1}{2}&\frac{1}{3}&\cdots&\frac{1}{n+1}\\\vdots&\vdots&&\vdots\\\frac{1}{n}&\frac{1}{n+1}&\cdots&\frac{1}{2n-1}\end{bmatrix},\quad n=4,5,6.$$

(1) 求矩阵的全部特征值;

(2) 用基本 QR 算法求矩阵的全部特征值.

2. 设 $A=\begin{bmatrix}9&4.5&3\\-56&-28&-18\\60&30&19\end{bmatrix}$.

(1) 计算 $\boldsymbol{A}$ 的全部特征值;

(2) 将 $\boldsymbol{A}$ 的元素 a_{33} 修改为 18.95, 其他元素不变, 计算修改矩阵的特征值;

(3) 将 $\boldsymbol{A}$ 的元素 a_{33} 修改为 19.05, 其他元素不变, 计算修改矩阵的特征值;

(4) 分析此矩阵元素扰动对特征值扰动的影响.

第 6 章 插 值 法

在实际生活中我们需要用函数 $y = f(x)$ 来表示变量间的内在数量关系, 其中相当一部分函数是通过实验或观测得到的. 虽然函数 $f(x)$ 在某个区间 $[a,b]$ 上存在甚至是连续的, 但实际中往往只能给出区间 $[a,b]$ 上一系列点 x_i 的函数值 $y_i = f(x_i)$, $i = 0, 1, \cdots, n$. 有的函数虽然有解析表达式, 但由于计算复杂, 通常会构造一个函数表便于使用, 如三角函数表、对数表、平方根表等. 为了研究函数的变化规律, 往往需要求出不在给定点上的函数值, 因此, 我们希望根据给定点的函数值得到一个既能反映函数 $f(x)$ 的特性, 又便于计算的简单函数 $p(x)$, 即用 $p(x)$ 近似 $f(x)$, 从而求出不在给定点上的近似函数值.

2022 年 12 月 1 日中国天气网发布了题为 "16 个省会级城市创下半年来气温新低" 的报道. 报道称 "今冬来最强寒潮继续影响我国, 今天 (12 月 1 日) 早晨, 最低气温 0℃ 线南压至江南北部, 16 个城市气温创今年下半年来新低, 南昌、杭州多地首次跌破冰点, 并迎来今冬初雪". 当日全国 34 个城市最低温度见表 6.1, 表中也给出了各城市的经纬度. 利用这 34 个城市的经纬度和最低温度, 如何根据国内其他城市的经纬度估计当日的最低温度? 这就是一个典型的二元函数插值问题, 即已知函数 $f(x,y)$ 在定义域内某些点的函数值, 要求计算定义域内其他点的函数近似值, 一般是构造一个便于计算的二元函数 $p(x,y)$ (插值函数) 作为 $f(x,y)$ 的近似.

表 6.1　2022 年 12 月 1 日全国 34 个城市最低温度

城市	经度/(°)	纬度/(°)	最低温度/℃	城市	经度/(°)	纬度/(°)	最低温度/℃
沈阳	123.4291	41.7968	−14	南昌	115.8922	28.6765	0
长春	125.3245	43.8868	−15	杭州	120.1536	30.2874	0
哈尔滨	126.6424	45.7570	−20	福州	119.3062	26.0753	11
北京	116.4053	39.9050	−7	广州	113.2806	23.1252	9
天津	117.1902	39.1256	−6	台北	121.5201	25.0307	20
呼和浩特	111.7520	40.8415	−17	海口	110.1999	20.0442	16
银川	106.2325	38.4864	−14	南宁	108.3200	22.8240	6
太原	112.5492	37.8570	−11	重庆	106.5050	29.5332	6
石家庄	114.5025	38.0455	−7	昆明	102.7123	25.0406	9
济南	117.0009	36.6758	−4	贵阳	106.7135	26.5783	−1
郑州	113.6654	34.7580	−3	成都	104.0657	30.6595	3
西安	108.9480	34.2632	−4	兰州	103.8342	36.0614	−9
武汉	114.2986	30.5843	0	西宁	101.7778	36.6173	−14

续表

城市	经度/(°)	纬度/(°)	最低温度/℃	城市	经度/(°)	纬度/(°)	最低温度/℃
南京	118.7674	32.0415	−1	拉萨	91.1145	29.6442	−2
合肥	117.2830	31.8612	−1	乌鲁木齐	87.6169	43.8266	−18
上海	121.4726	31.2317	3	香港	114.1655	22.2753	11
长沙	112.9823	28.1941	−1	澳门	113.5491	22.1988	12

6.1 拉格朗日插值

拉格朗日插值法是以法国 18 世纪数学家拉格朗日 (Lagrange, 1736—1813) 命名的一种多项式插值方法, 数学上来说, 拉格朗日插值法可以给出一个恰好穿过二维平面上若干个已知点的多项式函数. 拉格朗日插值法最早被英国数学家爱德华 · 华林于 1779 年发现, 不久后 (1783 年) 由莱昂哈德 · 欧拉再次发现. 1795 年, 拉格朗日在其著作《师范学校数学基础教程》中发表了这个插值方法, 从此他的名字就和这个方法联系在一起.

6.1.1 线性插值与抛物线插值

定义 6.1 设函数 $y=f(x)$ 在区间 $[a,b]$ 上有定义, 且已知 $f(x)$ 在点 $a\leqslant x_0<x_1<\cdots<x_n\leqslant b$ 上函数的值分别为 $y_0,y_1,\cdots,y_n$, 若存在一简单函数 $p(x)$, 使

$$p(x_i)=y_i\quad(i=0,1,\cdots,n)\tag{6.1}$$

成立, 则称函数 $p(x)$ 为 $f(x)$ 的插值函数, (6.1) 式为插值条件, 点 $x_0,x_1,\cdots,x_n$ 为插值节点, $[a,b]$ 为插值区间, 求解插值函数 $p(x)$ 的方法称为插值法.

定义 6.2 若 $p(x)$ 是次数不超过 n 的代数多项式, 即

$$p(x)=a_0+a_1x+\cdots+a_nx^n,\tag{6.2}$$

其中 $a_i(i=0,1,\cdots,n)$ 为实数, 则称 $p(x)$ 为 n 次插值多项式, 相应的插值法称为多项式插值法.

定理 6.1 满足插值条件 (6.1) 的 n 次多项式 $p(x)$ 是存在且唯一的.

证明 设

$$p(x)=a_0+a_1x+\cdots+a_nx^n.$$

由插值条件 (6.1) 有

$$\begin{cases}a_0+a_1x_0+\cdots+a_nx_0^n=y_0,\\a_0+a_1x_1+\cdots+a_nx_1^n=y_1,\\\qquad\qquad\cdots\cdots\\a_0+a_1x_n+\cdots+a_nx_n^n=y_n.\end{cases}\tag{6.3}$$

这是关于未知数 $a_0, a_1, \cdots, a_n$ 的线性方程组, 它的系数矩阵的行列式是范德蒙德行列式

$$\Delta = \begin{vmatrix} 1 & x_0 & x_0^2 & \cdots & x_0^n \\ 1 & x_1 & x_1^2 & \cdots & x_1^n \\ \vdots & \vdots & \vdots & & \vdots \\ 1 & x_n & x_n^2 & \cdots & x_n^n \end{vmatrix}.$$

因为 $x_i \neq x_j\,(i \neq j)$, 所以 $\Delta \neq 0$, 这说明方程组 (6.3) 存在唯一解 $a_0, a_1, \cdots, a_n$.

□

定理 6.1 说明, 满足插值条件的多项式是唯一存在的, 并且与构造方法无关. 然而直接求解方程组 (6.3) 的方法十分复杂, 并且很难得到 $p(x)$ 的简单表达式. 下面将给出不同形式的便于使用的插值多项式.

首先考察低次插值多项式, 当 $n = 1$ 时, 假定已知函数 $f(x)$ 在区间 $[x_k, x_{k+1}]$ 的端点上的函数值为 $y_k = f(x_k), y_{k+1} = f(x_{k+1})$, 求线性插值多项式 $L_1(x)$ 满足

$$L_1(x_k) = y_k, \quad L_1(x_{k+1}) = y_{k+1},$$

其几何意义是通过点 (x_k, y_k) 和 (x_{k+1}, y_{k+1}) 的直线, 由直线的点斜式可得

$$L_1(x) = y_k + \frac{y_{k+1} - y_k}{x_{k+1} - x_k}(x - x_k).$$

把此式按照 y_k 和 y_{k+1} 写成两项

$$L_1(x) = \frac{x - x_{k+1}}{x_k - x_{k+1}} y_k + \frac{x - x_k}{x_{k+1} - x_k} y_{k+1}.$$

它是两个线性函数

$$l_k(x) = \frac{x - x_{k+1}}{x_k - x_{k+1}}, \quad l_{k+1}(x) = \frac{x - x_k}{x_{k+1} - x_k}$$

的线性组合, 组合系数分别为 y_k 和 y_{k+1}, 即

$$L_1(x) = y_k l_k(x) + y_{k+1} l_{k+1}(x).$$

显然, $l_k(x)$ 与 $l_{k+1}(x)$ 满足

$$l_k(x_k) = 1, \quad l_k(x_{k+1}) = 0, \quad l_{k+1}(x_k) = 0, \quad l_{k+1}(x_{k+1}) = 1.$$

我们把函数 $l_k(x)$ 及 $l_{k+1}(x)$ 称为一次插值基函数或线性插值基函数.

下面讨论 $n=2$ 的情况. 假定已知函数 $f(x)$ 在点 x_{k-1}, x_k, x_{k+1} 上的函数值分别为 $y_{k-1}=f(x_{k-1})$, $y_k=f(x_k)$, $y_{k+1}=f(x_{k+1})$, 求次数不超过二次的多项式 $L_2(x)$, 使它满足

$$L_2(x_{k-1})=y_{k-1}, \quad L_2(x_k)=y_k, \quad L_2(x_{k+1})=y_{k+1}.$$

该多项式的几何意义就是通过点 (x_{k-1}, y_{k-1}), (x_k, y_k) 和 (x_{k+1}, y_{k+1}) 的二次抛物线. 可采用基函数方法求出 $L_2(x)$ 的表达式, 其基函数 $l_{k-1}(x)$, $l_k(x)$ 与 $l_{k+1}(x)$ 是二次函数, 且满足条件

$$\begin{cases} l_{k-1}(x_{k-1})=1, \quad l_{k-1}(x_j)=0, \quad j=k, k+1, \\ l_k(x_k)=1, \quad l_k(x_j)=0, \quad j=k-1, k+1, \\ l_{k+1}(x_{k+1})=1, \quad l_{k+1}(x_j)=0, \quad j=k-1, k. \end{cases} \tag{6.4}$$

满足条件 (6.4) 的插值基函数很容易求得. 例如, 求 $l_{k-1}(x)$, 因为 $l_{k-1}(x_k)=0, l_{k-1}(x_{k+1})=0$, 故 $l_{k-1}(x)$ 中必含有因子 $(x-x_k)(x-x_{k+1})$, 设

$$l_{k-1}(x)=A(x-x_k)(x-x_{k+1}),$$

其中 A 为待定系数, 又因为 $l_{k-1}(x_{k-1})=1$, 有

$$A=\frac{1}{(x_{k-1}-x_k)(x_{k-1}-x_{k+1})},$$

所以

$$l_{k-1}(x)=\frac{(x-x_k)(x-x_{k+1})}{(x_{k-1}-x_k)(x_{k-1}-x_{k+1})}.$$

同理有

$$l_k(x)=\frac{(x-x_{k-1})(x-x_{k+1})}{(x_k-x_{k-1})(x_k-x_{k+1})}, \quad l_{k+1}(x)=\frac{(x-x_{k-1})(x-x_k)}{(x_{k+1}-x_{k-1})(x_{k+1}-x_k)}.$$

函数 $l_{k-1}(x), l_k(x), l_{k+1}(x)$ 称为二次插值基函数或抛物线插值基函数, 由此可得到二次插值多项式

$$L_2(x)=y_{k-1}l_{k-1}(x)+y_k l_k(x)+y_{k+1}l_{k+1}(x). \tag{6.5}$$

显然 (6.5) 式满足条件 $L_2(x_j)=y_j$, $j=k-1, k, k+1$.

6.1.2 拉格朗日插值多项式

上面对 $n=1$ 和 $n=2$ 的情况进行分析, 得到了一次和二次插值多项式 $L_1(x)$ 和 $L_2(x)$, 这种插值基函数表示的方法容易推广到一般情形. 下面讨论通过 $n+1$ 个节点 $x_0<x_1<\cdots<x_n$ 的 n 次插值多项式 $L_n(x)$, 假定它满足条件

$$L_n(x_j)=y_j,\quad j=0,1,\cdots,n. \tag{6.6}$$

为了构造 $L_n(x)$, 先定义 n 次插值基函数.

定义 6.3 若 n 次多项式 $l_k(x)\,(k=0,1,\cdots,n)$ 在 $n+1$ 个节点 $x_0<x_1<\cdots<x_n$ 上满足条件

$$l_k(x_j)=\begin{cases}1, & j=k,\\ 0, & j\neq k,\end{cases}\qquad k,j=0,1,\cdots,n, \tag{6.7}$$

则称这 $n+1$ 个 n 次多项式 $l_0(x),l_1(x),\cdots,l_n(x)$ 为节点 $x_0,x_1,\cdots,x_n$ 上的 n 次插值基函数.

当 $n=1$ 和 $n=2$ 时的情况前面已经讨论了, 用类似的推导方法可得 n 次插值基函数, 讨论如下.

由于 $l_k(x_0)=0,\cdots,l_k(x_{k-1})=0,l_k(x_{k+1})=0,\cdots,l_k(x_n)=0$, 故 $l_k(x)$ 含有因子 $(x-x_0)\cdots(x-x_{k-1})(x-x_{k+1})\cdots(x-x_n)$, 于是 $l_k(x)$ 可以写成

$$\begin{aligned} l_k(x)&=A_k(x-x_0)\cdots(x-x_{k-1})(x-x_{k+1})\cdots(x-x_n)\\ &=A_k\prod_{\substack{i=0\\ i\neq k}}^{n}(x-x_i), \end{aligned} \tag{6.8}$$

其中 A_k 为待定系数, 再由 $l_k(x_k)=1$ 得到

$$A_k\prod_{\substack{i=0\\ i\neq k}}^{n}(x_k-x_i)=1.$$

于是

$$A_k=\frac{1}{\prod\limits_{\substack{i=0\\ i\neq k}}^{n}(x_k-x_i)}.$$

将其代入 (6.8) 式, 得到 n 次插值基函数为

$$l_k(x)=\frac{\prod\limits_{\substack{i=0\\i\neq k}}^{n}(x-x_i)}{\prod\limits_{\substack{i=0\\i\neq k}}^{n}(x_k-x_i)}=\prod_{\substack{i=0\\i\neq k}}^{n}\frac{x-x_i}{x_k-x_i}. \tag{6.9}$$

显然它满足条件 (6.7), 于是满足条件 (6.6) 的插值多项式 $L_n(x)$ 可表示为

$$L_n(x)=\sum_{k=0}^{n}y_k l_k(x). \tag{6.10}$$

由 $l_k(x)$ 定义知

$$L_n(x_j)=\sum_{k=0}^{n}y_k l_k(x_j)=y_j l_j(x_j)+\sum_{\substack{k=0\\k\neq j}}^{n}y_k l_k(x_j)=y_j,\quad j=0,1,\cdots,n.$$

形如 (6.10) 式的插值多项式 $L_n(x)$ 称为拉格朗日插值多项式.

例 6.1 已知 $y=\sqrt{x}, x_0=4, x_1=9$, 用线性插值法求 $\sqrt{7}$ 的近似值.

解 $y_0=2, y_1=3$, 基函数分别为

$$l_0(x)=\frac{x-9}{4-9}=-\frac{1}{5}(x-9),\quad l_1(x)=\frac{x-4}{9-4}=\frac{1}{5}(x-4).$$

线性插值多项式为

$$\begin{aligned}L_1(x)&=y_0l_0(x)+y_1l_1(x)=2\times\frac{-1}{5}(x-9)+3\times\frac{1}{5}(x-4)\\&=-\frac{2}{5}(x-9)+\frac{3}{5}(x-4)=\frac{1}{5}(x+6).\end{aligned}$$

所以得

$$\sqrt{7}\approx L_1(7)=\frac{13}{5}=2.6.$$

6.1.3 插值余项与误差估计

函数 $f(x)$ 的插值多项式 $L_n(x)$ 在节点处有 $L_n(x_i)=f(x_i)\,(i=0,1,\cdots,n)$, 当 $x\neq x_i\,(i=0,1,\cdots,n)$ 时, 一般来说 $L_n(x)\neq f(x)$. 令

$$R_n(x)=f(x)-L_n(x).$$

称 $R_n(x)$ 为插值多项式的余项或插值余项, 有关插值余项误差估计有以下定理.

定理 6.2　设 $f(x)$ 在包含 $n+1$ 个互异节点 $x_0, x_1, \cdots, x_n$ 的区间 $[a,b]$ 上具有 n 阶连续导数, 且 $f^{(n+1)}(x)$ 在 (a,b) 内存在, $L_n(x)$ 是满足 (6.6) 式的插值多项式, 则对于任意 $x \in [a,b]$ 必存在一点 $\xi \in (a,b)$ 且依赖于 x, 使得

$$R_n(x) = f(x) - L_n(x) = \frac{f^{(n+1)}(\xi)}{(n+1)!} W_{n+1}(x), \tag{6.11}$$

其中 $W_{n+1}(x) = \prod\limits_{i=0}^{n} (x - x_i)$.

证明　因为 $R_n(x) = f(x) - L_n(x)$, 所以在节点 $x_0, x_1, \cdots, x_n$ 处 $R_n(x) = 0$, 即 $R_n(x)$ 有 $n+1$ 个零点, 故可设

$$R_n(x) = K(x)(x - x_0)(x - x_1)\cdots(x - x_n) = K(x) W_{n+1}(x), \tag{6.12}$$

其中 $K(x)$ 是与 x 有关的待定函数.

当 $x = x_i \, (i = 0, 1, \cdots, n)$ 时, $K(x)$ 取为任意值, (6.12) 式两端均为零.

当 $x \neq x_i \, (i = 0, 1, \cdots, n)$ 时, $W_{n+1}(x) \neq 0$, 有 $K(x) = \dfrac{R_n(x)}{W_{n+1}(x)}$, 为求 $K(x)$, 将 x 看成 $[a,b]$ 上的一固定点, 作辅助函数

$$\varphi(t) = R_n(t) - K(x) W_{n+1}(t) = R_n(t) - K(x) \prod_{i=0}^{n} (t - x_i).$$

此时 $\varphi(t)$ 有 $x_0, x_1, \cdots, x_n, x$ 这 $n+2$ 个互异零点. 由罗尔定理可知, $\varphi(t)$ 的两个零点之间至少有 $\varphi'(t)$ 的一个零点, 则 $\varphi'(t)$ 在 (a,b) 内至少有 $n+1$ 个互异零点; 对 $\varphi'(t)$ 再应用罗尔定理知 $\varphi''(t)$ 在 (a,b) 内至少有 n 个互异零点. 以此类推, 可知 $\varphi^{(n+1)}(t)$ 在 (a,b) 内至少有一个零点, 记为 $\xi \in (a,b)$ (ξ 与 x 有关), 则有

$$\varphi^{(n+1)}(\xi) = 0.$$

因为

$$\begin{aligned} \varphi^{(n+1)}(t) &= R_n^{(n+1)}(t) - K(x) \left[W_{n+1}(t) \right]^{(n+1)} \\ &= f^{(n+1)}(t) - (n+1)! K(x), \end{aligned}$$

又

$$\varphi^{(n+1)}(\xi) = f^{(n+1)}(\xi) - (n+1)! K(x) = 0,$$

所以

$$K(x) = \frac{f^{(n+1)}(\xi)}{(n+1)!}, \quad \xi \in (a,b).$$

将上式代入 (6.12) 式, 即可得到 (6.11) 式. □

注 6.1 通常不能确定 ξ, 而是对 $\left|f^{(n+1)}(x)\right| \leqslant M_{n+1}$ 进行估计, 对 $\forall x \in (a,b)$, 将 $\dfrac{M_{n+1}}{(n+1)!}\prod\limits_{i=0}^{n}|x-x_i|$ 作为误差估计上限.

当 $f(x)$ 为任意一个次数不大于 n 的多项式时, $f^{(n+1)}(x) \equiv 0$, 可知 $R_n(x) \equiv 0$, 即插值多项式对于次数不大于 n 的多项式是精确的.

例 6.2 设 $f(x) = \dfrac{1}{x}$, 节点 $x_0 = 2, x_1 = 2.5, x_2 = 4$, 求 $f(x)$ 的抛物线插值多项式, 并计算 $f(3)$ 的近似值和估计误差.

解 由题设知

$$y_0 = f(2) = 0.5, \quad y_1 = f(2.5) = 0.4, \quad y_2 = f(4) = 0.25.$$

所以抛物线插值多项式为

$$\begin{aligned}L_2(x) = {} & 0.5 \times \frac{(x-2.5)(x-4)}{(2-2.5)(2-4)} + 0.4 \times \frac{(x-2)(x-4)}{(2.5-2)(2.5-4)} \\ & + 0.25 \times \frac{(x-2)(x-2.5)}{(4-2)(4-2.5)} \\ = {} & 0.05x^2 - 0.425x + 1.15.\end{aligned}$$

于是得 $f(3) \approx L_2(3) = 0.05 \times 3^2 - 0.425 \times 3 + 1.15 = 0.325$.

因

$$f'''(x) = -\frac{6}{x^4}, \quad M_3 = \max_{x\in[2,4]} |f'''(x)| = |f'''(2)| = \frac{3}{8},$$

故

$$\begin{aligned}|R_3(x)| & \leqslant \frac{M_3}{3!}|(x-2)(x-2.5)(x-4)| \\ & \leqslant \frac{1}{6} \times \frac{3}{8}|(x-2)(x-2.5)(x-4)|.\end{aligned}$$

所以

$$|R_3(3)| = |f(3) - L_2(3)| \leqslant \frac{1}{6} \times \frac{3}{8}|(3-2)\times(3-2.5)\times(3-4)| = 0.03125.$$

算法 6.1 拉格朗日插值

输入: $n, (x_0, y_0), (x_1, y_1), \cdots, (x_n, y_n)$.

输出: $L \approx f(x)$.

1: 对 $i = 0, 1, 2, \cdots, n$, 置 $l_i = \prod\limits_{j=0, j\neq i}^{n} \frac{x - x_j}{x_i - x_j}$;

2: 置 $L = \sum\limits_{i=0}^{n} y_i l_i$.

6.2 牛顿插值

拉格朗日插值公式在理论分析上很容易理解, 但是若插值节点发生改变时, 插值公式随之就要重新计算, 在实际计算中会占用大量的计算量. 比如, 现在有 n 个节点生成的插值公式, 要把第 $n+1$ 个节点加入进去, 若使用拉格朗日插值法, 之前的 n 个节点生成的插值公式则要完全废弃, 重新生成含 $n+1$ 个节点的插值公式, 这样就带来很大的计算量. 正常的想法是, 当要加入一个节点, 我们只需在原来的插值公式上稍加修改就可以得到新的插值公式, 牛顿插值的出现正是解决了这个问题, 当插值节点增加, 新的插值公式只需在原来的公式中增加一项得到.

6.2.1 差商及其性质

1. 差商的定义

当 $n=1$ 时, 由点斜式直线方程知, 过两点 $(x_0, f(x_0))$ 和 $(x_1, f(x_1))$ 的直线方程为

$$N_1(x) = f(x_0) + \frac{f(x_1) - f(x_0)}{x_1 - x_0}(x - x_0).$$

若记

$$f[x_0, x_1] = \frac{f(x_1) - f(x_0)}{x_1 - x_0},$$

则可把 $N_1(x)$ 写成

$$N_1(x) = f(x_0) + f[x_0, x_1](x - x_0).$$

当 $n=2$ 时,

$$f[x_1, x_2] = \frac{f(x_2) - f(x_1)}{x_2 - x_1},$$

$$f[x_0, x_1, x_2] = \frac{f[x_1, x_2] - f[x_0, x_1]}{x_2 - x_0},$$

则

$$N_2(x)=f(x_0)+f[x_0,x_1](x-x_0)+f[x_0,x_1,x_2](x-x_0)(x-x_1).$$

定义 6.4 给定 $f(x)$ 在节点 x_i 上的函数值 $f(x_i)\,(i=0,1,\cdots,k)$, 令

$$f[x_0,x_k]=\frac{f(x_k)-f(x_0)}{x_k-x_0}.$$

称 $f[x_0,x_k]$ 是函数 $f(x)$ 在节点 x_0,x_k 上的一阶差商.

一般地, 我们将

$$f[x_0,x_1,\cdots,x_k]=\frac{f[x_1,x_2,\cdots,x_k]-f[x_0,x_1,\cdots,x_{k-1}]}{x_k-x_0}$$

称为 $f(x)$ 在 $x_0,x_1,x_2,\cdots,x_k$ 上的 k 阶差商.

2. 差商的性质

(1) k 阶差商可表示为函数值 $f(x_0),f(x_1),\cdots,f(x_k)$ 的线性组合, 即

$$f[x_0,x_1,\cdots,x_k]=\sum_{j\neq i}^{k}\frac{f(x_j)}{(x_j-x_0)\cdots(x_j-x_{i-1})(x_j-x_{i+1})\cdots(x_j-x_k)}.$$

这个性质可以用归纳法证明. 这个性质也表明差商与节点的排列次序无关, 称为差商的对称性, 即

$$f[x_0,x_1,\cdots,x_k]=f[x_1,x_0,\cdots,x_k]=\cdots=f[x_1,x_2,\cdots,x_k,x_0].$$

(2) 若 $f(x)$ 在 $[a,b]$ 上存在 n 阶导数, 且节点 $x_0,x_1,\cdots,x_n\in[a,b]$, 则 n 阶差商与导数关系为

$$f[x_0,x_1,\cdots,x_n]=\frac{f^{(n)}(\xi)}{n!},\quad \xi\in[a,b].$$

这个公式可直接用罗尔定理证明.

6.2.2 牛顿插值多项式及其插值余项

根据差商的定义, 把 x 看成 $[a,b]$ 上的一点, 可得

$$f(x)=f(x_0)+f[x,x_0](x-x_0),$$

$$f[x,x_0]=f[x_0,x_1]+f[x,x_0,x_1](x-x_1),$$

$$\cdots\cdots$$

$$f[x,x_0,\cdots,x_{n-1}]=f[x_0,x_1,\cdots,x_n]+f[x,x_0,\cdots,x_n](x-x_n).$$

只要把后一式代入前一式, 就可得到

$$\begin{aligned} f(x) &= f(x_0) + f[x_0, x_1](x - x_0) + f[x_0, x_1, x_2](x - x_0)(x - x_1) + \cdots \\ &\quad + f[x_0, x_1, \cdots, x_n](x - x_0)\cdots(x - x_{n-1}) + f[x, x_0, \cdots, x_n]W_{n+1}(x) \\ &= N_n(x) + R_n(x), \end{aligned}$$

其中

$$W_{n+1}(x) = (x - x_0)(x - x_1)\cdots(x - x_n),$$

$$\begin{aligned} N_n(x) &= f(x_0) + f[x_0, x_1](x - x_0) + f[x_0, x_1, x_2](x - x_0)(x - x_1) \\ &\quad + \cdots + f[x_0, x_1, \cdots, x_n](x - x_0)\cdots(x - x_{n-1}), \end{aligned} \tag{6.13}$$

$$R_n(x) = f(x) - N_n(x) = f[x, x_0, \cdots, x_n]\omega_{n+1}(x). \tag{6.14}$$

(6.13) 式是 n 次多项式且满足 $N_n(x_i) = f(x_i)\,(i = 0, 1, \cdots, n)$, 称 (6.13) 式是 $f(x)$ 满足条件 $N_n(x_i) = f(x_i)\,(i = 0, 1, \cdots, n)$ 的 n 次牛顿插值多项式, 且由插值多项式的唯一性可知 $N_n(x) = L_n(x)$, 因此 $N_n(x)$ 的插值余项为

$$\begin{aligned} R_n(x) &= f(x) - N_n(x) = f[x, x_0, \cdots, x_n]W_{n+1}(x) \\ &= \frac{f^{(n+1)}(\xi_x)}{(n+1)!}W_{n+1}(x). \end{aligned}$$

从而有

$$f[x, x_0, \cdots, x_n] = \frac{f^{(n+1)}(\xi_x)}{(n+1)!},$$

也就有

$$f[x_0, x_1, \cdots, x_n] = \frac{f^{(n)}(\xi)}{n!}, \quad \xi \in [a, b],$$

这就是差商的性质 (2).

例 6.3 设 $f(x) = \sqrt{x}$, 并已知 $f(x)$ 的三个函数值如表 6.2. 试用二次牛顿插值多项式 $N_2(x)$ 计算 $f(2.15)$ 的近似值, 并讨论其误差.

表 6.2 $f(x)$ 的函数表

x	2.0	2.1	2.2
$\sqrt{x}$	1.414214	1.449138	1.483240

解 先构造 $f(x)$ 的差商表, 如表 6.3.

表 6.3 $f(x)$ 的差商表

x_k	$f(x_k)$	一阶差商	二阶差商
2.0	1.414214		
2.1	1.449138	0.34924	
2.2	1.483240	0.34102	−0.04110

利用牛顿插值公式 (6.13) 有

$$N_2(x) = 1.414214 + 0.34924(x-2.0) - 0.04110(x-2.0)(x-2.1).$$

取 $x = 2.15$ 得 $N_2(2.15) = 1.466292$. 注意到

$$f^{(3)}(x) = \frac{3}{8x^2\sqrt{x}}, \quad \max_{2.0\leqslant x\leqslant 2.2}\left|f^{(3)}(x)\right| = 0.06629.$$

由 (6.14) 式可以得出

$$\max_{2.0\leqslant x\leqslant 2.2}|f(x) - N_2(x)| \leqslant 0.552417\times 10^{-5}.$$

事实上, $f(2.15)$ 的真值为 1.466288, 可得出 $R(2.15) \approx -0.4\times 10^{-5}$.

利用牛顿插值公式, 还可以方便地导出某些带导数的插值公式.

例 6.4 已知函数 $f(x)$ 的值如下:

$$f(-1) = -2, \quad f(0) = -1, \quad f(1) = 0, \quad f'(0) = 0.$$

求不超过三次的多项式 $P_3(x)$, 使得其满足插值条件:

$$P_3(-1) = f(-1), \quad P_3(0) = f(0), \quad P_3(1) = f(1), \quad P_3'(0) = f'(0).$$

解 记 $x_0 = -1, x_1 = 0, x_2 = 1$, 构造不超过三次的多项式

$$P_3(x) = f(x_0) + f[x, x_0](x - x_0) + f[x_0, x_1, x_2](x-x_0)(x-x_1)$$
$$+ a(x-x_0)(x-x_1)(x-x_2),$$

其中, 等式右边前三项是通过三个插值点的二次牛顿插值多项式 $N_2(x)$, 显然 $P_3(x)$ 满足三个函数值的插值条件; a 是待定系数, 可由 $x_1 = 0$ 处的导数值条件确定. 易知差商为

$$f[x_0, x_1] = f[x_1, x_2] = 1, \quad f[x_0, x_1, x_2] = 0.$$

从而

$$P_3(x) = -2 + (x+1) + ax\left(x^2-1\right).$$

由 $P_3'(0)=0$, 解得 $a=1$. 所以

$$P_3(x) = x^3 - 1.$$

算法 6.2 牛顿插值

输入: $n, (x_0, y_0), (x_1, y_1), \cdots, (x_n, y_n)$.

输出: $N \approx f(x)$.

1: 对 $i=0,1,2,\cdots,n$, 置 $f_i = y_i$;

2: 对 $i=0,1,2,\cdots,n$, 置 $\dfrac{f_{k-i}-f_k}{x_{k-i}-x_k} \Rightarrow f_k(k=n,n-1,\cdots,i)$;

3: $N = f_0 + \sum\limits_{k=1}^{n} f_k\left(\prod\limits_{j=0}^{k-1}(x-x_j)\right)$

$= f_0 + (x-x_0)\{f_1 + \cdots + (x-x_{n-3})[f_{n-2} + (x-x_{n-2})(f_{n-1} + (x-x_{n-1})f_n)]\}$.

6.3 埃尔米特插值

拉格朗日插值多项式 $L_n(x)$ 只能保证在插值区间 $[a,b]$ 上的连续性, 而不一定光滑. 要想得到插值区间上光滑的分段插值多项式, 可以采用埃尔米特 (Hermite) 分段插值.

在实际问题中, 我们除了要求构造的插值多项式与函数值重合, 即满足插值条件 $p(x_i) = f(x_i)(i=0,1,\cdots,n)$ 以外, 往往还要求插值多项式与被插值函数在插值节点上“相切”, 即还要满足条件

$$p'(x_i) = f'(x_i) \quad (i=0,1,\cdots,n).$$

甚至要求高阶导数值相等, 这就是埃米尔特插值问题.

6.3.1 埃尔米特插值多项式

给定函数 $f(x)$ 在 $n+1$ 个互异节点 $x_j(j=0,1,\cdots,n)$ 处的函数值及 k 阶导数值

$$f(x_j), f'(x_j), \cdots, f^{(k)}(x_j), \quad j=0,1,\cdots,n,$$

其中 k 为非负整数, 现要寻找插值函数 $H(x)$, 使其在节点处的函数值及一阶直至 k 阶的导数值与 $f(x)$ 的函数值及一阶直至 k 阶的导数值分别对应相等. 下面只讨论要求函数值与一阶导数值分别相等的情况.

设在节点 $a \leqslant x_0 < x_1 < \cdots < x_n \leqslant b$ 上,

$$y_j = f(x_j), \quad m_j = f'(x_j), \quad j=0,1,\cdots,n.$$

则插值多项式 $H(x)$ 需满足条件

$$H(x_j) = y_j, \quad H'(x_j) = m_j, \quad j = 0, 1, \cdots, n. \tag{6.15}$$

可以证明, 这 $2n+2$ 个插值条件可唯一确定一个次数不超过 $2n+1$ 的多项式 $H_{2n+1}(x)$. 首先, 我们用完全类似于构造拉格朗日插值基函数的思想, 来构造两组次数都是 $2n+1$ 的多项式 $\alpha_j(x)$ 及 $\beta_j(x)$ $(j = 0, 1, \cdots, n)$, 使其满足条件

$$\begin{cases} \alpha_j(x_k) = \delta_{jk}, & \alpha_j'(x_k) = 0, \\ \beta_j(x_k) = 0, & \beta_j'(x_k) = \delta_{jk}, \end{cases} \quad j, k = 0, 1, \cdots, n. \tag{6.16}$$

于是满足条件 (6.15) 的插值多项式 $H_{2n+1}(x)$ 可写成如下形式:

$$H_{2n+1}(x) = \sum_{j=0}^{n} [y_j \alpha_j(x) + m_j \beta_j(x)]. \tag{6.17}$$

下面的问题就是求满足条件 (6.16) 的基函数 $\alpha_j(x)$ 及 $\beta_j(x)$. 利用拉格朗日插值基函数 $l_j(x)$, 可令

$$\alpha_j(x) = (a_j x + b_j) {l_j}^2(x),$$

其中, $l_j(x)$ 是 n 次拉格朗日插值基函数. 又由条件 (6.16) 有

$$\begin{cases} \alpha_j(x_j) = (a_j x_j + b_j) {l_j}^2(x_j) = 1, \\ {\alpha'}_j(x_j) = l_j(x_j) \left[a_j l_j(x_j) + 2(a_j x_j + b_j) {l_j}'(x_j) \right] = 0. \end{cases}$$

整理得

$$\begin{cases} a_j x_j + b_j = 1, \\ a_j + 2l_j'(x_j) = 0. \end{cases}$$

解上述方程组有

$$a_j = -2l_j'(x_j), \quad b_j = 1 + 2x_j l_j'(x_j).$$

由于

$$l_j(x) = \frac{(x-x_0)(x-x_1)\cdots(x-x_{j-1})(x-x_{j+1})\cdots(x-x_n)}{(x_j-x_0)(x_j-x_1)\cdots(x_j-x_{j-1})(x_j-x_{j+1})\cdots(x_j-x_n)},$$

两端取对数再求导, 得

$$l_j'(x_j) = \sum_{\substack{k=0 \\ k \neq j}}^{n} \frac{1}{x_j - x_k}.$$

于是

$$\alpha_j(x)=\left[1-2(x-x_j)\sum_{\substack{k=0\\k\neq j}}^{n}\frac{1}{x_j-x_k}\right]l_j^2(x). \tag{6.18}$$

同理可得

$$\beta_j(x)=(x-x_j)\,l_j^2(x). \tag{6.19}$$

至此, $H_{2n+1}(x)$ 的存在性已构造证出.

现证明满足条件 (6.15) 的插值多项式是唯一的. 假设 $H_{n+1}(x)$ 及 $\bar{H}_{2n+1}(x)$ 均满足条件 (6.15), 则

$$\varphi(x)=H_{2n+1}(x)-\bar{H}_{2n+1}(x).$$

在每个节点 x_k 上均有二重根, 即 $\varphi(x)$ 有 $2n+2$ 个根 (包括重根), 但 $\varphi(x)$ 是不高于 $2n+1$ 次的多项式, 故 $\varphi(x)\equiv 0$. 唯一性得证.

埃尔米特插值的几何意义是: 插值函数 $H_{2n+1}(x)$ 与被插值函数 $f(x)$ 在节点处有公切线.

6.3.2 埃尔米特插值余项

埃尔米特插值余项 $f(x)-H(x)$ 的推导与拉格朗日插值余项的推导方法十分类似. 设 $f(x)$ 在插值区间上有 $2n+2$ 阶导数, 令 $R(x)=f(x)-H(x)$, 由 $H(x)$ 的定义知, $x-x_i(i=0,1,\cdots,n)$ 是 $R(x)$ 的二次因子, 故可设

$$R(x)=k(x)W_{n+1}^2(x)=k(x)[(x-x_0)(x-x_1)\cdots(x-x_n)]^2.$$

作辅助函数

$$\varphi(t)=f(t)-H(t)-k(x)W_{n+1}^2(x),$$

则有

$$\varphi(x_i)=0,\quad \varphi(x)=0,\quad \varphi'(x_i)=0\ (i=0,1,\cdots,n).$$

所以, 函数 $\varphi(t)$ 至少有 $n+1$ 个二重零点 x_i $(i=0,1,\cdots,n)$ 和一个单零点 x. 按照罗尔定理, $\varphi'(t)$ 在 $x_0,x_1,\cdots,x_n,x$ 相邻两个零点之间各有一个零点, 且 $x_0,x_1,\cdots,x_n$ 仍是 $\varphi'(t)$ 的零点. 所以 $\varphi'(t)$ 至少有 $2n+2$ 个零点. 同理 $\varphi''(t)$ 在插值区间内至少有 $2n+1$ 个零点, 依次类推, $\varphi^{(2n+2)}(t)$ 在插值区间内至少有一个零点 ξ, 即

$$\varphi^{(2n+2)}(\xi)=f^{(2n+2)}(\xi)-k(x)(2n+2)!=0.$$

所以得余项为

$$R(x)=\frac{f^{(2n+2)}(\xi)}{(2n+2)!}W_{n+1}^2(x), \tag{6.20}$$

其中 $\xi\in(a,b)$ 依赖于变量 x.

作为带导数插值多项式 (6.16) 的重要特例是 $n=1$ 的情形. 这时节点为 x_k 及 x_{k+1}, 插值多项式 $H_3(x)$ 满足条件

$$\begin{cases}H_3(x_k)=y_k, \quad H_3(x_{k+1})=y_{k+1},\\ H_3'(x_k)=m_k, \quad H_3'(x_{k+1})=m_{k+1}.\end{cases} \tag{6.21}$$

相应的插值基函数为

$$\alpha_k(x),\quad \alpha_{k+1}(x),\quad \beta_k(x),\quad \beta_{k+1}(x),$$

它们满足条件

$$\alpha_k(x_k)=1,\quad \alpha_k(x_{k+1})=0,\quad \alpha_k'(x_k)=\alpha_k'(x_{k+1})=0,$$

$$\alpha_{k+1}(x_k)=0,\quad \alpha_{k+1}(x_{k+1})=1,\quad \alpha_{k+1}'(x_k)=\alpha_{k+1}'(x_{k+1})=0$$

及

$$\beta_k(x_k)=\beta_k(x_{k+1})=0,\quad \beta_k'(x_k)=1,\quad \beta_k'(x_{k+1})=0,$$

$$\beta_{k+1}(x_k)=\beta_{k+1}(x_{k+1})=0,\quad \beta_{k+1}'(x_k)=0,\quad \beta_{k+1}'(x_{k+1})=1.$$

根据 (6.18) 及 (6.19) 的一般表达式, 可得

$$\begin{cases}\alpha_k(x)=\left(1+2\dfrac{x-x_k}{x_{k+1}-x_k}\right)\left(\dfrac{x-x_{k+1}}{x_k-x_{k+1}}\right)^2,\\ \alpha_{k+1}(x)=\left(1+2\dfrac{x-x_{k+1}}{x_k-x_{k+1}}\right)\left(\dfrac{x-x_k}{x_{k+1}-x_k}\right)^2\end{cases}$$

及

$$\begin{cases}\beta_k(x)=(x-x_k)\left(\dfrac{x-x_{k+1}}{x_k-x_{k+1}}\right)^2,\\ \beta_{k+1}(x)=(x-x_{k+1})\left(\dfrac{x-x_k}{x_{k+1}-x_k}\right)^2.\end{cases}$$

于是满足条件 (6.21) 的插值多项式为

$$H_3(x)=y_k\alpha_k(x)+y_{k+1}\alpha_{k+1}(x)+m_k\beta_k(x)+m_{k+1}\beta_{k+1}(x),$$

其余项为

$$R_3(x)=f(x)-H_3(x).$$

由 (6.20) 式得

$$R_3(x)=\frac{1}{4!}f^{(4)}(\xi)(x-x_k)^2(x-x_{k+1})^2.$$

注 6.2 n 个条件可以确定 $n-1$ 次多项式. 在 1 个节点 x_0 处的函数值和一直到 m_0 阶导数都重合的插值多项式, 恰为 $f(x)$ 在 x_0 点处的 m_0 阶泰勒多项式:

$$\phi(x)=f(x_0)+f'(x_0)(x-x_0)+\cdots+\frac{f^{(m_0)}(x_0)}{m_0!}(x-x_0)^{m_0},$$

其余项为 $R(x)=f(x)-\phi(x)=\dfrac{f^{(m_0+1)}(\xi)}{(m_0+1)!}(x-x_0)^{(m_0+1)}$.

算法 6.3 埃尔米特插值

输入: $x_0,x_1,\cdots,x_n$; $f(x_0),f(x_1),\cdots,f(x_n)$ 和 $f'(x_0),f'(x_1),\cdots,f'(x_n)$.

输出: $Q_{0,0},Q_{1,1},\cdots,Q_{2n+1,2n+1}$.

1: 对于 $i=0,1,2,\cdots,n$ 执行步骤 2 和步骤 3;

2: $z_{2i}=x_i;z_{2i+1}=x_i;Q_{2i,0}=f(x_i);Q_{2i+1,0}=f(x_i);Q_{2i+1,1}=f'(x_i)$.

3: 如果 $i\neq 0$, 那么令 $Q_{2i,1}=\dfrac{Q_{2i,0}-Q_{2i-1,0}}{z_{2i}-z_{2i-1}}$;

4: **for** $i=2,3,\cdots,2n+1$, $j=2,3,\cdots,2n+1$ **do**

5: $\quad Q_{i,j}=\dfrac{Q_{i,j-1}-Q_{i-1,j-1}}{z_i-z_{i-j}}$;

6: **end for**

6.4 分段低次插值

由于高次插值多项式具有振荡特性, 有时盲目增加节点、提高次数, 效果反而不好. 当插值节点很多时, 会发生龙格现象, 即在插值区间两端多项式值与被插值的原函数差值很大. 在实际问题中, 当插值区间较长、节点较多时, 我们大多采用分段低次插值.

6.4.1 龙格现象与分段线性插值

1. 高次插值的龙格现象

多项式被认为是最好的函数逼近工具之一. 但是, 利用插值多项式 $L_n(x)$ 近似 $f(x)$, 随着插值节点个数的增多, 多项式次数不断升高, 当 $n\to\infty$ 时, 函数 $L_n(x)$ 却不一定收敛到 $f(x)$.

例 6.5 给定函数 $f(x)=\dfrac{1}{1+x^2}$, 在 $[-5,5]$ 上采用等距节点建立拉格朗日插值多项式, 并画出 $n=10$ 时的图形.

解 取等距节点 $x_k=-5+10\dfrac{k}{n}$, 其中 $k=0,1,\cdots,n$, 构造 n 次拉格朗日插值多项式

$$L_n(x)=\sum_{i=0}^{n}\frac{1}{1+x_i^2}\sum_{\substack{j=0\\j\neq i}}^{n}\frac{x-x_j}{x_i-x_j}.$$

当 $n\to\infty$ 时, $L_n(x)$ 在区间 $[-3.63,3.63]$ 内收敛, 在该区间外发散.

当 $n=10$ 时, 10 次插值多项式 $L_{10}(x)$ 以及函数 $f(x)$ 的图形如图 6.1. 由图 6.1 可知, $L_{10}(x)$ 在插值区间 $[-5,5]$ 的两端出现激烈振荡, 例如 $L_{10}(4.8)=1.80438, f(4.8)=0.04160$. 这说明用高次插值多项式 $L_{10}(x)$ 近似 $f(x)$ 效果并不好, 我们把这种现象称为龙格现象.

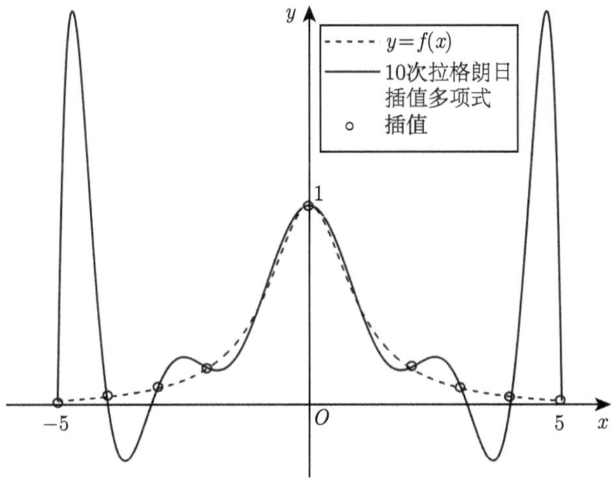

图 6.1 10 次插值多项式 $L_{10}(x)$ 及函数 $f(x)$ 的图形

2. 分段线性插值

将每两个相邻的节点用直线连起来, 如此形成的一条折线就是分段线性插值函数. 设已知节点 $a\leqslant x_0<x_1<\cdots<x_n\leqslant b$ 上的函数值 $y_k=f(x_k),k=0,1,\cdots,n$. 记 $h_k=x_{k+1}-x_k$, $h=\max\limits_k\{h_k\}$. 若函数 $I_n(x)$ 满足条件:

(1) $I_n(x)\in C[a,b]$;

(2) $I_n(x)=y_k,k=0,1,\cdots,n$;

(3) 在每个小区间 $[x_k,x_{k+1}](k=0,1,\cdots,n-1)$ 上, $I_n(x)$ 是线性多项式,

则称 $I_n(x)$ 为分段线性插值函数.

由定义可知, $I_n(x)$ 在每个小区间 $[x_k, x_{k+1}]$ 上可表示为

$$I_n(x) = \frac{x - x_{k+1}}{x_k - x_{k+1}} y_k + \frac{x - x_k}{x_{k+1} - x_k} y_{k+1} \quad (x_k \leqslant x \leqslant x_{k+1}). \tag{6.22}$$

将 $I_n(x)$ 在整个区间 $[a, b]$ 上用插值基函数可表示为

$$I_n(x) = \sum_{j=0}^{n} y_j l_j(x), \tag{6.23}$$

其中基函数 $l_j(x)$ 满足条件 $l_j(x_k) = \delta_{jk}\ (j, k = 0, 1, \cdots, n)$, 其形式为

$$l_j(x) = \begin{cases} \dfrac{x - x_0}{x_1 - x_0}, & j = 0, \\ \dfrac{x - x_n}{x_{n-1} - x_n}, & j = n, \\ \dfrac{x - x_{j-1}}{x_j - x_{j-1}} + \dfrac{x - x_{j+1}}{x_j - x_{j+1}}, & j = 1, 2, \cdots, n-1, \\ 0, & x \in [a, b],\ x \notin [x_{j-1}, x_{j+1}]. \end{cases} \tag{6.24}$$

分段线性插值基函数 $l_j(x)$ 只在 x_j 附近不为零, 在其他地方均为零, 我们把这种性质称为局部非零性质.

当 $x \in [x_k, x_{k+1}]$ 时, 有

$$I_n(x) = y_k l_k(x) + y_{k+1} l_{k+1}(x).$$

例 6.6 对函数 $f(x) = \dfrac{1}{1+x^2}$, 它在区间 $[0, 5]$ 上取等距节点处的函数如表 6.4, 求区间 $[0, 5]$ 上的分段线性插值函数, 并利用它求出 $f(4.5)$ 的近似值.

表 6.4 $f(x)$ 的函数表

x_i	0	1	2	3	4	5
y_i	1	0.5	0.2	0.1	0.05882	0.03846

解 在每个小区间 $[j, j+1]$ 上, 由 (6.22) 式得分段线性插值函数

$$I_5(x) = (j + 1 - x) y_j + (x - j) y_{j+1}, \quad j = 0, 1, 2, 3, 4.$$

于是

$$f(4.5) \approx I_5(4.5) = (5 - 4.5) \times 0.05882 + (4.5 - 4) \times 0.03846 = 0.04864.$$

类似地, 我们也可以通过线性插值多项式的余项来估计分段线性插值函数的余项.

6.4.2 分段三次埃尔米特插值

分段线性插值多项式的导数在插值点处是间断的. 若我们不仅已知函数 $f(x)$ 在节点 $a \leqslant x_0 < x_1 < \cdots < x_n \leqslant b$ 上的函数值 $y_k = f(x_k), k = 0, 1, \cdots, n$, 还已知其导数值 $y_k' = m_k$, 就可构造一个导数连续的分段插值函数, 即若 $I_n(x)$ 满足

(1) $I_n(x) \in C^1[a,b]$, 其中 $C^1[a,b]$ 代表区间 $[a,b]$ 上一阶导数连续的函数集合;

(2) $I_n(x_k) = y_k, I_n'(x_k) = y_k'\ (k = 0, 1, \cdots, n)$;

(3) $I_n(x)$ 在每个小区间 $[x_k, x_{k+1}]$ 上是三次多项式,

则称 $I_n(x)$ 是 $f(x)$ 的分段三次埃尔米特插值多项式.

根据两点三次插值多项式, 可知 $I_n(x)$ 在每个小区间 $[x_k, x_{k+1}]$ 上的表达式为

$$\begin{aligned}
I_n(x) = &\left(\frac{x - x_{k+1}}{x_k - x_{k+1}}\right)^2 \left(1 + 2\frac{x - x_k}{x_{k+1} - x_k}\right) y_k \\
&+ \left(\frac{x - x_k}{x_{k+1} - x_k}\right)^2 \left(1 + 2\frac{x - x_{k+1}}{x_k - x_{k+1}}\right) y_{k+1} + \left(\frac{x - x_{k+1}}{x_k - x_{k+1}}\right)^2 (x - x_k) y_k' \\
&+ \left(\frac{x - x_k}{x_{k+1} - x_k}\right)^2 (x - x_{k+1}) y_{k+1}'.
\end{aligned} \tag{6.25}$$

若用插值基函数表示, 则 $I_n(x)$ 在整个区间 $[a,b]$ 上可表示为

$$I_n(x) = \sum_{j=0}^{n} [y_j \alpha_j(x) + y_j' \beta_j(x)]. \tag{6.26}$$

插值基函数 $\alpha_j(x)$ 和 $\beta_j(x)$ 的形式分别为

$$\alpha_j(x) = \begin{cases}
\left(1 + 2\dfrac{x - x_j}{x_{j-1} - x_j}\right)\left(\dfrac{x - x_{j-1}}{x_j - x_{j-1}}\right)^2, & x_{j-1} \leqslant x \leqslant x_j,\ j = 1, 2, \cdots, n, \\
\left(1 + 2\dfrac{x - x_j}{x_{j+1} - x_j}\right)\left(\dfrac{x - x_{j+1}}{x_j - x_{j+1}}\right)^2, & x_j \leqslant x \leqslant x_{j+1},\ j = 0, 1, \cdots, n-1, \\
0, & \text{其他},
\end{cases}$$

$$\beta_j(x) = \begin{cases}
\left(\dfrac{x - x_{j-1}}{x_j - x_{j-1}}\right)^2 (x - x_j), & x_{j-1} \leqslant x \leqslant x_j,\ j = 1, 2, \cdots, n, \\
\left(\dfrac{x - x_{j+1}}{x_j - x_{j+1}}\right)^2 (x - x_j), & x_j \leqslant x \leqslant x_{j+1},\ j = 0, 1, \cdots, n-1, \\
0, & \text{其他}.
\end{cases}$$

显然 $\alpha_j(x)$ 和 $\beta_j(x)$ 具有局部非零性质, 这种性质使得 (6.26) 式可表示为

$$I_n(x) = y_k\alpha_k(x) + y_{k+1}\alpha_{k+1}(x) + y_k'\beta_k(x) + y_{k+1}'\beta_{k+1}(x), \tag{6.27}$$

其中 $x_k \leqslant x \leqslant x_{k+1}$.

例 6.7　已知函数 $f(x) = \dfrac{1}{1+x^2}$ 在区间 $[0,3]$ 上取等距节点处的函数值和一阶导数值如表 6.5, 求区间 $[0,3]$ 上的分段三次埃尔米特插值函数, 并求 $f(1.5)$ 的近似值.

表 6.5　$f(x)$ 的函数表

x_j	0	1	2	3
y_j	1	0.5	0.2	0.1
m_j	0	−0.5	−0.16	−0.06

解　在每个小区间 $[j, j+1]$ 上, 由 (6.27) 式可得

$$\begin{aligned}I_3(x) = {} & [1+2(x-j)](x-j-1)^2 y_j + [1-2(x-j-1)](x-j)^2 y_{j+1} \\ & + (x-j)(x-j-1)^2 m_j + (x-j-1)(x-j)^2 m_{j+1}, \quad j = 0,1,2.\end{aligned}$$

于是 $f(1.5) \approx I_3(1.5) = 0.3125$.

可以通过前面三次埃尔米特插值多项式的余项, 估计分段三次埃尔米特插值多项式的余项.

算法 6.4　分段线性插值

输入: $n, x, (x_i, y_i)$.

输出: 估计值 y.

1: 对 $i = 1, 2, \cdots, n-1, x_i < x < x_{i+1}$,

　置 $L_1 = \dfrac{x - x_{i+1}}{x_i - x_{i+1}}, L_2 = \dfrac{x - x_i}{x_{i+1} - x_i}$;

2: 对 $i = 1, 2, \cdots, n-1, x = x_i$, 置 $y = L_1 \times y_i + L_2 \times y_{i+1}$.

6.5　三次样条插值

6.4 节讨论的分段低次插值多项式都有一致收敛性, 但是光滑性较差. 而在实际生活中, 如飞机、船体、汽车等外形设计中对曲线光滑性有一定的要求, 在早期工程师制图时常采用样条制作光滑曲线, 由样条作出的曲线称为样条曲线. 下面讨论常用的三次样条函数.

6.5.1 三次样条函数

定义 6.5 对 $y=f(x)$ 在区间 $[a,b]$ 上给定一组节点 $a=x_0<x_1<\cdots<x_n=b$ 和相应的函数值 $y_0,y_1,\cdots,y_n$, 如果函数 $S(x)$ 具有如下性质:

(1) 在每个子区间 $[x_{i-1},x_i]\,(i=1,2,\cdots,n)$ 上 $S(x)$ 是三次多项式;

(2) $S(x),S'(x),S''(x)$ 在 $[a,b]$ 上连续,

则称 $S(x)$ 为三次样条函数. 在此基础上, 若

$$S(x_i)=y_i,\quad i=0,1,2,\cdots,n, \tag{6.28}$$

则称 $S(x)$ 为 $y=f(x)$ 的三次样条插值函数.

注 6.3 三次样条与分段埃尔米特插值的根本区别在于三次样条函数 $S(x)$ 自身光滑, 不需要知道 $f(x)$ 的导数值 (除了在两个端点可能需要), 而埃尔米特插值依赖于 $f(x)$ 在所有插值点的导数值.

因为 $S(x)$ 在每个子区间 $[x_{i-1},x_i]\,(i=1,2,\cdots,n)$ 上是三次多项式, 所以可设当 $x\in[x_{i-1},x_i]$ 时,

$$S(x)=a_ix^3+b_ix^2+c_ix+d_i,\quad i=1,2,\cdots,n.$$

要求出 $S(x)$, 需确定 $4n$ 个待定系数. 又因为 $S''(x)$ 在 $[a,b]$ 上连续, 所以对于 $i=1,2,\cdots,n-1$, 有

$$\begin{cases} S(x_i-0)=S(x_i+0), \\ S'(x_i-0)=S'(x_i+0), \\ S''(x_i-0)=S''(x_i+0). \end{cases} \tag{6.29}$$

上式共有 $3n-3$ 个条件, 再加上 (6.28) 式给出的 $n+1$ 个条件, 共有 $4n-2$ 个条件, 因此还需要两个条件才能确定 $S(x)$. 我们通常在区间 $[a,b]$ 的端点处 $a=x_0$, $b=x_n$ 各加一个条件, 并且把这些条件称为边界条件. 常见的边界条件有以下三种:

(1) $S'(x_0)=y_0'$, $S'(x_n)=y_n'$;

(2) $S''(x_0)=y_0''$, $S''(x_n)=y_n''$;

(3) 当 $f(x)$ 是以 $b-a$ 为周期的周期函数时, 函数 $S(x)$ 也是周期函数, 这时边界条件应满足

$$\begin{cases} S(x_0+0)=S(x_n-0), \\ S'(x_0+0)=S'(x_n-0), \\ S''(x_0+0)=S''(x_n-0). \end{cases} \tag{6.30}$$

此时在 (6.28) 式中, $y_0=y_n$. 这样确定的 $S(x)$ 称为周期样条函数.

6.5.2　三转角方法

若假定 $S'(x_i)=m_i\,(i=0,1,\cdots,n)$, 利用分段三次埃尔米特插值多项式, 当 $x\in[x_{i-1},x_i]$ 时, 有

$$S(x)=\frac{1}{h_i^2}\left[\left(1+2\frac{x-x_{i-1}}{h_i}\right)(x-x_i)^2y_{i-1}+\left(1-2\frac{x-x_i}{h_i}\right)(x-x_{i-1})^2y_i\right.$$
$$\left.+(x-x_{i-1})(x-x_i)^2m_{i-1}+(x-x_{i-1})^2(x-x_i)m_i\right],\tag{6.31}$$

其中 $h_i=x_i-x_{i-1}$. 只需确定 $m_i\ (i=0,1,\cdots,n)$, 便可确定 $S(x)$. 利用 $S''(x)$ 在 x_i 处连续, 即 $S''(x_i-0)=S''(x_i+0)$ 来构建 m_i 满足的方程. 由 (6.31) 式得

$$S''(x)=\frac{6(x_{i-1}+x_i-2x)}{h_i^3}(y_i-y_{i-1})+\frac{6x-2x_{i-1}-4x_i}{h_i^2}m_{i-1}$$
$$+\frac{6x-4x_{i-1}-2x_i}{h_i^2}m_i,\tag{6.32}$$

其中 $x\in[x_{i-1},x_i]$, $i=1,2,\cdots,n-1$, 于是

$$S''(x_{i-0})=\frac{2}{h_i}m_{i-1}+\frac{4}{h_i}m_i-\frac{6}{h_i^2}(y_i-y_{i-1}).$$

同理可得

$$S''(x_i+0)=-\frac{4}{h_{i+1}}m_i-\frac{2}{h_{i+1}}m_{i+1}+\frac{6}{h_{i+1}^2}(y_{i+1}-y_i).$$

由连续性条件 $S''(x_i-0)=S''(x_i+0)$ 得到

$$\frac{1}{h_i}m_{i-1}+2\left(\frac{1}{h_i}+\frac{1}{h_{i+1}}\right)m_i+\frac{1}{h_{i+1}}m_{i+1}=3\left(\frac{y_{i+1}-y_i}{h_{i+1}^2}+\frac{y_i-y_{i-1}}{h_i^2}\right).$$

用 $\dfrac{1}{h_i}+\dfrac{1}{h_{i+1}}$ 除上式两端, 整理后得

$$\lambda_i m_{i-1}+2m_i+\mu_i m_{i+1}=g_i,\quad i=1,2,\cdots,n-1,\tag{6.33}$$

其中

$$\lambda_i=\frac{h_{i+1}}{h_i+h_{i+1}},\quad \mu_i=\frac{h_i}{h_i+h_{i+1}}=1-\lambda_i,$$

$$g_i = 3\left(\mu_i \frac{y_{i+1} - y_i}{h_{i+1}} + \lambda_i \frac{y_i - y_{i-1}}{h_i}\right) = 3\left(\mu_i f\left[x_i, x_{i+1}\right] + \lambda_i f\left[x_{i-1}, x_i\right]\right).$$

(6.33) 式是关于未知数 $m_0, m_1, \cdots, m_n$ 的 $n-1$ 个方程. 若边界条件为 $m_0 = y_0', m_n = y_n'$, 那么方程 (6.33) 为只含 $m_1, m_2, \cdots, m_{n-1}$ 的 $n-1$ 个方程, 写成矩阵形式便是

$$\begin{bmatrix} 2 & \mu_1 & & & & \\ \lambda_2 & 2 & \mu_2 & & & \\ & \ddots & \ddots & \ddots & & \\ & & & \lambda_{n-2} & 2 & \mu_{n-2} \\ & & & & \lambda_{n-1} & 2 \end{bmatrix} \begin{bmatrix} m_1 \\ m_2 \\ \vdots \\ m_{n-2} \\ m_{n-1} \end{bmatrix} = \begin{bmatrix} g_1 - \lambda_1 y_0' \\ g_2 \\ \vdots \\ g_{n-2} \\ g_{n-1} - \mu_{n-1} y_n' \end{bmatrix}. \tag{6.34}$$

若边界条件为 $S''(x_0) = y_0'', S''(x_n) = y_n''$, 则由 (6.32) 可得

$$2m_0 + m_1 = 3f\left[x_0, x_1\right] - \frac{1}{2}h_1 y_0'' = g_0,$$

$$m_{n-1} + 2m_n = 3f\left[x_{n-1}, x_n\right] + \frac{1}{2}h_n y_n'' = g_n.$$

连同方程 (6.33) 得到方程组

$$\begin{bmatrix} 2 & 1 & & & & \\ \lambda_1 & 2 & \mu_1 & & & \\ & \ddots & \ddots & \ddots & & \\ & & & \lambda_{n-1} & 2 & \mu_{n-1} \\ & & & & 1 & 2 \end{bmatrix} \begin{bmatrix} m_0 \\ m_1 \\ \vdots \\ m_{n-1} \\ m_n \end{bmatrix} = \begin{bmatrix} g_0 \\ g_1 \\ \vdots \\ g_{n-1} \\ g_n \end{bmatrix}. \tag{6.35}$$

若边界条件为周期性边界条件, 则由

$$S'\left(x_0 + 0\right) = S'\left(x_n - 0\right),$$

$$S''\left(x_0 + 0\right) = S''\left(x_n - 0\right)$$

得到

$$m_0 = m_n, \quad \lambda_n m_{n-1} + 2m_n + \mu_n m_1 = g_n,$$

其中

$$\lambda_n = \frac{h_n}{h_1 + h_n}, \quad \mu_n = \frac{h_1}{h_1 + h_n} = 1 - \lambda_n,$$

$$g_n = 3\left(\mu_n \frac{y_{n+1}-y_n}{h_{n+1}} + \lambda_n \frac{y_1-y_0}{h_1}\right) = 3\left(\mu_n f\left[x_{n-1},x_n\right] + \lambda_n f\left[x_0,x_1\right]\right).$$

连同方程 (6.33), 得到方程组

$$\begin{bmatrix} 2 & \mu_1 & & & & \\ \lambda_2 & 2 & \mu_2 & & & \\ & \ddots & \ddots & \ddots & & \\ & & & \lambda_{n-1} & 2 & \mu_{n-1} \\ & & & & \lambda_n & 2 \end{bmatrix} \begin{bmatrix} m_1 \\ m_2 \\ \vdots \\ m_{n-1} \\ m_n \end{bmatrix} = \begin{bmatrix} g_1 \\ g_2 \\ \vdots \\ g_{n-1} \\ g_n \end{bmatrix}. \tag{6.36}$$

这里得到的方程组 (6.34)—(6.36) 中, 每个方程都联系三个未知量 m_{i-1}, m_i, m_{i+1}, 其中 m_i 在力学上解释为细梁在 x_i 截面处的转角, 故称其为三转角方程. 这些方程组系数矩阵对角线元素均为 2, 非对角线元素 $\lambda_i + \mu_i = 1$, 因系数矩阵具有强对角优势, 故有唯一解. 其中, 方程组 (6.34) 和方程组 (6.35) 可用追赶法求解, 方程组 (6.36) 可用高斯消元法或迭代解法求解.

对于不同的边界条件, 只要求出了相应的线性方程组的解, 便可得到三次样条函数 $S(x)$ 在每个小区间 $[x_{i-1}, x_i]$ 上的表达式.

6.5.3 三弯矩方法

三次样条插值函数 $S(x)$ 有时用二阶导数值 $S_i''(x_i) = M_i (i = 0, 1, \cdots, n)$ 表示时使用更方便, 在力学上 M_i 解释为细梁在 x_i 处的弯矩, 并且得到的弯矩与相邻两个弯矩有关, 故称为三弯矩方程.

$S(x)$ 在每一个小区间 $[x_{i-1}, x_i] (i = 1, 2, \cdots, n)$ 上都是三次多项式, 则 $S''(x)$ 在 $[x_{i-1}, x_i]$ 上的表达式为

$$S''(x) = \frac{1}{h_i}[(x - x_{i-1})M_i - (x - x_i)M_{i-1}], \quad x \in [x_{i-1}, x_i].$$

对上式连续进行两次积分, 并利用条件 $S(x_{i-1}) = y_{i-1}, S(x_i) = y_i$ 可确定积分常数, 于是, 有

$$\begin{aligned} S(x) = & \frac{1}{6h_i}\left[(x - x_{i-1})^3 M_i - (x - x_i)^3 M_{i-1}\right] \\ & + \left(\frac{y_{i-1}}{h_i} - \frac{h_i M_{i-1}}{6}\right)(x_i - x) + \left(\frac{y_i}{h_i} - \frac{h_i M_i}{6}\right)(x - x_{i-1}), \end{aligned} \tag{6.37}$$

其中 $x \in [x_{i-1}, x_i]$, $h_i = x_i - x_{i-1}$, $i = 1, 2, \cdots, n$. 只需确定 M_i 便可以确定 $S(x)$. 现利用 $S(x)$ 在节点 x_i 处一阶导数的连续性来建立关于 M_i 的方程. 对 $S(x)$ 求

导得

$$S'(x)=\frac{1}{2h_i}\left[(x-x_{i-1})^2M_i-(x-x_i)^2M_{i-1}\right]+\frac{y_i-y_{i-1}}{h_i}-\frac{M_i-M_{i-1}}{6}h_i.$$

由此可得

$$S'(x_i-0)=\frac{2M_i+M_{i-1}}{6}h_i+\frac{y_i-y_{i-1}}{h_i}.$$

同理可得

$$S'(x_i+0)=-\frac{2M_i+M_{i+1}}{6}h_{i+1}+\frac{y_{i+1}-y_i}{h_{i+1}}.$$

利用连续性条件 $S'(x_i-0)=S'(x_i+0)$, 可得

$$\frac{h_i}{6}M_{i-1}+\frac{h_i+h_{i+1}}{3}M_i+\frac{h_{i+1}}{6}M_{i+1}=\frac{y_{i+1}-y_i}{h_{i+1}}-\frac{y_i-y_{i-1}}{h_i}.$$

从而得到关于 $M_0,M_1,\cdots,M_n$ 的方程

$$\mu_iM_{i-1}+2M_i+\lambda_iM_{i+1}=d_i,\quad i=1,2,\cdots,n-1,\tag{6.38}$$

其中

$$\lambda_i=\frac{h_{i+1}}{h_i+h_{i+1}},\quad \mu_i=\frac{h_i}{h_i+h_{i+1}}=1-\lambda_i,$$

$$d_i=\frac{6}{h_i+h_{i+1}}\left(\frac{y_{i+1}-y_i}{h_{i+1}}-\frac{y_i-y_{i-1}}{h_i}\right)=\frac{6}{h_i+h_{i+1}}\left(f[x_i,x_{i+1}]-f[x_{i-1},x_i]\right)$$

$$=6f[x_{i-1},x_i,x_{i+1}].$$

最后通过给定边界条件来确定具体的三次样条函数.

若边界条件为 $M_0=S''(x_0)=y_0''$, $M_n=S''(x_n)=y_n''$, 将其代入 (6.38) 式中, 得到关于 $M_1,M_2,\cdots,M_{n-1}$ 的 $n-1$ 个方程, 写成矩阵形式是

$$\begin{bmatrix}2&\lambda_1&&&\\ \mu_2&2&\lambda_2&&\\ &\ddots&\ddots&\ddots&\\ &&\mu_{n-2}&2&\lambda_{n-2}\\ &&&\mu_{n-1}&2\end{bmatrix}\begin{bmatrix}M_1\\ M_2\\ \vdots\\ M_{n-2}\\ M_{n-1}\end{bmatrix}=\begin{bmatrix}d_1-\mu_1y_0''\\ d_2\\ \vdots\\ d_{n-2}\\ d_{n-1}-\lambda_{n-1}y_n''\end{bmatrix}.\tag{6.39}$$

若边界条件为 $S'(x_0)=y_0'$, $S'(x_n)=y_n'$, 则可得到两个方程

$$2M_0+M_1=d_0,\quad M_{n-1}+2M_n=d_n,$$

其中

$$d_0=\frac{6}{h_1}\left(\frac{y_1-y_0}{h_1}-y_0'\right)=\frac{6}{h_1}(f[x_0,x_1]-y_0'),$$

$$d_n=\frac{6}{h_n}\left(y_n'-\frac{y_n-y_{n-1}}{h_n}\right)=\frac{6}{h_n}(y_n'-f[x_{n-1},x_n]).$$

代入 (6.38) 式中, 矩阵形式为

$$\begin{bmatrix}2&1&&&&\\\mu_1&2&\lambda_1&&&\\&\ddots&\ddots&\ddots&&\\&&&\mu_{n-1}&2&\lambda_{n-1}\\&&&&1&2\end{bmatrix}\begin{bmatrix}M_0\\M_1\\\vdots\\M_{n-1}\\M_n\end{bmatrix}=\begin{bmatrix}d_0\\d_1\\\vdots\\d_{n-1}\\d_n\end{bmatrix}.\tag{6.40}$$

若边界条件为周期性边界条件

$$S'(x_0+0)=S'(x_n-0),\quad S''(x_0+0)=S''(x_0-0),$$

则可得方程

$$M_0=M_n,\quad \lambda_nM_1+\mu_nM_{n-1}+2M_n=d_n,$$

其中

$$\lambda_n=\frac{h_1}{h_1+h_n},\quad \mu_n=\frac{h_n}{h_1+h_n}=1-\lambda_n,$$

$$\begin{aligned}d_n&=\frac{6}{h_1+h_n}\left(\frac{y_1-y_0}{h_1}-\frac{y_n-y_{n-1}}{h_n}\right)=\frac{6}{h_1+h_n}(f[x_0,x_1]-f[x_{n-1},x_n])\\&=6f[x_0,x_1,x_{n-1}].\end{aligned}$$

代入 (6.38) 式中, 矩阵形式为

$$\begin{bmatrix}2&\lambda_1&&&&\mu_1\\\mu_2&2&\lambda_2&&&\\&&\ddots&\ddots&\ddots&\\&&&\mu_{n-1}&2&\lambda_{n-1}\\\lambda_n&&&&\mu_n&2\end{bmatrix}\begin{bmatrix}M_1\\M_2\\\vdots\\M_{n-1}\\M_n\end{bmatrix}=\begin{bmatrix}d_1\\d_2\\\vdots\\d_{n-1}\\d_n\end{bmatrix}.\tag{6.41}$$

上述各线性方程组的系数矩阵都是严格对角占优矩阵, 从而存在唯一解. 解得 $M_i(i=0,1,\cdots,n)$, 便可得到 $S(x)$ 在各个小区间的表达式 $S_i(x)$.

例 6.8 设 $f(0)=0, f(1)=1, f(2)=0, f(3)=1, f''(0)=1, f''(3)=0$, 试求 $f(x)$ 在区间 $[0,3]$ 上的三次样条插值函数 $S(x)$.

解 因为边界条件为 $y_0''=1, y_3''=0$, 且 $h_1=h_2=h_3=1$, 所以根据方程组 (6.40) 可得

$$\lambda_1=\lambda_2=\mu_1=\mu_2=\frac{1}{2}, \quad d_1=-6, \quad d_2=6.$$

从而线性方程组为

$$\begin{bmatrix} 2 & \frac{1}{2} \\ \frac{1}{2} & 2 \end{bmatrix}\begin{bmatrix} M_1 \\ M_2 \end{bmatrix}=\begin{bmatrix} -\frac{13}{2} \\ 6 \end{bmatrix}.$$

解得

$$M_1=-\frac{64}{15}, \quad M_2=\frac{61}{15}.$$

由边界条件有 $M_0=1, M_3=0$, 从而得

$$S(x)=\begin{cases} \frac{1}{90}[-79x^3+45x^2+124], & x\in[0,1], \\ \frac{1}{90}[125x^3-567x^2+736x-204], & x\in[1,2], \\ \frac{1}{90}[-61x^3+549x^2-1496x+1284], & x\in[2,3]. \end{cases}$$

算法 6.5 三次样条插值 (三弯矩方法)

输入: $n, (x_0,y_0), (x_1,y_1), \cdots, (x_n,y_n)$, 边界条件 $M_0=y_0'', M_n=y_n''$.
输出: $S(x)$ 在 x 处的值或 $S(x)$ 在 $[x_{i-1},x_i]$ 上的表达式.

1: 对于 $i=0,1,\cdots,n$, 计算

$$h_i=x_i-x_{i-1}, \quad f[x_{i-1},x_i]=\frac{y_i-y_{i-1}}{h_i},$$

$$f[x_{i-1},x_i,x_{i+1}]=\frac{f[x_i,x_{i+1}]-f[x_{i-1},x_i]}{h_i+h_{i+1}};$$

2: 对于 $i=0,1,\cdots,n$, 计算

$$\lambda_i=\frac{h_{i+1}}{h_i+h_{i+1}}, \quad \mu_i=1-\lambda_i, \quad d_i=6f[x_{i-1},x_i,x_{i+1}];$$

3: 用追赶法解三对角方程组可得 $M_1, M_2, \cdots, M_{n-1}$.

习　题　6

1. 当 $x=1,-1,2$ 时, $f(x)=0,-3,4$, 求 $f(x)$ 的二次插值多项式.

2. 已知函数 $\ln(x)$ 的数值表如表 6.6, 分别用线性插值和二次插值计算 $\ln(0.54)$ 的近似值.

表 6.6　$\ln(x)$ 的数值表

x	0.4	0.5	0.6	0.7	0.8
$f(x)$	-0.916294	-0.693147	-0.510826	-0.357765	-0.223144

3. 设 $l_0(x),l_1(x),\cdots,l_n(x)$ 是以互异的 $x_0,x_1,\cdots,x_n$ 为节点的 n 次拉格朗日插值基函数, 证明:

(1) $\sum\limits_{j=0}^{n} x_j^k l_j(x) \equiv x^k,\ k=0,1,\cdots,n$;

(2) $\sum\limits_{j=0}^{n} (x_j-x)^k l_j(x) \equiv 0,\ k=0,1,\cdots,n$.

4. 设 $f(x)\in C^2[a,b]$, 其中 $f(a)=f(b)=0$, 证明:

$$\max_{a\leqslant x\leqslant b}|f(x)| \leqslant \frac{1}{8}(b-a)^2 \leqslant \max_{a\leqslant x\leqslant b}|f''(x)|.$$

5. 已知函数值 $f(0)=6,\ f(1)=10,\ f(3)=46,\ f(4)=82,\ f(6)=212$, 求函数的四阶差商 $f[0,1,3,4,6]$ 和二阶差商 $f[4,1,3]$.

6. 设 $f(x)=(x-x_0)(x-x_1)\cdots(x-x_n)$, 求 $f[x_0,x_1,\cdots,x_p]$, 其中 $p\leqslant n+1$, 而节点 $x_i\,(i=0,1,2,\cdots,n)$ 互异.

7. 已知函数 $f(x)$, 有 $f(0)=1,f(1)=9,f(2)=23,f(4)=3$, 求 $f(x)$ 不超过三次的牛顿插值多项式.

8. 证明 n 阶差商有下列性质:

(1) 若 $F(x)=cf(x)$, 则 $F[x_0,x_1,\cdots,x_n]=cf[x_0,x_1,\cdots,x_n]$;

(2) 若 $F(x)=f(x)+g(x)$, 则

$$F[x_0,x_1,\cdots,x_n]=f[x_0,x_1,\cdots,x_n]+g[x_0,x_1,\cdots,x_n].$$

9. 用埃尔米特插值构造一个三次多项式 $H(x)$, 使它满足条件 $H(0)=1$, $H(1)=0,H(2)=1,H'(1)=1$.

10. 设 $f(x)=x^{\frac{3}{2}}$, $x_0=\dfrac{1}{4}$, $x_1=1$, $x_2=\dfrac{9}{4}$.

(1) 试求 $f(x)$ 在 $\left[\frac{1}{4},\frac{9}{4}\right]$ 上的埃尔米特插值多项式 $H(x)$, 使得 $H(x_j)=f(x_j)(j=0,1,2), H'(x_1)=f'(x_1)$, $H(x)$ 以升幂形式给出;

(2) 写出余项 $R(x)=f(x)-H(x)$ 的表达式.

11. 设 $f(x)=x^2$, 求出 $f(x)$ 在 $[a,b]$ 上的分段线性插值函数 $I_n(x)$, 并估计其误差.

12. 设 $f(x)=x^4+2x^3+5$, 在区间 $[-3,2]$ 上, 对节点 $x_0=-3, x_1=-1, x_2=1, x_3=2$, 求 $f(x)$ 的分段三次埃尔米特插值多项式在每个小区间 $[x_i,x_{i+1}]$ 上的表达式及误差公式.

13. 确定 a,b,c,d, 使得函数

$$S(x)=\begin{cases} x^2+x^3, & 0\leqslant x\leqslant 1,\\ a+bx+cx^2+dx^3, & 1<x\leqslant 2\end{cases}$$

是一个三次样条函数, 并且满足条件 $S''(2)=12$.

14. 已知函数表 6.7, 写出为了求函数 $f(x)$ 的三次样条插值函数 $S(x)$ 所需求 M_0,M_1,M_2,M_3 的三弯矩方程组 (不必解方程组).

表 6.7 函数表

x	0	1	2	3
$f(x)$	1	2	4	5
$f'(x)$	2			1

15. 如果 $f(x)\in C^2[a,b], S(x)$ 是三次样条函数, 证明:

(1)

$$\begin{aligned}&\int_a^b [f''(x)]^2\mathrm{d}x-\int_a^b [S''(x)]^2\mathrm{d}x\\ =&\int_a^b [f''(x)-S''(x)]^2\mathrm{d}x+2\int_a^b S''(x)[f''(x)-S''(x)]\mathrm{d}x;\end{aligned}$$

(2) 如果 $f(x_i)=S(x_i)(i=0,1,\cdots,n)$, 其中 x_i 为插值节点且 $a=x_0<x_1<\cdots<x_n=b$, 则有

$$\int_a^b S''(x)[f''(x)-S''(x)]\mathrm{d}x=S''(b)[f'(b)-S'(b)]-S''(a)[f'(a)-S'(a)].$$

实 验 6

1. 编写一个用牛顿插值公式计算函数值的程序, 输出差商表并计算 x 点的函数值. 利用表 6.8 的数据, 求出 $x = 21.4$ 时的三次插值多项式的值.

表 6.8 数据表

x_i	20	21	22	23	24
y_i	1.30103	1.32222	1.34242	1.36173	1.38021

2. 对下面的函数写出牛顿插值公式. 利用给定的函数以及初始值, 求出牛顿迭代法进行 5 次迭代的结果.

(1) $f(x) = \sin x$, $x_0 = 3$;

(2) $f(x) = x^3 - x^2 - 2x$, $x_0 = 3$.

3. 给定条件 $S(0) = 1, S(1) = 3, S(2) = 3, S(3) = 4, S(4) = 2$, 且 $S''(0) = S''(4) = 0$, 求出三次样条函数 $S(x)$.

第 7 章　函数逼近与曲线拟合

在第 6 章中，我们讨论了对已知数据进行精确匹配的插值方法. 然而，如果数据的精度偏低或者数量过大时，就很难利用插值进行精确匹配，在这样的情形下插值方法就失去了用武之地. 于是，我们需要一种替代方法，放宽对数据精确匹配的要求，设法构造合适的近似函数，使其在某种度量意义下逼近已知数据，这就是本章将要介绍的函数逼近方法. 特别地，将离散数据拟合成特定曲线的函数逼近方法也称为曲线拟合.

7.1　最 佳 逼 近

7.1.1　最佳逼近与范数选取

函数逼近的一般提法是：对函数空间 V 中给定的函数 $f(x)$，记作 $f \in V$，要求在特定子空间 W 中求函数 $p(x)$，即 $p \in W$，使 $p(x)$ 与 $f(x)$ 的误差在特定意义下达到最小. 例如，函数空间 V 通常由区间 $[a,b]$ 上的连续函数构成，记作 $C[a,b]$，子空间 W 通常由不超过给定次数的多项式函数构成.

我们考虑的函数空间通常都构成线性空间，为了度量线性空间中不同元素之间的差距，需要引入一般线性空间的范数定义.

定义 7.1　设 V 为线性空间，若 V 上实值函数 $\|\cdot\|$ 满足

(1) 正定性　$\|\alpha\| \geqslant 0$，等号成立当且仅当 $\alpha = 0$；

(2) 齐次性　$\|\lambda\alpha\| = |\lambda|\,\|\alpha\|$，$\lambda \in \mathbb{R}$，$\alpha \in V$；

(3) 三角不等式　$\|\alpha+\beta\| \leqslant \|\alpha\| + \|\beta\|$，$\alpha, \beta \in V$，

则称 $\|\cdot\|$ 为线性空间 V 上的范数，赋予了范数 $\|\cdot\|$ 的 V 称为赋范线性空间.

下述定理讨论了赋范线性空间上最佳逼近的一般概念.

定理 7.1　设 V 为任一赋范线性空间，$W \subseteq V$ 为一个有限维子空间. 给定 $f \in V$，总存在 $p^* \in W$ 使 p^* 是 W 中距 f 最近的点，即满足：对任意 $p \in W$ 有

$$\|f - p^*\| \leqslant \|f - p\|.$$

我们称 p^* 为 f 在 W 中关于范数 $\|\cdot\|$ 的一个最佳逼近.

证明　令 W 中子集 $S = \{p \in W : \|p\| \leqslant 2\|f\|\}$. 由于 S 为有限维空间 W 中的有界闭集，S 也是紧集. 考虑 S 上如下连续实值函数

$$\mathcal{F} : S \to \mathbb{R},$$

$$p \mapsto \|f - p\|.$$

由 S 的紧性, $\mathcal{F}$ 在 S 上必存在最小值点 p^*, 即满足

$$\|f - p^*\| \leqslant \|f - p\|, \quad p \in S.$$

特别地, 取 $p = 0$, 得

$$\|f - p^*\| \leqslant \|f\|.$$

另外, 对任意 $p \in W - S$, 有

$$\|f - p\| \geqslant \|p\| - \|f\| > \|f\| \geqslant \|f - p^*\|.$$

从而, 对所有 $p \in W$ 都有

$$\|f - p^*\| \leqslant \|f - p\|.$$

故 p^* 是一个最佳逼近. □

定理 7.1 确保了最佳逼近的存在性, 但要使最佳逼近具有唯一性, 还需要赋范线性空间满足适当的附加条件. 这里, 我们讨论如下定义的凸条件.

定义 7.2 线性空间 V 上的范数 $\|\cdot\|$ 称为严格凸的, 若对任意相异的两点 $x_1, x_2 \in V$, 只要 $\|x_1\| = \|x_2\| = 1$ 且 $0 < \lambda < 1$, 就有

$$\|\lambda x_1 + (1-\lambda)x_2\| < 1.$$

注 7.1 上述定义也蕴涵了: 只要 $\|x_1 - c\| = \|x_2 - c\| = r > 0$ 且 $0 < \lambda < 1$, 就有

$$\|\lambda x_1 + (1-\lambda)x_2 - c\| < r.$$

从几何观点看, 就是要求在由范数定义的球面上, 任意两点所确定的线段必须落在球面内部.

于是, 有如下唯一性结论.

定理 7.2 若 V 上范数 $\|\cdot\|$ 是严格凸的, 则 f 在有限维子空间 W 中的最佳逼近 p^* 是唯一的.

证明 假设 p_1^*, p_2^* 是相异的两个最佳逼近. 令 $\|f - p_1^*\| = \|f - p_2^*\| = r$. 由注 7.1 可得

$$\left\| f - \frac{p_1^* + p_2^*}{2} \right\| < r = \|f - p_1^*\|.$$

这与 p_1^* 是最佳逼近矛盾. 故最佳逼近 p^* 只能是唯一的. □

现在, 我们讨论更为具体的逼近问题. 按数据类型, 可分为连续和离散两类. 在连续情形下, 线性空间 V 取作连续函数空间 $C[a,b]$. 要明确 $C[a,b]$ 上的函数逼近问题, 还需要选取合适的范数 $\|\cdot\|$ 及子空间 W. 在 $C[a,b]$ 上, 我们常用如下定义的 L_p 范数 $(1 \leqslant p \leqslant \infty)$:

$$\|f\|_p = \left[\int_a^b |f(x)|^p \mathrm{d}x\right]^{1/p}, \quad 1 \leqslant p < \infty,$$

$$\|f\|_\infty = \max_{a \leqslant x \leqslant b} |f(x)|.$$

另外, 有限维子空间 W 通常可由一组线性无关的基函数 $\{b_0(x), b_1(x), \cdots, b_n(x)\}$ 表出. 特别地, 若取 $b_j(x) = x^j$, $j = 0, 1, \cdots, n$, 则可生成次数不超过 n 的全体多项式函数.

再考虑离散情形, 我们需要用某些基函数 $b_j(x)$ 的线性组合, 去逼近一组较大规模的离散数据 f_i, 即寻找如下线性方程组的近似解:

$$\lambda_0 b_0(x_i) + \lambda_1 b_1(x_i) + \cdots + \lambda_n b_n(x_i) = f_i, \quad i = 0, 1, \cdots, m > n.$$

此方程组的规模为 $(m+1) \times (n+1)$, 可将其改写为更紧凑的格式:

$$\begin{cases} \boldsymbol{A\lambda} = \boldsymbol{f}, \quad \boldsymbol{\lambda} = \begin{bmatrix} \lambda_0 \\ \vdots \\ \lambda_n \end{bmatrix}, \quad \boldsymbol{f} = \begin{bmatrix} f_0 \\ \vdots \\ f_m \end{bmatrix}, \\ \boldsymbol{A} = (b_{j-1}(x_{i-1})) \in \mathbb{R}^{(m+1)\times(n+1)}. \end{cases} \tag{7.1}$$

除非向量 $\boldsymbol{f}$ 落在矩阵 $\boldsymbol{A}$ 的列空间中, 这样的方程组通常没有精确解. 于是, 离散数据的最佳逼近问题就转化为: 寻找 $\boldsymbol{\lambda}$ 使得残差向量

$$\boldsymbol{r} = \boldsymbol{f} - \boldsymbol{A\lambda} \in \mathbb{R}^{m+1}$$

的范数达到最小. 类似于连续情形, 在 $\mathbb{R}^{m+1}$ 上可以定义 ℓ_p 范数 $(1 \leqslant p \leqslant \infty)$:

$$\|\boldsymbol{f}\|_p = \left[\sum_{i=0}^m |f_i|^p\right]^{1/p}, \quad 1 \leqslant p < \infty,$$

$$\|\boldsymbol{f}\|_\infty = \max_{0 \leqslant i \leqslant m} |f_i|.$$

尽管有限维线性空间上的不同范数在拓扑意义上等价, 但是范数的选取对最佳逼近的结果还是有很大的影响. 接下来, 我们以一个特殊的离散型逼近问题为例, 讨论 ℓ_1, ℓ_2 和 ℓ_∞ 范数下最佳逼近的差异.

例 7.1 随机生成 $m+1$ 个高斯随机数 $f_0, f_1, \cdots, f_m$ i.i.d. $\sim N(\mu, \sigma^2)$. 我们考虑用数据点 f_i 来计算 μ 的估计值. 这等价于用常值函数进行数据拟合, 即取基函数 $b_0(x)=1$, 得超定线性方程组

$$\lambda_0 \cdot 1 = f_i, \quad i=0,1,\cdots,m.$$

残差向量 $\boldsymbol{r}$ 具有分量 $f_i-\lambda_0$. 接下来, 我们分别考虑使得 $\|\boldsymbol{r}\|_1, \|\boldsymbol{r}\|_2$ 和 $\|\boldsymbol{r}\|_\infty$ 达到最小的 λ_0.

对于 ℓ_2 范数的情形, 不难通过微分法求出以 $\|\boldsymbol{r}\|_2^2$ 为目标函数的最优估计, 即为原始数据的样本均值

$$\lambda_0^{(2)} = \frac{1}{m+1}\sum_{i=0}^{m} f_i.$$

若考虑 ℓ_1 范数 $\|\boldsymbol{r}\|_1 = \sum\limits_{i=0}^{m}|f_i-\lambda_0|$, 可将数据点 f_i 按从大到小次序重新排列为

$$f_{(0)} \leqslant f_{(1)} \leqslant \cdots \leqslant f_{(m)},$$

不难得出

$$\|\boldsymbol{r}\|_1 \geqslant \sum_{k=0}^{\lfloor m/2 \rfloor} |f_{(k)} - f_{(m-k)}|.$$

上式右端的最小值可以取到: 若 m 为偶数, 则需取 $\lambda_0 = f_{(m/2)}$; 若 m 为奇数, 则 λ_0 可取 $f_{\left(\frac{m-1}{2}\right)}$ 和 $f_{\left(\frac{m+1}{2}\right)}$ 之间的任意值. 总之, ℓ_1 范数下的最优估计 $\lambda_0^{(1)}$ 可取为原始数据的样本中位数.

最后, 若考虑 ℓ_∞ 范数 $\|\boldsymbol{r}\|_\infty = \max\limits_{0\leqslant i\leqslant m}|f_i-\lambda_0|$, 也不难得出

$$\|\boldsymbol{r}\|_\infty \geqslant \frac{1}{2}|f_{(0)} - f_{(m)}|.$$

上式右端的最小值在两个极值的平均值处取到, 即 ℓ_∞ 范数下的最优估计为

$$\lambda_0^{(\infty)} = \frac{1}{2}(f_{(0)} + f_{(m)}).$$

从上述例子可以看出, ℓ_∞ 范数逼近准则更适于相对准确的数据 (标准差 σ 较小且没有极端值). 数据存在疑似异常值或附加误差 (例如, 人为造成的数据输入误差) 时, 使用 ℓ_1 范数就更合适. 若数据误差确实服从高斯分布, 则在统计学意义上 ℓ_2 范数是数据拟合最合适的选择. 本章后续内容将着重讨论 2 范数准则下的函数逼近问题, 也称为最佳平方逼近或最小二乘问题.

7.1.2 最佳平方逼近及其计算

通过例 7.1, 我们已经了解到最佳平方逼近在逼近理论中的特殊地位. 这种特殊性很大程度上源于如下事实: 2 范数可由内积诱导.

定义 7.3 实线性空间 V 上的二元实值函数 $\langle\cdot,\cdot\rangle: V\times V\to\mathbb{R}$ 称为内积, 若对任意 $f,g,h\in V$, $\alpha,\beta\in\mathbb{R}$ 满足如下性质.

(1) 对称性 $\langle f,g\rangle=\langle g,f\rangle$;

(2) 线性性 $\langle \alpha f+\beta g,h\rangle=\alpha\langle f,h\rangle+\beta\langle g,h\rangle$;

(3) 正定性 $\langle f,f\rangle\geqslant 0$, 等号成立当且仅当 $f=0$.

任一内积均可按如下方式诱导范数:

$$\|f\|=\langle f,f\rangle^{1/2}. \tag{7.2}$$

前面介绍的连续型和离散型 2 范数均可由内积诱导. 一般地, 在区间 $[a,b]$ 上给定合适的权函数 $w(x)>0$, 则可定义带权内积

$$(f,g)_w=\int_a^b f(x)g(x)w(x)\mathrm{d}x. \tag{7.3}$$

前述 ℓ_2 范数是由权函数 $w(x)\equiv 1$ 对应的内积诱导得出的. 类似地, 离散情形下可给定权重 $w_i>0$, 则有定义

$$(f,g)_w=\sum_{0\leqslant i\leqslant m} f_i\,g_i\,w_i. \tag{7.4}$$

带有权重 $w_i\equiv 1$ 的内积也诱导出 ℓ_2 范数.

接下来, 我们更一般地考虑内积空间上的最佳逼近 (不区分连续型和离散型以及带权与不带权, 统称为最佳平方逼近).

定理 7.3 若 V 上范数 $\|\cdot\|$ 由内积诱导, 则它是严格凸的. 从而, f 在有限维子空间 W 中的最佳平方逼近 p^* 是唯一的.

证明 令 $0<\lambda<1$, $f\neq g$, 且 $\|f\|=\|g\|=1$. 由于

$$\|f-g\|^2=2-2(f,g)>0,$$

故 $(f,g)<1$. 从而, 有

$$\begin{aligned}\|\lambda f+(1-\lambda)g\|^2&=\lambda^2+2\lambda(1-\lambda)(f,g)+(1-\lambda)^2\\&<\lambda^2+2\lambda(1-\lambda)+(1-\lambda)^2=1.\end{aligned}$$

由定义 7.2, 范数 $\|\cdot\|$ 是严格凸的. 再由定理 7.2 得 p^* 是唯一的. □

在内积空间上, 若 $(f,g)=0$, 则我们就称 f 与 g 正交. 于是, 最佳平方逼近有如下表征定理.

定理 7.4　设 V 为任一内积空间, 给定 $f\in V$, 则 p^* 是 f 在有限维子空间 $W\subseteq V$ 上的最佳平方逼近, 当且仅当 p^* 是 f 在 W 上的正交投影, 即对任意 $p\in W$, 残差 $r=f-p^*$ 满足正交性条件

$$(r,p)=0.$$

证明　先假设对某个 $p\in W$, 残差 r 不满足正交性条件, 即 $(r,p)\neq 0$. 由下式

$$\|f-p^*-\lambda p\|^2=\|r\|^2-2\lambda\langle r,p\rangle+\lambda^2\|p\|^2,$$

可得 λ 取值 $\lambda_0=\langle r,p\rangle/\|p\|^2\neq 0$ 时达到极小. 故

$$\|f-(p^*+\lambda_0 p)\|<\|f-p^*\|,$$

p^* 不可能是最佳逼近.

反过来, 假设残差 r 与所有 $p\in W$ 都正交. 任给 $q^*\in W$, 则有 $r=f-p^*$ 与 p^*-q^* 正交. 不难验证, 内积空间 V 上成立勾股定理

$$\begin{aligned}\|f-q^*\|^2&=\|(f-p^*)+(p^*-q^*)\|^2\\&=\|f-p^*\|^2+\|p^*-q^*\|^2\\&\geqslant\|f-p^*\|^2.\end{aligned}\tag{7.5}$$

最后的不等式对任意 $q^*\in W$ 都成立, 故 p^* 是 f 在 W 上的最佳平方逼近. □

注 7.2　上述证明中的(7.5) 式为我们提供了最佳平方逼近唯一性的另一证明途径, 不难看出当 $q^*\neq p^*$ 时必有 $\|f-q^*\|>\|f-p^*\|$. 另外, 令 $q^*=0$, 得到

$$\|f-p^*\|^2=\|f\|^2-\|p^*\|^2.\tag{7.6}$$

(7.6) 式给出了最佳平方逼近均方误差的计算方法.

我们现在来讨论最佳平方逼近的计算. 设子空间 W 的一组基向量为 $\{\boldsymbol{b}_0,\boldsymbol{b}_1,\cdots,\boldsymbol{b}_n\}$, 则计算最佳平方逼近 p^* 等同于寻找系数 $\{\lambda_0,\lambda_1,\cdots,\lambda_n\}$ 使得

$$\boldsymbol{p}^*=\lambda_0\boldsymbol{b}_0+\lambda_1\boldsymbol{b}_1+\cdots+\lambda_n\boldsymbol{b}_n.$$

由定理 7.4 可得, 上式为最佳平方逼近当且仅当

$$\left(\boldsymbol{b}_i,f-\sum_{j=0}^{n}\lambda_j\boldsymbol{b}_j\right)=0,\quad i=0,1,\cdots,n.$$

改写为矩阵形式, 即

$$
\begin{cases}
\boldsymbol{G}\boldsymbol{\lambda}=\boldsymbol{v}, \quad \boldsymbol{\lambda}=\begin{bmatrix}\lambda_0\\ \vdots\\ \lambda_n\end{bmatrix}, \quad \boldsymbol{v}=\begin{bmatrix}(\boldsymbol{b}_0,f)\\ \vdots\\ (\boldsymbol{b}_n,f)\end{bmatrix},\\
\boldsymbol{G}=((\boldsymbol{b}_{i-1},\boldsymbol{b}_{j-1}))\in\mathbb{R}^{(n+1)\times(n+1)},
\end{cases}
\tag{7.7}
$$

其中, 矩阵 $\boldsymbol{G}$ 称为向量组 $\{\boldsymbol{b}_0,\boldsymbol{b}_1,\cdots,\boldsymbol{b}_n\}$ 的格拉姆 (Gram) 矩阵, 具体表达如下:

$$
\boldsymbol{G}=\begin{bmatrix}
(\boldsymbol{b}_0,\boldsymbol{b}_0) & (\boldsymbol{b}_0,\boldsymbol{b}_1) & \cdots & (\boldsymbol{b}_0,\boldsymbol{b}_n)\\
(\boldsymbol{b}_1,\boldsymbol{b}_0) & (\boldsymbol{b}_1,\boldsymbol{b}_1) & \cdots & (\boldsymbol{b}_1,\boldsymbol{b}_n)\\
\vdots & \vdots & & \vdots\\
(\boldsymbol{b}_n,\boldsymbol{b}_0) & (\boldsymbol{b}_n,\boldsymbol{b}_1) & \cdots & (\boldsymbol{b}_n,\boldsymbol{b}_n)
\end{bmatrix}.
$$

于是, 最佳平方逼近的计算就转化为线性方程组 $\boldsymbol{G}\boldsymbol{\lambda}=\boldsymbol{v}$ 的求解, 该方程组称为上述逼近问题的法方程组.

事实上, 由于

$$
\left\|f-\sum_{i=0}^{n}\lambda_i\boldsymbol{b}_i\right\|^2=(f,f)-2\sum_{i=0}^{n}\lambda_i(\boldsymbol{b}_i,f)+\sum_{i=0}^{n}\sum_{j=0}^{n}\lambda_i\lambda_j(\boldsymbol{b}_i,\boldsymbol{b}_j),
$$

利用微分法对上式关于 $\lambda_0,\lambda_1,\cdots,\lambda_n$ 求取极值点, 也同样可以导出(7.7) 式.

另外, 我们注意到格拉姆矩阵 $\boldsymbol{G}$ 是对称的. 并且, 对任意 $n+1$ 维列向量 $\boldsymbol{z}=(z_0,z_1,\cdots,z_n)^{\mathrm{T}}\in\mathbb{R}^{n+1}$, 有

$$
\boldsymbol{z}^{\mathrm{T}}\boldsymbol{G}\boldsymbol{z}=\sum_{i=0}^{n}\sum_{j=0}^{n}z_iz_j\langle\boldsymbol{b}_i,\boldsymbol{b}_j\rangle=\left\langle\sum_{i=0}^{n}z_i\boldsymbol{b}_i,\sum_{j=0}^{n}z_j\boldsymbol{b}_j\right\rangle=\left\|\sum_{i=0}^{n}z_i\boldsymbol{b}_i\right\|^2\geqslant 0.
$$

由于 $\{\boldsymbol{b}_0,\boldsymbol{b}_1,\cdots,\boldsymbol{b}_n\}$ 线性无关, 故上式等于 0 当且仅当 $z_i=0, i=0,1,\cdots,n$. 从而, 格拉姆矩阵 $\boldsymbol{G}$ 是正定的. 前面介绍过, 平方根法可用于求解具有正定系数矩阵的线性方程组. 于是, 不难设计算法用以求解法方程组 $\boldsymbol{G}\boldsymbol{\lambda}=\boldsymbol{v}$.

必须指出, 直接求解法方程组往往会受到舍入误差的影响. 因此, 我们接下来讨论保证上述计算的数值稳定性的常用方法, 即基函数的正交化.

7.2　正交化方法

7.2.1　正交多项式的基本性质和表征方法

除了最佳平方逼近的计算, 正交多项式还有多种用途, 比如后面将会介绍的高斯求积. 这里, 我们先确立正交多项式的一些基本性质, 以供后续使用. 需要注意, 本节只考虑连续函数空间 $C[a,b]$ 上的正交多项式, 即带权内积具有如下形式:

$$(f,g)=\int_a^b f(x)g(x)w(x)\mathrm{d}x.$$

定理 7.5　令 $W_n\subseteq C[a,b]$ 为所有次数不超过 n 的多项式构成的线性空间. 设 W_n 由正交函数族 $\{\phi_i:i=0,1,\cdots,n\}$ 张成, 其中每个 $\phi_i\in W_i$, 另一函数族 $\{\psi_i:i=0,1,\cdots,n\}$ 也满足 $\psi_i\in W_i$. 对 $k=1,2,\cdots,n$, 若 ψ_k 与 W_{k-1} 中的所有多项式都正交, 则存在常数 c 使得

$$\psi_k(x)=c\,\phi_k(x),\quad a\leqslant x\leqslant b.$$

证明　不难得出, $\{\phi_i:i=0,1,\cdots,k\}$ 为 W_k 上 $k+1$ 个线性无关的函数, 从而必然构成 W_k 的一组基. 于是, 可令

$$\psi_k=\sum_{i=0}^k\lambda_i\phi_i.$$

对每个 $j=0,1,\cdots,k-1$, 有

$$\langle\phi_j,\psi_k\rangle=\psi_k=\sum_{i=0}^k\lambda_i\langle\phi_j,\phi_i\rangle.$$

由正交性条件, 上式蕴涵了

$$\lambda_j=0,\quad j=0,1,\cdots,k-1.$$

故 $\psi_k=\lambda_k\phi_k$. □

上述定理表明, 我们讨论的正交多项式在只相差常数的意义下是唯一的. 下面, 再确立正交多项式根的分布性质.

定理 7.6　令 n 次多项式 $\phi_n\in W_n$ 与 W_{n-1} 中的所有多项式都正交, 则 ϕ_n 在开区间 (a,b) 上恰有 n 个互异的实根.

证明 设 ϕ_n 在 (a,b) 上的所有奇数重根依次为

$$a < x_1 < x_2 < \cdots < x_k < b,$$

则 ϕ_n 恰在这 k 个点处改变符号. 令 k 次多项式 $\psi_k(x) = \prod_{i=1}^{k}(x - x_i)$, 由内积定义可得 $\langle \phi_n, \psi_k \rangle \neq 0$. 从而, 由 ϕ_n 的正交性质, 可知 $\psi_k \notin W_{n-1}$, 即有 $k \geqslant n$. 另一方面, ϕ_n 至多有 n 个根, 故必有 $k = n$, 且 $x_1, x_2, \cdots, x_n$ 就是 ϕ_n 的全体实根. □

我们在前面导出了计算正交多项式的三项递推公式, 然而很多时候还会用到如下更直接的表征方法.

定理 7.7 在权函数 $w(x), a \leqslant x \leqslant b$ 所确定的内积意义下, n 次多项式 $\phi_n \in W_n$ 与 W_{n-1} 中的所有多项式正交, 当且仅当存在 n 次可微函数 $u(x)$ 使得

$$w(x)\phi_n(x) = u^{(n)}(x), \quad a \leqslant x \leqslant b, \tag{7.8}$$

并且

$$u^{(i)}(a) = u^{(i)}(b) = 0, \quad i = 0, 1, \cdots, n-1.$$

证明 先证充分性. 假设 $u(x)$ 满足上述条件, 则对任意 $p(x) \in W_{n-1}$, 通过 n 次分部积分, 可得

$$\int_a^b w(x)\phi_n(x)p(x)\mathrm{d}x = (-1)^n \int_a^b u(x)p^{(n)}(x)\mathrm{d}x.$$

从而, 由于 $p^{(n)}(x) = 0$, 正交性得证.

反过来, 假设 ϕ_n 满足上述正交性条件. 我们令 $u(x)$ 由 $w(x)\phi_n(x)$ 作 n 次积分得到, 且积分常数由下列初值确定:

$$u^{(i)}(a) = 0, \quad i = 0, 1, \cdots, n-1.$$

于是, 接下来只需证明

$$u^{(i)}(b) = 0, \quad i = 0, 1, \cdots, n-1.$$

给定 $i \leqslant n-1$, 构造 $n-1-i$ 次多项式

$$p(x) = (b-x)^{n-1-i}, \quad a \leqslant x \leqslant b.$$

由 ϕ_n 与 p 正交, 并对积分式作 $n-i$ 次分部积分, 可得

$$\langle \phi_n, p \rangle = \int_a^b u^{(n)}(x)\, p(x)\, \mathrm{d}x = (-1)^{n-1-i} \int_a^b u^{(i+1)}(x)\, p^{(n-1-i)}(x)\, \mathrm{d}x$$

$$= \left[(-1)^{n-1-i}u^{(i)}(x)\,p^{(n-1-i)}(x)\right]_a^b + (-1)^{n-i}\int_a^b u^{(i)}(x)\,p^{(n-i)}(x)\,\mathrm{d}x$$

$$= (-1)^{n-1-i}u^{(i)}(b)\,p^{(n-1-i)}(b) = 0.$$

上式用到了 $p^{(n-i)}(x) = 0$. 又由于 $p^{(n-1-i)}(x)$ 为非零常数, 故 $u^{(i)}(b) = 0$ 得证. □

上述定理虽然没给出一般的计算方法, 但是在很多特殊情形下不难构造出满足要求的 $u(x)$. 特别地, 下面介绍的一些常用正交多项式都具有如下形式的罗德里格斯 (Rodrigues) 公式:

$$P_n(x) = \frac{1}{K_n w(x)}\frac{\mathrm{d}^n}{\mathrm{d}x^n}\left(w(x)X^n(x)\right), \tag{7.9}$$

其中 K_n 为常数, $w(x)$ 为权函数, $X(x)$ 为与 n 无关的多项式. 除相差常数外, (7.9) 式就相当于在(7.8) 式中取 $u(x) = w(x)X^n(x)$.

7.2.2 常用正交多项式

下面介绍由不同的区间 $[a, b]$ 及权函数 $w(x)$ 所确定的几种常用正交多项式. 了解了常用正交多项式的计算公式, 就可以利用定理 7.8 便捷地计算相应的最佳平方逼近. 本小节将不加证明地给出这些常用正交多项式的主要性质, 感兴趣的读者可查阅相关文献.

1. 勒让德多项式

取 $w(x) = 1$ 及 $[a, b] = [-1, 1]$, 相应的正交多项式 $P_n(x)$ 称为勒让德 (Legendre) 多项式, 它具有罗德里格斯公式

$$P_n(x) = \frac{1}{2^n n!}\frac{\mathrm{d}^n}{\mathrm{d}x^n}\left[(x^2-1)^n\right].$$

上式中的常数 $1/(2^n n!)$ 可使 $P_n(x)$ 满足归一化条件 $P_n(1) = 1$. 此外, 可以验证 $u(x) = (x^2-1)^n$ 满足定理 7.7 的要求.

实际上, 也不难算出勒让德多项式的内积表达式

$$\langle P_i, P_j\rangle = \int_{-1}^{1} P_i(x)P_j(x)\mathrm{d}x = \frac{2}{2i+1}\delta_{ij},$$

其中 δ_{ij} 为克罗内克记号:

$$\delta_{ij} = \begin{cases} 1, & i = j, \\ 0, & i \neq j. \end{cases}$$

由罗德里格斯公式还可得出, 勒让德多项式 P_n 的奇偶性与其次数 n 的奇偶性相同, 即有

$$P_n(-x) = (-1)^n P_n(x).$$

勒让德多项式 $P_n(x)$ 还具有如下递推关系:

$$P_{n+1}(x) = \frac{2n+1}{n+1} x P_n(x) - \frac{n}{n+1} P_{n-1}(x), \quad n \geqslant 1.$$

由此递推关系及 $P_0(x) = 1$, $P_1(x) = x$, 可以得出前面若干个勒让德多项式, 如图 7.1 (a) 所示.

$$P_0(x)=1$$
$$P_1(x)=x$$
$$P_2(x)=\frac{1}{2}(3x^2-1)$$
$$P_3(x)=\frac{1}{2}(5x^3-3x)$$
$$P_4(x)=\frac{1}{8}(35x^4-30x^2+3)$$
$$P_5(x)=\frac{1}{8}(63x^5-70x^3+15x)$$

(a)

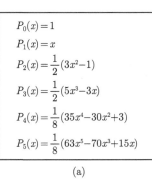

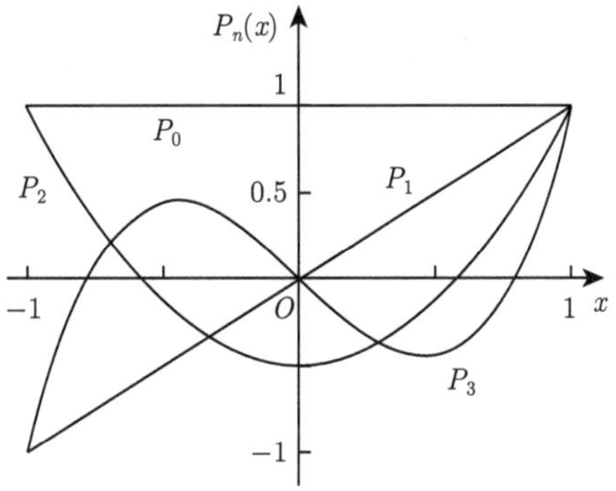

(b)

图 7.1 勒让德多项式

由图 7.1 (b) 还可看出, $P_n(x)$ 在区间 $[-1,1]$ 上具有有界性, 即

$$|P_n(x)| \leqslant 1, \quad x \in [-1,1].$$

此外, 如定理 7.6 所述, $P_n(x)$ 在 $(-1,1)$ 内恰有 n 个互异实根.

2. 切比雪夫多项式

仍取区间 $[a,b] = [-1,1]$, 但权函数改为 $w(x) = 1/\sqrt{1-x^2}$, 由此导出的正交多项式 $T_n(x)$ 称为切比雪夫 (Chebyshev) 多项式, 其罗德里格斯公式为

$$T_n(x) = (-1)^n \frac{2^n n!}{(2n)!} \sqrt{1-x^2} \frac{\mathrm{d}^n}{\mathrm{d}x^n} \left[(1-x^2)^{n-1/2}\right].$$

仍可直接验证: 上式满足定理 7.7 的要求及归一化条件 $T_n(1) = 1$.

对任意 $x \in [-1,1]$, 令 $\theta = \arccos x \in [0,\pi]$, 则切比雪夫多项式有如下更简单的定义

$$T_n(x) = \cos n\theta, \quad -1 \leqslant x \leqslant 1.$$

由上述定义及三角恒等式

$$\cos(n+1)\theta = 2\cos\theta\cos n\theta - \cos(n-1)\theta,$$

即可得出递推关系

$$T_{n+1}(x) = 2xT_n(x) - T_{n-1}(x), \quad n \geqslant 1. \tag{7.10}$$

结合 $T_0(x)=1$, $T_1(x)=x$, 可得出 $T_2(x), T_3(x), T_4(x)$, 如图 7.2 所示.

$T_0(x)=1$

$T_1(x)=x$

$T_2(x)=2x^2-1$

$T_3(x)=4x^3-3x$

$T_4(x)=8x^4-8x^2+1$

$T_5(x)=16x^5-20x^3+5x$

(a)

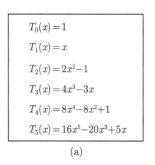

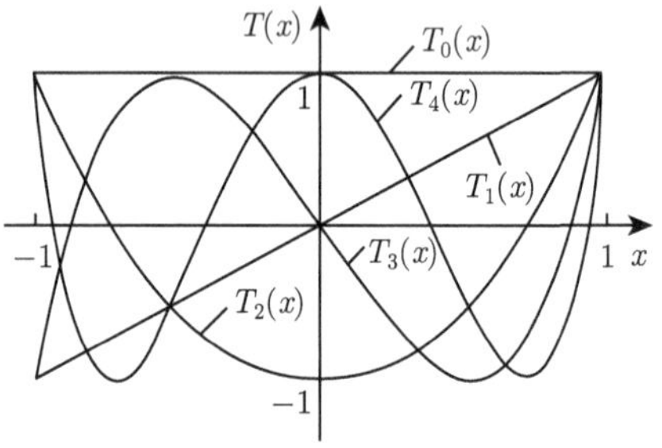

(b)

图 7.2 切比雪夫多项式

可以看出, $T_n(x)$ 也满足有界性

$$|T_n(x)| \leqslant 1, \quad x \in [-1,1].$$

并且 $T_n(x)$ 在 $[-1,1]$ 上的 n 个互异实根为

$$x_i = \cos\frac{2i-1}{2n}\pi, \quad i = 1,2,\cdots,n.$$

此外, T_n 的奇偶性与其次数 n 的奇偶性相同

$$T_n(-x) = (-1)^n T_n(x).$$

切比雪夫多项式 T_n 的正交性由下式给出:

$$\begin{aligned}(T_i, T_j) &= \int_{-1}^{1} \frac{T_i(x)T_j(x)}{\sqrt{1-x^2}}\mathrm{d}x \\ &= \int_0^{\pi} \cos i\theta \cos j\theta \,\mathrm{d}\theta = (1+\delta_{i0})\,\frac{\pi}{2}\,\delta_{ij}.\end{aligned}$$

根据定理 7.8, 切比雪夫多项式可用于 $[-1,1]$ 上权函数为 $w(x)=1/\sqrt{1-x^2}$ 的最佳平方逼近的计算. 特别地, 如果待逼近的函数 f 本身是 n 次多项式, 则有如下正交分解:

$$f=\sum_{i=0}^{n}\frac{(T_i,f)}{\|T_i\|^2}T_i.$$

要确定上述分解中的系数 $(T_i,f)/\|T_i\|^2$, 仍然需要进行较为烦琐的内积计算. 但是, 在实际计算中, 我们有如下公式, 可将任意单项式 x^n 分解为 $T_0,T_1,\cdots,T_n$ 的线性组合 (证明留作习题):

$$x^n=2^{1-n}\sum_{k=0}^{\lfloor n/2\rfloor}\left(1-\frac{\delta_{n-2k,0}}{2}\right)\binom{n}{k}T_{n-2k}(x).$$

以下列举了阶数 $n=0,1,\cdots,5$ 的结果:

$$\begin{aligned}
1&=T_0, & x&=T_1,\\
x^2&=\frac{1}{2}(T_0+T_2), & x^3&=\frac{1}{4}(3T_1+T_3),\\
x^4&=\frac{1}{8}(3T_0+4T_2+T_4), & x^5&=\frac{1}{16}(10T_1+5T_3+T_5).
\end{aligned}$$

由此, 便容易算出任意多项式的切比雪夫型分解.

尽管勒让德多项式和切比雪夫多项式的定义都只在区间 $[-1,1]$ 上给出, 但是通过变量替换

$$x\to\frac{2}{b-a}\left(x-\frac{a+b}{2}\right),$$

相应的正交多项式总可以变换到任给的有限区间 $[a,b]$ 上.

接下来, 我们再介绍无界区间上的两种正交多项式.

3. 拉盖尔多项式

在区间 $[0,\infty)$ 上带权 $w(x)=\mathrm{e}^{-x}$ 的正交多项式称为拉盖尔 (Laguerre) 多项式, 其罗德里格斯公式为

$$L_n(x)=\frac{1}{n!}\mathrm{e}^{x}\frac{\mathrm{d}^n}{\mathrm{d}x^n}\left(x^n\mathrm{e}^{-x}\right).$$

$L_n(x)$ 满足正交性

$$(L_i,L_j)=\int_0^{\infty}L_i(x)L_j(x)\mathrm{e}^{-x}\mathrm{d}x=\delta_{ij},$$

并有递推关系

$$L_0(x) = 1, \quad L_1(x) = 1 - x,$$

$$L_{n+1}(x) = \frac{2n+1-x}{n+1} L_n(x) - \frac{n}{n+1} L_{n-1}(x), \quad n \geqslant 1.$$

4. 埃尔米特多项式

在区间 $(-\infty, \infty)$ 上带权 $w(x) = \mathrm{e}^{-x^2}$ 的正交多项式称为埃尔米特多项式, 其罗德里格斯公式为

$$H_n(x) = (-1)^n \mathrm{e}^{x^2} \frac{\mathrm{d}^n}{\mathrm{d}x^n} \left(\mathrm{e}^{-x^2} \right).$$

$H_n(x)$ 满足正交性

$$(H_i, H_j) = \int_{-\infty}^{\infty} H_i(x) H_j(x) \mathrm{e}^{-x^2} \mathrm{d}x = 2^i i! \sqrt{\pi}\, \delta_{ij},$$

并有递推关系

$$H_0(x) = 1, \quad H_1(x) = 2x,$$

$$H_{n+1}(x) = 2xH_n(x) - 2nH_{n-1}(x), \quad n \geqslant 1.$$

7.2.3 最佳平方逼近的正交化方法

我们先考察如下的一个例子.

例 7.2 假设未知函数 f 在离散节点 $\{x_0, x_1, x_2\}$ 上分别有观测值 $f_0 = 1.1$, $f_1 = 2.0$, $f_2 = 3.1$, 并给定权重 $w_0 = 1$, $w_2 = M$, $w_3 = 1$, 要求用最小二乘法将 f 拟合为线性函数

$$p^*(x) = \lambda_0 + \lambda_1 x, \quad 0 \leqslant x \leqslant 2.$$

这相当于给定基函数 $b_0(x) = 1$, $b_1(x) = x$, 在节点上的函数值分别对应向量

$$\boldsymbol{b}_0 = \begin{bmatrix} 1 \\ 1 \\ 1 \end{bmatrix}, \quad \boldsymbol{b}_1 = \begin{bmatrix} 0 \\ 1 \\ 2 \end{bmatrix},$$

可得方程组

$$\begin{bmatrix} \langle \boldsymbol{b}_0, \boldsymbol{b}_0 \rangle & \langle \boldsymbol{b}_0, \boldsymbol{b}_1 \rangle \\ \langle \boldsymbol{b}_1, \boldsymbol{b}_0 \rangle & \langle \boldsymbol{b}_1, \boldsymbol{b}_1 \rangle \end{bmatrix} \begin{bmatrix} \lambda_0 \\ \lambda_1 \end{bmatrix} = \begin{bmatrix} \langle \boldsymbol{b}_0, f \rangle \\ \langle \boldsymbol{b}_1, f \rangle \end{bmatrix},$$

即

$$\begin{bmatrix} M+2 & M+2 \\ M+2 & M+4 \end{bmatrix} \begin{bmatrix} \lambda_0 \\ \lambda_1 \end{bmatrix} = \begin{bmatrix} 2M+4.2 \\ 2M+6.2 \end{bmatrix}.$$

不难解出

$$\begin{cases} \lambda_0 = \dfrac{M+2.2}{M+2}, \\ \lambda_1 = 1. \end{cases}$$

但是, 若 M 取值很大 (比如 $M = 10^9$), 则采用精度较低的浮点数 (比如单精度) 进行计算时, 上述法方程组中的格拉姆矩阵近似为奇异矩阵, 因而无法利用数值算法精确求解.

然而, 我们可以设法寻找一组等价的基函数 $\{\phi_0, \phi_1\}$ 使得 $(\phi_0, \phi_1) = 0$, 于是就可得到对角形的格拉姆矩阵, 相应的法方程组便能够精确求解. 事实上, 可取 $\phi_0(x) = b_0(x)$, $\phi_1(x) = b_1(x) - \alpha\, b_0(x)$, 它们的正交性必然要求 $\alpha = (\boldsymbol{b}_0, \boldsymbol{b}_1)/(b_0, b_0) = 1$. 于是, 需将 f 拟合为

$$p^*(x) = \mu_0\, \phi_0(x) + \mu_1\, \phi_1(x) = \mu_0 + \mu_1 \cdot (x-1).$$

相应法方程组变为

$$\begin{bmatrix} M+2 & \\ & 2 \end{bmatrix} \begin{bmatrix} \mu_0 \\ \mu_1 \end{bmatrix} = \begin{bmatrix} 2M+4.2 \\ 2 \end{bmatrix},$$

解得

$$\begin{cases} \mu_0 = \dfrac{2M+4.2}{M+2}, \\ \mu_1 = 1. \end{cases}$$

当然, 此结果与前面 λ_0, λ_1 的结果完全等价. 不过, 这里就避免了数值算法可能带来的较严重的精度损失.

从上述例子可以看出, 选取正交基函数能简化最佳平方逼近的计算.

定理 7.8 令 W 是内积空间 V 上的一个有限维子空间, 且 W 由如下两两正交的基函数张成 $\{\phi_i,\, i = 0, 1, \cdots, n\}$. 给定 $f \in V$, 则 f 在 W 上的最佳平方逼近为

$$p^* = \sum_{i=0}^{n} \frac{(\phi_i, f)}{\|\phi_i\|^2} \phi_i. \tag{7.11}$$

证明 令最佳平方逼近

$$p^* = \sum_{i=0}^{n} \lambda_i \phi_i.$$

由基函数 $\{\phi_i, i=0,1,\cdots,n\}$ 所确定的法方程组为

$$\langle\phi_i,\phi_i\rangle\lambda_i=\langle\phi_i,f\rangle,\quad i=0,1,\cdots,n.$$

故 $\lambda_i=\langle\phi_i,f\rangle/\|\phi_i\|^2$, 定理得证. □

子空间 W 通常仅由一组线性无关的基函数 $b_0,b_1,\cdots,b_n$ 张成. 下面我们描述由 $b_0,b_1,\cdots,b_n$ 构造正交基函数 $\phi_0,\phi_1,\cdots,\phi_n$ 的一般方法 (称为格拉姆-施密特正交化).

对 $i=0,1,\cdots,n$, 令 W_i 表示由 $b_0,b_1,\cdots,b_i$ 张成的子空间. 我们断言, 可以递归地定义 $\phi_0,\phi_1,\cdots,\phi_n$, 并且使得 W_i 仍可由 $\phi_0,\phi_1,\cdots,\phi_i$ 张成. 首先, 定义 $\phi_0=b_0$. 对 $i\geqslant 1$, 假设已定义出可张成 W_{i-1} 的正交函数组 $\phi_0,\phi_1,\cdots,\phi_{i-1}$, 我们定义 q_i^* 为 b_i 在 W_{i-1} 上的最佳平方逼近, 令 $\phi_i=b_i-q_i^*\in W_i$. 根据定理 7.4, 必有

$$\langle\phi_i,\phi_j\rangle=0,\quad j=0,1,\cdots,i-1.$$

由此, 我们得到了可张成 W_i 的正交函数组 $\phi_0,\phi_1,\cdots,\phi_i$. 并且, 根据定理 7.8, 可得递推公式

$$\phi_i=b_i-\sum_{j=0}^{i-1}\frac{\langle\phi_j,b_i\rangle}{\|\phi_j\|^2}\phi_j,\quad i=1,2,\cdots,n.$$

最后, 我们考虑上述构造的一种特殊情形: 子空间 W 为次数不超过 n 的多项式全体, 即基函数 $b_i(x)=x^i$. 此时, 更简便地, 可按如下的三项递推关系导出相应的正交多项式 ϕ_i.

定理 7.9 令 $\phi_0(x)=1$. 对 $i\geqslant 0$, 令 $\alpha_i=(\phi_i,x\phi_i)/\|\phi_i\|^2$. 再令

$$\phi_1(x)=(x-\alpha_0)\phi_0(x).$$

对 $i\geqslant 1$, 令 $\beta_i=\|\phi_i\|^2/\|\phi_{i-1}\|^2$, 并令

$$\phi_{i+1}(x)=(x-\alpha_i)\phi_i(x)-\beta_i\phi_{i-1}(x).$$

则对任意 i, 函数 ϕ_i 是次数为 i 且首项系数为 1 的多项式. 并且多项式系 $\{\phi_i: i=0,1,2,\cdots\}$ 两两正交.

证明 根据构造不难验证, 函数 ϕ_i 是次数为 i 且首项系数为 1 的多项式. 下面利用归纳法证明正交性. 对任意 $i\geqslant 0$, 假设 $\{\phi_j: j\leqslant i\}$ 两两正交. 注意到 $x\phi_i$ 的次数为 $i+1$, 即 $x\phi_i$ 属于 W_{i+1} 但不属于 W_i. 仿照前述正交化过程的递推公式, 我们定义

$$\phi_{i+1}=x\phi_i-\sum_{j=0}^{i}\frac{(\phi_j,x\phi_i)}{\|\phi_j\|^2}\phi_j.$$

不难验证, 由此定义的 ϕ_{i+1} 与 $\{\phi_j : j \leqslant i\}$ 正交. 因此, 接下来只需证明, 上述定义与定理给出的构造吻合. 当 $i=0$ 时, 结论显然成立. 现在讨论 $i \geqslant 1$ 的情形. 考虑上面求和式的各项, 指标 $j=i$ 的项正好对应了 $\alpha_i\phi_i$. 对于指标 $j \leqslant i-2$, 注意到下述关系成立:

$$(\phi_j, x\phi_i) = (x\phi_j, \phi_i) = 0,$$

后一个等号源于 ϕ_i 与 $x\phi_j \in W_{i-1}$ 的正交性. 因而, 只剩下指标 $j=i-1$ 的项需要验证. 此时, 注意到

$$\begin{aligned}(\phi_{i-1}, x\phi_i) &= (x\phi_{i-1}, \phi_i)\\ &= (\phi_i, \phi_i) + (x\phi_{i-1} - \phi_i, \phi_i)\\ &= \|\phi_i\|^2,\end{aligned}$$

其中, 同样用到了 ϕ_i 与 $x\phi_{i-1} - \phi_i \in W_{i-1}$ 的正交性. 从而, 剩余的这项也正好对应了 $\beta_i\phi_{i-1}$. □

7.3 曲线拟合

本节着重讨论离散型数据的最小二乘拟合, 并且只要未作特别说明, 总假定各数据点的权重均为 1.

7.3.1 最小二乘拟合

在大量科学实验中, 经常产生一组数据 $(x_0, f_0), (x_1, f_1), \cdots, (x_m, f_m)$, 其中自变量 x_k 是明确的. 数据拟合就是要确定出一个将这些变量联系起来的函数 $f(x)$. 函数的选取往往具有多种可能性, 但最普遍的形式就是前面介绍过的某组基函数的线性组合

$$\lambda_0 b_0(x) + \lambda_1 b_1(x) + \cdots + \lambda_n b_n(x), \quad n < m,$$

其中系数 λ_k 待定. 考虑基函数在离散数据点上对应的向量:

$$\boldsymbol{\beta}_i = \begin{bmatrix} b_i(x_0) \\ \vdots \\ b_i(x_m) \end{bmatrix}, \quad i = 0, 1, \cdots, n.$$

基函数的选取往往要求使得 $\boldsymbol{\beta}_0, \boldsymbol{\beta}_1, \cdots, \boldsymbol{\beta}_n$ 线性无关. 从而, 可令列满秩矩阵

$$\boldsymbol{A} = [\boldsymbol{\beta}_0, \boldsymbol{\beta}_1, \cdots, \boldsymbol{\beta}_n],$$

并将数据拟合问题转化为求解下列线性方程组的近似解:

$$\boldsymbol{A\lambda}=\boldsymbol{f},\quad \boldsymbol{\lambda}=\begin{bmatrix}\lambda_0\\ \vdots\\ \lambda_n\end{bmatrix},\quad \boldsymbol{f}=\begin{bmatrix}f_0\\ \vdots\\ f_m\end{bmatrix}. \tag{7.12}$$

采用最小二乘准则, 即需求解最小值问题

$$\min_{\boldsymbol{\lambda}}\|\boldsymbol{f}-\boldsymbol{A\lambda}\|^2=(\boldsymbol{f}-\boldsymbol{A\lambda},\boldsymbol{f}-\boldsymbol{A\lambda}).$$

注意到, 我们有如下正定的格拉姆矩阵:

$$\boldsymbol{G}=\boldsymbol{A}^{\mathrm{T}}\boldsymbol{A}=\begin{bmatrix}\langle\boldsymbol{\beta}_0,\boldsymbol{\beta}_0\rangle & \langle\boldsymbol{\beta}_0,\boldsymbol{\beta}_1\rangle & \cdots & \langle\boldsymbol{\beta}_0,\boldsymbol{\beta}_n\rangle\\ \langle\boldsymbol{\beta}_1,\boldsymbol{\beta}_0\rangle & \langle\boldsymbol{\beta}_1,\boldsymbol{\beta}_1\rangle & \cdots & \langle\boldsymbol{\beta}_1,\boldsymbol{\beta}_n\rangle\\ \vdots & \vdots & & \vdots\\ \langle\boldsymbol{\beta}_n,\boldsymbol{\beta}_0\rangle & \langle\boldsymbol{\beta}_n,\boldsymbol{\beta}_1\rangle & \cdots & \langle\boldsymbol{\beta}_n,\boldsymbol{\beta}_n\rangle\end{bmatrix},$$

并且可以得到

$$\begin{aligned}\langle\boldsymbol{f}-\boldsymbol{A\lambda},\boldsymbol{f}-\boldsymbol{A\lambda}\rangle&=(\boldsymbol{f}-\boldsymbol{A\lambda})^{\mathrm{T}}(\boldsymbol{f}-\boldsymbol{A\lambda})\\&=\boldsymbol{f}^{\mathrm{T}}\boldsymbol{f}-\boldsymbol{\lambda}^{\mathrm{T}}\boldsymbol{A}^{\mathrm{T}}\boldsymbol{f}-\boldsymbol{f}^{\mathrm{T}}\boldsymbol{A\lambda}+\boldsymbol{\lambda}^{\mathrm{T}}\boldsymbol{A}^{\mathrm{T}}\boldsymbol{A\lambda}\\&=(\boldsymbol{\lambda}-\boldsymbol{G}^{-1}\boldsymbol{A}^{\mathrm{T}}\boldsymbol{f})^{\mathrm{T}}\boldsymbol{G}(\boldsymbol{\lambda}-\boldsymbol{G}^{-1}\boldsymbol{A}^{\mathrm{T}}\boldsymbol{f})+\boldsymbol{f}^{\mathrm{T}}\boldsymbol{Hf},\end{aligned}$$

其中 $\boldsymbol{H}=\boldsymbol{E}-\boldsymbol{AG}^{-1}\boldsymbol{A}^{\mathrm{T}}$. 故所求最小二乘解为 $\boldsymbol{\lambda}=\boldsymbol{G}^{-1}\boldsymbol{A}^{\mathrm{T}}\boldsymbol{f}$, 即有法方程组

$$\boldsymbol{G\lambda}=\boldsymbol{A}^{\mathrm{T}}\boldsymbol{f}.$$

前面已经提到, 直接数值求解法方程组往往会造成不必要的精度损失. 实际上, 利用正交变换, 可以设计出更具数值稳定性的算法. 借助 QR 算法, 可作分解

$$\boldsymbol{A}=\boldsymbol{Q}\begin{bmatrix}\boldsymbol{R}_1\\ \boldsymbol{0}\end{bmatrix},$$

其中 $\boldsymbol{Q}$ 为 $m+1$ 阶正交矩阵, $\boldsymbol{R}_1$ 为 $n+1$ 阶上三角形矩阵. 由于正交变换不改变内积, 故在最小二乘意义下, 可以建立超定线性方程组的等价关系:

$$\boldsymbol{A\lambda}=\boldsymbol{f}\iff\begin{bmatrix}\boldsymbol{R}_1\\ \boldsymbol{0}\end{bmatrix}\boldsymbol{\lambda}=\boldsymbol{Q}^{\mathrm{T}}\boldsymbol{f}\iff\boldsymbol{R}_1\boldsymbol{\lambda}=\boldsymbol{c}, \tag{7.13}$$

其中 $\boldsymbol{c}$ 由 $\boldsymbol{Q}^{\mathrm{T}}\boldsymbol{f}$ 的前 $n+1$ 个分量构成. 故原最小二乘问题就转化为容易精确求解的 $n+1$ 阶上三角形线性方程组.

当然, 若拟合函数由多项式给出, 我们也可以借助定理 7.9 算出正交多项式来作为基函数, 再由定理 7.8 表出结果.

下面的例子具体展示了以上方法.

例 7.3 用二次函数 $f(x)=\lambda_0+\lambda_1 x+\lambda_2 x^2$ 拟合数据点 $(-2,3),(0,1),(1,1)$ 和 $(2,3)$, 即取基函数 $b_i(x)=x^i$, $i=0,1,2$, 并有基向量和函数值向量

$$\boldsymbol{\beta}_0=\begin{bmatrix}1\\1\\1\\1\end{bmatrix},\quad \boldsymbol{\beta}_1=\begin{bmatrix}-2\\0\\1\\2\end{bmatrix},\quad \boldsymbol{\beta}_2=\begin{bmatrix}4\\0\\1\\4\end{bmatrix},\quad \boldsymbol{f}=\begin{bmatrix}3\\1\\1\\3\end{bmatrix}.$$

法 1 令 $\boldsymbol{A}=[\boldsymbol{\beta}_0,\boldsymbol{\beta}_1,\boldsymbol{\beta}_2]$, 计算格拉姆矩阵

$$\boldsymbol{G}=\boldsymbol{A}^{\mathrm{T}}\boldsymbol{A}=\begin{bmatrix}4&1&9\\1&9&1\\9&1&33\end{bmatrix}.$$

待定系数可由法方程组 $\boldsymbol{G}\boldsymbol{\lambda}=\boldsymbol{A}^{\mathrm{T}}\boldsymbol{f}$ 确定

$$\begin{bmatrix}4&1&9\\1&9&1\\9&1&33\end{bmatrix}\begin{bmatrix}\lambda_0\\\lambda_1\\\lambda_2\end{bmatrix}=\begin{bmatrix}8\\1\\25\end{bmatrix},$$

解得 $\lambda_0=43/55$, $\lambda_1=-2/55$, $\lambda_2=6/11$.

法 2 对 $\boldsymbol{A}$ 作 QR 分解, 得

$$\boldsymbol{Q}=\begin{bmatrix}\frac{1}{2}&-\frac{9}{2\sqrt{35}}&\frac{5}{\sqrt{154}}&\frac{1}{\sqrt{110}}\\\frac{1}{2}&-\frac{1}{2\sqrt{35}}&-\frac{8}{\sqrt{154}}&-\frac{6}{\sqrt{110}}\\\frac{1}{2}&\frac{3}{2\sqrt{35}}&-\frac{4}{\sqrt{154}}&\frac{8}{\sqrt{110}}\\\frac{1}{2}&\frac{7}{2\sqrt{35}}&\frac{7}{\sqrt{154}}&-\frac{3}{\sqrt{110}}\end{bmatrix},\quad \boldsymbol{R}=\begin{bmatrix}2&\frac{1}{2}&\frac{9}{2}\\0&\frac{\sqrt{35}}{2}&-\frac{\sqrt{35}}{14}\\0&0&\frac{2\sqrt{154}}{7}\\0&0&0\end{bmatrix}.$$

又可算出

$$\boldsymbol{Q}^{\mathrm{T}}\boldsymbol{f}=\begin{bmatrix}4\\-\dfrac{2\sqrt{35}}{35}\\\dfrac{12\sqrt{154}}{77}\\-\dfrac{2\sqrt{110}}{55}\end{bmatrix}.$$

由方程组

$$\begin{bmatrix}2&\dfrac{1}{2}&\dfrac{9}{2}\\0&\dfrac{\sqrt{35}}{2}&-\dfrac{\sqrt{35}}{14}\\0&0&\dfrac{2\sqrt{154}}{7}\end{bmatrix}\begin{bmatrix}\lambda_0\\\lambda_1\\\lambda_2\end{bmatrix}=\begin{bmatrix}4\\-\dfrac{2\sqrt{35}}{35}\\\dfrac{12\sqrt{154}}{77}\end{bmatrix},$$

也可解出 $\lambda_0=43/55,\ \lambda_1=-2/55,\ \lambda_2=6/11$.

法 3　按如下过程构造正交多项式. 令 $\phi_0(x)=1$, 则

$$\alpha_0=\frac{(\phi_0,x\phi_0)}{\|\phi_0\|^2}=\frac{\sum\limits_i x_i\phi_0^2(x_i)}{\sum\limits_i \phi_0^2(x_i)}=\frac{1}{4}.$$

于是, 得 $\phi_1(x)=(x-\alpha_0)\phi_0(x)=x-1/4$. 又

$$\alpha_1=\frac{(\phi_1,x\phi_1)}{\|\phi_1\|^2}=\frac{\sum\limits_i x_i\phi_1^2(x_i)}{\sum\limits_i \phi_1^2(x_i)}=\frac{-55/16}{35/4}=-\frac{11}{28},$$

$$\beta_1=\frac{\|\phi_1\|^2}{\|\phi_0\|^2}=\frac{\sum\limits_i \phi_1^2(x_i)}{\sum\limits_i \phi_0^2(x_i)}=\frac{35/4}{4}=\frac{35}{16}.$$

故 $\phi_2(x)=(x-\alpha_1)\phi_1(x)-\beta_1\phi_0(x)=x^2+\dfrac{1}{7}x-\dfrac{16}{7}$. 设拟合函数 $f(x)=\mu_0\phi_0(x)+\mu_1\phi_1(x)+\mu_2\phi_2(x)$. 不难算出

$$\|\phi_0\|^2=4,\quad \|\phi_1\|^2=35/4,\quad \|\phi_2\|^2=88/7,$$

$$(\phi_0,f)=8,\quad (\phi_1,f)=-1,\quad (\phi_2,f)=48/7,$$

故有

$$\mu_0=(\phi_0,f)/\|\phi_0\|^2=2,$$

$$\mu_1=(\phi_1,f)/\|\phi_1\|^2=-4/35,$$

$$\mu_2=(\phi_2,f)/\|\phi_2\|^2=6/11.$$

从而, 所求函数为

$$f(x)=2-\frac{4}{35}\left(x-\frac{1}{4}\right)+\frac{6}{11}\left(x^2+\frac{1}{7}x-\frac{16}{7}\right)=\frac{43}{55}-\frac{2}{55}x+\frac{6}{11}x^2.$$

最小二乘拟合的算法实例如下:

算法 7.1 最小二乘拟合

输入: 拟合数据点 $(x_0,y_0),(x_1,y_1),(x_2,y_2),\cdots,(x_m,y_m)$, 拟合次数 n.

输出: 拟合函数 $f(x)=\lambda_0 b_0(x)+\lambda_1 b_1(x)+\cdots+\lambda_n b_n(x)$.

1: 按 (7.12) 式表示出方程组 $\boldsymbol{A\lambda}=\boldsymbol{f}$.

2: 表示出法方程组 $\boldsymbol{A}^{\mathrm{T}}\boldsymbol{A\lambda}=\boldsymbol{A}^{\mathrm{T}}\boldsymbol{f}$.

3: 求解法方程组 $\boldsymbol{\lambda}=(\boldsymbol{A}^{\mathrm{T}}\boldsymbol{A})^{-1}(\boldsymbol{A}^{\mathrm{T}}\boldsymbol{f})$.

7.3.2 曲线拟合的线性化方法

有些时候, 我们会观测出数据的大致趋势更适合用非线性函数来拟合. 遇到这种情形, 我们无法直接使用前面介绍的线性拟合方法. 但是, 通过变量和参数的适当变换, 很多非线性拟合问题也可以转化为线性形式. 下面给出一个典型例子.

例 7.4 给定数据点 $(x_i,y_i),\ i=0,1,\cdots,n$, 要求将其拟合为指数函数

$$y=\lambda_0\,\mathrm{e}^{\lambda_1 x},$$

其中 λ_0,λ_1 为待定参数.

如果直接使用最小二乘, 就需要求解优化问题

$$\min_{\lambda_0,\lambda_1}\quad\sum_i\left(y_i-\lambda_0\,\mathrm{e}^{\lambda_1 x_i}\right)^2$$

利用微分法可以得到 λ_0,λ_1 所满足的方程组

$$\begin{cases}\lambda_0\displaystyle\sum_i \mathrm{e}^{2\lambda_1 x_i}-\sum_i y_i\,\mathrm{e}^{\lambda_1 x_i}=0,\\ \lambda_0\displaystyle\sum_i x_i\mathrm{e}^{2\lambda_1 x_i}-\sum_i x_i y_i\,\mathrm{e}^{\lambda_1 x_i}=0.\end{cases}$$

但上式关于 λ_1 是非线性的, 不便于求解.

我们注意到, 可以将拟合的函数表达式改写为

$$\ln y = \ln \lambda_0 + \lambda_1 x.$$

于是, 作变量和参数变换

$$X = x, \quad Y = \ln y, \quad \mu_0 = \ln \lambda_0, \quad \mu_1 = \lambda_1,$$

就得到线性化的拟合问题:

$$Y = \mu_0 + \mu_1 X.$$

此时, 针对变换后的数据 $(X_i, Y_i) = (x_i, \ln y_i)$, 利用最小二乘法, 即可得出线性形式的法方程组

$$\begin{cases} (n+1)\mu_0 + \left(\sum\limits_i X_i\right)\mu_1 = \sum\limits_i Y_i, \\ \left(\sum\limits_i X_i\right)\mu_0 + \left(\sum\limits_i X_i^2\right)\mu_1 = \sum\limits_i X_i Y_i. \end{cases}$$

由此解出 μ_0, μ_1, 再将参数代回 $\lambda_0 = e^{\mu_0}$, $\lambda_1 = \mu_1$, 所求拟合函数也随之确定.

除上述例子外, 表 7.1 列举了其他一些非线性数据的线性化方法.

表 7.1 线性化方法

函数 $y = f(x)$	线性形式	变量和参数变换
$y = \lambda_0 + \dfrac{\lambda_1}{x}$	$y = \lambda_0 + \lambda_1 \dfrac{1}{x}$	$X = 1/x$, $Y = y$
$y = \dfrac{\lambda_0}{x + \lambda_1}$	$y = \dfrac{\lambda_0}{\lambda_1} - \lambda_1^{-1} xy$	$X = xy$, $Y = y$, $\mu_0 = \dfrac{\lambda_0}{\lambda_1}$, $\mu_1 = -\lambda_1^{-1}$
$y = \dfrac{1}{\lambda_0 + \lambda_1 x}$	$y^{-1} = \lambda_0 + \lambda_1 x$	$X = x$, $Y = y^{-1}$
$y = \dfrac{x}{\lambda_0 x + \lambda_1}$	$y^{-1} = \lambda_0 + \lambda_1 x^{-1}$	$X = x^{-1}$, $Y = y^{-1}$
$y = \lambda_0 x^{\lambda_1}$	$\ln y = \ln \lambda_0 + \lambda_1 \ln x$	$X = \ln x$, $Y = \ln y$, $\mu_0 = \ln \lambda_0$, $\mu_1 = \lambda_1$

*7.4 快速傅里叶变换

在自然界中存在着各种复杂的振动现象, 它们由许多不同频率和不同振幅的波叠加得到. 一个复杂的波还可以分解为一系列谐波, 它们呈周期现象. 然而在模型数据具有周期性时, 用三角函数特别是正弦函数和余弦函数作为基函数, 比用代数多项式更合适.

用正弦函数和余弦函数级数逼近任意函数的分析方法, 称为傅里叶变换. 若用三角函数逼近给定样本函数的离散, 称为离散傅里叶变换 (discrete Fourier transform, DFT). 在 1965 年, 有学者提出, 快速傅里叶变换 (fast Fourier transform, FFT), 将计算离散傅里叶变换所需要的乘法次数大幅度减少, 解决了离散傅里叶变换计算量很大的问题. 快速傅里叶变换在数字信号处理、光谱分析和科学工程计算等众多领域内具有广泛的应用价值, 它被评为 20 世纪十大算法之一. 本节主要介绍三角多项式插值以及快速傅里叶变换等内容.

7.4.1 离散傅里叶变换

首先考虑连续的情况, 设 $f(x)$ 是以 2π 为周期的平方可积函数, 用三角多项式

$$S_n(x) = \frac{1}{2}a_0 + a_1\cos x + b_1\sin x + \cdots + a_n\cos nx + b_n\sin nx \tag{7.14}$$

作为最佳平方逼近函数, 由于三角函数族

$$1, \cos x, \sin x, \cdots, \cos kx, \sin kx, \cdots$$

在 $[0, 2\pi]$ 上是正交函数族, 即满足

$$\int_0^{2\pi} \cos kx \sin lx \mathrm{d}x = 0,$$

$$\int_0^{2\pi} \cos kx \cos lx \mathrm{d}x = \begin{cases} 2\pi, & k = l = 0, \\ \pi, & k = l \neq 0, \\ 0, & k \neq l, \end{cases}$$

$$\int_0^{2\pi} \sin kx \sin lx \mathrm{d}x = \begin{cases} \pi, & k = l \neq 0, \\ 0, & k \neq l. \end{cases}$$

于是 $f(x)$ 在 $[0, 2\pi]$ 上的最佳平方逼近三角多项式 $S_n(x)$ 的系数为

$$\begin{cases} a_k = \dfrac{1}{\pi}\displaystyle\int_0^{2\pi} f(x)\cos kx \mathrm{d}x, & k = 0, 1, \cdots, n, \\ b_k = \dfrac{1}{\pi}\displaystyle\int_0^{2\pi} f(x)\sin kx \mathrm{d}x, & k = 1, 2, \cdots, n, \end{cases} \tag{7.15}$$

称 a_k, b_k 为傅里叶系数. 函数 $f(x)$ 按傅里叶系数展开得到的级数

$$\frac{1}{2}a_0 + \sum_{k=1}^{\infty}(a_k\cos kx + b_k\sin kx) \tag{7.16}$$

称为傅里叶级数. 只要 $f'(x)$ 在 $[0,2\pi]$ 上是一个分段函数, 则傅里叶级数 (7.16) 一致收敛到 $f(x)$.

下面给出以 2π 为周期函数的内积与范数的定义

$$(f,g)=\int_0^{2\pi} f(x)g(x)\mathrm{d}x,\quad \|f\|_2=\sqrt{(f,f)}.$$

对于最佳平方逼近的多项式 (7.14) 有

$$\|f(x)-S_n(x)\|_2^2=\|f(x)\|_2^2-\|S_n(x)\|_2^2,$$

由此可得到相应的贝塞尔 (Bessel) 不等式为

$$\frac{1}{2}a_0^2+\sum_{k=1}^{n}\left(a_k^2+b_k^2\right)\leqslant\frac{1}{\pi}\int_0^{2\pi}[f(x)]^2\,\mathrm{d}x.$$

在上式中, 不等式右端不依赖于 n, 因此不等式左端是单调有界的, 所以级数 $\frac{1}{2}a_0^2+\sum\limits_{k=1}^{\infty}(a_k^2+b_k^2)$ 收敛, 并且有

$$\lim_{k\to\infty}a_k=\lim_{k\to\infty}b_k=0.$$

接下来考虑离散的情况. 设以 2π 为周期的函数 $f(x)$ 只在等距节点 $\{x_i=\frac{2\pi}{N}i, i=0,1,\cdots,N-1\}$ 处已知, 则根据函数 $f(x)$ 的周期性, 对任意节点 x_i 处的函数值 $f\left(\frac{2\pi}{N}i\right)$ 均可求出.

为了计算 $f(x)$ 的最佳平方逼近函数 $S_n(x)$, 只要求出 (7.15) 式中积分的近似值即可. 如果用函数求和近似函数的积分, 即,

$$\int_0^{2\pi} g(x)\mathrm{d}x\approx\frac{2\pi}{N}\sum_{i=0}^{N-1}g\left(\frac{2\pi}{N}i\right),$$

则 (7.15) 式中积分可用求和近似计算, 所得系数仍用 a_k 和 b_k 表示, 即

$$\begin{cases}a_k=\dfrac{2}{N}\displaystyle\sum_{i=0}^{N-1}f\left(\frac{2\pi i}{N}\right)\cos\left(\frac{2\pi ik}{N}\right), & k=0,1,2,\cdots,n,\\ b_k=\dfrac{2}{N}\displaystyle\sum_{i=0}^{N-1}f\left(\frac{2\pi i}{N}\right)\sin\left(\frac{2\pi ik}{N}\right), & k=1,2,3,\cdots,n.\end{cases}\tag{7.17}$$

这样由 (7.14) 和 (7.17) 可得离散情形下 $f(x)$ 的最佳平方逼近函数 $S_n(x)$.

事实上, 三角函数族 $\{1,\cos x,\sin x,\cdots,\cos nx,\sin nx\}$ 在离散点集 $\left\{x_i=\dfrac{2\pi i}{N},i=0,1,\cdots,N-1\right\}$ 上正交, 即 $k,l=0,1,\cdots,n\left(n<\dfrac{N}{2}\right)$ 有

$$\begin{cases}\displaystyle\sum_{i=0}^{N-1}\cos k\frac{2\pi i}{N}\sin l\frac{2\pi i}{N}=0,\\ \displaystyle\sum_{i=0}^{N-1}\cos k\frac{2\pi i}{N}\cos l\frac{2\pi i}{N}=\begin{cases}N, & k=l=0,\\ \dfrac{N}{2}, & k=l\neq 0,\\ 0, & k\neq l,\end{cases}\\ \displaystyle\sum_{i=0}^{N-1}\sin k\frac{2\pi i}{N}\sin l\frac{2\pi i}{N}=\begin{cases}\dfrac{N}{2}, & k=l\neq 0,\\ 0, & k\neq l.\end{cases}\end{cases}$$

则函数 $f(x)$ 在 $\{1,\cos x,\sin x,\cdots,\cos nx,\sin nx\}$ 的最小二乘三角逼近为

$$S_n(x)=\frac{1}{2}a_0+\sum_{k=1}^{n}(a_k\cos kx+b_k\sin kx),\quad n<\frac{N}{2},$$

其中系数 a_k 和 b_k 由 (7.17) 式给出.

最后我们讨论更一般的情形, 假设函数 $f(x)$ 是以 2π 为周期的复函数, 并给定 $f(x)$ 在 N 个等距节点 $x_j=\dfrac{2\pi}{N}j\,(j=0,1,\cdots,N-1)$ 上的值 $f_j=f\left(\dfrac{2\pi}{N}j\right)$.

已知

$$\mathrm{e}^{\mathrm{i}jx}=\cos(jx)+\mathrm{i}\sin(jx),\quad j=0,1,\cdots,N-1,\quad \mathrm{i}=\sqrt{-1},$$

函数族 $\left\{1,\mathrm{e}^{\mathrm{i}x},\cdots,\mathrm{e}^{\mathrm{i}(N-1)x}\right\}$ 在区间 $[0,2\pi]$ 上是正交的, 记函数 $\mathrm{e}^{\mathrm{i}jx}$ 在等距点集 $x_k=\dfrac{2\pi}{N}k\ (k=0,1,\cdots,N-1)$ 的值 $\mathrm{e}^{\mathrm{i}jx_k}$ 组成的向量为

$$\boldsymbol{\phi}_j=\left(1,\mathrm{e}^{\mathrm{i}j\frac{2\pi}{N}},\cdots,\mathrm{e}^{\mathrm{i}j\frac{2\pi}{N}(N-1)}\right)^{\mathrm{T}}.$$

则 $\{\boldsymbol{\phi}_j,j=0,1,\cdots,N-1\}$ 为节点 $x_k\,(k=0,1,\cdots,N-1)$ 上的正交函数组, 即

$$(\boldsymbol{\phi}_l,\boldsymbol{\phi}_s)=\sum_{k=0}^{N-1}\mathrm{e}^{\mathrm{i}l\frac{2\pi}{N}k}\cdot\mathrm{e}^{-\mathrm{i}s\frac{2\pi}{N}k}=\sum_{k=0}^{N-1}\mathrm{e}^{\mathrm{i}(l-s)\frac{2\pi}{N}k}=\begin{cases}N, & l=s,\\ 0, & l\neq s.\end{cases}$$

从而 $f(x)$ 在点集 $\left\{x_j=\dfrac{2\pi}{N}j, j=0,1,\cdots,N-1\right\}$ 上最小二乘傅里叶逼近为

$$S_n(x)=\sum_{k=0}^{n-1}c_k\mathrm{e}^{\mathrm{i}kx},\quad n\leqslant N, \tag{7.18}$$

其中

$$c_k=\frac{1}{N}\sum_{j=0}^{N-1}f_j\mathrm{e}^{-\mathrm{i}k\frac{2\pi}{N}j},\quad k=0,1,\cdots,n-1. \tag{7.19}$$

在 (7.18) 式中, 若 $n=N$, 则 $S_n(x)$ 为 $f(x)$ 在点 x_j $(j=0,1,\cdots,N-1)$ 上的插值函数, 即 $S_n(x_j)=f(x_j), j=0,1,\cdots,N-1$, 于是再利用 (7.18) 式得

$$f_j=\sum_{k=0}^{N-1}c_k\mathrm{e}^{\mathrm{i}k\frac{2\pi}{N}j},\quad j=0,1,\cdots,N-1. \tag{7.20}$$

(7.19) 式是由 $\{f_j\}$ 求 $\{c_k\}$ 的过程, 称为 $f(x)$ 的离散傅里叶变换. (7.20) 式是由 $\{c_k\}$ 求 $\{f_j\}$ 的过程, 称为离散傅里叶逆变换.

7.4.2　快速傅里叶变换

不失一般性, 无论是按 (7.19) 式由 $\{f_j\}$ 求 $\{c_k\}$, 或是按 (7.20) 式由 $\{c_k\}$ 求 $\{f_k\}$, 还是由 (7.15) 式计算傅里叶系数, 均可归结为计算

$$c_j=\sum_{k=0}^{N-1}x_k\omega_N^{kj},\quad j=0,1,\cdots,N-1, \tag{7.21}$$

其中 $\{x_k\}_{k=0}^{N-1}$ 为已知的节点集, $\{c_k\}_{j=0}^{N}$ 为输出数据, 且

$$\omega_N=\mathrm{e}^{\mathrm{i}\frac{2\pi}{N}}=\cos\frac{2\pi}{N}+\mathrm{i}\sin\frac{2\pi}{N},\quad \mathrm{i}=\sqrt{-1}.$$

我们称 (7.21) 式为 N 点离散傅里叶变换, 简称 N 点 DFT. 下面分析求解 $\{c_k\}_{j=0}^{N}$ 的运算量, 由 (7.21) 式可知, 为了计算 c_j 需要作 N 个复数乘法和 N 个加法, 称为 N 个操作, 则计算全部 c_j $(j=0,1,2,\cdots,N-1)$ 共需要 N^2 个操作, 计算虽然不复杂, 但是当 N 很大时, 运算量是相当大的, 即使是使用高速计算机也需要花费大量时间. 也正因如此, 在相当长的时间内, 用数值手段进行傅里叶变换没有得到广泛应用. 直到 1965 年提出了快速傅里叶变换, 大幅度提高了计算速度, 使得离散傅里叶变换得到更广泛的运用.

快速傅里叶变换是快速算法的一个典范, 其基本思想是尽量减少 DFT 中乘法的运算次数. 从乘法对加法的分配律 $a(b+c)=ab+ac$ 得到启发, 若每项中有公因子, 则可以设法减少乘法的次数. 事实上, 对于任意正整数 k,j 成立

$$\omega_N^j\omega_N^k=\omega_N^{j+k},\quad \omega_N^{jk+N/2}=-\omega_N^{jk}\quad(\text{对称性}).$$

若假设 $kj=qN+s$ (q,s 都是非负整数, 其中 $0\leqslant s\leqslant N-1$ 为 kj 的 N 同余数), 则由周期性得到

$$\omega_N^{kj}=\omega_N^{qN+s}=\left(\mathrm{e}^{\mathrm{i}\frac{2\pi}{N}}\right)^{qN+s}=\mathrm{e}^{\mathrm{i}2\pi q}\cdot\mathrm{e}^{\mathrm{i}\frac{2\pi}{N}s}=\mathrm{e}^{\mathrm{i}\frac{2\pi}{N}s}=\omega_N^s.$$

从而, 可知在所有的 ω_N^{kj} $(j,k=0,1,\cdots,N-1)$ 中, 最多只有 N 个不同的值 ω_N^0, $\omega_N^1,\cdots,\omega_N^{N-1}$, 特别地, 有

$$\omega_N^0=\omega_N^N=1,\quad \omega_N^{N/2}=-1.$$

当 N 取 2 的幂次时, 即 $N=2^p$, ω_N^{kj} 只有 $N/2$ 个不同的值, 利用这些性质, 可将 (7.21) 式对半折成两个和式

$$c_j=\sum_{k=0}^{N/2-1}x_k\omega_N^{jk}+\sum_{k=0}^{N/2-1}x_{N/2+k}\omega_N^{j(N/2+k)}=\sum_{k=0}^{N/2-1}\left[x_k+(-1)^j x_{N/2+k}\right]\omega_N^{jk}.$$

则按奇偶下标的不同, 有

$$\begin{cases}c_{2j}=\displaystyle\sum_{k=0}^{N/2-1}(x_k+x_{N/2+k})\omega_{N/2}^{jk},\\ c_{2j+1}=\displaystyle\sum_{k=0}^{N/2-1}(x_k-x_{N/2+k})\omega_N^k\omega_{N/2}^{jk}.\end{cases}$$

若令

$$y_k=x_k+x_{N/2+k},\quad y_{N/2+k}=\left(x_k-x_{N/2+k}\right)\omega_N^k,\tag{7.22}$$

则可将 N 点 DFT (7.21) 式归结为两个运算规模为 $N/2$ 的 DFT 问题.

$$\begin{cases}c_{ij}=\displaystyle\sum_{k=0}^{N/2-1}y_k\omega_{N/2}^{jk},\\ c_{2j+1}=\displaystyle\sum_{k=0}^{N/2-1}y_{N/2+k}\omega_{N/2}^{jk},\quad j=0,1,\cdots,N/2-1.\end{cases}\tag{7.23}$$

易知, 求 (7.22) 式中 $y_k, y_{N/2+k}$ 所需要的乘法和加减法次数分别为 $N/2$ 和 N, 从而通过一个操作量为 $3N/2$ 的转换过程, 将一个 N 点 DFT 问题递归地转化为两个为 $N/2$ 点 DFT 的问题 (7.23). 如此反复施行此过程对于 $N=2^p$ 只需要递归 p 次, 就可以得到 N 个规模为 1 的 DFT 问题, 且相应的 DFT 系数就是所要求的 N 点 DFT 问题 (7.21) 的解. 这就是 FFT 算法的基本思想, 且总体的运算量为 $O(N\log_2 N)$.

下面以 $N=2^3=8$ 的情形为例说明 FFT 算法的基本思想. 此时 $k,j=0,1,\cdots,N-1=7$, 则 (7.21) 式的和为

$$c_j=\sum_{k=0}^{7}x_k\omega^{jk},\quad j=0,1,\cdots,7. \tag{7.24}$$

将 k,j 用二进制表示为

$$k=k_2 2^2+k_1 2^1+k_0 2^0=(k_2k_1k_0),$$
$$j=j_2 2^2+j_1 2^1+j_0 2^0=(j_2j_1j_0),$$

其中 $k_r,j_r\,(r=0,1,2)$ 只能取 0 或 1, 若记 $c_j=c(j_2j_1j_0),x_k=(k_2k_1k_0)$, 则 (7.24) 式可表示为

$$\begin{aligned}c(j_2j_1j_0)&=\sum_{k_0=0}^{1}\sum_{k_1=0}^{1}\sum_{k_2=0}^{1}x(k_2k_1k_0)\omega^{(k_2k_1k_0)\left(j_2 2^2+j_1 2^1+j_0 2^0\right)}\\&=\sum_{k_0=0}^{1}\left\{\sum_{k_1=0}^{1}\left[\sum_{k_2=0}^{1}x(k_2k_1k_0)\,\omega^{j_0(k_2k_1k_0)}\right]\omega^{j_1(k_1k_00)}\right\}\omega^{j_2(k_200)}.\end{aligned}\tag{7.25}$$

若引入记号

$$\left\{\begin{aligned}&A_0(k_2k_1k_0)=x(k_2k_1k_0),\\&A_1(k_1k_0j_0)=\sum_{k_2=0}^{1}A_0(k_2k_1k_0)\,\omega^{j_0(k_2k_1k_0)},\\&A_2(k_0j_1j_0)=\sum_{k_1=0}^{1}A_1(k_1k_0j_0)\,\omega^{j_1(k_1k_00)},\\&A_3(j_2j_1j_0)=\sum_{k_0=0}^{1}A_2(k_0j_1j_0)\,\omega^{j_2(k_000)},\end{aligned}\right.\tag{7.26}$$

则 (7.25) 式变成

$$c(j_2j_1j_0)=A_3(j_2j_1j_0).$$

因此, 将由 (7.24) 式计算 c_j 分为 p 步由 (7.26) 式计算, 且每计算一个 A_q 只需用 2 次复数乘法, 从而计算一个 c_j 要用 $2p$ 次复数乘法, 计算全部 c_j 共用 $2pN = 2N\log_2 N = 48$ 次复数乘法.

注意到 $\omega^{j_0 2^{p-1}} = \omega^{j_0 N/2} = (-1)^{j_0}$, 则 (7.26) 式可再次进行简化, 得到

$$
\begin{aligned}
A_1(k_1k_0j_0) &= \sum_{k_2=0}^{l} A_0(k_2k_1k_0)\,\omega^{j_0(k_2k_1k_0)} \\
&= A_0(0k_1k_0)\,\omega^{j_0(0k_1k_0)} + A_0(1k_1k_0)\,w^{j_0 2^2}\omega^{j_0(0k_1k_0)} \\
&= \left[A_0(0k_1k_0) + (-1)^{j_0} A_0(1k_1k_0)\right]\omega^{j_0(0k_1k_0)},
\end{aligned}
$$

$$
A_1(k_1k_00) = A_0(0k_1k_0) + A_0(1k_1k_0),
$$

$$
A_1(k_1k_01) = [A_0(0k_1k_0) - A_0(1k_1k_0)]\,w^{(0k_1k_0)}.
$$

再将这表达式中二进制表示还原为十进制表示: $k = (0k_1k_0) = k_1 2^1 + k_0 2^0$, 即 $k = 0, 1, 2, 3$, 得

$$
\begin{cases}
A_1(2k) = A_0(k) + A_0(k+2^2), \\
A_1(2k+1) = [A_0(k) - A_0(k+2^2)]\,\omega^k,
\end{cases}
\tag{7.27}
$$

此步需要 4 次乘法运算, 8 次加法运算. 同样, (7.26) 式中的 A_2 也可简化为

$$
A_2(k_0j_1j_0) = \left[A_1(0k_0j_0) + (-1)^{j_1} A_1(1k_0j_0)\right]\omega^{j_1(0k_00)},
$$

即

$$
A_2(k_00j_0) = A_1(0k_0j_0) + A_1(1k_0j_0),
$$

$$
A_2(k_01j_0) = [A_1(0k_0j_0) - A_1(1k_0j_0)]\,\omega^{(0k_00)}.
$$

将表达式中的二进制表示还原为十进制表示, 得

$$
\begin{cases}
A_2(k2^2+j) = A_1(2k+j) + A_1(2k+j+2^2), & k = 0, 1, \\
A_2(k2^2+j+2) = [A_1(2k+j) - A_1(2k+j+2^2)]\,\omega^{2k}, & j = 0, 1.
\end{cases}
\tag{7.28}
$$

此步需要 4 次乘法运算, 8 次加法运算. 同样, (7.26) 式中的 A_3 可简化为

$$
A_3(j_2j_1j_0) = \left[A_1(0j_1j_0) + (-1)^{j_2} A_2(1j_1j_0)\right],
$$

即

$$A_3(0j_1j_0) = A_2(0j_1j_0) + A_2(1j_1j_0),$$

$$A_3(1j_1j_0) = A_2(0j_1j_0) - A_2(1j_1j_0).$$

将表达式中的二进制表示还原为十进制表示, 得

$$\begin{cases} A_3(j) = A_2(j) + A_2(j+2^2), \\ A_3(j+2^2) = A_2(j) - A_2(j+2^2), \end{cases} \quad j = 0,1,2,3. \tag{7.29}$$

此步不需要再进行乘法运算, 只需要 8 次加法运算.

根据 (7.27)—(7.29) 式, 由 $A_0(k) = x(k) = x_k\,(k = 0,1,\cdots,7)$ 逐次计算到 $A_3(j) = c_j\,(j = 0,1,\cdots,7)$, 只需要 8 次复数乘法运算和 24 次加法运算, 计算量大大下降.

类似地推广到 $N = 2^p$ 的情形, 得到一般情况的 FFT 计算公式

$$\begin{cases} A_q(k2^q + j) = A_{q-1}(k2^{q-1} + j) + A_{q-1}(k2^{q-1} + j + 2^{p-1}), \\ A_q(k2^q + j + 2^{q-1}) = [A_{q-1}(k2^{q-1} + j) \\ \qquad\qquad - A_{q-1}(k2^{q-1} + j + 2^{p-1})]\omega^{k2^{q-1}}, \end{cases} \tag{7.30}$$

其中 $q = 1,2,\cdots,p$; $k = 0,1,\cdots,2^{p-1}-1$; $j = 0,1,\cdots,2^{q-1}-1$. (7.30) 式只需要 $\dfrac{N}{2}(p-1)$ 次复数乘法, 它比直接由 (7.21) 式的 N^2 次乘法快得多.

快速傅里叶变换描述如下.

算法 7.2 快速傅里叶变换

输入: x 取值范围, y 关于 x 的傅里叶函数.

输出: 快速傅里叶变换后的长度及值.

1: 运用 numpy 包中的 fft() 函数对离散傅里叶进行变换.

习 题 7

1. 在 $\mathbb{R}^2$ 中, 借助图像找出直线 $x - 2y + 2 = 0$ 上距原点最近的点. 考虑不同范数下的距离: (1) 1 范数; (2) 2 范数; (3) ∞ 范数.

2. 在 $C[-1,1]$ 上, 取基函数 $b_0(x) = x$, 令子空间 P 由 $b_0(x)$ 张成. 使用 1 范数, 在 P 上对常值函数 $f(x) \equiv 1$ 作最佳 L_1 逼近, 并判断此时的最佳逼近是否唯一.

3. 令 $f(x) = x^2$, 求线性函数 $p(x)$, 使得下列积分取值达到最小:

$$\int_0^1 [f(x) - p(x)]^2 \mathrm{d}x.$$

4. 在区间 $[0,2]$ 上, 令基函数 $b_i(x)$ 为满足条件

$$b_i(j)=\delta_{ij},\quad i,j=0,1,2$$

的分段线性插值函数. 对分段函数

$$f(x)=\begin{cases}1, & 0\leqslant x\leqslant 1,\\ 0, & 1<x\leqslant 2,\end{cases}$$

求解系数 λ_i, $i=0,1,2$, 使得下列积分取值取到最小:

$$\int_0^1\left[f(x)-\sum_{i=0}^{2}\lambda_i b_i(x)\right]^2\mathrm{d}x.$$

5. 对单项式 x^n, 利用复指数及二项展开

$$x^n=\cos^n\theta=2^{-n}(\mathrm{e}^{\mathrm{i}\theta}+\mathrm{e}^{-\mathrm{i}\theta})^n,$$

证明下式成立:

$$x^n=2^{1-n}\sum_{k=0}^{\lfloor n/2\rfloor}\left(1-\frac{\delta_{n-2k,0}}{2}\right)\binom{n}{k}T_{n-2k}(x).$$

6. 使用点集 $\{0,1,2\}$ 上的离散型内积, 根据递推关系构造正交多项式 $\{\phi_i, i=0,1,2,3\}$, 即要求满足

$$(\phi_i,\phi_j)=\sum_{k=0}^{2}\phi_i(k)\phi_j(k)=\delta_{ij}.$$

注意 $\phi_3(x)$ 在 $\{0,1,2\}$ 上的取值, 并给出解释.

7. 设数据点 (x_i,y_i), $i=0,1,\cdots,n$ 近似满足函数关系 $y=\lambda x^\alpha$, 其中 α 已知, 利用最小二乘拟合求解参数 λ.

8. 构造线性化方法拟合如下逻辑斯谛 (Logistic) 模型中的参数 λ_0,λ_1:

$$y=\frac{\mathrm{e}^{\lambda_0+\lambda_1 x}}{1+\mathrm{e}^{\lambda_0+\lambda_1 x}}.$$

9. 计算向量 $\boldsymbol{x}=(1,0,-1.0)^{\mathrm{T}}$ 的离散傅里叶变换.

10. 计算向量 $\boldsymbol{x}=(1,0,-1.0)^{\mathrm{T}}$ 的三角插值.

实 验 7

1. 函数 $f(x)=\arctan x$ 有如下的切比雪夫展开和泰勒展开:

$$\arctan x=\sum_{i=0}^{\infty}(-1)^i\frac{2(\sqrt{2}-1)^{2i+1}}{2i+1}T_{2i+1}(x),$$

$$\arctan x=\sum_{i=0}^{\infty}(-1)^i\frac{1}{2i+1}x^{2i+1}.$$

编写 $[-1,1]$ 上权函数为 $w(x)=1/\sqrt{1-x^2}$ 的平方逼近程序:

(1) 分别绘制切比雪夫展开部分和与泰勒展开部分和的图像, 观察它们逼近 $f(x)$ 的效果, 并比较二者的误差;

(2) 令 $x=1$, 分别利用切比雪夫展开和泰勒展开计算 π 的近似值, 并比较二者的收敛速度.

2. 下列数据给出了八大行星运行轨道的半长轴和周期.

行星	轨道半长轴 (AU)	轨道周期/天
水星	0.3871	87.97
金星	0.7233	224.70
地球	1.000	365.26
火星	1.524	686.98
木星	5.204	4332.6
土星	9.583	10759
天王星	19.19	30688
海王星	30.07	60195

编写程序将数据拟合为幂函数形式 $y=\lambda_0 x^{\lambda_1}$:

(1) 求出待定参数 λ_0,λ_1;

(2) 根据开普勒 (Kepler) 第三定律, 给定 $\lambda_1=3/2$, 再通过拟合求出 λ_0. 试解释所得结果.

3. 设观测数据点 $(0,7.5),(1,5.0),(2,3.5),(3,2.5),(4,1.5)$ 服从指数衰减 $y=\lambda_0\mathrm{e}^{-\lambda_1 t}$ 的模型.

(1) 利用线性化方法作最小二乘拟合, 求出待定参数 λ_0,λ_1;

(2) 应用 Python 中的 curve_fit 函数作非线性拟合, 求出待定参数 λ_0,λ_1, 并与 (1) 中结果进行比较, 具体导入和使用方式如下

```
from scipy.optimize import curve_fit
p_est, err_est = curve_fit(func,t,y)
```

其中, func 需按待拟合的函数模型进行定义, t,y 分别为观测所得的自变量数组和因变量数组, 输出的 p_est 即为所求待定参数, err_est 为参数估计的协方差.

第 8 章　数值积分与数值微分

在科学和工程计算中, 常常需要计算定积分 $\int_a^b f(x)\mathrm{d}x$ 的值. 然而, 在微积分理论中, 有些函数找不到初等函数表示的原函数, 从而无法用牛顿-莱布尼茨公式解决定积分计算问题; 有些函数虽可找到原函数, 但计算过于复杂, 如椭圆形积分 $\int_\alpha^\beta \sqrt{ax^2+bx+c}\,\mathrm{d}x$; 甚至在有些情况下, 只知某些点处的函数值. 并没有函数的具体表达式. 所以在解决实际问题中, 有必要研究积分的数值计算问题.

引例　函数

$$F(t)=\int_0^t \frac{x^3}{\mathrm{e}^x-1}\mathrm{d}x$$

的每一个值都需要用数值积分求出. 当 $t=5$ 时, $F(5)$ 且在 $0 \leqslant x \leqslant 5$ 上曲线 $y=\dfrac{x^3}{\mathrm{e}^x-1}$ 之下的图形面积 (图 8.1), 用数值积分得

$$F(5)=\int_0^5 \frac{x^3}{\mathrm{e}^x-1}\mathrm{d}x \approx 4.8999.$$

表 8.1 列出 5 个点处积分近似值.

表 8.1

t	1	2	3	4	5
$F(t)$	0.2248	1.1764	2.5522	3.8771	4.8999

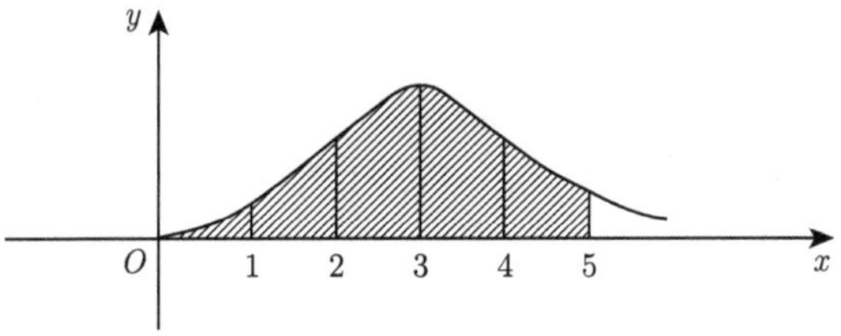

图 8.1　积分示意图

8.1 插值型求积公式

8.1.1 数值求积公式的构造及代数精度

数值积分方法求定积分 $\int_a^b f(x)\mathrm{d}x$ 是一种处理连续问题的离散化方法. 该方法利用一些基点 x_k 处的函数值 $f(x_k)$ 的加权和 $\sum\limits_{k=0}^{n} A_k f(x_k)$ 作为定积分的近似值, 即

$$\int_a^b f(x)\,\mathrm{d}x \approx \sum_{k=0}^{n} A_k f(x_k), \tag{8.1}$$

称 (8.1) 式为求积公式, 称 x_k 为求积节点, 系数 A_k 为求积系数. 研究数值积分公式的主要任务是确定求积节点和求积系数, 在计算量合理的情况下使数值求积公式误差尽可能小.

数值求积方法是近似方法, 为了保证其精度, 自然希望求积公式对 "尽可能多" 的函数精确成立, 这就提出了代数精度的概念.

定义 8.1 若求积公式 (8.1) 对于 $f(x)=1,x,x^2,\cdots,x^m$ 均能精确成立, 而对于 $f(x)=x^{m+1}$ 不再精确成立, 则称求积公式 (8.1) 的代数精度为 m, 或称 (8.1) 式具有 m 次代数精度.

由定义 8.1 可知, 若求积公式 (8.1) 的代数精度为 m, 则求积系数 A_k 应满足线性方程组

$$\begin{cases} \sum\limits_{k=0}^{n} A_k = b-a, \\ \sum\limits_{k=0}^{n} A_k x_k = \dfrac{1}{2}\left(b^2-a^2\right), \\ \qquad\qquad \cdots\cdots \\ \sum\limits_{k=0}^{n} A_k x_k^m = \dfrac{1}{m+1}\left(b^{m+1}-a^{m+1}\right). \end{cases} \tag{8.2}$$

因节点互异, 故上述线性方程组的系数矩阵 (范德蒙德矩阵) 非奇异, 故方程组有唯一解. 取 $m=n$, 求解方程组 (8.2), 即可以确定出求积系数 A_k, 从而使求积公式 (8.2) 的代数精度至少为 n.

例 8.1 试构造形如

$$\int_0^{3h} f(x)\,\mathrm{d}x \approx A_0 f(0) + A_1 f(h) + A_2 f(2h)$$

的数值求积公式, 使其代数精度尽可能高, 并指出其代数精度.

解 令所求的数值积分公式对 $f(x)=1,x,x^2$ 均准确成立, 有

$$\begin{cases} 3h=A_0+A_1+A_2, \\ \dfrac{9}{2}h^2=0+A_1h+A_22h, \\ 9h^2=0+A_1h^2+A_24h^2. \end{cases}$$

解方程组得

$$A_0=\frac{3}{4}h,\quad A_1=0,\quad A_2=\frac{9}{4}h,$$

故所求数值积分公式为

$$\int_0^{3h} f(x)\mathrm{d}x\approx\frac{3h}{4}f(0)+\frac{9h}{4}f(2h).$$

由公式的构造过程知, 公式至少有二阶代数精度. 记

$$I[f]=\int_a^b f(x)\,\mathrm{d}x,\quad S[f]=\frac{3h}{4}f(0)+\frac{9h}{4}f(2h).$$

当 $f(x)=x^3$ 时, 求积公式的左边和右边分别为

$$I[f]=\int_0^{3h} x^3\mathrm{d}x=\frac{81}{4}h^4,\quad S[f]=\frac{9h}{4}(2h)^3=18h^4.$$

这说明求积公式对 $f(x)=x^3$ 不能准确成立, 因此公式只具有二阶代数精度.

利用解线性方程组 (8.2) 的方法构造求积公式很不方便. 因此提出了利用 $f(x)$ 以 $x_0,x_1,\cdots,x_n$ 为插值节点的插值多项式来构造求积公式的方法.

设在区间 $[a,b]$ 上给定一组节点满足 $a=x_0<x_1<\cdots<x_{n-1}<x_n=b$, 且已知函数 $f(x)$ 在插值节点上的函数值 $f(x_k)\,(k=0,1,\cdots,n)$, 构造拉格朗日插值多项式 $L_n(x)$, 用 $L_n(x)$ 近似 $f(x)$, 即

$$\begin{aligned}\int_a^b f(x)\,\mathrm{d}x&\approx\int_a^b L_n(x)\,\mathrm{d}x=\int_a^b\left[\sum_{k=0}^n f(x_k)\,l_k(x)\right]\mathrm{d}x\\&=\sum_{k=0}^n f(x_k)\int_a^b l_k(x)=\sum_{k=0}^n A_kf(x_k),\end{aligned}$$

其中

$$A_k = \int_a^b l_k(x)\,\mathrm{d}x.$$

下面根据 n 的取值情况, 分别导出 $n=1,2$ 和一般形式的求积公式, 并给出相应的误差估计.

8.1.2　梯形求积公式

先看 $n=1$ 的情况. 此时, $a=x_0<x_1=b$, 所以

$$\begin{aligned}\int_a^b f(x)\mathrm{d}x &\approx \int_a^b L_1(x)\mathrm{d}x = \int_a^b\left[f(x_0)\frac{x-x_1}{x_0-x_1}+f(x_1)\frac{x-x_0}{x_1-x_0}\right]\mathrm{d}x\\ &= f(a)\int_a^b \frac{x-b}{a-b}\mathrm{d}x + f(b)\int_a^b\frac{x-a}{b-a}\mathrm{d}x\\ &= \frac{b-a}{2}\left[f(a)+f(b)\right],\end{aligned} \tag{8.3}$$

或写成

$$\int_a^b f(x)\,\mathrm{d}x \approx A_0 f(x_0) + A_1 f(x_1), \tag{8.4}$$

其中

$$A_0 = A_1 = \frac{b-a}{2},$$

称 (8.3) 式或 (8.4) 式为梯形求积公式.

图 8.2 给出了梯形求积公式的几何意义: 用梯形面积来近似曲边梯形面积, (8.3) 式的右端表示的就是梯形面积.

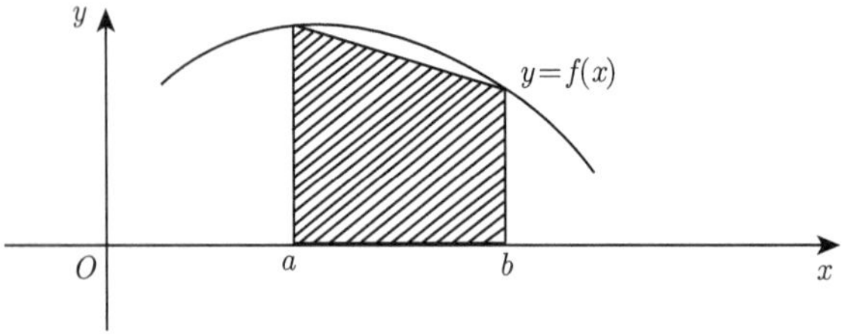

图 8.2　梯形求积公式的几何意义

下面讨论梯形求积公式的误差. 称

$$R_1[f] = \int_a^b f(x)\,\mathrm{d}x - \frac{b-a}{2}\left[f(a)+f(b)\right]$$

为梯形公式的截断误差.

定理 8.1 若函数 $f(x)$ 在 $[a,b]$ 上有连续的二阶导数, 则梯形公式的截断误差为

$$R_1[f]=-\frac{(b-a)^3}{12}f''(\eta),\quad a\leqslant\eta\leqslant b. \tag{8.5}$$

证明 由梯形公式的构造和拉格朗日插值多项式的余项公式, 有

$$\begin{aligned}R_1[f]&=\int_a^b f(x)\,\mathrm{d}x-\frac{b-a}{2}[f(x)+f(b)]=\int_a^b f(x)\,\mathrm{d}x-\int_a^b L_1(x)\,\mathrm{d}x\\&=\int_a^b [f(x)-L_1(x)]\,\mathrm{d}x=\int_a^b \frac{f''(\xi)}{2}(x-a)(x-b)\,\mathrm{d}x.\end{aligned}$$

注意到 $W(x)=(x-a)(x-b)$ 在 $[a,b]$ 区间内不变号, $f''(\xi)$ 是关于 x 的连续函数, 由数学分析 (高等数学) 中的积分中值定理, 存在 $\eta\in(a,b)$, 使得

$$\int_a^b f''(\xi)(x-a)(x-b)\,\mathrm{d}x=f''(\eta)\int_a^b (x-a)(x-b)\,\mathrm{d}x=-\frac{(b-a)^3}{6}f''(\eta).$$

因此

$$R_1[f]=-\frac{(b-a)^3}{12}f''(\eta),\quad a\leqslant\eta\leqslant b. \qquad\square$$

定理 8.1 给出了梯形公式的截断误差, 下面从另一个角度来描述梯形公式与定积分的近似程度.

例 8.2 验证梯形求积公式的代数确度为 1.

解 首先验证 $f(x)=1,x$ 时, 梯形公式准确成立. 利用梯形求积公式 (8.3), 当 $f(x)=1$ 时,

$$\text{左端}=\int_a^b f(x)\,\mathrm{d}x=\int_a^b 1\mathrm{d}x=b-a,$$

$$\text{右端}=\frac{b-a}{2}[f(a)+f(b)]=\frac{b-a}{2}[1+1]=b-a.$$

当 $f(x)=x$ 时,

$$\text{左端}=\int_a^b f(x)\,\mathrm{d}x=\int_a^b x\mathrm{d}x=\frac{1}{2}\left(b^2-a^2\right),$$

$$\text{右端}=\frac{b-a}{2}[f(a)+f(b)]=\frac{b-a}{2}[a+b]=\frac{1}{2}\left(b^2-a^2\right).$$

再验证 $f(x)=x^2$ 时梯形公式不能准确成立. 当 $f(x)=x^2$ 时,

$$\text{左端}=\int_a^b f(x)\,\mathrm{d}x=\int_a^b x^2\mathrm{d}x=\frac{1}{3}\left(b^3-a^3\right),$$

$$\text{右端}=\frac{b-a}{2}\left[f(a)+f(b)\right]=\frac{b-a}{2}\left[a^2+b^2\right],$$

左端 $\neq$ 右端, 因此, 梯形求积公式的代数精度为 1.

8.1.3　辛普森求积公式

当 $n=2$ 时, 将区间 $[a,b]$ 二等分, 令 $h=\dfrac{b-a}{2}$, 此时取 $x_0=a, x_1=x_0+h=\dfrac{a+b}{2}, x_2=x_0+2h=b$. 用 $L_2(x)$ 近似 $f(x)$, 因此

$$\begin{aligned}\int_a^b f(x)\mathrm{d}x &\approx \int_a^b L_2(x)\mathrm{d}x\\ &=\int_a^b\left[f(x_0)\frac{(x-x_1)(x-x_2)}{(x_0-x_1)(x_0-x_2)}+f(x_1)\frac{(x-x_0)(x-x_2)}{(x_1-x_0)(x_1-x_2)}\right.\\ &\quad\left.+f(x_2)\frac{(x-x_0)(x-x_1)}{(x_2-x_0)(x_2-x_1)}\right]\mathrm{d}x\\ &=\int_0^2\left[f(x_0)\frac{(t-1)(t-2)}{2}+f(x_1)\frac{t(t-2)}{-1}+f(x_2)\frac{t(t-1)}{2}\right]h\mathrm{d}t\\ &=\frac{h}{3}\left[f(x_0)+4f(x_1)+f(x_2)\right],\end{aligned}$$

即

$$\int_a^b f(x)\,\mathrm{d}x\approx\frac{b-a}{6}\left[f(a)+4f\left(\frac{a+b}{2}\right)+f(b)\right] \tag{8.6}$$

或

$$\int_a^b f(x)\,\mathrm{d}x\approx A_0f(x_0)+A_1f(x_1)+A_2f(x_2), \tag{8.7}$$

其中

$$A_0=A_2=\frac{b-a}{6},\quad A_1=\frac{4}{6}(b-a)=\frac{2}{3}(b-a),$$

称 (8.6) 式或 (8.7) 式为辛普森 (Simpson) 求积公式.

辛普森公式的几何意义: 用以抛物线为顶的曲边梯形近似以曲线 $y=f(x)$ 为顶的曲边梯形面积 (图 8.3).

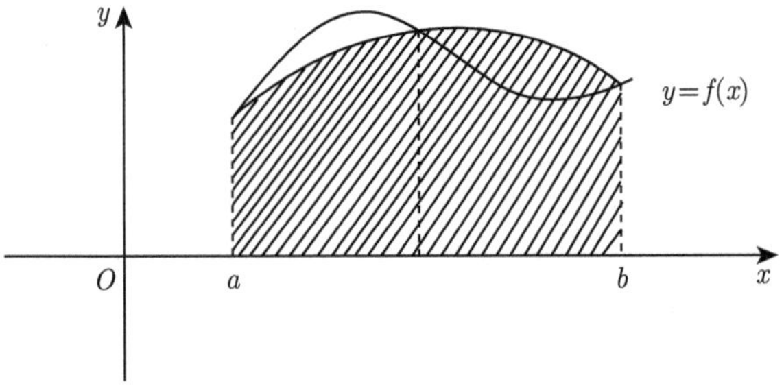

图 8.3 辛普森求积公式的几何意义

可以证明: 若函数 $f(x)$ 在 $[a,b]$ 上有连续的四阶导数, 则辛普森公式的截断误差为

$$
\begin{aligned}
R_2[f] &= \int_a^b f(x)\,\mathrm{d}x - \frac{b-a}{6}\left[f(a)+4f\left(\frac{a+b}{2}\right)+f(b)\right] \\
&= -\frac{(b-a)^5}{2880}f^{(4)}(\eta), \quad a \leqslant \eta \leqslant b.
\end{aligned} \tag{8.8}
$$

同时也考察一下辛普森公式的代数精度.

例 8.3 验证辛普森求积的代数精度为 3.

解 当 $f(x)=1,x,x^2,x^3$ 时, 有

$$\int_a^b 1\mathrm{d}x = b-a = \frac{b-a}{6}[1+4+1],$$

$$\int_a^b x\mathrm{d}x = \frac{1}{2}\left(b^2-a^2\right) = \frac{b-a}{6}\left[a+4\frac{a+b}{2}+b\right],$$

$$\int_a^b x^2\mathrm{d}x = \frac{1}{3}\left(b^3-a^3\right) = \frac{b-a}{6}\left[a^2+4\left(\frac{a+b}{2}\right)^2+b^2\right],$$

$$\int_a^b x^3\mathrm{d}x = \frac{1}{4}\left(b^4-a^4\right) = \frac{b-a}{6}\left[a^3+4\left(\frac{a+b}{2}\right)^3+b^3\right],$$

而当 $f(x)=x^4$ 时,

$$\int_a^b x^4\mathrm{d}x = \frac{1}{5}\left(b^5-a^5\right) \neq \frac{b-a}{6}\left[a^4+4\left(\frac{a+b}{2}\right)^4+b^4\right].$$

注意: 上面的验证用到

$$b^n-a^n=(b-a)\left(b^{n-1}+ab^{n-2}+\cdots+a^{n-2}b+a^{n-1}\right).$$

从代数精度的角度讲, 辛普森公式优于梯形公式.

8.1.4 牛顿-科茨求积公式

现讨论一般情形. 将区间 $[a,b]$ 进行 n 等分, 令 $h=\dfrac{b-a}{n}$, 求积节点为 $x_0=a, x_k=x_0+kh\ (k=0,1,\cdots,n)$. 用 n 次拉格朗日插值多项式 $L_n(x)$ 近似 $f(x)$, 所以得到

$$\begin{aligned}\int_a^b f(x)\,\mathrm{d}x &\approx \int_a^b L_n(x)\,\mathrm{d}x=\int_a^b\left[\sum_{k=0}^n f(x_k)\,l_k(x)\right]\mathrm{d}x\\ &=\sum_{k=0}^n f(x_k)\int_a^b l_k(x)\,\mathrm{d}x=\sum_{k=0}^n A_k f(x_k)\\ &=(b-a)\sum_{k=0}^n C_k^{(n)} f(x_k),\end{aligned}\tag{8.9}$$

其中

$$A_k=\int_a^b l_k(x)\,\mathrm{d}x=\int_a^b\frac{(x-x_0)\cdots(x-x_{k-1})(x-x_{k+1})\cdots(x-x_n)}{(x_k-x_0)\cdots(x_k-x_{k-1})(x_k-x_{k+1})\cdots(x_k-x_n)}\mathrm{d}x.$$

令 $x=x_0+th$, 则

$$\begin{aligned}A_k&=\int_0^n\frac{t(t-1)\cdots(t-k+1)(t-k-1)\cdots(t-n)}{k(k-1)\cdots(k-k+1)(k-k-1)(k-n)}h\mathrm{d}t\\ &=\frac{(-1)^{n-k}h}{k!\,(n-k)!}\int_0^n\prod_{\substack{j=0\\ j\neq k}}(t-j)\,\mathrm{d}t\\ &=(b-a)\,C_k^{(n)},\quad k=0,1,\cdots,n,\end{aligned}$$

其中

$$C_k^{(n)}=\frac{(-1)^{n-k}}{nk!\,(n-k)!}\int_0^n\prod_{\substack{j=0\\ j\neq k}}(t-j)\,\mathrm{d}t,\quad k=0,1,\cdots,n,$$

称 (8.9) 式为牛顿-科茨 (Newton-Cotes) 公式, 称 $C_k^{(n)}\ (k=0,1,\cdots,n)$ 为科茨系数. 表 8.2 列出 $n=1,2,\cdots,8$ 的科茨系数.

下面简单的介绍一下科茨系数的性质.

性质 8.1 科茨系数的和等于 1, 即

$$\sum_{k=0}^n C_k^{(n)}=1.\tag{8.10}$$

表 8.2 科茨系数表

n	$C_k^{(n)}$								
1	$\frac{1}{2}$	$\frac{1}{2}$							
2	$\frac{1}{6}$	$\frac{4}{6}$	$\frac{1}{6}$						
3	$\frac{1}{8}$	$\frac{3}{8}$	$\frac{3}{8}$	$\frac{1}{8}$					
4	$\frac{7}{90}$	$\frac{32}{90}$	$\frac{12}{90}$	$\frac{32}{90}$	$\frac{7}{90}$				
5	$\frac{19}{288}$	$\frac{75}{288}$	$\frac{50}{288}$	$\frac{50}{288}$	$\frac{75}{288}$	$\frac{19}{288}$			
6	$\frac{41}{840}$	$\frac{216}{840}$	$\frac{27}{840}$	$\frac{272}{840}$	$\frac{27}{840}$	$\frac{216}{840}$	$\frac{41}{840}$		
7	$\frac{751}{17280}$	$\frac{3577}{17280}$	$\frac{1323}{17280}$	$\frac{2989}{17280}$	$\frac{2989}{17280}$	$\frac{1323}{17280}$	$\frac{3577}{17280}$	$\frac{751}{17280}$	
8	$\frac{989}{28350}$	$\frac{588}{28350}$	$-\frac{928}{28350}$	$\frac{10496}{28350}$	$-\frac{4540}{28350}$	$\frac{10496}{283560}$	$-\frac{928}{28350}$	$\frac{5888}{28350}$	$\frac{989}{28350}$

证明 设 $f(x) \equiv 1$, 则 $f(x) \equiv L_n(x) = 1$, 因此

$$b - a = \int_a^b 1\mathrm{d}x = \sum_{k=0}^{n} A_k f(x_k) = (b-a)\sum_{k=0}^{n} C_k^{(n)}.$$

所以 (8.10) 式成立. □

性质 8.2 科茨系数具有对称性, 即 $C_k^{(n)} = C_{n-k}^{(n)}$, $k = 0, 1, \cdots, n$.

证明 由 $C_k^{(n)}$ 的定义, 并作变换 $u = n - t$, 则有

$$\begin{aligned}
C_k^{(n)} &= \frac{(-1)^{n-k}}{nk!(n-k)!}\int_0^n t\cdots(t-k+1)(t-k-1)\cdots(t-n)\,\mathrm{d}t \\
&= \frac{(-1)^{n-k}(-1)}{nk!(n-k)!}\int_n^0 (n-u)\cdots(n-u-k+1)(n-u-k-1) \\
&\quad \cdots\cdots(n-u-n)\,\mathrm{d}u \\
&= \frac{(-1)^{n-(n-k)}}{nk!(n-k)!}\int_0^n u\cdots(u-(n-k)+1)(u-(n-k)-1)\cdots(u-n)\,\mathrm{d}u \\
&= C_{n-k}^{(n)}.
\end{aligned}$$

因此科茨系数具有对称性. □

可以证明, 若函数 $f(x)$ 在区间 $[a,b]$ 上有连续函数的 $n+2$ 阶导数, 则牛顿-科茨型求积公式的截断误差为

$$\begin{aligned}R_n[f] &= \int_a^b f(x)\,\mathrm{d}x - \sum_{k=0}^{n} A_k f(x_k)\\ &= \frac{1}{(n+1)!}\int_a^b f^{(n+1)}(\xi)(x-x_0)(x-x_1)\cdots(x-x_n)\,\mathrm{d}x\\ &= \begin{cases}\dfrac{h^{n+3}f^{(n+2)}(\eta)}{(n+2)!}\displaystyle\int_0^n \left(t-\frac{n}{2}\right)t(t-1)\cdots(t-n)\,\mathrm{d}t, & n\text{ 为偶数},\\ \dfrac{h^{n+2}f^{(n+1)}(\eta)}{(n+1)!}\displaystyle\int_0^n t(t-1)\cdots(t-n)\,\mathrm{d}t, & n\text{ 为奇数},\end{cases}\end{aligned} \tag{8.11}$$

其中 $h=\dfrac{b-a}{n}$, $\eta\in[a,b]$. 由此可以得到, 牛顿-科茨型求积公式的代数精度至少为 n. 事实上, 当 $f(x)=1,x,\cdots,x^n$ 时, $f^{(n+1)}(\eta)=0$, 即 $R_n[f]=0$. 因此

$$\int_a^b f(x)\,\mathrm{d}x = \sum_{k=0}^{n} A_k f(x_k).$$

由 (8.11) 式可以进一步得到, 当 n 为偶数时, 牛顿-科茨型求积公式的代数精度为 $n+1$; 当 n 为奇数时, 其代数精度为 n.

8.1.5 求积公式的数值稳定性

从代数精度的角度来看, 使用牛顿-科茨求积公式时, 其阶数越高精度就越高. 但从表 8.2 可以看出, 当 $n=8$ 时, 科茨系数出现了负数, 因此在实际计算中, 将会使舍入误差增大, 并且往往难以估计. 从而牛顿-科茨公式的收敛性和稳定性得不到保证.

下面来分析数值计算的稳定性. 设 $f(x_k)$ 为准确值, $\tilde{f}(x_k)$ 为计算值, 误差 $\varepsilon_k=f(x_k)-\tilde{f}(x_k)$, $\varepsilon=\max\{\varepsilon_k|\ k=0,1,\cdots,n\}$, 因而在利用牛顿-科茨公式求积分时, 得到的是

$$\tilde{I}_n=(b-a)\sum_{k=0}^{n} C_k^{(n)}\tilde{f}(x_k),$$

它的理论值为

$$I_n=(b-a)\sum_{k=0}^{n} C_k^{(n)} f(x_k).$$

两者的误差为

$$\begin{aligned}\left|I_n-\tilde{I}_n\right| &= |b-a|\cdot\left|\sum_{k=0}^{n}C_k^{(n)}\left(f\left(x_k\right)-\tilde{f}\left(x_k\right)\right)\right| \\ &= |b-a|\cdot\left|\sum_{k=0}^{n}C_k^{(n)}\varepsilon_k\right| \\ &\leqslant |b-a|\sum_{k=0}^{n}\left|C_k^{(n)}\right|\cdot|\varepsilon_k|\leqslant|b-a|\cdot\varepsilon\sum_{k=0}^{n}\left|C_k^{(n)}\right|. \end{aligned} \tag{8.12}$$

当 $C_k^{(n)}\geqslant 0$ 时, 有

$$\sum_{k=0}^{n}\left|C_k^{(n)}\right|=\sum_{k=0}^{n}C_k^{(n)}=1,$$

由 (8.12) 式得到

$$\left|I_n-\tilde{I}_n\right|\leqslant|b-a|\cdot\varepsilon.$$

误差并不放大, 因此, 数值计算是稳定的. 当 $C_k^{(n)}$ 出现负值时, 有

$$\sum_{k=0}^{n}\left|C_k^{(n)}\right|>\sum_{k=0}^{n}C_k^{(n)}=1.$$

从 (8.12) 式可以看出, 计算误差会被放大. 从上述讨论可知, 在实际计算中不用高阶的牛顿-科茨求积公式.

8.2 复化求积公式

在实际计算中通常不使用高阶求积公式, 但低阶牛顿-科茨型求积公式对于积分区间较大, 直接使用这些公式很难达到精度要求, 如何解决这个问题呢? 由梯形公式的截断误差式 (8.5) 和辛普森公式的截断误差式 (8.8) 可以看出, 当 $b-a$ 充分小时, $R_1[f]$ 和 $R_2[f]$ 就充分小, 即误差充分小. 因此, 可采用细分求积区间的方法, 使得在每个小区间上误差充分小, 从而使整个求积公式的误差充分小, 这就得到了复化求积公式.

8.2.1 复化梯形公式

将区间 $[a,b]$ 进行 N 等分, 子区间的长为 $h_N=\dfrac{b-a}{N}$, 称 h_N 为步长. 此时, 节点为 $x_k=x_0+kh_N\,(k=0,1,\cdots,N)$. 由定积分的性质和梯形公式, 得到

$$\int_a^b f(x)\mathrm{d}x=\sum_{k=0}^{N-1}\int_{x_k}^{x_{k+1}}f(x)\mathrm{d}x$$

$$
\begin{aligned}
&\approx \sum_{k=0}^{N-1} \frac{x_{k+1}-x_k}{2}\left[f\left(x_k\right)+f\left(x_{k+1}\right)\right] \\
&=\frac{h_N}{2}\left[f\left(x_0\right)+f\left(x_1\right)+\cdots+f\left(x_{N-1}\right)+f\left(x_{N-1}\right)+f\left(x_N\right)\right] \\
&=\frac{h_N}{2}\left[f(a)+f(b)+2 \sum_{k=1}^{N-1} f\left(x_k\right)\right]:=T_N,
\end{aligned}
\tag{8.13}
$$

称 T_N 为复化梯形值, 称 (8.13) 式为复化梯形公式.

图 8.4 给出了复化梯形求积公式的几何意义. 可以证明 (用定积分的定义) 当 $f(x)$ 是区间 $[a, b]$ 上的连续函数时, 有

$$
\lim_{N \rightarrow \infty} T_N=\int_a^b f(x) \mathrm{d} x. \tag{8.14}
$$

(8.14) 式表明, 当 N 充分大时, T_N 充分接近定积分 $\int_a^b f(x) \mathrm{d} x$. 下面定理给出了复化梯形公式的截断误差.

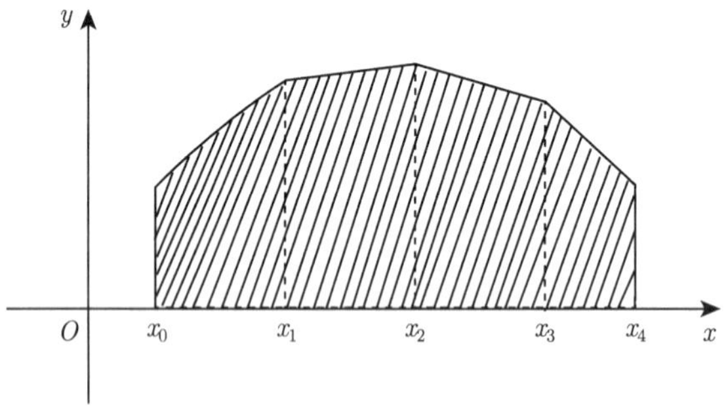

图 8.4　复化梯形求积公式的几何意义 ($N=4$ 的情况)

定理 8.2　若函数 $f(x)$ 在 $[a, b]$ 上有连续的二阶导数, 则复化梯形公式的截断误差为

$$
R_N(f)=\int_a^b f(x) \mathrm{d} x-T_N=-\frac{b-a}{12} h_N^2 f^{\prime \prime}(\eta), \quad \eta \in(a, b).
$$

证明　由复化梯形公式的推导和梯形公式的截断误差有

$$
R_n(f)=\int_a^b f(x) \mathrm{d} x-T_N
$$

$$
\begin{aligned}
&= \sum_{k=0}^{N-1}\left\{\int_{x_k}^{x_{k+1}} f(x)\,\mathrm{d}x - \frac{h_N}{2}\left[f(x_k)+f(x_{k+1})\right]\right\} \\
&= \sum_{k=0}^{N-1}\left[-\frac{h_N^3}{12}f''(\eta_k)\right] = -\frac{h_N^3}{12}\sum_{k=0}^{N-1}f''(\eta_k) \\
&= -\frac{b-a}{12}h_N^2\left[\frac{1}{N}\sum_{k=0}^{N-1}f''(\eta_k)\right].
\end{aligned}
\tag{8.15}
$$

由 $f''(x)$ 的连续性和高等数学中连续函数的介值定理, 存在一点 $\eta \in (a,b)$, 使得 $f''(\eta) = \dfrac{1}{N}\sum\limits_{k=0}^{N-1} f''(\eta_k)$, 所以 (8.15) 式可写成

$$
R_n(f) = -\frac{b-a}{12}h_N^2 f''(\eta). \qquad \square
$$

由定理 8.2 可以得复化梯形公式的绝对误差限

$$
|R_N(f)| \leqslant \frac{b-a}{12}h_N^2 \max_{a\leqslant x\leqslant b}|f''(x)|. \tag{8.16}
$$

8.2.2 复化辛普森公式

将区间 $[a,b]$ 进行 N 等分, 子区间的长度为 $h_N = \dfrac{b-a}{N}$, 在每个子区间上采用辛普森公式. 注意, 在使用辛普森公式时, 还要将子区间再二等分, 所以共有 $2N+1$ 个节点, 即 $x_k = x_0 + k\dfrac{h_N}{2}\ (k=0,1,\cdots,2N)$, $x_0 = a$. 因此

$$
\begin{aligned}
\int_a^b f(x)\mathrm{d}x &= \sum_{k=0}^{N-1}\int_{x_{2k}}^{x_{2k+2}} f(x)\mathrm{d}x \\
&\approx \sum_{k=0}^{N-1}\frac{x_{2k+2}-x_{2k}}{6}\left[f(x_{2k})+4f(x_{2k+1})+f(x_{2k+2})\right] \\
&= \frac{h_N}{6}\left[f(x_0)+4f(x_1)+f(x_2)+f(x_2)+4f(x_3)+f(x_4)+\cdots\right. \\
&\quad \left.+f(x_{2N-2})+4f(x_{2N-1})+f(x_{2N})\right] \\
&= \frac{h_N}{6}\left[f(a)+f(b)+2\sum_{k=1}^{N-1}f(x_{2k})+4\sum_{k=1}^{N}f(x_{2k-1})\right] = S_N,
\end{aligned}
\tag{8.17}
$$

称 S_N 为复化辛普森值, 称 (8.17) 式为复化辛普森公式.

可以证明, 当 $f(x)$ 是区间 $[a,b]$ 上的连续函数时,

$$\lim_{N\to\infty} S_N = \int_a^b f(x)\,\mathrm{d}x.$$

类似于定理 8.2, 可以得到如下定理.

定理 8.3　若函数 $f(x)$ 在 $[a,b]$ 上有连续的四阶导数, 则复化辛普森公式的截断误差为

$$R_S(f) = \int_a^b f(x)\,\mathrm{d}x - S_N = -\frac{b-a}{2880}h_N^4 f^{(4)}(\eta),\quad \eta\in(a,b),$$

其绝对误差的上限为

$$|R_S(f)| \leqslant \frac{b-a}{2880}h_N^4 \max_{a\leqslant x\leqslant b}\left|f^{(4)}(x)\right|. \tag{8.18}$$

类似于复化梯形公式, 可以用 $\left|f^{(4)}(x)\right|$ 在区间 $[a,b]$ 上的一个上界 M 来代替 (8.18) 式中的 $\max\limits_{a\leqslant x\leqslant b}\left|f^{(4)}(x)\right|$.

例 8.4　对于函数 $f(x)=\dfrac{\sin x}{x}$, 取 $h=\dfrac{1}{8}$, 给出的函数值列于表 8.1, 试用复化梯形公式 (8.13) 和复化辛普森公式 (8.17) 计算积分 $\displaystyle\int_0^1 \frac{\sin x}{x}\mathrm{d}x$, 并估计误差.

x	0	$\frac{1}{8}$	$\frac{1}{4}$	$\frac{3}{8}$	$\frac{1}{2}$	$\frac{5}{8}$	$\frac{3}{4}$	$\frac{7}{8}$	1
$f(x)$	1.00	0.9947	0.9896	0.9767	0.9589	0.9362	0.9089	0.8772	0.8415

解　取自变量离散点

$$x_0=0,\quad x_1=\frac{1}{8},\quad x_2=\frac{1}{4},\quad x_3=\frac{3}{8},$$
$$x_4=\frac{1}{2},\quad x_5=\frac{5}{8},\quad x_6=\frac{3}{4},\quad x_7=\frac{7}{8},\quad x_8=1,$$

以及对应的函数值

$$f(x_0)=1.00,\qquad f(x_1)=0.9947,\quad f(x_2)=0.9896,$$
$$f(x_3)=0.9767,\quad f(x_4)=0.9589,\quad f(x_5)=0.9362,$$
$$f(x_6)=0.9089,\quad f(x_7)=0.8772,\quad f(x_8)=0.8415,$$

利用 (8.13) 式和 (8.17) 式, 得

$$T_8=\frac{h}{2}\left[f(0)+f(1)+2\sum_{j=1}^{7}f(x_j)\right]=0.9547,$$

$$S_8=\frac{h}{3}\left[f(0)+f(1)+4\sum_{j=1}^{4}f(x_{2j-1})+2\sum_{j=1}^{3}f(x_{2j})\right]=0.9461.$$

为了利用余项公式估计误差, 要求被积函数有高阶导数, 由

$$f(x)=\frac{\sin x}{x}=\int_0^1\cos(xt)\,\mathrm{d}t$$

有

$$f^{(k)}(x)=\int_0^1\frac{\mathrm{d}^k}{\mathrm{d}x^k}(\cos xt)\mathrm{d}t=\int_0^1 t^k\cos\left(xt+\frac{k\pi}{2}\right)\mathrm{d}t,$$

所以

$$\left|f^{(k)}(x)\right|\leqslant\int_0^1\left|\cos\left(xt+\frac{k\pi}{2}\right)\right|t^k\mathrm{d}t\leqslant\int_0^1 t^k\mathrm{d}t=\frac{1}{k+1}.$$

由 (8.16) 式得到复化梯形求积公式误差

$$|R_{\mathrm{T}}(f)|=\frac{h^2}{12}|f''(\xi)|\leqslant\frac{1}{12}\times\left(\frac{1}{8}\right)^2\times\frac{1}{3}=4.3403\times10^{-4}.$$

由 (8.18) 式得到复化辛普森公式误差

$$|R_{\mathrm{S}}(f)|=\frac{1}{180}h^4\left|f^{(4)}(\eta)\right|\leqslant\frac{1}{180}\times\left(\frac{1}{8}\right)^4\times\frac{1}{5}=2.7127\times10^{-7}.$$

类似地可得复化科茨公式 C_n 及其误差估计

$$\begin{aligned}\int_a^b f(x)\mathrm{d}x&\approx C_n\\&=\frac{h}{90}\left[7f(a)+32\sum_{k=1}^{n}(f(x_{k-\frac{3}{4}})+f(x_{k-\frac{1}{4}}))+12\sum_{k=1}^{n}f(x_{k-\frac{1}{2}})\right.\\&\qquad\left.+14\sum_{k=1}^{n-1}f(x_k)+7f(a)\right],\end{aligned}$$

$$\int_a^b f(x)\,\mathrm{d}x - C_n = -\frac{(b-a)\,h^6}{1935360} f^{(6)}(\eta), \quad \eta \in (a,b),$$

$$\left|\int_a^b f(x)\,\mathrm{d}x - C_n\right| \leqslant -\frac{(b-a)^7}{1935360 n^6} M_6,$$

其中, $x_{k-\frac{3}{4}} = a + \left(k - \frac{3}{4}\right)h$, $x_{k-\frac{1}{4}} = a + \left(k - \frac{1}{4}\right)h$, $M_6 = \max\limits_{a\leqslant x\leqslant b}\left|f^{(6)}(x)\right|$.

算法 8.1　复化辛普森算法

输入: 端点 a, b, 正整数 n, 函数 $f(x)$.

输出: 定积分 $\int_a^b f(x)\mathrm{d}x$ 的近似值 SN.

1: 置 $h = \dfrac{b-a}{2n}$;
2: $F_0 = f(a) + f(b)$, $F_1 = 0$, $F_2 = 0$;
3: 对 $j = 1, 2, \cdots, 2n-1$ 循环执行步骤 4 至步骤 5;
4: 置 $x = a + jh$;
5: 如果 j 是偶数, 则 $F_2 = F_2 + f(x)$, 否则 $F_1 = F_1 + f(x)$;
6: 置 $\mathrm{SN} = \dfrac{h(F_0 + 2F_2 + 4F_1)}{3}$;
7: 输出 SN, 停机.

8.3　龙贝格求积公式

8.2 节介绍的复化求积方法对于提高精度是行之有效的方法, 但复化公式的主要缺点在于要事先估计出步长. 若步长过大, 则计算精度难以保证, 若步长过小计算量又会太大, 而用复化公式的截断误差来估计步长, 其结果是步长往往过小, 而且 $|f''(x)|$ 和 $\left|f^{(4)}(x)\right|$ 在区间 $[a,b]$ 上的上界 M 的估计也是较为困难的. 在实际计算中通常采用变步长的方法, 即把步长逐次分半 (也就是把步长二等分), 直到达到某种精度为止, 这种方法正是这一节要讨论的内容.

8.3.1　变步长的梯形公式

在步长的逐步分半过程中, 要解决两个问题:

(1) 在计算出 T_N 后, 如何计算 T_{2N}, 即导出 T_{2N} 与 T_N 之间的递推公式;

(2) 在计算出 T_N 后, 如何估计其误差, 即算法的终止准则是什么.

根据推导梯形值的递推公式, 在计算 T_N 时, 需要计算 $N+1$ 个点处的函数值. 在计算出 T_N 后, 再计算 T_{2N} 时, 需将每个子区间再作二等分, 共新增 N 个节点. 为了避免重复计算, 计算 T_{2N} 时, 将已计算的 $N+1$ 个点的数值保留下来,

只计算新增 N 个节点处的值. 为此, 把 T_{2N} 表示成两部分之和, 即

$$
\begin{aligned}
T_{2N} &= \frac{1}{2}h_{2N}\left[f(a)+f(b)+2\sum_{k=1}^{2N-1}f(a+kh_{2N})\right] \\
&= \frac{1}{2}h_{2N}\left[f(a)+f(b)+2\sum_{k=1}^{2N-1}f(a+2kh_{2N})+2\sum_{k=1}^{N}f(a+(2k-1)h_{2N})\right] \\
&= \frac{1}{2}\frac{h_N}{2}\left[f(a)+f(b)+2\sum_{k=1}^{N-1}f(a+kh_N)\right]+h_{2N}\sum_{k=1}^{N}f(a+(2k-1)h_{2N}),
\end{aligned}
$$

由此得到梯形值递推公式

$$
T_{2N} = \frac{1}{2}T_N + h_{2N}\sum_{k=1}^{N}f(a+(2k-1)h_{2N}). \tag{8.19}
$$

因此

$$
\begin{aligned}
&h_1 = b-a, \quad T_1 = \frac{h_1}{2}[f(a)+f(b)], \\
&h_2 = \frac{1}{2}h_1, \quad T_2 = \frac{1}{2}T_1 + h_2 f(a+h_2), \\
&h_4 = \frac{1}{2}h_2, \quad T_4 = \frac{1}{2}T_2 + h_4[f(a+h_4)+f(a+3h_4)].
\end{aligned}
$$

再考虑算法的终止准则是什么. 设 $I=\int_a^b f(x)\mathrm{d}x$, 现估计用 T_{2N} 近似计算积分 I 的误差. 由复化梯形公式的截断误差有

$$
\begin{aligned}
I - T_N &= -\frac{b-a}{12}h_N^2 f''(\eta_1), \quad a \leqslant \eta_1 \leqslant b, \\
I - T_{2N} &= -\frac{b-a}{12}h_{2N}^2 f''(\eta_2), \quad a \leqslant \eta_2 \leqslant b.
\end{aligned}
$$

若 $f''(x)$ 变化不大时, 即 $f''(\eta_1)\approx f''(\eta_2)$, 则

$$
I - T_N \approx 4(I - T_{2N}),
$$

所以

$$
I \approx \frac{4T_{2N}-T_N}{4-1} = T_{2N} + \frac{1}{3}(T_{2N}-T_N). \tag{8.20}
$$

(8.20) 式表明, 用 T_{2N} 作为定积分 I 的近似值, 其误差大致为 $\frac{1}{3}(T_{2N}-T_N)$, 因此终止准则为

$$|T_{2N}-T_N| \leqslant \varepsilon,$$

其中 ε 是预先给出的精度.

例 8.5 用变步长梯形求积公式计算积分 $I=\int_0^1 \frac{\sin x}{x}\mathrm{d}x$, 要求误差不超过 $\varepsilon=\frac{1}{2}\times 10^{-3}$.

解 由梯形公式得到

$$T_1=\frac{b-a}{2}[f(a)+f(b)]=\frac{1}{2}(1+\sin 1)=0.920735,$$

再利用递推公式 (8.19) 得到 $T_2, T_4, T_8, \cdots$, 计算结果见表 8.3, 积分准确值为 $0.946083\cdots$.

表 8.3 例 8.5 的计算结果

N	T_N	$\|T_{2N}-T_N\|$
1	0.920735	
2	0.939793	0.019058
4	0.944514	0.004720
8	0.945691	0.001177
16	0.945985	0.000294

8.3.2 龙贝格求积公式

由 (8.20) 式可以看到, 用 T_{2N} 和 T_N 的线性组合可以得到一个比 T_N 和 T_{2N} 都好的近似公式, 所以考虑用 $(4T_{2N}-T_N)/(4-1)$ 作为积分 $I=\int_a^b f(x)\mathrm{d}x$ 的近似计算公式. 经验算, 这就是复化辛普森公式, 即

$$S_N=\frac{4T_{2N}-T_N}{4-1}. \tag{8.21}$$

从 8.2 节的推导可知, 复化辛普森公式要优于复化梯形公式, 这也是为什么用线性组合公式 (8.21) 计算积分要优于 T_N 和 T_{2N} 的原因. 再由复化辛普森公式的截断误差公式

$$I-S_N=-\frac{b-a}{2880}h_N^4 f^{(4)}(\eta_1), \quad a\leqslant \eta_1 \leqslant b,$$

$$I - S_{2N} = -\frac{b-a}{2880} h_{2N}^4 f^{(4)}(\eta_2), \quad a \leqslant \eta_2 \leqslant b.$$

若 $f^{(4)}(x)$ 变化不大时, 即 $f^{(4)}(\eta_1) \approx f^{(4)}(\eta_2)$, 则

$$I - S_N \approx 4^2 (I - S_{2N}),$$

所以得到

$$I \approx \frac{4^2 S_{2N} - S_N}{4^2 - 1}. \tag{8.22}$$

(8.22) 式表明, 用 S_{2N} 和 S_N 的线性组合可以得到一个比 S_N 和 S_{2N} 都好的近似公式. 通过验算, (8.22) 式的右端项是 C_N, 即

$$C_N = \frac{4^2 S_{2N} - S_N}{4^2 - 1}. \tag{8.23}$$

当然复化科茨公式要优于复化辛普森公式.

类似于前面的推导, 还可以得到关于 C_N 的线性组合公式

$$I \approx \frac{4^3 C_{2N} - C_N}{4^3 - 1}, \tag{8.24}$$

记 (8.24) 式的右端为 R_N, 即

$$R_N = \frac{4^3 C_{2N} - C_N}{4^3 - 1}, \tag{8.25}$$

称 R_N 为龙贝格求积公式. 可见, 复化辛普森公式、复化科茨公式和龙贝格求积公式都可以通过复化梯形公式逐次递推得到.

可以设想, 将上述方法不断地推广下去, 可以得到一个求积分的序列, 而且这个序列应很快地收敛到所求的定积分. 记

$T_N^{(0)} = T_N \to$ 将区间 N 等分的梯形值,

$T_N^{(1)} = S_N \to$ 将区间 N 等分的辛普森值,

$T_N^{(2)} = C_N \to$ 将区间 N 等分的科茨值,

$T_N^{(3)} = R_N \to$ 将区间 N 等分的龙贝格值.

并由 (8.21) 式、(8.23) 式和 (8.25) 式发现一个规律, 由此规律可构造一个序列 $\left\{T_N^{(k)}\right\}$, 此序列称为龙贝格序列, 并满足如下递推关系:

$$T_1^{(0)}=\frac{b-a}{2}\left[f\left(a\right)+f\left(b\right)\right], \tag{8.26}$$

$$T_{2N}^{(0)}=\frac{1}{2}T_N^{(0)}+\frac{b-a}{2N}\sum_{k=1}^{N}f\left(a+(2k-1)\frac{b-a}{2N}\right), \tag{8.27}$$

$$T_N^{(k)}=\frac{4^kT_{2N}^{(k-1)}-T_N^{(k-1)}}{4^k-1},\quad k=1,2,\cdots. \tag{8.28}$$

可以证明, 当 $f\left(x\right)$ 在 $[a,b]$ 上有任意阶导数时,

$$\lim_{N\to\infty}T_N^{(k)}=\int_a^b f\left(x\right)\mathrm{d}x\ \ \left(k\ \text{固定}\right).$$

由递推公式 (8.26)—(8.28), 可以得到龙贝格求积法, 它是根据表 8.4 进行的, 随着等分数 N 的增加, 表中的行数和列数也在增加, 当对角线上最后两个元素的值相差很小后, 算法停止计算.

表 8.4 龙贝格求积法计算步骤

N	$T_N^{(0)}$	$T_{N/2}^{(1)}$	$T_{N/4}^{(2)}$	$T_{N/8}^{(3)}$	$T_{N/16}^{(4)}$
1	$T_1^{(0)}$				
2	$T_2^{(0)}$	$T_1^{(1)}$			
4	$T_4^{(0)}$	$T_2^{(1)}$	$T_1^{(2)}$		
8	$T_8^{(0)}$	$T_4^{(1)}$	$T_2^{(2)}$	$T_1^{(3)}$	
16	$T_{16}^{(0)}$	$T_8^{(1)}$	$T_4^{(2)}$	$T_2^{(3)}$	$T_1^{(4)}$
$\vdots$	$\vdots$	$\vdots$	$\vdots$	$\vdots$	$\vdots$

例 8.6 用龙贝格求积法计算 $\displaystyle\int_0^1\frac{4}{1+x^2}\mathrm{d}x$, 取精度要求 $\varepsilon=10^{-5}$.

解 $f\left(x\right)=\dfrac{4}{1+x^2},a=0,b=1,h_1=b-a=1-0=1$, 有

$$T_1^{(0)}=\frac{h_1}{2}\left[f\left(a\right)+f\left(b\right)\right]=\frac{1}{2}\left[4+2\right]=3.$$

$h_2=\dfrac{1}{2}h_1=\dfrac{1}{2}$, 有

$$T_2^{(0)}=\frac{1}{2}T_1^{(0)}+h_2f\left(a+h_2\right)=\frac{1}{2}\times3+\frac{1}{2}\cdot\frac{4}{1+\left(\dfrac{1}{2}\right)^2}=3.1.$$

所以

$$T_1^{(0)} = \frac{4T_2^{(0)} - T_1^{(0)}}{4-1} = \frac{4 \times 3.1 - 3}{3} = 3.13333.$$

具体计算结果如表 8.5 所示. 该积分的准确值为

$$\int_0^1 \frac{4}{1+x^2} \mathrm{d}x = 4\arctan x\big|_0^1 = \pi = 3.1415926\cdots,$$

可见龙贝格求积法的计算精度是很高的.

表 8.5 例 8.6 的计算结果

N	h_N	$T_N^{(0)}$	$T_{N/2}^{(1)}$	$T_{N/4}^{(2)}$	$T_{N/8}^{(3)}$	$T_{N/16}^{(4)}$	$\left\|T_1^{(k)} - T_1^{(k-1)}\right\|$
1	1.0000	3.00000					
2	0.5000	3.10000	3.13333				0.13333
4	0.2500	3.13118	3.14157	3.14212			0.87843e−2
8	0.1250	3.13899	3.14159	3.14159	3.14159		0.53186e−3
16	0.0625	3.14094	3.14159	3.14159	3.14159	3.14159	0.68815e−5

算法 8.2 龙贝格求积法

输入: 端点 a, b, 正整数 n, 函数 $f(x)$, 精度 ε.

输出: 该积分 $\displaystyle\int_a^b f(x)\mathrm{d}x$ 的近似值 RN.

1: 置 $N=1$, 精度要求 ε, $h_1 = b-a$;

2: 计算

$$T_1^{(0)} = \frac{h_1}{2} \cdot [f(a) + f(b)];$$

3: 置 $h_{2N} = \dfrac{1}{2} h_N$, 并计算

$$T_{2N}^{(0)} = \frac{1}{2} T_N^{(0)} + h_{2N} \sum_{k=1}^{N} f(a + (2k-1) h_{2N});$$

4: 置 $M = N, N = 2N, k = 1$;

5: 计算

$$T_M^{(k)} = \frac{4^k T_{2M}^{(k-1)} - T_M^{(k-1)}}{4^k - 1};$$

6: 若 $M = 1$, 则转 (7); 否则, 置 $M = \dfrac{M}{2}, k = k+1$ 转 (5);

7: 若 $\left|T_1^{(k)} - T_1^{(k-1)}\right| < \varepsilon$, 则停止计算 (输出 $T_1^{(k)}$), 否则转 (3);

8: 置 $\mathrm{RN} = T_1^{(k)}$;

9: 输出 RN.

*8.3.3 理查森外推加速法

前面使用猜想的方法导出了龙贝格求积法, 那么它的理论依据又是什么呢? 为什么可以很快地收敛到积分值呢? 下面进行分析.

龙贝格求积法本质上是用误差补偿的方法, 由收敛较慢的梯形序列一步一步地构造出一个比一个收敛快的序列.

记 $T(h)$ 是以 h 为步长的梯形值, 可以证明, 当被积函数 $f(x)$ 有任意阶导数时, 有

$$T(h)=I+\alpha_1h^2+\alpha_2h^4+\cdots+\alpha_kh^{2k}+\cdots, \tag{8.29}$$

其中 $\alpha_k(k=1,2,\cdots)$ 与 h 无关. (8.29) 式表明, $|T(h)-I|=O(h^2)$, 即用复化梯形公式计算积分, 其计算误差阶为 $O(h^2)$. 若在 (8.29) 式中, 用 $h/2$ 来代替 h, 则得到

$$T\left(\frac{h}{2}\right)=I+\alpha_1\left(\frac{h}{2}\right)^2+\alpha_2\left(\frac{h}{2}\right)^4+\cdots+\alpha_k\left(\frac{h}{2}\right)^{2k}+\cdots, \tag{8.30}$$

为消除 h^2 项, 用 4 乘上 (8.30) 式, 减去 (8.29) 式, 再除 (4−1), 并记为 $T_1(h)$, 则得

$$T_1(h)=\frac{4T\left(\dfrac{h}{2}\right)-T(h)}{4-1}=I+\beta_1h^4+\beta_2h^6+\cdots. \tag{8.31}$$

$T_1(h)$ 实际上就是步长为 h 的复化辛普森公式. (8.31) 式表明, 用 $T(h)$ 逼近积分 I, 其误差的阶为 $O(h^4)$, 这也是辛普森公式优于梯形公式的原因.

在 (8.31) 式中, 用 $h/2$ 来代替 h, 则得到

$$T_1\left(\frac{h}{2}\right)=I+\beta_1\left(\frac{h}{2}\right)^2+\beta_2\left(\frac{h}{2}\right)^6+\cdots, \tag{8.32}$$

为消除 h^4 项, 用 4^2 乘上 (8.32) 式, 减去 (8.31) 式, 再除 (4^2-1), 并记为 $T_2(h)$, 即

$$T_2(h)=\frac{4^2T_1\left(\dfrac{h}{2}\right)-T_1(h)}{4^2-1}=I+\gamma_1h^6+\cdots. \tag{8.33}$$

$T_2(h)$ 就是步长为 h 的复化科茨公式, 其计算积分的误差的阶为 $O(h^6)$.

按照上述方法, 可以得到 $T_3(h)$(龙贝格值), $T_4(h)$, $\cdots$, 每增加一次推导, 其计算积分误差的数量级便提高 2 阶, 所以收敛也就加速了. 称上述方法为理查森外推加速法, 这就是龙贝格求积法有较快的收敛性的原因.

当被积函数不具有任意阶导数时, 同样也可以用龙贝格求积法计算积分, 只是收敛会慢一些.

*8.4 高斯求积公式

等距节点的插值型求积公式, 虽然计算简单, 使用方便, 但是这种节点等距的规定却限制了求积公式的代数精度. 如果在求积公式中, 对节点不加限制, 那么只要节点选择得恰当, 就可以使其具有较高的代数精度. 例如, 例 8.1 的代数精度达到了 2. 可以证明, 具有 $n+1$ 个互异点的插值型求积公式, 最高的代数精度可以达到 $2n+1$.

对于求积公式

$$\int_a^b f(x)\,\mathrm{d}x \approx \sum_{k=0}^{n} A_k f(x_k) \tag{8.34}$$

有 $2n+1$ 个待定的参数 x_k, $A_k\,(k=0,1,\cdots,n)$, 适当选择这些参数, 有可能使求积公式的代数精度达到 $2n+1$.

定义 8.2 如果求积公式 (8.34) 的代数精度达到 $2n+1$, 那么称该求积公式为高斯求积公式, 简称为高斯公式.

8.4.1 高斯点

定义 8.3 如果求积公式 (8.34) 的代数精度为 $2n+1$, 那么称其插值节点 $x_k\,(k=0,1,\cdots,n)$ 为高斯点.

下面从高斯公式的特征着手研究高斯公式的构造问题.

定理 8.4 对于插值公式 (8.34), 其节点 $x_k\,(k=0,1,\cdots,n)$ 是高斯点的充分必要条件是以这些点为零点的多项式

$$W_{n+1}(x) = (x-x_0)(x-x_1)\cdots(x-x_n) = \prod_{k=0}^{n}(x-x_k),$$

与任意次数不超过 n 的多项式 $P(x)$ 均正交, 即

$$\int_a^b P(x)\,W_{n+1}(x)\,\mathrm{d}x = 0. \tag{8.35}$$

证明 必要性: 设 $P(x)$ 是任意次数不超过 n 的多项式, 则 $P(x)\,W_{n+1}(x)$ 的次数不超过 $2n+1$. 因此, 如果 $x_0, x_1, \cdots, x_n$ 是高斯点, 那么求积公式 (8.34) 对于 $P(x)\,W_{n+1}(x)$ 精确成立, 即有

$$\int_a^b P(x)\,W_{n+1}(x)\,\mathrm{d}x = \sum_{k=0}^{n} A_k P(x_k) W_{n+1}(x),$$

但由于 $W_{n+1}(x_k)=0\,(k=0,1,\cdots,n)$, 故 (8.35) 式成立.

充分性: 对任意给定的次数不超过 $2n+1$ 的多项式 f, 用 $W_{n+1}(x)$ 除 $f(x)$, 记商为 $P(x)$, 余式为 $Q(x)$, 即

$$f(x)=P(x)W_{n+1}(x)+Q(x),$$

其中 $P(x)$ 和 $Q(x)$ 为次数不超过 n. 由充分条件 (8.35), 得到

$$\int_a^b f(x)\,\mathrm{d}x=\int_a^b Q(x)\,\mathrm{d}x. \tag{8.36}$$

由于所给的求积公式 (8.34) 是插值型的, 其对 $Q(x)$ 能准确成立, 即

$$\int_a^b Q(x)\,\mathrm{d}x=\sum_{k=0}^{n}A_kQ(x_k).$$

再注意到 $W_{n+1}(x_k)=0$, 知 $Q(x_k)=f(x_k)$, 从而有

$$\int_a^b Q(x)\,\mathrm{d}x=\sum_{k=0}^{n}A_kf(x_k),$$

于是由 (8.36) 式得到

$$\int_a^b f(x)\,\mathrm{d}x=\sum_{k=0}^{n}A_kf(x_k).$$

可见求积公式 (8.34) 对于一切不超过 $2n+1$ 的多项式均能准确成立, 因此, $x_k(k=0,1,\cdots,n)$ 是高斯点. □

由定理 8.4 的证明可知, 具有 $n+1$ 个节点的求积公式的代数精度的最高值是 $2n+1$. 故高斯求积公式是代数精度最高的求积公式.

当插值型高斯公式的高斯点 $x_k\,(k=0,1,\cdots,n)$ 确定后, 其求积系数 A_k 也就随之确定了.

事实上, 插值节点 $x_k\,(k=0,1,\cdots,n)$ 的插值多项式为

$$P(x)=\sum_{k=0}^{n}f(x_k)\,l_k(x),$$

其中

$$l_k(x)=\prod_{\substack{j=0\\j\neq k}}^{n}\frac{x-x_j}{x_k-x_j}$$

是插值基函数, 所以由

$$\int_a^b f(x)\,\mathrm{d}x \approx \int_a^b P(x)\,\mathrm{d}x = \sum_{k=0}^{n} A_k f(x_k),$$

得到

$$A_k = \int_a^b l_k(x)\,\mathrm{d}x. \tag{8.37}$$

下面讨论高斯-勒让德高阶求积公式, 其方法是先确定高斯点 $x_k(k = 0,1,\cdots,n)$, 再确定求积系数 $A_k\,(k=0,1,\cdots,n)$. 对于其他的高阶求积公式, 如高斯-切比雪夫求积公式、高斯-埃尔米特求积公式等, 感兴趣的读者可以参考文献 (黄云清等, 2009; 韩旭里, 2011).

8.4.2　高斯-勒让德公式

设 $f(x) \in C[-1,1]$, 构造计算定积分

$$\int_{-1}^{1} f(x)\,\mathrm{d}x \approx \sum_{k=0}^{n} A_k f(x_k) \tag{8.38}$$

的高斯公式. 在 $[-1,1]$ 上以权 $\omega(x)=1$ 的正交多项式——勒让德多项式

$$P_n(x) = \frac{1}{2^n \cdot n!} \cdot \frac{\mathrm{d}^n}{\mathrm{d}x^n}\left[\left(x^2-1\right)^n\right], \quad n=0,1,\cdots,$$

由正交性可知, $n+1$ 阶勒让德多项式 $P_{n+1}(x)$ 与任何一个次数不超过 n 的多项式正交, 由定理 8.4 知, $P_{n+1}(x)$ 的零点为高斯点. 因此, 可通过求解代数方程 $P_{n+1}(x)=0$ 求出所需的高斯点.

在得到高斯点后, 可用两种方法得到求积系数 A_k. 第一种方法是用 (8.37) 式计算出相应的 A_k 值. 第二种方法称为待定系数法. 因为若 $x_k\,(k=0,1,\cdots,n)$ 是高斯点, 则求积系数 A_k 满足线性方程组

$$\begin{cases} \displaystyle\sum_{k=0}^{n} A_k = 2, \\ \displaystyle\sum_{k=0}^{n} A_k x_k = 0, \\ \qquad\cdots\cdots \\ \displaystyle\sum_{k=0}^{n} A_k x_k^n = \frac{1}{n+1}\left(1-(-1)^{n+1}\right), \end{cases} \tag{8.39}$$

因此可以通过求解方程组 (8.39) 得到求积系数 A_k. 由于高斯点是由勒让德多项式求出来的, 所以称 (8.38) 式为高斯-勒让德公式.

下面导出高斯-勒让德求积公式. 考虑勒让德一次多项式 $P_1(x) = x$, 取其零点 $x_0 = 0$ 作插值节点, 构造求积公式

$$\int_{-1}^{1} f(x)\,\mathrm{d}x \approx A_0 f(0).$$

令它对 $f(x) = 1$ 准确成立, 确定出 $A_0 = 2$. 这样构造出一点的高斯-勒让德矩形公式.

再考虑二次多项式 $P_2(x) = \dfrac{1}{2}(3x^2 - 1)$, 取它的两个零点 $x_{0,1} = \pm\dfrac{1}{\sqrt{3}}$, 构造求积公式

$$\int_{-1}^{1} f(x)\,\mathrm{d}x \approx A_0 f\left(-\frac{1}{\sqrt{3}}\right) + A_1 f\left(\frac{1}{\sqrt{3}}\right),$$

令它对 $f(x) = 1, x$ 精确成立, 得到关于 A_0 和 A_1 的方程组

$$\begin{cases} A_0 + A_1 = 2, \\ A_0\left(-\dfrac{1}{\sqrt{3}}\right) + A_1\left(\dfrac{1}{\sqrt{3}}\right) = 0. \end{cases}$$

解出 $A_0 = A_1 = 1$, 从而得到两点的高斯-勒让德公式

$$\int_{-1}^{1} f(x)\,\mathrm{d}x \approx f\left(-\frac{1}{\sqrt{3}}\right) + f\left(\frac{1}{\sqrt{3}}\right).$$

类似地, 可求出三点的高斯-勒让德公式 (作为习题)

$$\int_{-1}^{1} f(x)\,\mathrm{d}x \approx \frac{5}{9} f\left(-\frac{\sqrt{15}}{5}\right) + \frac{8}{9} f(0) + \frac{5}{9} f\left(\frac{\sqrt{15}}{5}\right).$$

表 8.6 给出部分高斯-勒让德求积公式的节点 x_k 和系数 A_k, 以备使用.

表 8.6 高斯-勒让德求积公式的节点、系数数值表

n	x_k	A_k
0	0.0000000	2.0000000
1	±0.5773503	1.0000000
2	0.0000000	0.8888889
	±0.774596	0.5555556

续表

n	x_k	A_k
3	± 0.3399810	0.6521452
	± 0.8611363	0.3478548
4	0.0000000	0.5688889
	± 0.5384693	0.4786287
	± 0.9061793	0.2369269

8.5 数值微分

数值微分方法就是用离散方法近似函数在某点处的导数值. 按导数定义可以简单用差商代替导数, 得到以下的数值微分公式以及相应的截断误差:

向前差商公式:

$$f'(x_0) = \frac{f(x_0+h) - f(x_0)}{h}.$$

向后差商公式:

$$f'(x_0) = \frac{f(x_0) - f(x_0-h)}{h}.$$

中心差商公式:

$$f'(x_0) = \frac{f(x_0+h) - f(x_0-h)}{2h}.$$

由泰勒展开

$$f(x_0+h) = f(x_0) + hf'(x_0) + \frac{h^2}{2}f''(x_0) + \frac{h^3}{3}f'''(x_0) + \cdots,$$

$$f(x_0-h) = f(x_0) - hf'(x_0) + \frac{h^2}{2}f''(x_0) - \frac{h^3}{3}f'''(x_0) + \cdots,$$

从而有向前差商截断误差:

$$R(x) = f'(x_0) - \frac{f(x_0+h) - f(x_0)}{h} = -\frac{h}{2}f''(\xi) = O(h).$$

向后差商截断误差:

$$R(x) = f'(x_0) - \frac{f(x_0) - f(x_0-h)}{h} = -\frac{h}{2}f''(\eta) = O(h).$$

中心差商截断误差:

$$R(x) = f'(x_0) - \frac{f(x_0+h) - f(x_0-h)}{2h} = -\frac{h^2}{6}f'''(\gamma) = O\left(h^2\right).$$

类似地, 也可以用高阶差商作为高阶导数的近似, 如二阶中心差商公式为

$$f''(x_0)=\frac{f(x_0+h)-2f(x_0)+f(x_0-h)}{h^2}.$$

由泰勒展开得截断误差:

$$R(x)=f''(x_0)-\frac{f(x_0+h)-2f(x_0)+f(x_0-h)}{h^2}=-\frac{h^2}{12}f^{(4)}(\eta)=O\left(h^2\right).$$

例 8.7　给出下列数据, 计算 $f'(-0.04)$, $f'(0)$, $f'(0.04)$, $f''(0.04)$.

x	-0.04	-0.02	0	0.02	0.04
$f(x)$	1.162236	1.157696	1.15	1.162496	1.166736

解

$$f'(-0.04)\approx\frac{f(0)-f(-0.04)}{0-(-0.04)}=\frac{1.15-1.162236}{0.04}=-0.3059,$$

$$f'(0)\approx\frac{f(0.02)-f(-0.02)}{0.02-(-0.02)}=\frac{1.162496-1.157696}{0.04}=0.12,$$

$$f'(0.04)\approx\frac{f(0.04)-f(0.02)}{0.04-0.02}=\frac{1.166736-1.162496}{0.02}=0.212,$$

$$f''(0.04)\approx\frac{f'(0.04)-f'(0)}{0.04}=\frac{0.212-0.12}{0.04}=2.3.$$

8.5.1　插值型求导公式

考虑 $n+1$ 个插值节点的拉格朗日插值公式

$$f(x)=\sum_{k=0}^{n}l_k(x)f(x_k)+\frac{f^{(n+1)}(\xi)}{(n+1)!}W_{n+1}(x),$$

将上式两端求导得

$$f'(x)=\sum_{k=0}^{n}l'_k(x)f(x_k)+\frac{f^{(n+1)}(\xi)}{(n+1)!}W'_{n+1}(x)+\frac{1}{(n+1)!}W_{n+1}\frac{\mathrm{d}}{\mathrm{d}x}f^{(n+1)}(\xi(x)).$$

如果仅考虑节点上的导数值, 则有

$$f'(x_k)=\sum_{k=0}^{n}l'_k(x_k)f(x_k)+\frac{f^{(n+1)}(\xi)}{(n+1)!}W'_{n+1}(x_k).$$

例如, 取 3 个插值节点, 其中 $x_k = x_0 + kh\,(k=0,1,2)$, 可得二次插值公式

$$f(x) \approx l_0(x)\,y_0 + l_1(x)\,y_1 + l_2(x)\,y_2, \tag{8.40}$$

x	x_0	x_1	x_2
$f(x)$	y_0	y_1	y_2

这里

$$\begin{cases} l_0(x) = \dfrac{(x-x_1)(x-x_2)}{(x_0-x_1)(x_0-x_2)} = \dfrac{1}{2h^2}(x-x_1)(x-x_2), \\ l_1(x) = \dfrac{(x-x_0)(x-x_2)}{(x_1-x_0)(x_1-x_2)} = -\dfrac{1}{h^2}(x-x_0)(x-x_2), \\ l_2(x) = \dfrac{(x-x_0)(x-x_1)}{(x_2-x_0)(x_2-x_1)} = \dfrac{1}{2h^2}(x-x_0)(x-x_1). \end{cases}$$

将上式分别对变量 x 求一阶导数和二阶导数, 有

$$l_0'(x) = \frac{2x-(x_1+x_2)}{2h^2}, \quad l_1'(x) = -\frac{2x-(x_0+x_2)}{h^2}, \quad l_2'(x) = \frac{2x-(x_0+x_1)}{2h^2},$$

$$l_0''(x) = \frac{1}{h^2}, \quad l_1''(x) = -\frac{2}{h^2}, \quad l_2''(x) = \frac{1}{h^2}.$$

由基函数的一阶导数表达式, 以及 (8.40) 式得节点 x_0, x_1, x_2 处的一阶导数近似为

$$\begin{cases} f'(x_0) \approx \dfrac{1}{2h}\left[-f(x_0) + 4f(x_1) - f(x_2)\right], \\ f'(x_1) \approx \dfrac{1}{2h}\left[-f(x_0) + f(x_1)\right], \\ f'(x_2) \approx \dfrac{1}{2h}\left[f(x_0) - 4f(x_1) + 3f(x_2)\right]. \end{cases}$$

由基函数二阶导数表达式, 以及 (8.40) 式得

$$f''(x) \approx \frac{f(x_0) - 2f(x_1) + f(x_2)}{h^2},$$

所以节点 x_0, x_1, x_2 处的二阶导数可以近似为

$$\begin{cases} f''(x_0) \approx \dfrac{f(x_0) - 2f(x_1) + f(x_2)}{h^2}, \\ f''(x_1) \approx \dfrac{f(x_0) - 2f(x_1) + f(x_2)}{h^2}, \\ f''(x_2) \approx \dfrac{f(x_0) - 2f(x_1) + f(x_2)}{h^2}. \end{cases}$$

8.5.2 三次样条函数求导

我们知道, 三次样条函数 $S(x)$ 作为 $f(x)$ 的近似函数, 不但彼此的函数值很接近, 导数值也很接近. 因此, 用样条函数建立数值微分公式是很自然的.

设在区间 $[a,b]$ 上, 给定一种划分 $[a,b]$ 及相应的函数值 $y_k=f(x_k), k=0,1,\cdots,n$. 再给定适当的边界条件, 按三次样条函数的算法, 建立关于节点上的一阶导数 m_k, 或二阶导数 M_k 的样条方程组, 求得 m_k 或 M_k, $k=0,1,\cdots,n$, 从而得到三次样条插值函数 $S(x)$ 的表达式. 这样, 可得数值微分的公式

$$f^{(i)}(x)=S^{(i)}(x),\quad i=0,1,2. \tag{8.41}$$

与前面插值型数值微分公式不同, 样条数值微分公式可以用来计算插值范围内任何一点 (不仅是节点) 上的导数值.

对于节点上的导数值, 若求得的是 $m_k, k=0,1,\cdots,n$, 则由 $S(x)$ 的表达式有

$$f'(x_k)\approx m_k,$$
$$f''(x_k)\approx S''(x_k)=-\frac{2}{h}(2m_k+m_{k+1})+\frac{6}{h_k}f[x_k,x_{k+1}].$$

若求得的是 $M_k, k=0,1,\cdots,n$, 则由 $S(x)$ 的表达式有

$$f'(x_k)\approx S'(x_k)=-\frac{h_k}{6}(2M_k+M_{k+1})+f[x_k,x_{k+1}],$$
$$f''(x_k)\approx M_k.$$

8.5.3 数值微分的外推算法

利用一阶中心差商有

$$f'(x)\approx G(h)=\frac{1}{2h}[f(x+h)-f(x-h)],$$

对 $f(x)$ 在点 x 作泰勒级数展开有

$$G(h)=f'(x)+\alpha_1h^2+\alpha_2h^4+\cdots,$$

其中 $\alpha_1,\alpha_2,\cdots$ 与步长 h 无关, 以 $\frac{h}{2}$ 替代 $G(h)$ 中的 h 有

$$G\left(\frac{h}{2}\right)=f'(x)+\frac{\alpha_1h^2}{4}+\frac{\alpha_2h^4}{16}+\cdots,$$

所以有

$$\frac{4G\left(\dfrac{h}{2}\right)-G(h)}{4-1}=f'(x)-\frac{\alpha_2h^4}{4}+\cdots,$$

上式是关于导数的逼近, 截断误差为 $O(h^4)$. 这就是求数值导数的外推算法, 重复使用外推算法对 h 逐次分半, 若记 $G_0(h)=G(h)$, 则有

$$G_m(h)=\frac{4^mG_{m-1}\left(\dfrac{h}{2}\right)-G_{m-1}(h)}{4^m-1},\quad m=1,2,\cdots. \tag{8.42}$$

外推算法中误差估计为

$$f'(x)-G_m(h)=O\left(h^{2(m+1)}\right),$$

所以当 m 较大时, 外推算法计算的精度很高. 但是考虑到是舍入误差, 一般 m 又不能取得太大.

例 8.8 利用外推公式计算 $f(x)=\mathrm{e}^x$ 在 $x=1$ 处的一阶导数, 并与准确值比较 (取步长 $h=0.1$).

解 利用公式 (8.42) 计算, 得 (过程中保留 10 位小数)

$$G_0(0.1)=\frac{\mathrm{e}^{1.1}-\mathrm{e}^{0.9}}{0.2}=2.7228145640,$$

$$G_0(0.05)=\frac{\mathrm{e}^{1.05}-\mathrm{e}^{0.95}}{0.1}=2.7194145875,$$

$$G_0(0.025)=\frac{\mathrm{e}^{1.025}-\mathrm{e}^{0.975}}{0.05}=2.7185649917,$$

由外推算法得

$$G_1(0.1)=\frac{4G_0(0.05)-G_0(0.1)}{4-1}=2.7182812620,$$

类似

$$G_1(0.05)=\frac{4G_0(0.025)-G_0(0.05)}{4-1}=2.7182817931,$$

再用 (8.42) 式得

$$G_2(0.1)=\frac{16G_1(0.05)-G_1(0.1)}{16-1}=2.7182818285.$$

已知真实值为 e ≈ 2.71828182846. 由计算过程可以看出, $G_0(0.1)$ 和 $G_0(0.05)$ 的精度差仅有 2、3 位有效数字, 但它们的外推出来的 $G_1(0.1)$ 就有 7 位有效数字, $G_1(0.05)$ 的精度更高, 但它们再外推一次的 $G_2(0.1)$ 较 $G_1(0.05)$ 没有太大改进, 可见不能盲目外推, 应适时关注求解的精度变化, 适可而止.

习 题 8

1. 确定下列求积公式中的待定系数, 使其代数精度尽可能高, 并指明所构造出的求积公式所具有的代数精度.

(1) $\displaystyle\int_{-h}^{h} f(x)\,\mathrm{d}x \approx A_{-1}f(-h) + A_0 f(0) + A_1 f(h)$;

(2) $\displaystyle\int_{-2h}^{2h} f(x)\,\mathrm{d}x \approx A_{-1}f(-h) + A_0 f(0) + A_1 f(h)$;

(3) $\displaystyle\int_{-1}^{1} f(x)\,\mathrm{d}x \approx \frac{1}{3}[f(-1) + 2f(x_1) + 3f(x_2)]$.

2. 分别运用梯形公式、辛普森公式计算积分 $\displaystyle\int_0^1 \mathrm{e}^x \mathrm{d}x$, 并估计其误差.

3. 给定积分 $I = \displaystyle\int_0^1 \frac{\sin x}{x}\mathrm{d}x$.

(1) 利用复化梯形公式计算上述积分值, 使其截断误差不超过 $\dfrac{1}{2} \times 10^{-3}$;

(2) 取同样的求积节点, 改用复化辛普森公式计算时, 截断误差是多少?

(3) 要求截断误差不超过 10^{-6}, 如果用复化辛普森公式计算, 应取多少个求积节点?

4. 用龙贝格求积公式计算定积分 $I = \displaystyle\int_0^1 \frac{\sin x}{x}\mathrm{d}x$.

5. 用三点高斯-勒让德求积公式计算积分 $I = \displaystyle\int_{-1}^{1} \cos x\mathrm{d}x$ 的近似值.

6. 证明求积公式

$$\int_1^3 f(x)\,\mathrm{d}x \approx \frac{1}{9}\left[5f\left(2 - \sqrt{\frac{3}{5}}\right) + 8f(2) + 5f\left(2 - \sqrt{\frac{3}{5}}\right)\right]$$

具有 5 次代数精度.

实 验 8

1. 利用复化梯形公式和复化辛普森公式分别计算定积分 $I=\int_0^1 \frac{\sin x}{x}\mathrm{d}x$, 若要求精度为 $\varepsilon=10^{-6}$, 问各需取步长 h 为多少?

2. 利用龙贝格求积公式计算积分

$$I=\int_0^1 \frac{4}{1+x^2}\mathrm{d}x.$$

3. 计算定积分 $I=\int_0^1 x\sin x\sin 100x\mathrm{d}x$.

第 9 章　常微分方程初值问题数值解法

在自然科学与工程技术的许多领域中, 经常会遇到常微分方程的定解问题, 包括初值问题和边值问题. 本章只考虑常微分方程的初值问题. 虽然有许多求解初值问题的解析方法, 但是只限于一些特殊形式的常微分方程. 对于大量来源于实际问题的常微分方程, 其精确解很难求出或者不能用初等函数表示, 因此研究常微分方程初值问题的数值解法就显得十分必要.

考虑一阶常微分方程的初值问题

$$\begin{cases} y' = f(x,y), \quad x \in [a,b], \\ y(a) = y_0, \end{cases} \tag{9.1}$$

其中 $f(x,y)$ 是已知函数, $y(a) = y_0$ 是初始条件. 上述问题之所以称为初值问题, 是在很多数学模型中变量 x 代表时间, 而定解条件 $y(a) = y_0$ 给出了函数 $y(x)$ 在初始时刻的取值.

根据常微分方程理论可知常微分方程解的存在唯一性定理.

定理 9.1　设 $f(x,y)$ 在区域 $a \leqslant x \leqslant b, -\infty < y < +\infty$ 中连续, 且关于 y 满足利普希茨 (Lipschitz) 条件, 即存在与 x, y 无关的常数 L, 使得对任意定义在 $[a,b]$ 上的 $y_1(x)$ 和 $y_2(x)$, 有

$$|f(x,y_1) - f(x,y_2)| \leqslant L|y_1 - y_2|,$$

其中 $L > 0$ 为利普希茨常数, 则初值问题 (9.1) 存在唯一解.

研究数值解法的目标是, 计算出解函数 $y(x)$ 在一系列离散节点

$$a = x_0 < x_1 < \cdots < x_n < \cdots < x_N = b$$

处的近似值 $y_n \approx y(x_n)$ $(n = 1, 2, \cdots, N)$, 其中 y_n 为数值解, $y(x_n)$ 为在 x_n 处的精确解. 相邻两个节点的间距 $h_n = x_{n+1} - x_n \, (n = 0, 1, \cdots, N-1)$ 称为步长. 为方便起见, 通常将求解区域 $[a,b]$ 作等距剖分, 即选取剖分节点

$$x_n = a + nh, \quad n = 0, 1, \cdots, N,$$

其中 $h = \dfrac{b-a}{N}$ 为常数. 如果无特殊情况说明, 总是假设 h 为常数.

本章首先对微分方程初值问题 (9.1) 进行离散化处理, 从而建立数值求解的递推公式. 如果计算 y_{n+1} 时只用到了前一步的值 y_n, 则称这类方法为单步法; 如果计算 y_{n+1} 时需要用到前 k 步的值 $y_n, y_{n-1}, \cdots, y_{n-k+1}$, 则称这类方法为 k 步法. 构造求解公式的途径有很多种, 比如数值积分法、泰勒展开法、待定系数法、预测-校正方法等等. 其次, 本章将研究数值算法的局部截断误差、收敛性以及稳定性等问题.

9.1 简单的数值方法

9.1.1 欧拉法

利用向前差商近似导数, 并将公式作用于 x_0 点, 得

$$y'(x_0) \approx \frac{y(x_1) - y(x_0)}{h}.$$

已知 $y(x_0) = y_0$, $y'(x_0) = f(x_0, y_0)$, 可以得到

$$y(x_1) \approx y(x_0) + hf(x_0, y_0) := y_1.$$

从而由已知初始值 y_0 计算出下一个节点 x_1 处的近似值 y_1. 然后将 y_1 作为初始值, 计算 $y(x_2)$ 的近似值 y_2, 以此类推, 得到递推公式

$$y_{n+1} = y_n + hf(x_n, y_n), \quad n = 0, 1, \cdots, N-1, \tag{9.2}$$

称 (9.2) 式为欧拉 (Euler) 公式. 若已知 x_0 处初值 y_0, 则根据 (9.2) 式可按照节点从左到右的顺序依次求出 $y(x_n)$ 的近似值 y_n, $n = 1, 2, \cdots, N$.

欧拉公式 (9.2) 的几何意义如图 9.1 所示. 从初始点 (x_0, y_0) 出发, 沿以 $f(x_0, y_0)$ 为斜率的直线到达 (x_1, y_1), 即水平方向移动 h, 垂直方向移动 $hf(x_0, y_0)$, 再沿以 $f(x_1, y_1)$ 为斜率的直线到达 (x_2, y_2), 以此类推, 最终从 (x_{N-1}, y_{N-1}) 沿斜率为 $f(x_{N-1}, y_{N-1})$ 的直线到达 (x_N, y_N). 故欧拉法亦称为欧拉折线法.

欧拉法描述如下:

算法 9.1 欧拉法

输入: n: 将区间 $[a, b]$ 分为 n 个等距小区间, 小区间长度作为迭代步长.

输出: 初值问题 $y' = f(x, y), y(a) = c$ 的近似解.

1: 设置 $h = \dfrac{b-a}{n}$, $y_1 = y(a)$, $x_1 = a$, $x_{k+1} = a + kh$;

2: **for** $k = 1$ to n **do**

3: $\quad y_{k+1} = y_k + h * f(x_k, y_k)$;

4: **end for**

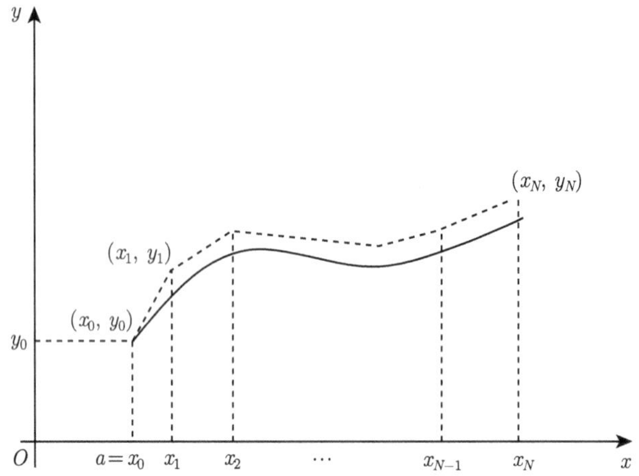

图 9.1 欧拉法示意图

例 9.1 用欧拉公式求解初值问题

$$\begin{cases} y' = y - \dfrac{2x}{y}, \quad 0 \leqslant x \leqslant 1, \\ y(0) = 1. \end{cases} \tag{9.3}$$

取步长 $h = 0.1$, 计算到 $x = 0.5$ (保留到小数点后 4 位).

解 将欧拉法应用于该初值问题的具体形式为

$$y_{n+1} = y_n + h\left(y_n - \frac{2x_n}{y_n}\right).$$

取步长 $h = 0.1$, 则数值解及精确解 $y(x) = \sqrt{1+2x}$ 的计算结果见表 9.1.

表 9.1 欧拉法计算结果

x_n	0.0	0.1	0.2	0.3	0.4	0.5
y_n	1.0000	1.1000	1.1918	1.2774	1.3582	1.4351
$y(x_n)$	1.0000	1.0954	1.1832	1.2649	1.3416	1.4142

为了分析数值算法的准确性, 接下来引入局部截断误差和精度的概念.

定义 9.1 在假设 $y_n = y(x_n)$, 即第 n 步计算是精确的前提下, 考虑截断误差 $R_{n+1} = y(x_{n+1}) - y_{n+1}$, 称为局部截断误差.

定义 9.2 若某算法的局部截断误差为 $O(h^{p+1})$, 其中 $p \geqslant 1$ 为整数, 则称该算法是 p 阶的.

一个计算公式的局部截断误差刻画了其逼近微分方程的准确程度. 下面根据上述定义来计算欧拉法的局部截断误差. 首先, 由泰勒展开得到精确解 $y(x_{n+1})$ 是

$$y\left(x_{n+1}\right)=y\left(x_{n}\right)+hy'\left(x_{n}\right)+\frac{h^{2}}{2}y''(x_{n})+O\left(h^{3}\right).$$

已知 $y(x_n)=y_n$, $y'(x_n)=f(x_n,y(x_n))=f(x_n,y_n)$, 因此有

$$\begin{aligned}R_{n+1}&=y(x_{n+1})-y_{n+1}\\&=\left[y\left(x_{n}\right)+hy'(x_{n})+\frac{h^{2}}{2}y''\left(x_{n}\right)+O(h^{3})\right]-\left[y_{n}+hf(x_{n},y_{n})\right]\\&=\frac{h^{2}}{2}y''\left(x_{n}\right)+O\left(h^{3}\right)=O(h^{2}).\end{aligned}\tag{9.4}$$

所以欧拉法的局部截断误差是 $O(h^2)$, 即欧拉法具有一阶精度, 并称 $\frac{h}{2}y''\left(x_{n}\right)$ 为局部截断误差 R_{n+1} 的主项.

9.1.2 后退欧拉法

对于微分方程数值解法的关键是将连续函数的导数离散化. 欧拉公式是利用向前差商近似导数, 再推导出公式. 若用不同方式离散导数 $y'(x)$, 则可以得到不同的数值算法.

若在微分方程离散时, 利用向后差商近似导数 $y'(x_{n+1})=f(x_{n+1},y(x_{n+1}))$, 有

$$y'\left(x_{n+1}\right)\approx\frac{y\left(x_{n+1}\right)-y\left(x_{n}\right)}{h},$$

则得到

$$y\left(x_{n+1}\right)\approx y\left(x_{n}\right)+hf\left(x_{n+1},y\left(x_{n+1}\right)\right):=y_{n+1}.$$

若假设精确解 $y(x_n)$ 的近似解 y_n 已知, 可得到差分格式

$$y_{n+1}=y_{n}+hf(x_{n+1},y_{n+1}),\quad n=0,1,\cdots,N-1.\tag{9.5}$$

由于未知数 y_{n+1} 同时出现在方程的两端, 不能逐步显式计算得到, 故称 (9.5) 式为隐式欧拉公式或后退欧拉公式, 相对应地, 称 (9.2) 式为显式欧拉公式.

虽然后退欧拉公式与欧拉法形式上相似, 但是两者有着本质的区别, 后者是关于未知量的一个直接的计算公式, 而前者实际上是关于未知量的一个函数方程. 所以在实际计算中, 隐式方法更加麻烦, 一般先用显式方法计算出一个初值, 然后再迭代计算. 该迭代求解的实质是逐步显式化. 具体地, 假设利用欧拉公式得到

$$y_{n+1}^{(0)}=y_{n}+hf(x_{n},y_{n}),$$

将其代入 (9.5) 式的右端, 得到

$$y_{n+1}^{(1)} = y_n + hf(x_{n+1}, y_{n+1}^{(0)}),$$

然后再将 $y_{n+1}^{(1)}$ 代入 (9.5) 式的右端, 得到

$$y_{n+1}^{(2)} = y_n + hf(x_{n+1}, y_{n+1}^{(1)}).$$

如此反复迭代得到

$$y_{n+1}^{(k+1)} = y_n + hf(x_{n+1}, y_{n+1}^{(k)}), \quad k = 0, 1, \cdots .$$

若迭代过程收敛, 则 $y_{n+1} = \lim\limits_{k\to\infty} y_{n+1}^{(k+1)}$ 满足隐式欧拉公式 (9.5). 接下来考虑迭代法的收敛性, 即

$$\begin{aligned}
|y_{n+1}^{(k+1)} - y_{n+1}| &= |y_n + hf(x_{n+1}, y_{n+1}^{(k)}) - y_n - hf(x_{n+1}, y_{n+1})| \\
&= h|f(x_{n+1}, y_{n+1}^{(k)}) - f(x_{n+1}, y_{n+1})| \\
&\leqslant hL|y_{n+1}^{(k)} - y_{n+1}| \\
&\leqslant \cdots \\
&\leqslant (hL)^k|y_{n+1}^{(1)} - y_{n+1}|.
\end{aligned}$$

因此, 当 $hL < 1$, 即取 $h < \dfrac{1}{L}$ 时, 该迭代法收敛到解 y_{n+1}.

后退欧拉公式 (9.5) 的几何意义如图 9.2 所示. 从初始点 (x_0, y_0) 出发, 沿与 $(x_1, y(x_1))$ 处切线平行的直线到达 (x_1, y_1), 然后从 (x_1, y_1) 出发, 沿与 $(x_2, y(x_2))$ 处切线平行的直线到达 (x_3, y_3), 以此类推, 最终到达 (x_N, y_N).

后退欧拉法描述如下:

接下来讨论后退欧拉公式的局部截断误差. 为了简单起见, 假设 $y_n = y(x_n)$, 由泰勒展开得到精确解 $y(x_{n+1})$ 为

$$y\left(x_{n+1}\right) = y\left(x_n\right) + hy'\left(x_n\right) + \frac{h^2}{2}y''(x_n) + O\left(h^3\right).$$

由局部截断误差的定义得

$$\begin{aligned}
R_{n+1} &= y(x_{n+1}) - y_{n+1} \\
&= \left[y(x_n) + hy'(x_n) + \frac{h^2}{2}y''(x_n) + O(h^3)\right] - [y_n + hf(x_{n+1}, y_{n+1})]. \quad (9.6)
\end{aligned}$$

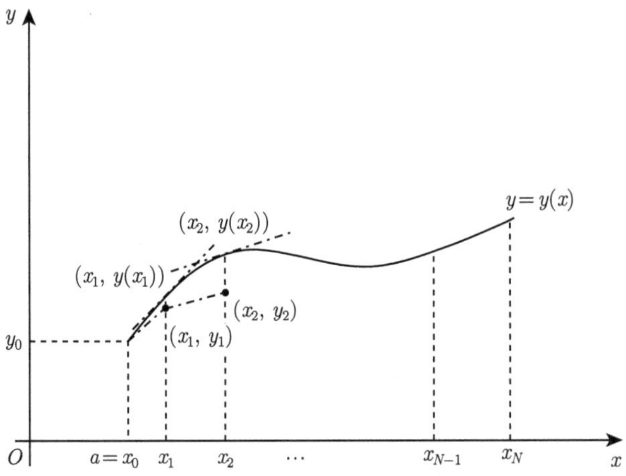

图 9.2 后退欧拉法示意图

算法 9.2 后退欧拉法

输入: n: 将区间 $[a,b]$ 分为 n 个等距小区间, 小区间长度作为迭代步长.

输出: 初值问题 $y'=f(x,y), y(a)=c$ 的近似解.

1: 设置 $h=\dfrac{b-a}{n}$, $y_1=y(a)$, $x_1=a$, $x_{k+1}=a+kh$.

2: **for** $k=1$ to n **do**

3: $\quad y_{k+1}=y_k+h*f(x_{k+1},y_{k+1})$.

4: **end for**

将 $f(x_{n+1},y_{n+1})$ 在 $(x_{n+1},y(x_{n+1}))$ 处作泰勒展开, 有

$$f(x_{n+1},y_{n+1})=f\left(x_{n+1},y\left(x_{n+1}\right)\right)+f_y\left(x_{n+1},\eta_{n+1}\right)\cdot\left(y_{n+1}-y\left(x_{n+1}\right)\right),$$

其中 η_{n+1} 介于 y_{n+1} 与 $y(x_{n+1})$ 之间. 又已知

$$f\left(x_{n+1},y\left(x_{n+1}\right)\right)=y'\left(x_{n+1}\right)=y'\left(x_n\right)+hy''\left(x_n\right)+\frac{h^2}{2}y'''\left(x_n\right)+\cdots,$$

故

$$f\left(x_{n+1},y_{n+1}\right)=f_y\left(x_{n+1},\eta_{n+1}\right)\cdot\left(y_{n+1}-y\left(x_{n+1}\right)\right)+y'\left(x_n\right)+hy''\left(x_n\right)+O\left(h^2\right).$$

将上式代入 (9.6) 式, 并考虑 $y(x_n)=y_n$, 整理得到

$$R_{n+1}=-hf_y\left(x_{n+1},\eta_{n+1}\right)\cdot\left(y_{n+1}-y\left(x_{n+1}\right)\right)-\frac{h^2}{2}y''\left(x_n\right)+O\left(h^3\right).$$

所以

$$\left[1-hf_y\left(x_{n+1},\eta_{n+1}\right)\right]\left[y\left(x_{n+1}\right)-y_{n+1}\right]=-\frac{h^2}{2}y''\left(x_n\right)+O\left(h^3\right).$$

根据函数 $\dfrac{1}{1-x}$ 的泰勒展开公式可得

$$\begin{aligned}\frac{1}{1-hf_y\left(x_{n+1},\eta_{n+1}\right)}&=1+hf_y\left(x_{n+1},\eta_{n+1}\right)+h^2f_y^2\left(x_{n+1},\eta_{n+1}\right)+\cdots\\&=1+O\left(h\right).\end{aligned}$$

从而可以得到

$$\begin{aligned}R_{n+1}&=\frac{1}{1-hf_y\left(x_{n+1},\eta_{n+1}\right)}\cdot\left[-\frac{h^2}{2}y''\left(x_n\right)+O\left(h^3\right)\right]\\&=\left[1+O\left(h\right)\right]\left[-\frac{h^2}{2}y''\left(x_n\right)+O\left(h^3\right)\right]\\&=-\frac{h^2}{2}y''\left(x_n\right)+O\left(h^3\right)=O\left(h^2\right),\end{aligned}\tag{9.7}$$

故后退欧拉法具有一阶精度.

9.1.3　梯形公式

对比欧拉公式与后退欧拉公式的局部截断误差 (9.4) 和 (9.7) 的主项, 可以发现两者刚好相差一个正负号. 所以考虑若将两种算法进行算术平均, 能否获得具有更高精度的算法?

将欧拉公式 (9.2) 与后退欧拉公式 (9.5) 作算术平均, 得到

$$y_{n+1}=y_n+\frac{h}{2}\left[f\left(x_n,y_n\right)+f\left(x_{n+1},y_{n+1}\right)\right],\quad n=0,1,\cdots,N-1,\tag{9.8}$$

称该公式为梯形公式.

欧拉公式与后退欧拉公式联立得到梯形公式算法.

算法 9.3　梯形公式

输入: n: 将区间 $[a,b]$ 分为 n 个等距小区间, 小区间长度作为迭代步长.
输出: 初值问题 $y'=f(x,y),y(a)=c$ 的近似解.

1: 设置 $h=\dfrac{b-a}{n}$, $y_1=y(a)$, $x_1=a$, $x_{k+1}=a+kh$.
2: **for** $k=1$ to n **do**
3: 　　$y_{k+1}=y_k+\dfrac{h}{2}*[f(x_k,y_k)+f(x_{k+1},y_{k+1})]$.
4: **end for**

若利用梯形公式求解初值问题 (9.3), 计算结果见表 9.2.

表 9.2 欧拉法计算结果

x_n	0.0	0.1	0.2	0.3	0.4	0.5
y_n	1.0000	1.0907	1.1741	1.2512	1.3231	1.3902
$y(x_n)$	1.0000	1.0954	1.1832	1.2649	1.3416	1.4142

对于梯形公式的局部截断误差, 类似于隐式欧拉公式的分析过程, 可以得到

$$R_{n+1}=y\left(x_{n+1}\right)-y_{n+1}=-\frac{h^3}{12}y'''\left(x_n\right)+O\left(h^4\right)=O\left(h^3\right),$$

故梯形公式具有二阶精度. 与欧拉法相比, 精度有所提高.

直观上容易看出, 梯形公式与后退欧拉公式一样, 是隐式公式, 计算时需要用迭代法求解. 迭代公式为

$$\begin{cases}y_{n+1}^{(0)}=y_n+hf\left(x_n,y_n\right),\\ y_{n+1}^{(k+1)}=y_n+\dfrac{h}{2}\left[f\left(x_n,y_n\right)+f\left(x_{n+1},y_{n+1}^{(k)}\right)\right], \quad k=0,1,\cdots.\end{cases} \tag{9.9}$$

为了讨论该迭代过程的收敛性, 计算

$$\begin{aligned}|y_{n+1}^{(k+1)}-y_{n+1}|&=\left|y_n+\frac{h}{2}\left[f\left(x_n,y_n\right)+f\left(x_{n+1},y_{n+1}^{(k)}\right)\right]\right.\\&\qquad\left.-y_n-\frac{h}{2}\left[f\left(x_n,y_n\right)+f\left(x_{n+1},y_{n+1}\right)\right]\right|\\&=\frac{h}{2}\left|f\left(x_{n+1},y_{n+1}^{(k)}\right)-f\left(x_{n+1},y_{n+1}\right)\right|\\&\leqslant\frac{Lh}{2}\left|y_{n+1}^{(k)}-y_{n+1}\right|,\end{aligned}$$

其中 $L>0$ 为 $f(x,y)$ 关于 y 的利普希茨常数. 因此当 $\dfrac{Lh}{2}<1$ 时, 有

$$\lim_{k\to\infty}y_{n+1}^{(k+1)}\to y_{n+1},$$

即迭代过程 (9.9) 是收敛的.

9.1.4 改进欧拉法

我们看到, 虽然梯形公式将欧拉法的精度提高到二阶, 但仍为隐式方法, 在实际计算中需要迭代求解, 导致计算量很大, 为了减少算法的计算量, 设想只进行一次到两次的迭代求解, 是否可以达到预期精度?

具体地, 先用显式欧拉公式作预测, 即计算预估值

$$\overline{y}_{n+1}=y_n+hf\left(x_n,y_n\right),$$

然后以预估值 $\overline{y}_{n+1}$ 作为梯形公式的迭代初值, 迭代求解一次得到校正值 y_{n+1}, 即将 $\overline{y}_{n+1}$ 代入梯形公式 (9.8) 的右端得到

$$y_{n+1}=y_n+\frac{h}{2}\left[f\left(x_n,y_n\right)+f\left(x_{n+1},\overline{y}_{n+1}\right)\right].$$

称该预测-校正系统为改进欧拉法, 即

$$\begin{cases}\overline{y}_{n+1}=y_n+hf\left(x_n,y_n\right),\\ y_{n+1}=y_n+\dfrac{h}{2}\left[f\left(x_n,y_n\right)+f\left(x_{n+1},\overline{y}_{n+1}\right)\right], \quad n=0,1,\cdots,N-1.\end{cases} \tag{9.10}$$

该式等价于如下显式公式

$$y_{n+1}=y_n+\frac{h}{2}\left[f\left(x_n,y_n\right)+f\left(x_{n+1},y_n+hf\left(x_n,y_n\right)\right)\right], \tag{9.11}$$

亦可表示为如下形式

$$\begin{cases}y_{n+1}=y_n+\dfrac{h}{2}\left(K_1+K_2\right),\\ K_1=f\left(x_n,y_n\right),\\ K_2=f\left(x_n+h,y_n+hK_1\right).\end{cases} \tag{9.12}$$

下面考虑改进欧拉法的局部截断误差. 已知

$$K_1=f\left(x_n,y_n\right)=f\left(x_n,y(x_n)\right)=y'(x_n),$$

然后利用多元函数泰勒展开, 得到

$$\begin{aligned}K_2&=f\left(x_n+h,y_n+hK_1\right)\\&=f(x_n,y_n)+hf_x(x_n,y_n)+hK_1f_y(x_n,y_n)\\&\quad+h^2f_{xx}(x_n,y_n)+2h^2K_1f_{xy}(x_n,y_n)+h^2K_1^2f_{yy}(x_n,y_n)+O(h^3)\\&=y'(x_n)+h\left[f_x(x_n,y_n)+y'(x_n)f_y(x_n,y_n)\right]+O(h^2)\\&=y'(x_n)+hy''(x_n)+O(h^2),\end{aligned}$$

则

$$
\begin{aligned}
y_{n+1} &= y_n + \frac{h}{2}(K_1 + K_2) \\
&= y(x_n) + \frac{h}{2}y'(x_n) + \frac{h}{2}\left[y'(x_n) + hy''(x_n) + O(h^2)\right].
\end{aligned}
$$

又

$$
y(x_{n+1}) = y(x_n) + hy'(x_n) + \frac{h^2}{2}y''(x_n) + O(h^3),
$$

最终可以得到 $R_{n+1} = O(h^3)$, 故该算法具有二阶精度. 同时可以发现, 改进欧拉法是一个单步递推格式, 与隐式公式的迭代求解过程相比更简单.

改进欧拉法描述:

算法 9.4 改进欧拉法

输入: n: 将区间 $[a, b]$ 分为 n 个等距小区间, 小区间长度作为迭代步长.

输出: 初值问题 $y' = f(x, y), y(a) = c$ 的近似解.

1: 设置 $h = \dfrac{b-a}{n}$, $y_1 = y(a)$, $x_1 = a$, $x_{k+1} = a + kh$.

2: **for** $k = 1$ to n **do**

3: $\begin{cases} \overline{y}_{k+1} = y_k + hf(x_k, y_k), \\ y_{k+1} = y_k + \dfrac{h}{2}\left[f(x_k, y_k) + f\left(x_{k+1}, \overline{y}_{k+1}\right)\right]. \end{cases}$

4: **end for**

例 9.2 用改进欧拉法求解初值问题 (9.3), 取步长 $h = 0.1$, 计算到 $x = 0.5$ (保留到小数点后 4 位).

解 将改进欧拉法应用于该初值问题的具体形式为

$$
\begin{cases}
\overline{y}_{n+1} = y_n + h\left(y_n - \dfrac{2x_n}{y_n}\right), \\
y_{n+1} = y_n + \dfrac{h}{2}\left[\left(y_n - \dfrac{2x_n}{y_n}\right) + \left(\overline{y}_{n+1} - \dfrac{2x_{n+1}}{\overline{y}_{n+1}}\right)\right], \quad n = 0, 1, \cdots, N-1.
\end{cases}
$$

已知 $y_0 = y(0) = 1$, 取 $h = 0.1$, 计算结果见表 9.3. 同表 9.1 中欧拉法的计算结果比较, 改进欧拉法的精度更高.

表 9.3 改进欧拉法计算结果

x_n	0.0	0.1	0.2	0.3	0.4	0.5
y_n	1.0000	1.0959	1.1841	1.2662	1.3434	1.4164
$y(x_n)$	1.0000	1.0954	1.1832	1.2649	1.3416	1.4142

9.2　龙格-库塔方法

将常微分方程初值问题 (9.1) 在区间 $[x_n, x_{n+1}]$ 上积分, 得

$$\int_{x_n}^{x_{n+1}} y'(x)\mathrm{d}x = \int_{x_n}^{x_{n+1}} f(x, y(x))\mathrm{d}x,$$

即

$$y(x_{n+1}) = y(x_n) + \int_{x_n}^{x_{n+1}} f(x, y(x))\mathrm{d}x. \tag{9.13}$$

如果对 (9.13) 式右端积分应用积分中值定理, 并分别用 y_{n+1}, y_n 代替 $y(x_{n+1})$ 和 $y(x_n)$, 则得到

$$y_{n+1} = y_n + hf(x_n + \theta h, y(x_n, \theta h)), \tag{9.14}$$

其中 $f(x_n + \theta h, y(x_n, \theta h))$ 称为区间 $[x_n, x_{n+1}]$ 上的平均斜率, 记作 K.

事实上, 单步递推法的基本思想是, 从 (x_n, y_n) 点出发, 以某一斜率沿直线达到 (x_{n+1}, y_{n+1}) 点. 因此, 只要对平均斜率 K 提供一种算法, 代入 (9.14) 式可得到一种求解微分方程 (9.1) 的数值计算公式. 在欧拉法中, 取前一节点 (x_n, y_n) 处的斜率值 $f(x_n, y_n)$ 作为平均斜率 K 的近似值, 即 $K \approx f(x_n, y_n)$. 此外, 若将改进欧拉法改写成

$$\begin{cases} y_{n+1} = y_n + h\left(\dfrac{1}{2}K_1 + \dfrac{1}{2}K_2\right), \\ K_1 = f(x_n, y_n), \\ K_2 = f(x_n + h, y_n + hK_1), \end{cases} \tag{9.15}$$

则直线的斜率取为 K_1 和 K_2 的平均值, 即将 x_n 和 x_{n+1} 两点处的斜率为 K_1 和 K_2 的算术平均值作为平均斜率的近似值, 即 $K \approx \dfrac{1}{2}(K_1 + K_2)$.

将欧拉法与改进欧拉法相比较发现, 后者精度高的原因在于近似平均斜率时多利用了一点处的斜率值. 该发现启发我们, 如果在区间 $[x_n, x_{n+1}]$ 内多预测几个点处的斜率值, 再将它们进行加权平均, 对平均斜率有一个更高精度的近似值, 从而构建出更高精度的数值计算公式, 所以接下来的目标是建立更高精度的单步递推格式.

9.2.1　显式龙格-库塔方法的一般形式

若选取 r 个点处斜率的加权平均作为平均斜率 K 的近似值, 构造如下公式

$$
\begin{cases}
y_{n+1}=y_n+h\sum\limits_{i=1}^{r}\lambda_iK_i,\\
K_1=f\left(x_n,y_n\right),\\
K_i=f\left(x_n+\alpha_ih,y_n+h\sum\limits_{j=1}^{i-1}\beta_{ij}K_j\right),\quad i=2,3,\cdots,r,
\end{cases}
\tag{9.16}
$$

其中 $\lambda_i\ (i=1,2,\cdots,r)$, $\alpha_i\ (i=2,3,\cdots,r)$ 和 $\beta_{ij}\ (i=2,3,\cdots,r,j=1,2,\cdots,i-1)$ 均为待定系数, 这种方法称为 r 阶显式龙格-库塔 (Runge-Kutta) 方法, 简称为 R-K 方法.

当 $r=1$ 时, 取 $\lambda_1=1$, 则得到 1 阶显式龙格-库塔方法, 即欧拉法. 下面章节我们将考虑 $r=2,3,4$ 时常用的龙格-库塔方法.

根据龙格-库塔方法的公式 (9.16) 可知, 该方法的主要计算量在于 $K_i\ (i=1,2,\cdots,r)$ 的计算, 即需要计算 $f(x,y)$ 在 r 个点处的值. 1965 年, 数学家 Butcher 证实, 当 $r\leqslant 4$ 时对应的龙格-库塔公式可得到 r 阶精度, 而当 $r>4$ 时, 公式可达到的最高阶数小于 r. 记 $p(r)$ 为 r 级龙格-库塔公式可达到的最高精度, 具体结论如下:

r	2	3	4	5	6	7	8	9	$\geqslant 10$
$p(r)$	2	3	4	4	5	6	6	7	$\leqslant r-2$

9.2.2 二阶显式龙格-库塔方法

当 $r=2$ 时, 由 (9.16) 式可得二阶龙格-库塔公式:

$$
\begin{cases}
y_{n+1}=y_n+h\left(\lambda_1K_1+\lambda_2K_2\right),\\
K_1=f\left(x_n,y_n\right),\\
K_2=f\left(x_n+\alpha_2h,y_n+h\beta_{21}K_1\right),
\end{cases}
\tag{9.17}
$$

其中 λ_1, λ_2, α_2 和 β_{21} 均为待定系数. 我们希望通过选定适当系数, 使得该公式具有二阶精度, 即在 $y_n=y(x_n)$ 的假设前提下, 有 $R_{n+1}=y(x_{n+1})-y_{n+1}=O(h^3)$.

根据局部截断误差定义, (9.17) 式的局部截断误差为

$$
R_{n+1}=y(x_{n+1})-y_{n+1}=y(x_{n+1})-y_n-h(\lambda_1K_1+\lambda_2K_2). \tag{9.18}
$$

接下来, 将 (9.18) 式右端各项在 (x_n,y_n) 处作泰勒展开. 由于 $f(x,y)$ 为二次函数, 故要用到二元泰勒展开, 以及如下几个公式:

$$y'(x)=f(x,y(x)),$$

$$y''(x)=\frac{\mathrm{d}}{\mathrm{d}x}f(x,y(x))=f_x(x,y(x))+f_y(x,y(x))\cdot f(x,y(x)).$$

首先, 将 $y(x_{n+1})$ 和 K_2 在点 (x_n,y_n) 处作泰勒展开得到

$$\begin{aligned}y(x_{n+1})&=y(x_n)+hy'(x_n)+\frac{h^2}{2}y''(x_n)+O\left(h^3\right)\\&=y_n+hf(x_n,y_n)+\frac{h^2}{2}f_x(x_n,y_n)+\frac{h^2}{2}f_y(x_n,y_n)\cdot f(x_n,y_n)+O(h^3),\\K_2&=f(x_n+\alpha_2h,y_n+\beta_{21}hK_1)\\&=f(x_n,y_n)+\alpha_2hf_x(x_n,y_n)+\beta_{21}hK_1f_y(x_n,y_n)+O\left(h^2\right).\end{aligned}$$

将上式代入 (9.18) 式有

$$\begin{aligned}R_{n+1}=&(1-\lambda_1-\lambda_2)hf(x_n,y_n)+\left(\frac{1}{2}-\lambda_2\alpha_2\right)h^2f_x(x_n,y_n)\\&+\left(\frac{1}{2}-\lambda_2\beta_{21}\right)h^2f_y(x_n,y_n)f(x_n,y_n)+O\left(h^3\right).\end{aligned}$$

由函数 $f(x,y(x))$ 的任意性可知, 要使公式 (9.17) 具有二阶精度, 当且仅当参数 λ_1, λ_2, α_2 和 β_{21} 满足

$$\begin{cases}1-\lambda_1-\lambda_2=0,\\\dfrac{1}{2}-\lambda_2\alpha_2=0,\\\dfrac{1}{2}-\lambda_2\beta_{21}=0,\end{cases}$$

即

$$\begin{cases}\lambda_1+\lambda_2=1,\\\lambda_2\alpha_2=\dfrac{1}{2},\\\lambda_2\beta_{21}=\dfrac{1}{2}.\end{cases}$$

由于该非线性方程组的解是不唯一的, 可表示为

$$\begin{cases}\lambda_1 = 1 - \lambda_2, \\ \alpha_2 = \dfrac{1}{2\lambda_2}, \ \lambda_2 \neq 0, \\ \beta_{21} = \dfrac{1}{2\lambda_2},\end{cases} \tag{9.19}$$

则将所有满足 (9.19) 的公式 (9.17) 统称为二阶显式龙格-库塔格式.

若取 $\lambda_1 = \lambda_2 = \dfrac{1}{2}$, $\alpha_2 = \beta_{21} = 1$, 就可以得到改进欧拉公式 (9.10).

若取 $\lambda_1 = 0$, $\lambda_2 = 1$, $\alpha_2 = \beta_{21} = \dfrac{1}{2}$, 得到计算公式

$$\begin{cases}y_{n+1} = y_n + hK_2, \\ K_1 = f\left(x_n, y_n\right), \\ K_2 = f\left(x_n + \dfrac{1}{2}h, y_n + \dfrac{1}{2}hK_1\right)\end{cases}$$

等价于如下公式

$$y_{n+1} = y_n + hf\left(x_n + \frac{1}{2}h, y_n + \frac{1}{2}hf\left(x_n, y_n\right)\right), \tag{9.20}$$

称其为中点公式.

9.2.3 三阶与四阶显式龙格-库塔方法

当 $r = 3$ 时, 由 (9.16) 式可得三阶显式龙格-库塔方法:

$$\begin{cases}y_{n+1} = y_n + h\left(\lambda_1 K_1 + \lambda_2 K_2 + \lambda_3 K_3\right), \\ K_1 = f\left(x_n, y_n\right), \\ K_2 = f\left(x_n + \alpha_2 h, y_n + \beta_{21} hK_1\right), \\ K_3 = f\left(x_n + \alpha_3 h, y_n + \beta_{31} hK_1 + \beta_{32} hK_2\right),\end{cases} \tag{9.21}$$

其中 λ_1, λ_2, λ_3, α_2, α_3, β_{21}, β_{31} 和 β_{32} 均为待定系数. 类似于二阶龙格-库塔方法的推导, 将 $y(x_{n+1})$, K_2 和 K_3 在点 (x_n, y_n) 处作二元泰勒展开, 使得局部截断误差 $R_{n+1} = y\left(x_{n+1}\right) - y_{n+1} = O\left(h^4\right)$, 可以得到所有待定系数满足方程组

$$\begin{cases}\lambda_1+\lambda_2+\lambda_3=1,\\ \alpha_2=\beta_{21},\\ \alpha_3=\beta_{31}+\beta_{32},\\ \lambda_2\alpha_2+\lambda_3\alpha_3=\dfrac{1}{2},\\ \lambda_2\alpha_2^2+\lambda_3\alpha_3^2=\dfrac{1}{3},\\ \lambda_3\alpha_2\beta_{32}=\dfrac{1}{6}.\end{cases}\tag{9.22}$$

该方程组存在 8 个未知数和 6 个方程, 故解是不唯一的, 统称满足条件 (9.22) 的公式 (9.21) 为三阶显式龙格-库塔公式. 常见的一种三阶龙格-库塔方法:

$$\begin{cases}y_{n+1}=y_n+\dfrac{h}{6}\left(K_1+4K_2+K_3\right),\\ K_1=f\left(x_n,y_n\right),\\ K_2=f\left(x_n+\dfrac{1}{2}h,y_n+\dfrac{1}{2}hK_1\right),\\ K_3=f\left(x_n+h,y_n-hK_1+2hK_2\right).\end{cases}$$

当 $r=4$ 时, 类似于上述过程, 可得各种四阶龙格-库塔公式, 其中最常用的是下列四阶经典的龙格-库塔公式:

$$\begin{cases}y_{n+1}=y_n+\dfrac{h}{6}\left(K_1+2K_2+2K_3+K_4\right),\\ K_1=f\left(x_n,y_n\right),\\ K_2=f\left(x_n+\dfrac{1}{2}h,y_n+\dfrac{1}{2}hK_1\right),\\ K_3=f\left(x_n+\dfrac{1}{2}h,y_n+\dfrac{1}{2}hK_2\right),\\ K_4=f\left(x_n+h,y_n+hK_3\right).\end{cases}\tag{9.23}$$

四阶龙格-库塔公式算法描述:

算法 9.5　四阶龙格-库塔方法

输入: n: 将区间 $[a,b]$ 分为 n 个等距小区间, 小区间长度作为迭代步长.

输出: 初值问题 $y' = f(x,y), y(a) = c$ 的近似解.

设置 $h = \dfrac{b-a}{n}$, $y_1 = y(a)$, $x_1 = a$, $x_{k+1} = a + kh$, $f_k = f(x_k, y_k)$.

for $k = 1$ to n **do**

$$\begin{cases} k_1 = hf\left(x_k, y_k\right), \\ k_2 = hf\left(x_k + \dfrac{h}{2}, y_k + \dfrac{k_1}{2}\right), \\ k_3 = hf\left(x_k + \dfrac{h}{2}, y_k + \dfrac{k_2}{2}\right), \\ k_4 = hf\left(x_k + h, y_k + k_3\right), \\ y_{k+1} = y_k + \dfrac{1}{6}\left(k_1 + 2k_2 + 2k_3 + k_4\right); \end{cases}$$

end for

例 9.3 取步长 $h = 0.2$, 用四阶经典的龙格-库塔方法求解初值问题 (9.3).

解 将四阶经典的龙格-库塔公式应用于该初值问题的具体形式为

$$\begin{cases} y_{n+1} = y_n + \dfrac{h}{6}(K_1 + 2K_2 + 2K_3 + K_4), \\ K_1 = y_n - \dfrac{2x_n}{y_n}, \\ K_2 = y_n + \dfrac{h}{2}K_1 - \dfrac{2x_n + h}{y_n + \dfrac{h}{2}K_1}, \\ K_3 = y_n + \dfrac{h}{2}K_2 - \dfrac{2x_n + h}{y_n + \dfrac{h}{2}K_2}, \\ K_4 = y_n + hK_3 - \dfrac{2(x_n + h)}{y_n + hK_3}, \end{cases}$$

取步长 $h = 0.2$, 计算结果如表 9.4.

表 9.4 四阶经典的龙格-库塔公式计算结果

x_n	0.0	0.2	0.4	0.6	0.8	1.0
y_n	1.0000	1.1832	1.3417	1.4833	1.6125	1.7321
$y(x_n)$	1.0000	1.1832	1.3416	1.4832	1.6125	1.7321

需要特别指出的是, 龙格-库塔方法的推导是基于泰勒展开, 因此公式的精度主要受到解光滑性的影响. 若解的光滑性比较差, 那么使用四阶龙格-库塔方法求得的数值解, 其精度可能不如改进欧拉法. 所以对于这种情况, 最好是利用低阶算法, 并取较小的步长.

*9.2.4 变步长的龙格-库塔方法

对于微分方程的数值解法, 同积分的数值计算一样, 均存在选择步长的问题. 单从每一步上看, 步长越小, 数值算法的截断误差越小, 但随着步长的缩小, 在一定求解范围内所需要完成的求解步数就增加了. 求解步长的增加不仅会引起计算量增大, 而且可能导致舍入误差的严重累积. 变步长方法的基本思想是根据精度自动地选择步长. 在选择步长时, 首先需要考虑如何衡量和检验计算结果的精度, 然后考虑如何根据所获得的精度处理步长. 下面以四阶经典的龙格-库塔公式 (9.23) 为例进行说明.

从节点 x_n 开始出发, 先以 h 作为步长, 求出一个近似值 $y_{n+1}^{(h)}$, 由于四阶经典的龙格-库塔公式 (9.23) 的局部截断误差是 $O(h^5)$, 故有

$$y\left(x_{n+1}\right)-y_{n+1}^{(h)} \approx C h^5 .$$

然后将步长折半, 即取 $\dfrac{h}{2}$ 为步长, 再从 x_n 出发跨两步到 x_{n+1}, 求出一个近似值 $y_{n+1}^{\left(\frac{h}{2}\right)}$, 且每跨一步的截断误差是 $C\left(\dfrac{h}{2}\right)^5$, 因此

$$y\left(x_{n+1}\right)-y_{n+1}^{\left(\frac{h}{2}\right)} \approx 2 C\left(\frac{h}{2}\right)^5,$$

比较以上两式可以得到

$$\frac{y\left(x_{n+1}\right)-y_{n+1}^{\left(\frac{h}{2}\right)}}{y\left(x_{n+1}\right)-y_{n+1}^{(h)}} \approx \frac{1}{16} .$$

由此易得如下估计式

$$y\left(x_{n+1}\right)-y_{n+1}^{\left(\frac{h}{2}\right)} \approx \frac{1}{15}\left[y_{n+1}^{\left(\frac{h}{2}\right)}-y_{n+1}^{(h)}\right] .$$

因此, 我们可以通过检查步长折半前后两次计算结果的偏差

$$\Delta=\left|y_{n+1}^{\left(\frac{h}{2}\right)}-y_{n+1}^{(h)}\right|$$

来判定所选择步长是否合适. 具体地, 对于给定精度 ε, 将区分以下两种情况来处理步长:

(1) 如果 $\Delta>\varepsilon$, 则反复将步长折半进行计算, 直至 $\Delta<\varepsilon$ 为止, 此时取最终得到的 $y_{n+1}^{\left(\frac{h}{2}\right)}$ 作为最终结果;

(2) 如果 $\Delta < \varepsilon$, 则反复将步长加倍进行计算, 直至 $\Delta > \varepsilon$ 为止, 此时再将步长折半一次计算, 得到的就是所要的结果.

这种通过折半或加倍处理步长的方法称为变步长方法. 虽然为了选择合适的步长, 导致每一步的计算量增大了, 但总体考虑往往是值得的.

9.3 单步法的收敛性与稳定性

9.3.1 收敛性与相容性

用数值方法求解常微分方程的基本思想是, 通过某种离散化手段将微分方程转化为差分方程, 然而这种转化是否合理, 就看转化得到的差分方程的解 y_{n+1}, 在步长 $h \to 0$ 时是否收敛到微分方程的精确解 $y(x_{n+1})$. 若以显式单步法为例, 求解微分方程 (9.1), 即

$$y_{n+1} = y_n + h\varphi(x_n, y_n, h), \quad n = 0, 1, 2, \cdots, N-1, \tag{9.24}$$

其中 $\varphi(x, y, h)$ 为增量函数, 例如欧拉法 (9.2) 有 $\varphi(x, y, h) = f(x, y)$, 则收敛性分析就是讨论当固定 $x = x_n$, 且步长 $h = \dfrac{b-a}{N} \to 0$ 时, 是否有整体截断误差 $e_n = y(x_n - y_n) \to 0$ 的问题.

定义 9.3 *若求解常微分方程初值问题 (9.1) 的显式单步法对于任意固定的 $x_n = x_0 + nh$, 当 $h \to 0$ (同时 $n \to \infty$) 时有 $y_n \to y(x_n)$, 则称该算法是收敛的.*

例 9.4 *就初值问题* $\begin{cases} y' = \lambda y, \\ y(0) = y_0, \end{cases}$ *考虑显式欧拉法的收敛性.*

解 该问题的精确解为 $y(x) = y_0 \mathrm{e}^{\lambda x}$, 且显式欧拉公式为

$$y_{n+1} = y_n + h \cdot \lambda y_n = (1 + \lambda h) y_n,$$

通过反复递推得到差分方程的解

$$y_n = (1 + \lambda h)^n y_0.$$

已知 $x_0 = 0$, 则对任意固定的 $x = x_n = nh$, 有

$$y_n = y_0 \cdot (1 + \lambda h)^{x_n/h} = y_0 \left[(1 + \lambda h)^{1/\lambda h} \right]^{\lambda x_n}.$$

根据基础微积分的相关理论有 $\lim\limits_{h \to 0} (1 + \lambda h)^{1/\lambda h} = \mathrm{e}$, 故当 $h \to 0$ 时, 有 $y_n \to y_0 \mathrm{e}^{\lambda x_n} = y(x_n)$, 即显式欧拉公式关于该初值问题是收敛的.

接下来我们给出单步法 (9.24) 收敛的条件.

定理 9.2 假设微分方程初值问题 (9.1) 的单步法 (9.24) 具有 p 阶精度 ($p \geqslant 1$), 且增量函数 $\varphi(x, y, h)$ 关于 y 满足利普希茨条件, 即存在常数 $L_\varphi > 0$, 使得

$$|\varphi(x, y_1, h) - \varphi(x, y_2, h)| \leqslant L_\varphi |y_1 - y_2|,$$

对任意 $y_1, y_2 \in \mathbb{R}$ 成立, 又假设初值 y_0 是准确的, 即 $y_0 = y(x_0)$, 则其整体截断误差

$$y(x_n) - y_n = O(h^p).$$

证明 令 $\bar{y}_{n+1}$ 表示当 $y_n = y(x_n)$ 时, 由 (9.24) 式求得的数值解, 即

$$\bar{y}_{n+1} = y(x_n) + h\varphi(x_n, y(x_n), h), \tag{9.25}$$

由局部截断误差的定义 $R_{n+1} = y(x_{n+1}) - \bar{y}_{n+1}$, 有

$$y(x_{n+1}) = y(x_n) + h\varphi(x_n, y(x_n), h) + R_{n+1}. \tag{9.26}$$

已知单步法 (9.24) 具有 p 阶精度, 即存在常数 C, 使得 $|R_{n+1}| \leqslant Ch^{p+1}$. 将 (9.24) 式和 (9.25) 式相减得到

$$\begin{aligned}|\bar{y}_{n+1} - y_{n+1}| &= |y(x_n) - y_n + h\varphi(x_n, y(x_n), h) - h\varphi(x_n, y_n, h)| \\ &\leqslant |y(x_n) - y_n| + h|\varphi(x_n, y(x_n), h) - \varphi(x_n, y_n, h)|,\end{aligned}$$

根据假设函数 φ 满足利普希茨条件有

$$|\bar{y}_{n+1} - y_{n+1}| \leqslant (1 + hL_\varphi)|y(x_n) - y_n|,$$

从而

$$\begin{aligned}|y(x_{n+1}) - y_{n+1}| &\leqslant |\bar{y}_{n+1} - y_{n+1}| + |y(x_{n+1}) - \bar{y}_{n+1}| \\ &\leqslant (1 + hL_\varphi)|y(x_n) - y_n| + Ch^{p+1},\end{aligned}$$

即整体截断误差 $e_n = y(x_n) - y_n$ 满足如下递推关系式

$$|e_{n+1}| \leqslant (1 + hL_\varphi)|e_n| + Ch^{p+1}.$$

为了方便, 记 $\alpha = 1 + hL_\varphi$, $\beta = Ch^{p+1}$, 即 $|e_{n+1}| \leqslant \alpha|e_n| + \beta$, 将该不等式反复递推可以得到

$$|e_n| \leqslant \alpha|e_{n-1}| + \beta \leqslant \cdots \leqslant \alpha^n|e_0| + \beta\left(\alpha^{n-1} + \alpha^{n-2} + \cdots + \alpha + 1\right).$$

已知关系式

$$e^{hL_\varphi}=1+hL_\varphi+\frac{(hL_\varphi)^2}{2}+\cdots\geqslant 1+hL_\varphi,$$

$$\alpha^n=(1+hL_\varphi)^n\leqslant\left(\mathrm{e}^{hL_\varphi}\right)^n=\mathrm{e}^{L_\varphi(x_n-x_0)},$$

$$1+\alpha+\cdots+\alpha^{n-1}=\frac{\alpha^n-1}{\alpha-1}=\frac{(1+hL_\varphi)^n-1}{hL_\varphi},$$

可以得到

$$|e_n|\leqslant\mathrm{e}^{L_\varphi(x_n-x_0)}|e_0|+\frac{Ch^p}{L_\varphi}\left(\mathrm{e}^{L_\varphi(x_n-x_0)}-1\right).$$

如果初值是准确的, 即 $y_0=y(x_0)$, 则 $e_0=0$, 于是有 $e_n=O(h^p)$, 定理得证. □

例 9.5 就初值问题 (9.1) 考察改进欧拉法的收敛性.

解 改进欧拉公式是

$$y_{n+1}=y_n+\frac{h}{2}\left[f\left(x_n,y_n\right)+f\left(x_n+h,y_n+hf\left(x_n,y_n\right)\right)\right],$$

其局部截断误差 $R_{n+1}=y\left(x_{n+1}\right)-y_{n+1}=O\left(h^3\right)$, 且其增量函数

$$\varphi\left(x,y,h\right)=\frac{1}{2}\left[f\left(x,y\right)+f\left(x+h,y+hf\left(x,y\right)\right)\right],$$

假设 $f(x,y)$ 关于 y 满足利普希茨条件, 且记利普希茨常数为 $L>0$, 则有

$$\begin{aligned}|\varphi\left(x,y,h\right)-\varphi\left(x,\bar{y},h\right)|\leqslant&\frac{1}{2}\left|f\left(x,y\right)-f\left(x,\bar{y}\right)\right|\\&+\frac{1}{2}\left|f\left(x+h,y+hf\left(x,y\right)\right)-f\left(x+h,\bar{y}+hf\left(x,\bar{y}\right)\right)\right|\\\leqslant&\frac{1}{2}L\left|y-\bar{y}\right|+\frac{1}{2}L\left|y+hf\left(x,y\right)-\bar{y}-hf\left(x,\bar{y}\right)\right|\\\leqslant&L\left|y-\bar{y}\right|+\frac{1}{2}Lh\left|f\left(x,y\right)-f\left(x,\bar{y}\right)\right|\\\leqslant&L\left(1+\frac{h}{2}L\right)\left|y-\bar{y}\right|.\end{aligned}$$

假定步长 $h\leqslant h_0$(h_0 为常数), 上式表明增量函数 $\varphi(x,y,h)$ 关于 y 的利普希茨常数为

$$L_\varphi=L\left(1+\frac{h_0}{2}L\right),$$

因此改进欧拉法是收敛的.

由定理 9.2 可知, 判断显式单步法 (9.24) 的收敛性, 归结为验证增量函数 φ 是否满足利普希茨条件. 若假设微分方程初值问题 (9.1) 中函数 f 关于 y 满足利普希茨条件, 则容易证明显式欧拉法、改进欧拉法和龙格-库塔方法的增量函数关于 y 也满足利普希茨条件, 且初值是准确的, 故这些数值方法是收敛的.

假设显式单步法 (9.24) 具有 p 阶精度 ($p \geqslant 1$), 则由局部截断误差定义有

$$\begin{aligned} R_{n+1} &= y\left(x_n+h\right)-y\left(x_n\right)-h\varphi\left(x_n, y\left(x_n\right), h\right) \\ &= y\left(x_n\right)+hy'\left(x_n\right)+O\left(h^2\right)-y\left(x_n\right)-h\left[\varphi\left(x_n, y\left(x_n\right), 0\right)+O\left(h\right)\right] \\ &= h\left[y'\left(x_n\right)-\varphi\left(x_n, y_n, 0\right)\right]+O\left(h^2\right). \end{aligned}$$

故一个显式单步法至少有一阶精度, 即 $R_{n+1}=O(h^2)$ 的充分必要条件是 $y'\left(x_n\right)=\varphi\left(x_n, y\left(x_n\right), 0\right)$, 而 $y'\left(x_n\right)=f\left(x_n, y\left(x_n\right)\right)$, 于是有如下相容性定义.

定义 9.4 若单步法 (9.24) 的增量函数 φ 满足

$$\varphi\left(x, y, 0\right)=f\left(x, y\right),$$

则称单步法 (9.24) 与初值问题 (9.1) 是相容的.

相容性是指数值方法逼近微分方程 (9.1), 即微分方程离散化得到的数值方法, 当步长 $h \to 0$ 时有 $y'\left(x\right)=f\left(x, y\right)$. 因此有如下定理.

定理 9.3 p 阶单步法 (9.24) 与初值问题 (9.1) 相容的充分必要条件是 $p \geqslant 1$.

9.3.2 绝对稳定性和绝对稳定域

前面研究收敛性时, 总需假设数值算法本身的计算是准确的, 没有考虑舍入误差的影响. 实际计算中差分方程的每步求解计算都会有舍入误差, 并且必须考虑误差的传播问题, 这就是差分方程的稳定性问题.

定义 9.5 若一种数值方法在节点值 y_n 上产生大小为 δ 的扰动, 在以后各节点值 $y_m(m>n)$ 上产生的偏差均不超过 δ, 则称该方法是稳定的.

由于数值方法的稳定性不仅与方法有关, 与步长 h 和微分方程中的 $f(x, y)$ 也有关, 这给研究稳定性问题带来了困难. 为了只考察数值方法本身, 通常只检验将数值方法用于求解模型方程的稳定性, 模型方程为

$$y'=\lambda y, \tag{9.27}$$

其中 λ 为复数. 通常为保证微分方程本身的稳定性, 只考虑 $\mathrm{Re}(\lambda)<0$ 的情形.

定义 9.6 单步法 (9.24) 用于求解模型方程 (9.27), 若得到的数值解

$$y_{n+1}=E(h\lambda)y_n$$

满足 $|E(h\lambda)| < 1$, 则称方法 (9.24) 是绝对稳定的. 在 $\mu = h\lambda$ 的平面上, 使 $|E(h\lambda)| < 1$ 的变量围成的区域, 称为绝对稳定区域, 它与实轴的交集称为绝对稳定区间.

从误差的角度分析, 若算法在计算过程中任一步产生的误差在以后的计算中逐步衰减, 则称该算法是绝对稳定的.

首先研究欧拉法的稳定性, 将欧拉法 (9.2) 用于模型方程 (9.27), 有

$$y_{n+1} = (1 + h\lambda)y_n. \tag{9.28}$$

假设在节点值 y_n 上有一扰动值 ε_n, 它的传播使得节点值 y_{n+1} 产生为 ε_{n+1} 的扰动值. 假设 $\tilde{y}_n = y_n + \varepsilon_n$, 则由欧拉公式得到 $\tilde{y}_{n+1} = (1 + h\lambda)\,\tilde{y}_n$, 从而得到误差的传播方程

$$\varepsilon_{n+1} = (1 + h\lambda)\,\varepsilon_n.$$

令 $E(h\lambda) = 1 + h\lambda$, 若要保证差分方程 (9.28) 的解是不增长的, 只要 h 充分小, 使得 $|E(h\lambda)| < 1$, 则欧拉法是稳定的. 在 $\mu = h\lambda$ 复平面上, 以 $(-1, 0)$ 为圆心, 1 为半径的单位圆内部 (图 9.3), 称为欧拉法的绝对稳定区域, 相应的绝对稳定区间为 $(-2, 0)$.

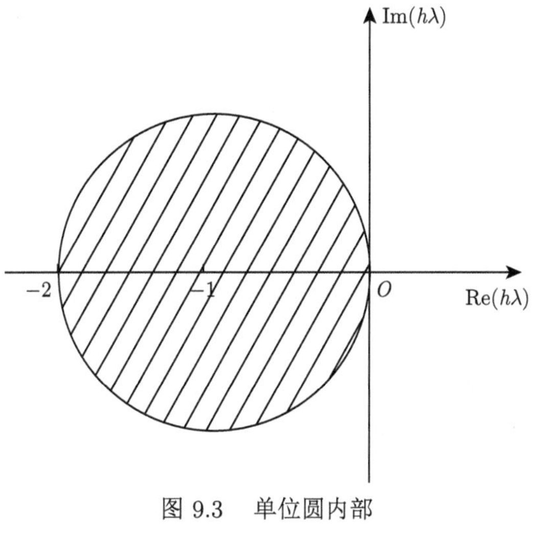

图 9.3 单位圆内部

对于隐式欧拉法 (9.5) 运用于模型方程 (9.27), 有 $y_{n+1} = y_n + h\lambda y_{n+1}$, 即

$$y_{n+1} = \frac{1}{1 - h\lambda}y_n,$$

故 $E(h\lambda)=\dfrac{1}{1-h\lambda}$. 由 $|E(h\lambda)|<1$ 可得, 隐式欧拉法的绝对稳定区域为 $|1-h\lambda|>1$, 即以 $(1,0)$ 为圆心, 1 为半径的单位圆外部 (图 9.4), 相应的绝对稳定区间为 $-\infty<h\lambda<0$. 当 $\lambda<0$ 时, 有 $0<h<\infty$, 则对任何步长的隐式欧拉法是稳定的. 因此, 与显式欧拉法相比, 隐式欧拉法的稳定性更好.

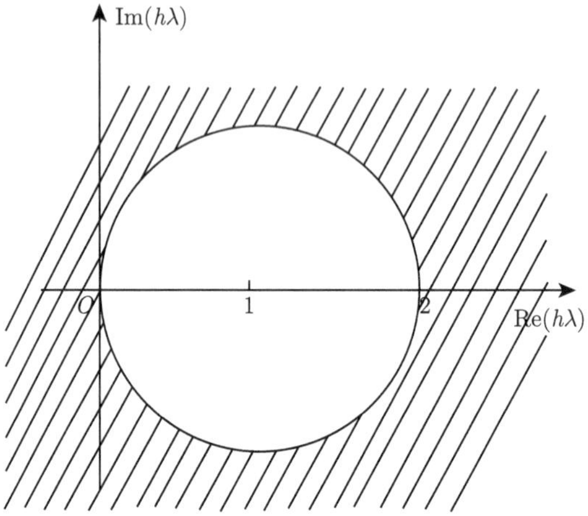

图 9.4　单位圆外部

对于梯形公式 (9.8) 运用于模型方程 (9.27), 有 $y_{n+1}=y_n+\dfrac{h}{2}(\lambda y_n+\lambda y_{n+1})$, 得

$$y_{n+1}=\frac{1+\dfrac{h}{2}\lambda}{1-\dfrac{h}{2}\lambda}y_n,$$

故 $E\left(h\lambda\right)=\dfrac{1+\dfrac{h}{2}\lambda}{1-\dfrac{h}{2}\lambda}$. 对于 $\mathrm{Re}\left(\lambda\right)<0$, 均有 $\left|E\left(h\lambda\right)\right|<1$, 故绝对稳定区域为 $\mu=h\lambda$ 的左半平面, 绝对稳定区间为 $-\infty<h\lambda<0$, 即当 $0<h<\infty$ 时, 梯形法是稳定的.

容易发现, 隐式欧拉法和梯形公式的绝对稳定区域均包含了复平面的左半平面, 即 $\{h\lambda|\mathrm{Re}\left(h\lambda\right)<0\}$, 则在选择步长 h 时, 不需要考虑稳定性, 只需要考虑计算精度及迭代收敛性要求.

定义 9.7　如果某种数值方法运用于模型方程 (9.27), 使得稳定性区域包含 $\{h\lambda|\mathrm{Re}\left(h\lambda\right)<0\}$, 那么称该方法是无条件稳定的.

表 9.5 给出了一些单步法的 $E(h\lambda)$ 的表达式和它们的绝对稳定区间.

表 9.5 部分单步法及其绝对稳定区间

方法	$E(\lambda h)$	绝对稳定区间
欧拉法	$1+\lambda h$	$-2 \leqslant \lambda h \leqslant 0$
改进欧拉法	$1+\lambda h+\dfrac{(\lambda h)^2}{2}$	$-2 \leqslant \lambda h \leqslant 0$
三阶龙格-库塔方法	$1+\lambda h+\dfrac{(\lambda h)^2}{2}+\dfrac{(\lambda h)^3}{6}$	$-2.51 \leqslant \lambda h \leqslant 0$
四阶龙格-库塔方法	$1+\lambda h+\dfrac{(\lambda h)^2}{2}+\dfrac{(\lambda h)^3}{6}+\dfrac{(\lambda h)^4}{24}$	$-2.785 \leqslant \lambda h \leqslant 0$
隐式欧拉法	$\dfrac{1}{1-\lambda h}$	$-\infty < \lambda h \leqslant 0$
梯形公式	$\left(1+\dfrac{\lambda h}{2}\right)\left(1-\dfrac{\lambda h}{2}\right)^{-1}$	$-\infty < \lambda h \leqslant 0$

例 9.6 求出解初值问题 $\begin{cases} y' = f(x,y), \\ y(x_0) = y_0 \end{cases}$ 的单步法

$$y_{n+1} = y_n + \frac{h}{3}[f(x_n, y_n) + 2f(x_{n+1}, y_{n+1})]$$

的绝对稳定区域, 说明该方法是无条件稳定的.

解 对于模型方程 $y' = \lambda y$, 有

$$y_{n+1} = y_n + \frac{h}{3}[\lambda y_n + 2\lambda y_{n+1}] = y_n + \frac{1}{3}\lambda h y_n + \frac{2}{3}\lambda h y_{n+1},$$

进一步得到

$$\frac{3-2\lambda h}{3} y_{n+1} = \frac{3+\lambda h}{3} y_n,$$

即

$$y_{n+1} = \frac{3+\lambda h}{3-2\lambda h} y_n.$$

反复递推可以得到

$$y_{n+1} = \frac{3+\lambda h}{3-2\lambda h} y_n = \cdots = \left(\frac{3+\lambda h}{3-2\lambda h}\right)^{n+1} y_0.$$

当 $\left|\dfrac{3+\lambda h}{3-2\lambda h}\right| < 1$ 时, 该方法是绝对稳定的.

当 $|3+\lambda h| < |3-2\lambda h|$ 时, $(3+\lambda h)^2 < (3-2\lambda h)^2$, $(\lambda h)^2 - 6\lambda h + 9 > 9$, $(\lambda h - 3)^2 > 3^2$, 所以 $|\lambda h - 3| > 3$ 是绝对稳定区域, 即以 $(3,0)$ 为圆心, 3 为半径的圆外部. 由于 λh 在整个复平面的左平面是绝对稳定的, 因此该方法是无条件稳定的.

9.4　线性多步法

在逐步推进的求解过程中, 计算 y_{n+1} 之前, 事实上已求出一系列的近似值 $y_0, y_1, \cdots, y_n$. 然而, 求解初值问题的单步法在计算时只用到了前一步的结果. 如果充分利用前面多步的信息来预测 y_{n+1}, 则可以期望获得更高的精度, 这就是构造线性多步法的基本思想.

线性多步法的一般公式为

$$\begin{aligned} y_{n+1} &= \alpha_0 y_n + \alpha_1 y_{n-1} + \cdots + \alpha_{k-1} y_{n-k+1} \\ &\quad + h(\beta_{-1} f_{n+1} + \beta_0 f_n + \cdots + \beta_{k-1} f_{n-k+1}) \\ &= \sum_{i=0}^{k-1} \alpha_i y_{n-i} + h \sum_{i=-1}^{k-1} \beta_i f_{n-i}, \end{aligned} \tag{9.29}$$

其中 α_i, β_i 均为与 i 无关的常数, y_j 为 $y(x_j)$ 的近似值, $f_j = f(x_j, y_j)$, $|\alpha_{k-1}| + |\beta_{k-1}| \neq 0$, 则称 (9.29) 式为线性 k 步法. 如果 $\beta_{-1} = 0$, 则称 (9.29) 式为显式 k 步法; 如果 $\beta_{-1} \neq 0$, 则称 (9.29) 式为隐式 k 步法.

定义 9.8　设 $y(x)$ 是常微分方程初值解问题 (9.1) 的精确解, 则线性多步法 (9.29) 在 x_{n+1} 处的局部截断误差为

$$R_{n+1} = y(x_{n+1}) - \sum_{i=0}^{k-1} \alpha_i y(x_{n-i}) - h \sum_{i=-1}^{k-1} \beta_i f(x_{n-i}, y(x_{n-i})). \tag{9.30}$$

如果 $R_{n+1} = O(h^{p+1})$, 则称 (9.29) 式是 p 阶的.

定义 9.9　如果线性 k 步法 (9.29) 至少是一阶的, 则称方法 (9.29) 与微分方程 (9.1) 是相容的; 如果线性 k 步法是 p $(p \geqslant 1)$ 阶的, 则称是 p 阶相容的.

构造多步法主要有两种途径: 基于数值积分的构造法和基于泰勒展开的构造法. 前者是由微分方程 (9.1) 两端积分后再利用插值求积公式得到的, 本节会主要介绍亚当斯 (Adams) 显式与隐式公式; 后者利用基于泰勒展开的待定系数法得到, 我们将主要介绍米尔恩 (Milne) 方法与辛普森方法.

9.4.1　基于数值积分的构造方法

将微分方程 $y' = f(x, y)$ 在区间 $[x_n, x_{n+1}]$ 上积分可以得到

$$y(x_{n+1}) = y(x_n) + \int_{x_n}^{x_{n+1}} f(x, y(x))\mathrm{d}x. \tag{9.31}$$

只要近似地计算出 (9.31) 式右端的积分 $I \approx \int_{x_n}^{x_{n+1}} f(x, y(x)) \mathrm{d}x$, 则可以由 (9.31) 获得 $y(x_{n+1})$ 的近似值 y_{n+1}. 如果选取不同的数值方法计算积分 I, 则可得出不同的计算公式. 例如, 用矩形方法计算积分项, 即 $I \approx hf(x_n, y(x_n))$, 有

$$y(x_{n+1}) \approx y(x_n) + hf(x_n, y(x_n)),$$

据此离散化即可导出欧拉公式 (9.2); 如果用梯形求积公式计算积分项, 则最终可以得到梯形公式 (9.8).

根据前面章节, 我们知道基于插值原理可以建立一系列的数值积分方法, 运用这些方法可以导出求解微分方程的一系列计算格式. 一般地, 假设已经构造出 $f(x, y(x))$ 的插值多项式 $P_r(x)$, 那么作为 $\int_{x_n}^{x_{n+1}} P_r(x) \mathrm{d}x$ 的近似值, 即可将 (9.29) 式离散化得到下列计算公式:

$$y_{n+1} = y_n + \int_{x_n}^{x_{n+1}} P_r(x) \mathrm{d}x.$$

假设用 $r+1$ 个数据点 $(x_n, f_n), (x_{n-1}, f_{n-1}), \cdots, (x_{n-r}, f_{n-r})$ 构造插值多项式 $P_r(x)$, 这里 $f_k = f(x_k, y_k)$, $x_k = x_0 + kh$, 运用拉格朗日插值公式有

$$P_r(x) = \sum_{j=0}^{r} f_{n-j} l_j(x) = \sum_{j=0}^{r} f_{n-j} \prod_{k=0, k\neq j}^{r} \frac{x - x_{n-k}}{x_{n-j} - x_{n-k}}.$$

从而将 (9.29) 式离散化即可得下列计算公式

$$y_{n+1} = y_n + h \sum_{j=0}^{r} \alpha_{rj} f_{n-j}, \tag{9.32}$$

其中

$$\alpha_{rj} = \frac{1}{h} \int_{x_n}^{x_{n+1}} \left(\prod_{k=0, k\neq j}^{r} \frac{x - x_{n-k}}{x_{n-j} - x_{n-k}} \right) \mathrm{d}x = \int_0^1 \left(\prod_{k=0, k\neq j}^{r} \frac{t+k}{k-j} \right) \mathrm{d}t.$$

(9.32) 式是一个 $r+1$ 步的显式公式, 称作亚当斯显式公式. 当 $r = 0$ 时, 即为欧拉公式.

亚当斯显式公式描述:

算法 9.6 亚当斯显式公式

输入: N: 将区间 $[a, b]$ 分为 N 个等距小区间, 作为迭代步长.
输出: 初值问题 $y' = f(x, y), y(a) = c$ 的近似解.

1: 设置 $h=\dfrac{b-a}{N}$, $y_1=y(a)$, $x_1=a$, $x_{k+1}=a+kh$, $f_k=f(x_k,y_k)$.

2: **for** $k=1$ to N **do**

3: $$\begin{cases}\alpha_{rj}=\displaystyle\int_0^1\left(\prod_{k=0,k\neq j}^{r}\frac{t+k}{k-j}\right)\mathrm{d}t,\\ y_{n+1}=y_n+h\displaystyle\sum_{j=0}^{r}\alpha_{rj}f_{n-j}.\end{cases}$$

4: **end for**

表 9.6 给出了 $r=0,1,2,3$ 时的亚当斯显式公式, 其中 $k=r+1$ 为步数, p 为方法的阶, C_{p+1} 为局部截断误差的主项.

表 9.6　亚当斯显式公式

k	p	公式	C_{p+1}
1	1	$y_{n+1}=y_n+hf_n$	$\frac{1}{2}h^2y''(x_n)$
2	2	$y_{n+2}=y_{n+1}+\frac{h}{2}(3f_{n+1}-f_n)$	$\frac{5}{12}h^3y'''(x_n)$
3	3	$y_{n+3}=y_{n+2}+\frac{h}{12}(23f_{n+2}-16f_{n+1}+5f_n)$	$\frac{3}{8}h^4y^{(4)}(x_n)$
4	4	$y_{n+4}=y_{n+3}+\frac{h}{24}(55f_{n+3}-59f_{n+2}+37f_{n+1}-9f_n)$	$\frac{251}{720}h^5y^{(5)}(x_n)$

在亚当斯显式公式的推导过程中, 选取节点 $x_n,x_{n-1},\cdots,x_{n-r}$ 为插值节点, 这样插值多项式 $P_r(x)$ 在求积区间 $[x_n,x_{n+1}]$ 上逼近 $f(x,y(x))$ 是一个外推过程, 但是效果不够理想. 为了改善逼近效果, 将外推改成内推过程, 即选取节点 $x_{n+1},x_n,\cdots,x_{n-r+1}$ 作为插值节点, 然后通过数据点 $(x_{n+1},f_{n+1}),(x_n,f_n),\cdots,(x_{n-r+1},f_{n-r+1})$ 构造插值多项式 $P_r(x)$, 然后重复以上推导过程, 得到如下亚当斯隐式公式:

$$y_{n+1}=y_n+h\sum_{j=0}^{r}\beta_{rj}f_{n-j+1},\tag{9.33}$$

其中

$$\beta_{rj}=\frac{1}{h}\int_{x_n}^{x_{n+1}}\left(\prod_{k=0,k\neq j}^{r}\frac{x-x_{n-k+1}}{x_{n-j+1}-x_{n-k+1}}\right)\mathrm{d}x=\int_{-1}^{0}\prod_{k=0,k\neq j}^{r}\frac{t+k}{k-j}\mathrm{d}t.$$

当 $r=0,1$ 时, 分别为隐式欧拉法和梯形公式.

亚当斯隐式算法描述:

算法 9.7 亚当斯隐式算法

输入: N: 将区间 $[a,b]$ 分为 N 个等距小区间, 作为迭代步长.

输出: 初值问题 $y'=f(x,y), y(a)=c$ 的近似解.

1: 设置 $h=\dfrac{b-a}{N}$, $y_1=y(a)$, $x_1=a$, $x_{k+1}=a+kh$, $f_k=f(x_k,y_k)$.

2: **for** $k=1$ to N **do**

3: $$\begin{cases} \beta_{rj}^*=\displaystyle\int_{-1}^{0}\prod_{k=0,k\neq j}^{r}\frac{t+k}{k-j}\mathrm{d}t, \\ y_{n+1}=y_n+h\displaystyle\sum_{j=0}^{r}\beta_{rj}^* f_{n-j+1}. \end{cases}$$

4: **end for**

表 9.7 列出一些常用的亚当斯隐式公式, 其中 $k=r+1$ 为步数, p 为方法的阶, C_{p+1} 为局部截断误差的主项. 由于 (9.33) 式为隐式公式, 需要迭代求解. 确定 y_{n+1} 迭代公式为

$$y_{n+1}^{(s+1)}=y_n+h\left[\beta_{r0}f\left(x_{n+1},y_{n+1}^{(s)}\right)+\sum_{j=1}^{r}\beta_{rj}f_{n-j+1}\right],\quad s=0,1,\cdots,$$

迭代收敛条件为 $h|\beta_{r0}|L<1$, 其中 L 为 $f(x,y)$ 的关于 y 的利普希茨常数. 对比表 9.6 和表 9.7 中同阶显式、隐式方法的局部截断误差的主项容易发现, 隐式方法比显式方法的误差小.

表 9.7 亚当斯隐式公式

k	p	公式	C_{p+1}
1	2	$y_{n+1}=y_n+\dfrac{h}{2}(f_{n+1}+f_n)$	$-\dfrac{1}{12}h^2y''(x_n)$
2	3	$y_{n+2}=y_{n+1}+\dfrac{h}{12}(5f_{n+2}+8f_{n+1}-f_n)$	$-\dfrac{1}{24}h^3y'''(x_n)$
3	4	$y_{n+3}=y_{n+2}+\dfrac{h}{24}(9f_{n+3}+19f_{n+2}-5f_{n+1}+f_n)$	$-\dfrac{19}{720}h^4y^{(4)}(x_n)$
4	5	$y_{n+4}=y_{n+3}+\dfrac{h}{720}(251f_{n+4}+646f_{n+3}-264f_{n+2}+106f_{n+1}-19f_n)$	$-\dfrac{3}{160}h^5y^{(5)}(x_n)$

9.4.2 基于泰勒展开的构造方法

本节介绍基于泰勒展开的待定系数法来构造一系列求解常微分方程的线性多步法. 将通式 (9.29) 右端各项均在节点 x_n 处作泰勒展开, 并与精确解 $y(x_{n+1})$ 在节点 x_n 处的泰勒展开式作比较, 然后通过令同类项系数相等, 得到足以确定待定系数 α_i,β_i 的等式, 则可构造出线性多步法的公式.

由 (9.30) 式, 将局部截断误差在点 x_n 处作泰勒展开得到

$$\begin{aligned}
R_{n+1} &= y\left(x_{n+1}\right) - \sum_{i=0}^{k-1} \alpha_i y\left(x_{n-i}\right) - h \sum_{i=-1}^{k-1} \beta_i f\left(x_{n-i}, y\left(x_{n-i}\right)\right) \\
&= y\left(x_{n+1}\right) - \sum_{i=0}^{k-1} \alpha_i y\left(x_{n-i}\right) - h \sum_{i=-1}^{k-1} \beta_i y'\left(x_{n-i}\right) \\
&= \sum_{l=0}^{p+1} \frac{1}{l!} y^{(l)}\left(x_n\right) h^l + O\left(h^{p+2}\right) - \sum_{i=0}^{k-1} \alpha_i \left[\sum_{l=0}^{p+1} \frac{1}{l!} y^{(l)}\left(x_n\right)(-ih)^l + O\left(h^{p+2}\right)\right] \\
&\quad - h \sum_{i=-1}^{k-1} \beta_i \left[\sum_{l=0}^{p} \frac{1}{l!} y^{(l+1)}\left(x_n\right)(-ih)^l + O\left(h^{p+1}\right)\right] \\
&= \left(1 - \sum_{i=0}^{k-1} \alpha_i\right) y\left(x_n\right) + \sum_{l=1}^{p+1} \frac{1}{l!} \left[1 - \sum_{i=0}^{k-1} (-i)^l \alpha_i - l \sum_{i=-1}^{k-1} (-i)^{l-1} \beta_i\right] \\
&\quad \cdot h^l y^{(l)}\left(x_i\right) + O\left(h^{p+2}\right).
\end{aligned}$$

要是使得线性 k 步公式 (9.29) 是 p 阶的, 只需

$$\begin{cases}
1 - \displaystyle\sum_{i=0}^{k-1} \alpha_i = 0, \\
1 - \displaystyle\sum_{i=0}^{k-1} (-i)^l \alpha_i - l \sum_{i=0}^{k-1} (-i)^{l-1} \beta_i = 0, \quad l = 1, 2, \cdots, p.
\end{cases} \tag{9.34}$$

此时局部截断误差为

$$R_{n+1} = \frac{1}{(p+1)!} \left[1 - \sum_{i=0}^{k-1} (-i)^l \alpha_i - l \sum_{i=-1}^{k-1} (-i)^{l-1} \beta_i\right] \cdot h^{p+1} y^{(p+1)}\left(x_i\right) + O\left(h^{p+2}\right). \tag{9.35}$$

考虑 $k = 4$ 的显式公式

$$y_{n+1} = y_{n-3} + h\left(\beta_0 f_n + \beta_1 f_{n-1} + \beta_2 f_{n-2} + \beta_3 f_{n-3}\right),$$

其中 β_0, β_1, β_2 和 β_3 为待定系数, 要使该公式具有 4 阶精度, 由 (9.34) 式可得

$$\begin{cases}
\beta_0 + \beta_1 + \beta_2 + \beta_3 = 4, \\
2\left(3\beta_0 + 2\beta_1 + \beta_2\right) = 16, \\
3\left(9\beta_0 + 4\beta_1 + \beta_2\right) = 64, \\
4\left(27\beta_0 + 8\beta_1 + \beta_2\right) = 256.
\end{cases}$$

解方程组得 $\beta_0=\frac{8}{3},\beta_1=-\frac{4}{3},\beta_2=\frac{8}{3},\beta_3=0$. 从而得到四步显式公式

$$y_{n+1}=y_{n-3}+\frac{4}{3}h\left(2f_n-f_{n-1}+2f_{n-2}\right) \tag{9.36}$$

称为米尔恩公式, 该方法为 4 阶的, 其局部截断误差为

$$R_{n+1}=\frac{14}{45}h^5y^{(5)}\left(x_n\right)+O\left(h^6\right).$$

考虑 $k=4$ 的隐式公式:

$$\begin{aligned}y_{n+1}=&\alpha_0y_n+\alpha_1y_{n-1}+\alpha_2y_{n-2}+\alpha_3y_{n-3}\\&+h(\beta_{-1}f_{n+1}+\beta_0f_n+\beta_1f_{n-1}+\beta_2f_{n-2}+\beta_3f_{n-3}),\end{aligned}$$

其局部截断误差为

$$R_{n+1}=\frac{h^5}{5!}\left[1-\sum_{i=1}^{3}(-i)^5\alpha_i-5\sum_{i=-1}^{3}(-i)^4\beta_i\right]y^{(5)}\left(x_n\right)+O\left(h^6\right).$$

若取 $\alpha_1=\alpha_3=0,\beta_2=\beta_3=0$, 求解 (9.34) 式可得 4 阶汉明 (Hamming) 公式及其余项:

$$\begin{aligned}y_{n+1}&=\frac{1}{8}\left(9y_n-y_{n-2}\right)+\frac{3}{8}h\left(f_{n+1}+2f_n-f_{n-1}\right),\\R_{n+1}&=-\frac{1}{40}h^5y^{(5)}\left(x_n\right)+O\left(h^6\right).\end{aligned} \tag{9.37}$$

若取 $\alpha_1=\alpha_2=\alpha_3=0,\beta_3=0$, 求解 (9.34) 式可得 4 阶辛普森公式及其余项:

$$\begin{aligned}y_{n+1}&=y_{n-1}+\frac{h}{3}\left(f_{n+1}+4f_n+f_{n-1}\right),\\R_{n+1}&=-\frac{1}{90}h^5y^{(5)}\left(x_n\right)+O\left(h^6\right).\end{aligned} \tag{9.38}$$

例 9.7 给定常微分方程初值问题 $\begin{cases}y'=\lambda y,\\y(0)=y_0\end{cases}$ 的线性多步公式为

$$y_{n+1}=\alpha_0y_n+\alpha_1y_{n-2}+h\left(\beta_0f_{n-1}+\beta_1f_{n-2}\right),$$

其中 $f_n=f\left(x_n,y_n\right)$. 利用泰勒展开公式确定 α_0, α_1, β_0 和 β_1, 使该公式具有尽可能高的阶数. 同时求该公式的局部截断误差, 并判断该公式的精度.

解 由泰勒展开得到

$$
\begin{aligned}
y_{n-2} &= y_n - 2hy_n' + \frac{(-2h)^2}{2}y_n'' + \frac{(-2h)^3}{6}y_n''' + \frac{(-2h)^4}{24}y_n^{(4)} + O\left(h^5\right) \\
&= y_n - 2hy_n' + 2h^2y_n'' - \frac{4}{3}h^3y_n''' + \frac{2}{3}h^4y_n^{(4)} + O\left(h^5\right), \\
y_{n-1} &= y_n' - hy_n'' + \frac{(-h)^2}{2}y_n''' + \frac{(-h)^3}{6}y_n^{(4)} + O\left(h^4\right) \\
&= y_n' - hy_n'' + \frac{1}{2}h^2y_n''' - \frac{1}{6}h^3y_n^{(4)} + O\left(h^4\right), \\
y_{n-2}' &= y_n' - 2hy_n'' + \frac{(-2h)^2}{2}y_n''' + \frac{(-2h)^3}{6}y_n^{(4)} + O\left(h^4\right) \\
&= y_n' - 2hy_n'' + 2h^2y_n''' - \frac{4}{3}h^3y_n^{(4)} + O\left(h^4\right).
\end{aligned}
$$

在 $y_n = y(x_n)$ 的假设前提下, 有

$$
y\left(x_{n+1}\right) = y_n + hy_n' + \frac{1}{2}h^2y_n'' + \frac{1}{6}h^3y_n''' + \frac{1}{24}h^4y_n^{(4)} + O\left(h^5\right)
$$

和

$$
\begin{aligned}
y_{n+1} &= \alpha_0 y_n + \alpha_1 y_{n-1} + h\left(\beta_0 f_{n-1} + \beta_1 f_{n-2}\right) \\
&= \alpha_0 y_n + \alpha_1 y_{n-1} + h\left(\beta_0 y_{n-1}' + \beta_1 y_{n-2}'\right) \\
&= \alpha_0 y_n + \alpha_1\left[y_n - 2hy_n' + 2h^2y_n'' - \frac{4}{3}h^3y_n''' + \frac{2}{3}h^4y_n^{(4)} + O\left(h^5\right)\right] \\
&\quad + h\beta_0\left[y_n' - hy_n'' + \frac{1}{2}h^2y_n''' - \frac{1}{6}h^3y_n^{(4)} + O\left(h^4\right)\right] \\
&\quad + h\beta_1\left[y_n' - 2hy_n'' + 2h^2y_n''' - \frac{4}{3}h^3y_n^{(4)} + O\left(h^4\right)\right] \\
&= \left(\alpha_0 + \alpha_1\right)y_n + \left(-2\alpha_1 + \beta_0 + \beta_1\right)hy_n' + \left(2\alpha_1 - \beta_0 - 2\beta_1\right)h^2y_n'' \\
&\quad + \left(-\frac{4}{3}\alpha_1 + \frac{1}{2}\beta_0 + 2\beta_1\right)h^3y_n''' + O\left(h^4\right).
\end{aligned}
$$

令同类项系数相等, 得

$$
\begin{cases}
\alpha_0 + \alpha_1 = 1, \\
-2\alpha_1 + \beta_0 + \beta_1 = 1, \\
2\alpha_1 - \beta_0 - 2\beta_1 = \dfrac{1}{2}, \\
-\dfrac{4}{3}\alpha_1 + \dfrac{1}{2}\beta_0 + 2\beta_1 = \dfrac{1}{6},
\end{cases}
$$

解得

$$\alpha_0=\frac{27}{4},\quad \alpha_1=-\frac{23}{4},\quad \beta_0=-9,\quad \beta_1=-\frac{3}{2},$$

所以有

$$y_{n+1}=\frac{27}{4}y_n-\frac{23}{4}y_{n-2}+h\left(-9f_{n-1}-\frac{3}{2}f_{n-2}\right),$$

局部截断误差为

$$\begin{aligned}R_{n+1}=y\left(x_{n+1}\right)-y_{n+1}&=\left[\frac{1}{24}-\left(\frac{2}{3}\alpha_1-\frac{1}{6}\beta_0-\frac{4}{3}\beta_1\right)\right]h^4y^{(4)}\left(x_n\right)+O\left(h^5\right)\\&=\frac{3}{8}h^4y^{(4)}\left(x_n\right)+O\left(h^5\right).\end{aligned}$$

故该公式具有三阶精度.

9.4.3 预测-校正方法

对于隐式多步法, 其稳定性比相应的显式方法好, 但是计算需要进行迭代求解, 导致计算量较大, 为了避免进行迭代求解, 通常采用预测-校正方法. 具体地, 首先采用显式多步法计算出 y_{n+1} 的一个初始近似, 称为预测 (predictor), 接着计算 f_{n+1} 的值, 然后再用隐式多步法计算 y_{n+1}, 称为校正 (corrector), 在一般情况下, 预测公式与校正公式分别与同阶的显式和隐式多步法相匹配. 仿照改进欧拉法的思路, 将亚当斯显式和隐式两种方法取长补短, 就可以得到下面的亚当斯预测-校正方法.

如果用四阶亚当斯显式公式作预测, 再用四阶亚当斯隐式公式作校正公式, 则得到如下亚当斯预测-校正公式:

$$\begin{cases}\text{预测: } y_{n+1}^p=y_n+\dfrac{1}{24}h\left[55f_n-59f_{n-1}+37f_{n-2}-9f_{n-3}\right],\\ \text{校正: } y_{n+1}=y_n+\dfrac{1}{24}h\left[9f\left(x_{n+1},y_{n+1}^p\right)+19f_n-5f_{n-1}+f_{n-2}\right].\end{cases}\tag{9.39}$$

依据表 9.6 和表 9.7 可知四阶亚当斯显式公式与隐式公式的局部截断误差, 并记 (9.39) 式中 $y_{n+1}=y_{n+1}^c$, 则有

$$y\left(x_{n+1}\right)-y_{n+1}^p\approx\frac{251}{720}h^5y^{(5)}\left(x_n\right),$$

$$y\left(x_{n+1}\right)-y_{n+1}^c\approx-\frac{19}{720}h^5y^{(5)}\left(x_n\right).$$

两式相减得到

$$h^5y^{(5)}\left(x_n\right)\approx-\frac{720}{270}\left(y_{n+1}^p-y_{n+1}^c\right).$$

于是得到以下估计

$$
\begin{aligned}
y\left(x_{n+1}\right)-y_{n+1}^{p} &\approx -\frac{251}{270}\left(y_{n+1}^{p}-y_{n+1}^{c}\right),\\
y\left(x_{n+1}\right)-y_{n+1}^{c} &\approx \frac{19}{270}\left(y_{n+1}^{p}-y_{n+1}^{c}\right).
\end{aligned}
$$

由此可见

$$
\begin{aligned}
\bar{y}_{n+1}^{p} &= y_{n+1}^{p}+\frac{251}{270}\left(y_{n+1}^{c}-y_{n+1}^{p}\right),\\
\bar{y}_{n+1}^{c} &= y_{n+1}^{c}-\frac{19}{270}\left(y_{n+1}^{c}-y_{n+1}^{p}\right),
\end{aligned}
$$

则 $\bar{y}_{n+1}^{p}, \bar{y}_{n+1}^{c}$ 分别比 y_{n+1}^{p}, y_{n+1}^{c} 更好, 但注意到在 $\bar{y}_{n+1}^{p}$ 的表达式中 y_{n+1}^{c} 是未知的, 因此计算时需用上一步的解代替, 即

$$
\bar{y}_{n+1}^{p}=y_{n+1}^{p}+\frac{251}{270}\left(y_{n}^{c}-y_{n}^{p}\right).
$$

因此, 得到下列的四阶亚当斯修正预测-校正公式:

$$
\begin{cases}
\text{预测: } y_{n+1}^{p}=y_{n}+\dfrac{1}{24}h\left(55f_{n}-59f_{n-1}+37f_{n-2}-9f_{n-3}\right),\\
\text{修正: } \bar{y}_{n+1}^{p}=y_{n+1}^{p}+\dfrac{251}{270}\left(y_{n}^{c}-y_{n}^{p}\right),\\
\text{校正: } y_{n+1}^{c}=y_{n}+\dfrac{1}{24}h\left[9f\left(x_{n+1},\bar{y}_{n+1}^{p}\right)+19f_{n}-5f_{n-1}+f_{n-2}\right],\\
\text{修正: } y_{n+1}=y_{n+1}^{c}-\dfrac{19}{270}\left(y_{n+1}^{c}-y_{n+1}^{p}\right).
\end{cases}
\tag{9.40}
$$

如果将米尔恩公式 (9.37) 和汉明公式 (9.38) 相匹配, 则可得到米尔恩-汉明预测-校正公式:

$$
\begin{cases}
\text{预测: } y_{n+1}^{p}=y_{n}+\dfrac{4}{3}h\left(2f_{n}-f_{n-1}+2f_{n-2}\right),\\
\text{校正: } y_{n+1}=\dfrac{1}{8}\left(9y_{n}-y_{n-2}\right)+\dfrac{3}{8}h\left[f\left(x_{n+1},y_{n+1}^{p}\right)+2f_{n}-f_{n-1}\right].
\end{cases}
\tag{9.41}
$$

若再结合局部截断误差, 类似于四阶亚当斯修正预测-校正公式, 可以建立四阶修正米尔恩-汉明预测-校正公式:

$$\begin{cases} 预测: y_{n+1}^{p} = y_n + \dfrac{4}{3}h\left(2f_n - f_{n-1} + 2f_{n-2}\right), \\ 修正: \bar{y}_{n+1}^{p} = y_{n+1}^{p} + \dfrac{112}{121}\left(y_n^c - y_n^p\right), \\ 校正: y_{n+1}^{c} = \dfrac{1}{8}\left(9y_n - y_{n-2}\right) + \dfrac{3}{8}h\left[f\left(x_{n+1}, \bar{y}_{n+1}^{p}\right) + 2f_n - f_{n-1}\right], \\ 修正: y_{n+1} = y_{n+1}^{c} - \dfrac{9}{121}\left(y_{n+1}^{c} - y_{n+1}^{p}\right). \end{cases}$$

*9.5 线性多步法的收敛性和稳定性

9.5.1 相容性与收敛性

对于求解初值问题 (9.1) 的线性多步法 (9.29), 引入两个多项式

$$\begin{aligned} \rho(\lambda) &= \lambda^k - \left(\alpha_0\lambda^{k-1} + \alpha_1\lambda^{k-2} + \cdots + \alpha_{k-2}\lambda + \alpha_{k-1}\right), \\ \sigma(\lambda) &= \beta_{-1}\lambda^k + \beta_0\lambda^{k-1} + \beta_1\lambda^{k-2} + \cdots + \beta_{k-2}\lambda + \beta_{k-1} \end{aligned} \tag{9.42}$$

分别称为线性多步法 (9.29) 的第一特征多项式和第二特征多项式.

定理 9.4 线性多步法 (9.29) 与初值问题 (9.1) 相容的充分必要条件:

$$\rho(1) = 0, \quad \rho'(1) = \sigma(1).$$

如果利用线性多步法 (9.29) 求解初值问题 (9.1), 则需要 k 个初值, 而微分方程 (9.1) 只给出了一个初始条件, 因此还需要给出 $k-1$ 个初值, 才可采用多步法 (9.29) 进行求解, 即下列方法

$$\begin{cases} y_{n+1} = \sum\limits_{i=0}^{k-1}\alpha_i y_{n-i} + h\sum\limits_{i=-1}^{k-1}\beta_i y_{n-i}, \\ y_i = \eta_i(h), \quad i = 0, 1, \cdots, k-1, \end{cases} \tag{9.43}$$

其中 y_0 是由 (9.1) 式的初值给定的, $y_1, y_2, \cdots, y_{k-1}$ 可由相应的单步法给出, 设由 (9.43) 式在 $x = x_n$ 处得到的数值解 y_n, 其中 $x_n = x_0 + nh$, $h = \dfrac{b-a}{N}$.

定义 9.10 设初值问题 (9.1) 的精确解 $y(x)$, 若初始条件 $y_i = \eta_i(h)$ 满足

$$\lim_{h\to 0}\eta_i(h) = y_0, \quad i = 0, 1, \cdots, k-1$$

的线性 k 步法 (9.43) 在 $x_n = x_0 + nh$ 处的数值解 y_n, 有

$$\lim_{h\to 0} y_n = y(x),$$

则称线性 k 步法 (9.43) 是收敛的.

定理 9.5　设线性多步法 (9.43) 是收敛的, 则它是相容的.

下面, 我们从第一特征多项式 $\rho(\lambda)$ 的根来讨论多步法的收敛性.

定义 9.11　如果线性多步法 (9.29) 的第一特征多项式 $\rho(\lambda)$ 的根都在单位圆内或单位圆上, 且在单位圆上的根为单根, 则称线性多步法 (9.29) 满足根条件.

定理 9.6　线性多步法 (9.29) 是 p $(p \geqslant 1)$ 阶相容的, 则线性多步法 (9.43) 收敛的充分必要条件是线性多步法 (9.29) 满足根条件.

9.5.2　稳定性与绝对稳定性

稳定性主要研究初始条件扰动与差分方程右端项扰动对数值解的影响. 假设线性多步法 (9.43) 的解为 $\{y_n\}_{n=0}^N$, 且对该方法有扰动 $\{\delta_n\}_{n=0}^N$, 则经过扰动的解 $\{z_n\}_{n=0}^N$ 满足

$$\begin{cases} z_{n+1} = \displaystyle\sum_{i=0}^{k-1} \alpha_i z_{n-i} + h \sum_{i=-1}^{k-1} \beta_i f\left(x_{n-i}, z_{n-i}\right) + \delta_{n+1}, \\ z_i = \eta_i\left(h\right) + \delta_i, \quad i = 0, 1, \cdots, k-1. \end{cases} \tag{9.44}$$

定义 9.12　对于初值问题 (9.1), 由线性多步法 (9.43) 得到的差分方程解 $\{y_n\}_{n=0}^N$, 有扰动 $\{\delta_n\}_{n=0}^N$, 使得方程 (9.44) 的解为 $\{z_n\}_{n=0}^N$. 若存在 C 及 h_0, 使得对所有的 $h \in (0, h_0)$, 当 $|\delta_n| \leqslant \varepsilon$, $0 \leqslant n \leqslant N$ 时, 有

$$|z_n - y_n| \leqslant C\varepsilon,$$

则称线性多步法 (9.29) 是稳定的, 或称为零稳定的.

由该定义可知, 研究线性多步法的稳定性就是研究步长 $h \to 0$ 时差分方程 (9.43) 解 $\{y_n\}_{n=0}^N$ 的稳定性. 它表明当初始扰动或右端项扰动不大时, 数值解的误差也不大, 对于线性多步法 (9.29), 当 $h \to 0$ 时, 对应差分方程的特征方程为 $\rho\left(\lambda\right) = 0$, 则有以下结论.

定理 9.7　线性多步法 (9.29) 是稳定的充分必要条件是它满足根条件.

下面为了研究线性多步法的绝对稳定性, 只要将线性多步法 (9.29) 运用于解模型方程 (9.27), 得到线性差分方程

$$y_{n+1} = \sum_{i=0}^{k-1} \alpha_i y_{n-i} + h\lambda \sum_{i=-1}^{k-1} \beta_i y_{n-i}. \tag{9.45}$$

利用多步法的第一和第二特征多项式 $\rho\left(\lambda\right), \sigma\left(\lambda\right)$, 即式 (9.42), 令

$$\pi\left(\lambda, \mu\right) = \rho\left(\lambda\right) - \mu\sigma\left(\lambda\right), \quad \mu = h\lambda \tag{9.46}$$

称为线性多步法的稳定性多项式, 它是关于 λ 的 k 次多项式. 如果 (9.46) 式的所有零点 $\lambda_i=\lambda_i(\mu), i=1,2,\cdots,k$, 满足 $|\lambda_i|<1$, 则 (9.45) 式的解 $\{y_n\}$, 当 $n\to\infty$ 时有 $y_n\to 0$.

定义 9.13 对于给定 $\mu=h\lambda$, 若稳定性多项式 (9.46) 的零点满足 $|\lambda_i|<1, i=1,2,\cdots,k$, 则称线性多步法 (9.29) 关于此 μ 是绝对稳定的. 若在 $\mu=h\lambda$ 的复平面的某个区域 D 中所有 μ 值线性多步法 (9.29) 都是绝对稳定的, 而在区域 D 外, 方法是不稳定的, 则称 D 为多步法 (9.29) 的绝对稳定性区域, 而 D 与实轴的交集称为线性多步法 (9.29) 的绝对稳定性区间.

习 题 9

1. 用欧拉法求解初值问题

$$\begin{cases} y'=x-y+1, \quad 0\leqslant x\leqslant 0.5, \\ y(0)=1. \end{cases}$$

取步长 $h=0.1$.

2. 用显式欧拉法、梯形公式和改进欧拉法求解初值问题

$$\begin{cases} y'=x^2+x-y, \quad 0\leqslant x\leqslant 1, \\ y(0)=0. \end{cases}$$

取步长 $h=0.1$, 计算到 $x=0.5$, 并与精确解 $y=\mathrm{e}^{-x}+x^2-x+1$ 相比较 (计算结果保留到小数点后 5 位).

3. 取步长 $h=0.2$, 用四阶经典龙格-库塔方法求解初值问题

$$\begin{cases} y'=x+y, \quad 0\leqslant x\leqslant 1, \\ y(0)=1. \end{cases}$$

4. 证明对任意参数 λ, 下列龙格-库塔方法是二阶的.

$$\begin{cases} y_{n+1}=y_n+\dfrac{h}{2}(K_2+K_3), \\ K_1=f(x_n,y_n), \\ K_2=f(x_n+\lambda h, y_n+\lambda hk_1), \\ K_3=f(x_n+(1-\lambda)h, y_n+(1-\lambda)hk_1). \end{cases}$$

5. 证明中点公式

$$y_{n+1}=y_n+hf\left(x_n+\frac{h}{2},y_n+\frac{h}{2}f(x_n,y_n)\right)$$

是二阶的，并求其绝对稳定性区域.

6. 证明存在 α 的一个值，使线性多步法

$$y_{n+1}=-\alpha y_n+\alpha y_{n-1}-y_{n-2}+\frac{1}{2}(3+\alpha)h(f_n+f_{n-1})$$

是四阶的.

7. 利用四阶亚当斯显式公式求解初值问题

$$\begin{cases}y'=x+y, & 0\leqslant x\leqslant 0.5,\\ y(0)=1.\end{cases}$$

取步长 $h=0.1$，小数点后保留 6 位.

8. 对于求解初值问题 $\begin{cases}y'=f(x,y),\\ y(x_0)=a\end{cases}$ 的两步方法

$$y_{n+1}=\frac{3}{2}y_n-\frac{1}{2}y_{n-1}+\frac{1}{4}h(5f_n-f_{n-1}).$$

证明该方法是稳定的.

实 验 9

1. 给定初值问题

$$\begin{cases}y'=x^2+100y^2, & x\in[0,1],\\ y(0)=0.\end{cases}$$

分别利用欧拉法和改进欧拉法求出数值解，取步长 $h=0.05$.

2. 给定初值问题

$$\begin{cases}y'=x^2y, & x\in[0,1],\\ y(0)=1.\end{cases}$$

取步长 $h = 0.1$, 应用梯形公式和中点公式求出数值解, 计算 $x = 0.1i$ ($i = 0, 1, \cdots, 10$) 各点的近似值和全局截断误差.

3. 给定初值问题

$$\begin{cases} y' = ty + t^3, \quad t \in [0,1], \\ y(0) = 1. \end{cases}$$

用经典的四阶龙格-库塔方法求出数值解, 步长分别取 $h = 0.1$, 0.05, 0.025, 计算当 $t = 1$ 时的全局截断误差.

4. 对于微分方程 $y' = 1 + y^2$, 使用步长 $h = 0.1$, 0.05, 画出四阶龙格-库塔方法在区间 $[0,1]$ 上的近似解, 给定初始条件 $y(0) = 1$, 并画出精确解.

参 考 文 献

安妮・戈林鲍姆, 蒂莫西 P. 夏蒂埃. 2016. 数值方法设计、分析和算法实现 [M]. 吴兆金, 王国英, 范红军, 译. 北京: 机械工业出版社.

蔡燧林. 2013. 常微分方程 [M]. 3 版. 杭州: 浙江大学出版社.

陈祖墀. 2008. 偏微分方程 [M]. 3 版. 北京: 高等教育出版社.

冯康. 1978. 数值计算方法 [M]. 北京: 国防工业出版社.

韩旭里. 2011. 数值分析 [M]. 北京: 高等教育出版社.

何汉林, 梅家斌. 2007. 数值分析 [M]. 北京: 科学出版社.

胡健伟, 汤怀民. 1999. 微分方程数值解法 [M]. 北京: 科学出版社.

黄云清, 舒适, 陈艳萍, 等. 2009. 数值计算方法 [M]. 北京: 科学出版社.

金一庆, 陈越, 王冬梅. 2000. 数值方法 [M]. 2 版. 北京: 机械工业出版社.

李开泰, 黄艾香, 黄庆怀. 2006. 有限元方法及其应用 [M]. 北京: 科学出版社.

李立康, 於崇华, 朱政华. 1999. 微分方程数值解法 [M]. 上海: 复旦大学出版社.

李庆扬, 王能超, 易大义. 2018. 数值分析 [M]. 5 版. 武汉: 华中科技大学出版社.

李荣华, 冯果忱. 2005. 微分方程数值解法 [M]. 北京: 高等教育出版社.

李治平. 2010. 偏微分方程数值解讲义 [M]. 北京: 北京大学出版社.

林成森. 1998. 数值计算方法 (上册)[M]. 北京: 科学出版社.

陆金甫, 关治. 2004. 偏微分方程数值解法 [M]. 2 版. 北京: 清华大学出版社.

邱俊, 胡晓, 王汉权. 2016. 数字图像修复的变分方法与实现过程 [J]. 数值计算与计算机应用, 37(4): 273-286.

萨奥尔. 2014. 数值分析 (原书第 2 版)[M]. 裴玉茹, 马康宇, 译. 北京: 机械工业出版社.

施吉林, 刘淑珍, 陈桂芝. 2009. 计算机数值方法 [M]. 3 版. 北京: 高等教育出版社.

孙志忠, 袁慰平, 闻震初. 2010. 数值分析 [M]. 3 版. 南京: 东南大学出版社.

王启明, 罗从良. 2018. Python 3.6 零基础入门与实战 [M]. 北京: 清华大学出版社.

吴茂贵, 王红星, 刘未昕, 等. 2020. Python 入门到人工智能实战 [M]. 北京: 北京大学出版社.

薛毅. 2011. 数值分析与科学计算 [M]. 北京: 科学出版社.

应隆安. 1988. 有限元方法讲义 [M]. 北京: 北京大学出版社.

Chapra S C. 2018. 工程与科学数值方法的 MATLAB 实现 [M]. 4 版. 林赐, 译. 北京: 清华大学出版社.

Layton R. 2016. Python 数据挖掘入门与实践 [M]. 杜春晓, 译. 北京: 人民邮电出版社.

Burden R L, Faires J D. 2006. Numerical Analysis[M]. 9th ed. Boston: Richard Stratton.

Canuto C, Hussaini M Y, Quarteroni A, et al. 2006. Spectral Methods: Fundamentals in Single Domains[M]. Berlin: Springer-Verlag.

Chan T, Shen J. 2015. Mathematical models for local nontexture inpaintings[J]. SIAM J. Appl. Math., 62: 1019-1043.

Forsythe G E, Moler C B. 1967. Compute Solution of Linear Algebraic Systems[M]. Englewood Cliffs: Prentice-Hall.

Hestenes M R, Steifel E. 1952. Conjugate gradient methods in optimization[J]. J. Res. Nat. Bur. Stand., 49: 409-436.

Isaacson E, Keller H B. 1994. Analysis of Numerical Methods[M]. New York: John Wiley & Sons.

Kwon Y W, Bang H. 2000. The Finite Element Method Using MATLAB[M]. London: CRC Press.

Lele S K. 1992. Compact finite difference schemes with spectral-like resolution[J]. Journal of Computational Physics, 103: 16-42.

LeVeque R J. 2002. Finite Volume Methods for Hyperbolic Problems[M]. Cambridge: Cambridge University Press.

LeVeque R J. 2007. Finite Difference Methods for Ordinary and Partial Differential Equations: Steady-State and Time-Dependent Problems[M]. Philadelphia: SIAM.

Luenberger S F. 1987. Multigrid Methods[M]. Philadelphia: SIAM.

Mathews J H, Fink K D. 2019. 数值分析: MATLAB 版 [M]. 黄仿伦改编. 北京: 电子工业出版社.

Mathews J H, Fink K D. 2010. 数值方法: MATLAB 版 [M]. 4 版. 周璐, 等, 译. 北京: 电子工业出版社.

Mitchell R. 2016. Python 网络数据采集 [M]. 陶俊杰, 陈小莉, 译. 北京: 人民邮电出版社.

Morton K W, Mayers D. 2005. Numerical Solution of Partial Differential Equations: An Introduction[M]. Cambridge: Cambridge University Press.

Ortega J M. 1972. Numerical Analysis: A Second Course[M]. New York: Academic Press.

Ortega J M. 1988. Introduction to Parallel and Vector Solution of Linear Systems[M]. New York: Plenum Press.

Raschka S. 2015. Python Machine Learning[M]. Birmingham: Packt Publishing Ltd.

Russell M A. 2015. 社交网站的数据挖掘与分析 [M]. 苏统华, 魏通, 赵逸雪, 等译. 北京: 机械工业出版社.

Shen J, Tang T, Wang L L. 2011. Spectral Methods: Algorithms, Analysis and Applications[M]. Berlin, Heidelberg: Springer-Verlag.

Thomas J W. 1995. Numerical Partial Differential Equations: Finite Difference Methods[M]. Berlin, Heidelberg: Springer-Verlag.

Thomas J W. 1999. Numerical Partial Differential Equations: Conservation Laws and Elliptic Equations[M]. Berlin, Heidelberg: Springer-Verlag.

Toro E F. 1999. Riemann Solvers and Numerical Methods for Fluid Dynamics: A Practical Introduction[M]. 2nd ed. Berlin, Heidelberg: Springer-Verlag.

Wilkinson J H. 1963. Rounding Errors in Algebraic Processes[M]. Englewood Cliffs: Prentice-Hall.

Wilkinson J H. 1965. The Algebraic Eigenvalue Problem[M]. Oxford: Oxford University Press.

附录 A Python 基本语法

A.1 输出函数 (print)

功能: 将一系列值以字符串的形式输出到标准输出设备上 (默认为终端).

格式: print(value, ···, sep =' ', end = '\n').

参数: value 表示要输出的内容, 可以有 0 个、1 个或多个.

sep: 分割符, 两个值或两个以上值的分隔方式, 默认为一个空格.

end: 结束符, 数据输出完毕末尾追加的字符串.

实例:

```
C:\Users\ASUS>ipython
Python 3.7.6 (default, Jan  8 2020, 20:23:39) [MSC v.1916 64 bit (AMD64)]
Type 'copyright', 'credits' or 'license' for more information
IPython 7.12.0 -- An enhanced Interactive Python. Type '?' for help.

In [1]: print('hello world!')
hello world!

In [2]: print('1+2=',1+2)
1+2= 3

In [3]: print('hello,','world','welcome!')
hello, world welcome!
```

A.2 输入函数 (input)

格式: input(prompt=None).

参数: prompt 表示提示信息, 默认为空.

实例:

```
In [1]: name='我是Python'

In [2]: input(name)
我是Python
```

A.3 注　　释

注释是提高代码可读性的重要途径, 为了让别人能够更容易理解程序、日后程序的维护, 使用注释是非常有效的.

单行注释: 以井号 (#) 开头.

多行注释: 用三个单引号 ''' 或者三个双引号""" 将注释内容括起来.

实例:

```
# 这是一个单行注释!
'''这是一个多行注释! '''
"""这是一个多行注释! """
```

A.4 变　　量

A.4.1 变量基础

概念: 变量存储在内存中的值, 这就意味着在创建变量时会在内存中开辟一个空间. 基于变量的数据类型, 解释器会分配指定内存, 并决定什么数据可以被存储在内存中. 因此, 变量可以指定不同的数据类型, 这些变量可以存储整数、小数或字符.

标识符: 由数字、字母、下划线组成的符号.

变量的命名和使用: 在 Python 中使用变量时, 需要遵守一些规则和指南, 违反这些规则将引发错误.

(1) 变量名只能包含字母、数字和下划线. 变量名可以使用字母或下划线打头, 但不能使用数字打头.

(2) 变量名不能包含空格, 但可使用下划线来分隔其中的单词.

(3) 不要将 Python 关键字和函数名用作变量名, 即不要使用 Python 保留用于特殊用途的单词, 如 print.

(4) 变量名应既简短又具有描述性. 例如, name 比 n 好, student_name 比 s_n 好.

(5) 慎用小写字母 l 和大写字母 O, 因为它们可能被错看成数字 1 和 0.

A.4.2 变量赋值

格式: 变量名 = 表达式 [由一个数字或数字和运算符组成的式子].

类型: 变量名无数据类型, 其数据类型由赋值表达式决定 (动态).

实例:

```
counter = 100  # 赋值整型变量
miles = 1000.0  # 浮点型
name = "John"  # 字符串
print(counter,miles,name)
```

运行结果为

```
100 1000.0 John
```

A.4.3 序列赋值

Python 允许你同时为多个变量赋值.

格式: 变量名 1, 变量名 2, $\cdots$ = 表达式 1, 表达式 2, $\cdots$.

实例:

```
a = b = c = 1
a, b, c = 1, 2, "john"
```

A.5 基本数据类型

编程中有数据类型 (data type) 这一概念. 数据类型表示数据的性质, 有整数、小数、字符串等类型. Python 中的 type() 函数可以用来查看数据类型.

int-整型: 不带小数点的数, 包含正整数、0、负整数.

float-浮点数型: 带有小数部分的数, 小数部分可以为 0.

complex-复数型: 由实部与虚部组成的数.

bool-布尔型: 用来表示真和假两种状态.

None-空值对象: 表示不存在的特殊对象.

```
In [1]: type(10)
Out[1]: int
In [2]: type(3.1415)
Out[2]: float
In [3]: type("hello")
Out[3]: str
In [4]: type(3+5j)
Out[4]: complex
In [5]: type(True)
Out[5]: bool
```

A.6　类型转换函数

A.6.1　float(x = 0)

功能: 将 x 转换为浮点数.

参数: x 为要转换的对象, 可以是字符串型整数.

返回值: float, 浮点数型的结果.

实例:

```
In [1]: x=100 # 赋值
In [2]: print(float(x)) #输出x
100.0
```

A.6.2　str(object)

功能: 将对象转换为字符串.

参数: object 表示要转换的对象, 默认为空, 返回空字符串.

返回值: str, 转换后的字符串数据.

实例:

```
In [1]: x=100
In [2]: y=str(x)
In [3]: print(type(x),type(y)) # 输出变量x和y的数据类型
<class 'int'> <class 'str'>
```

A.6.3　int(x, base=10)

功能: 将 x 转换为整数.

参数: x 为要转换的对象, 可以是字符串型整数或浮点数; base 表示进制数, 默认为 10 进制.

返回值: int, 整数型的结果.

实例:

```
In [1]: x1=3.9
In [2]: x2=2
In [3]: int(x1+x2)
Out[3]: 5
```

A.6.4 complex(real = 0, imag = 0)

功能: 生成一个复数.

参数: real 表示实部系数, 默认为 0; imag 表示虚部系数, 默认为 0.

返回值: complex 表示生成的复数.

实例:

```
In [1]: complex(1,5)
Out[1]: (1+5j)
In [2]: complex(real=1,imag=5)
Out[2]: (1+5j)
```

A.6.5 bool([x])

Python 中有 bool 型. bool 型取 True 或 False 中的一个值. 针对 bool 型的运算符包括 and、or 和 not(针对数值的运算符有 +、-、*、/等, 根据不同的数据类型使用不同的运算符).

功能: 判断表达式或对象的成立的情况.

参数: x 表示判断的表达式或对象, 不设置默认返回为 False.

返回值: bool 类型, 成立或为真, 返回 True; 不成立或为假, 返回为 False.

实例:

```
In [1]: hungry = True
In [2]: sleepy = False
In [3]: type(hungry)
Out[3]: bool
In [4]: not hungry # 不饿
Out[4]: False
In [5]: hungry and sleepy # 饿且困
Out[5]: False
In [6]: hungry or sleepy # 饿或困
Out[6]: True
```

A.7 运 算 符

A.7.1 算术运算符

符号中加法: +. 减法: -. 乘法: *. 除法: /. 求余: %. 向下取整: //.

```
a = 2
b = 3
c = a + b
print("a + b 的值为: ", c)
c = a - b
```

```
print("a - b 的值为: ", c)
c = a * b
print("a * b 的值为: ", c)
c = a / b
print("a / b 的值为: %.2f" % c)
c = a % b
print("a % b 的值为: ", c)
c = a ** b
print("a ** b 的值为: ", c)
a = 10
b = 3
c = a // b
print("a // b 的值为: ", c)
```

运行结果为

```
a + b 的值为:  5
a - b 的值为:  -1
a * b 的值为:  6
a / b 的值为: 0.67
a % b 的值为:  2
a ** b 的值为:  8
a // b 的值为:  3
```

A.7.2 增强运算符

符号中简单赋值运算符: =. 加法赋值运算符: +=. 减法赋值运算符: -=. 乘法赋值运算符: *=. 除法赋值运算符: /=. 取整除赋值运算符: //=. 取模赋值运算符: % =. 幂赋值运算符: **=.

基本运算符的优先级: (), *, /, %, //, +,-.

```
a = 21
b = 10
c = a + b
print("c 的值为: ", c)
c += a
print("c += a 的值为: ", c)
c *= a
print("c *= a的值为: ", c)
c /= a
print("c /= a 的值为: ", c)
c = 2
c %= a
print("c %= a的值为: ", c)
c **= a
print("c ** =a 的值为: ", c)
c //= a
```

```
print("c // a 的值为: ", c)
```

运行结果为

```
c 的值为:  31
c += a 的值为:  52
c *= a的值为:  1092
c /= a 的值为:  52.0
c %= a的值为:  2
c ** =a 的值为:  2097152
c // a 的值为:  99864
```

A.7.3 比较运算符

符号中大于: >. 小于: <. 小于或等于: <=. 大于或等于: >=. 等于: ==. 不等于: ! =.

```
a = 21
b = 10
c = 0
if a == b:
print("1 - a 等于 b")
else:
print("1 - a 不等于 b")

if a != b:
print("2 - a 不等于 b")
else:
print("2 - a 等于 b")

if a < b:
print("3 - a 小于 b")
else:
print("3 - a 大于等于 b")

if a > b:
print("4 - a 大于 b")
else:
print("4 - a 小于等于 b")

# 修改变量 a 和 b 的值
a = 5
b = 20
if a <= b:
print("5 - a 小于等于 b")
else:
print("5 - a 大于  b")
```

```
if b >= a:
print("6 - b 大于等于 a")
else:
print("6 - b 小于 a")
```

运行结果为

```
1 - a 不等于 b
2 - a 不等于 b
3 - a 大于等于 b
4 - a 大于 b
5 - a 小于等于 b
6 - b 大于等于 a
```

A.7.4 布尔运算符

x and y　布尔 “与” —— 如果 x 为 False, x and y 返回 False, 否则它返回 y 的计算值.

x or y　布尔 “或” —— 如果 x 是非 0, 它返回 x 的计算值, 否则它返回 y 的计算值.

not x　布尔 “非” —— 如果 x 为 True, 返回 False. 如果 x 为 False, 它返回 True.

```
a = 10
b = 20
if a and b:
print("1 - 变量 a 和 b 都为 true")
else:
print("1 - 变量 a 和 b 有一个不为 true")

if a or b:
print("2 - 变量 a 和 b 都为 true,或其中一个变量为 true")
else:
print("2 - 变量 a 和 b 都不为 true")


# 修改变量 a 的值
a = 0
if a and b:
print("3 - 变量 a 和 b 都为 true")
else:
print("3 - 变量 a 和 b 有一个不为 true")

if a or b:
print("4 - 变量 a 和 b 都为 true,或其中一个变量为 true")
else:
print("4 - 变量 a 和 b 都不为 true")
```

```
if not (a and b):
print( "5 - 变量 a 和 b 都为 false, 或其中一个变量为 false")
else:
print("5 - 变量 a 和 b 都为 true")
```

运行结果为

```
1 - 变量 a 和 b 都为 true
2 - 变量 a 和 b 都为 true, 或其中一个变量为 true
3 - 变量 a 和 b 有一个不为 true
4 - 变量 a 和 b 都为 true, 或其中一个变量为 true
5 - 变量 a 和 b 都为 false, 或其中一个变量为 false
```

A.8 语　　句

A.8.1 if 选择语句

作用: 根据条件有选择性地执行某条语句或某些语句.

结构: if 结构、if-else 结构、if-elif-else 结构、if 语句嵌套.

实例:

```
# if 语句的使用
number = 23

guess = int(input("请输入一个猜测的数字: "))
if guess == number:
print('恭喜你猜对了! ')
elif guess < number:
print("不, 对{}猜小了".format(guess))
else:
print("不, 对{}猜大了".format(guess))
```

运行结果为

```
>>请输入一个猜测的数字: 21
不, 对21猜小了
```

A.8.2 while 循环语句

作用: 根据一定的条件重复执行一条或多条语句. 只要在一个条件为真的情况下, while 语句允许你重复执行一块语句. while 语句是所谓循环语句的一个例子. while 语句有一个可选的 else 从句.

实例:

```
number = 23
count = 0
maxCount = 3
while True:
      if count == maxCount:
         print("很遗憾! while 循环执行完毕, 未在规定次数内猜对")
         break
      count += 1
      guess = int(input("请输入一个猜测的数字: "))
      if guess == number:
          print('恭喜您猜对了! ')
          print("在规定次数内完成")
          break
      elif guess < number:
```

运行结果为

```
>>请输入一个猜测的数字: 12
不对, 12 猜小了
>>请输入一个猜测的数字: 234
不对, 234 猜大了
>>请输入一个猜测的数字: 42
不对, 42 猜大了
很遗憾! while 循环执行完毕, 未在规定次数内猜对
```

A.8.3 for 循环语句

作用: for...in 是另外一个循环语句, 用来遍历可迭代对象的数据元素. 它在一序列的对象上递归, 即逐一使用队列中的每个项目.

实例:

```
# for 语句的使用
for i in range(1,5):
print(i)
```

运行结果为

```
1
2
3
4
```

A.8.4 break 语句与 continue 语句

break 语句: 终止当前循环. break 语句是用来终止循环语句的, 即哪怕循环条件没有成为 False 或序列还没有被完全递归, 也停止执行循环语句.

实例:

```
# break 语句的使用
while True:
str=input("请输入字符串: ")
if str=='quit':
break
print('字符串的长度为',len(str))
print('执行完毕')
```

运行结果为

```
>>请输入字符串: 我是谁?
字符串的长度为 4
>>请输入字符串: python
字符串的长度为 6
>>请输入字符串: 234
字符串的长度为 3
>>请输入字符串: quit
执行完毕
```

continue 语句: 结束当前循环, 继续下一次循环. 实例:

```
# continue 语句的使用
while True:
str = input('请输入长度不小于3的字符串: ')
if str == 'quit':
print('安全退出')
break
elif len(str) < 3:
print('内容太短! ')
continue
print("内容长度为: ",len(str))
```

运行结果为

```
>>请输入长度不小于3的字符串: 2345
内容长度为:  4
>>请输入长度不小于3的字符串: as
内容太短!
>>请输入长度不小于3的字符串: quit
安全退出
```

我们使用内建的 len 函数来取得长度. 如果长度小于 3, 我们将使用 continue 语句忽略块中的剩余的语句. 否则, 这个循环中的剩余语句将被执行.

A.9 容 器

Python 支持一种数据结构的基本概念, 名为容器 (container). 容器基本上就是可包含其他对象的对象.

容器类型: 字符串 str、列表 list、元组 tuple、字典 dict、集合 set.

A.9.1 列表

list 是 Python 内置的一种高级数据类型. list 是一种有序的集合.

```
# 定义一个列表
names = ['James', 'Michael', 'Emma', 'Curry']
# 访问names的数据类型
print('names的数据类型为: ', type(names))
# 获取列表长度
print(len(names))
# 定义空列表
empty_list = []
print(empty_list, len(empty_list))
```

运行结果为

```
names的数据类型为:  <class 'list'>
4
[] 0
```

1.9.1.1 访问列表元素

用索引来访问 list 中的每个元素, 请注意索引是从 0 开始, 最后一个的索引编号为 $n-1$, 即所有元素的编号依次为 0, 1, 2, ⋯, $n-1$.

```
# list中单个元素的访问
print(names[0],names[1],names[-2],names[-1],sep='\n')
```

运行结果为

```
James
Michael
Emma
Curry
```

```
# 可以通过for循环列出所有元素
for name in names:
print(name)
```

运行结果为

```
James
Michael
Emma
Curry
```

```
# 可以通过for+索引循环列出所有元素
for i in range(len(names)):
print(names[i])
```

运行结果与以上结果一样.

1.9.1.2 列表操作函数

list 是一个可变的有序列表, 可以通过添加、修改、删除等操作来列出 list 中的元素.

append() 是在 list 的末尾添加元素; insert() 是在指定位置添加元素.

```
names_original = names
print('原始列表: ', names_original)
names_original.append('Tompson')
print('列表增操作: ', names_original)
names_original.insert(1, 'Ave')
print('列表增操作: ', names_original)
```

运行结果为

```
原始列表:  ['James', 'Michael', 'Emma', 'Curry']
列表增操作:  ['James', 'Michael', 'Emma', 'Curry', 'Tompson']
列表增操作:  ['James', 'Ave', 'Michael', 'Emma', 'Curry', 'Tompson']
```

用 pop() 方法删除 list 末尾的元素; 用 pop(i) 方法删除指定位置的元素.

```
names_original.pop()
print('列表删操作: ',names_original)
names_original.pop(1)
print('列表删操作: ',names_original)
```

运行结果为

```
列表删操作:  ['James', 'Ave', 'Michael', 'Emma', 'Curry']
列表删操作:  ['James', 'Michael', 'Emma', 'Curry']
```

修改 list 中的元素, 可以直接通过 list 的索引进行赋值来实现.

```
print('原始列表: ',names)
names[2]='Lemon'
print('修改列表第三个元素',names)
```

运行结果为

```
原始列表： ['James', 'Michael', 'Emma', 'Curry']
修改列表第三个元素 ['James', 'Michael', 'Lemon', 'Curry']
```

列表可以进行相加“+”和相乘“*”运算，“+”相当于拼接列表，“*”相当于重复列表．此外，还可以判断元素是否存在于列表中．

```
print('列表相加：', [1, 2, 3, 4] + ['a', 'b'])
print('列表相乘：', [1, 2, 3] * 3)
print('判断元素是否存在于列表中：', 'a' in ['a', 'b'])
print('判断元素是否存在于列表中：', 'a' in ['c', 'b'])
```

运行结果为

```
列表相加： [1, 2, 3, 4, 'a', 'b']
列表相乘： [1, 2, 3, 1, 2, 3, 1, 2, 3]
判断元素是否存在于列表中： True
判断元素是否存在于列表中： False
```

- len(list)：列表元素个数，返回列表的长度．
- max(list)：返回列表元素最大值．
- min(list)：返回列表元素最小值．
- list(sep)：将元组转为列表．

```
list_ = [-2,0, 2, 4, 6, 8, 10]
# 返回列表的长度
print(len(list_))
# 返回列表元素最大值
print(max(list_))
# 返回列表元素最小值
print(min(list_))
# 将元组转化成列表
tup = (123, 'runoob', 'google', 'abc')
list_tup = list(tup)
print('列表元素', list_tup)
```

运行结果为

```
7
10
-2
列表元素 [123, 'runoob', 'google', 'abc']
```

列表的方法除了前面提到的添加、修改、删除等方法外，还有其他一些方法，如下：

- list.count(obj)：统计某个元素在列表中出现的次数．

- list.extend(seq): 在列表末尾一次性追加另一个序列中的多个值 (用新列表扩展原来的列表).
- list.index(obj): 从列表中找出某个值第一个匹配项的索引位置.
- list.remove(obj): 移除列表中某个值的第一个匹配项.
- list.sort(): 对原列表进行排序.
- list.reverse(): 对原列表进行反向排序.

```
aList = [123, 'xyz', 'zara', 'abc', 123]
bList = [2009, 'python']
# • list.count(obj), 统计某个元素在列表中出现的次数
print('123出现次数:', aList.count(123))
# • list.extend(seq), 在列表末尾一次性追加另一个序列中的多个值(用新列表扩展原来
                                        的列表)
aList.extend(bList)
print('aList追加bList:', aList)
# • list.index(obj), 从列表中找出某个值第一个匹配项的索引位置
print('"abc"的位置', aList.index('abc'))
# • list.remove(obj), 移除列表中某个值的第一个匹配项
print(aList)
aList.remove(2009)
print('移除2009', aList)
```

运行结果为

```
123出现次数: 2
aList追加bList: [123, 'xyz', 'zara', 'abc', 123, 2009, 'python']
"abc"的位置 3
[123, 'xyz', 'zara', 'abc', 123, 2009, 'python']
移除2009 [123, 'xyz', 'zara', 'abc', 123, 'python']
```

A.9.2 元组

Python 的元组与列表类似, 不同之处在于元组的元素不能修改. 元组使用小括号, 列表使用方括号. 元组创建很简单, 只需要在括号中添加元素, 并使用逗号隔开即可.

1.9.2.1 访问元组

元组可以使用下标索引来访问元组中的值.

```
tup1 = ('python', 'c++','java', 2021, 2000)
tup2 = (1, 2, 3, 4, 5, 7, 10 )

print('tup1[0]:',tup1[0])
print('tup2[1:5]:',tup2[1:6])
```

运行结果为

```
tup1[0]: python
tup2[1:5]: (2, 3, 4, 5, 7)
```

1.9.2.2 元组修改

元组中的元素值是不允许修改的, 但我们可以对元组进行连接组合.

```
tup1 = ('python', 'c++','java', 2021, 2000)
tup2 = (1, 2, 3, 4, 5, 7, 10 )
print('tup1+tup2=',tup1+tup2)
```

运行结果为

```
tup1+tup2= ('python', 'c++', 'java', 2021, 2000, 1, 2, 3, 4, 5, 7, 10)
```

元组中的元素值是不允许删除的, 但我们可以使用 del 语句来删除整个元组,

```
tup1 = ('python', 'c++','java', 2021, 2000)
print(tup1)
del tup1
print(tup1)
```

以上实例元组被删除后, 输出变量会有异常信息.

运行结果为

```
File "E:/tmp.py", line 5, in <module>
print(tup1)
NameError: name 'tup1' is not defined
```

1.9.2.3 元组运算符及其内置函数

- len(tuple): 统计某个元素在元素中出现的次数.
- max(tuple): 返回元组中元素最大值.
- min(tuple): 返回元组中元素最小值.
- tuple(seq): 将列表转换为元组.

```
tup1, tup2 = (123, 2.54, 46), \
(546, 34)
# •len(list), 列表元素个数, 返回列表的长度;
print('tup1的长度: ', len(tup1))
print('tup2的长度: ', len(tup2))
# • max(list), 返回列表元素最大值;
print('tup1元素最大值: ', max(tup1))
print('tup2元素最大值: ', max(tup2))
# • min(list), 返回列表元素最小值;
print('tup1元素最小值: ', min(tup1))
print('tup2元素最小值: ', min(tup2))
```

```
# • tuple(sep), 将列表转为元组
aList = [123, 'xyz', 'zara', 'abc']
aTuple = tuple(aList)
# 打印元组, 并输出数据类型
print(aTuple, type(aTuple))
```

运行结果为

```
tup1的长度: 3
tup2的长度: 2
tup1元素最大值: 123
tup2元素最大值: 546
tup1元素最小值: 2.54
tup2元素最小值: 34
(123, 'xyz', 'zara', 'abc') <class 'tuple'>
```

A.9.3 字典

字典是另一种可变容器模型, 且可存储任意类型对象.

字典的每个键值对 “key=>value” 用冒号 “:” 分割, 每个键值对之间用逗号 “,” 分割, 整个字典包括在花括号 “{}” 中, 格式如下所示:

```
dict = {key1 : value1, key2 : value2 }
```

值可以取任何数据类型, 但键必须是不可变的, 如字符串、数字或元组.

1.9.3.1 创建字典

```
dict1 = {'Name': 'Tom', 'Age': 20, 'Score': 96}
```

运行结果为

```
dict1 = {'Name': 'Tom', 'Age': 20, 'Score': 96}
# 通过字典的键访问字典的值
print(dict1['Name'])
print(dict1['Age'])
print(dict1['Score'])
```

如果用字典里没有的键访问数据, 程序会报出错误.

向字典添加新内容的方法是增加新的键值对、修改或删除已有键值对.

```
dict1 = {'Name': 'Tom', 'Age': 20, 'Score': 96}
# 更新已存在的键对应的值
dict1['Name'] = 'Bob'
# 增加一个键值对
dict1['Gender'] = 'male'
# 循环遍历输出字典中的键值对
for item in dict1:
print('键{}的值是{}'.format(item, dict1[item]))
```

运行结果为

```
键Name的值是Bob
键Age的值是20
键Score的值是96
键Gender的值是male
```

1.9.3.2 修改字典中的值

能删除单一的元素, 也能清空字典, 清空只需一项操作 (del/.clear()).

```
dict1 = {'Name': 'Tom', 'Age': 20, 'Score': 96}
print('原字典:', dict1)
del dict1['Name']  # 删除键是'Name'的条目
print('删除键是"Name"的条目:', dict1)
dict1.clear()  # 清空字典所有条目
print("清空字典所有条目:", dict1)
del dict1  # 删除字典
print(dict1)
```

但这会引发一个异常, 因为用 del 后字典不再存在.

运行结果为

```
Traceback (most recent call last):
File "E:/tmp.py", line 8, in <module>
print(dict1)
NameError: name 'dict1' is not defined
原字典: {'Name': 'Tom', 'Age': 20, 'Score': 96}
删除键是"Name"的条目: {'Age': 20, 'Score': 96}
清空字典所有条目: {}
```

字典值可以没有限制地取任何 python 对象, 既可以是标准的对象, 也可以是用户定义的, 但键不行.

两个重要的点需要记住:

(1) 不允许同一个键出现两次. 创建时如果同一个键被赋值两次, 后一个值会被记住;

(2) 键必须不可变, 所以可以用数字、字符串或元组充当. 由于列表可变, 所以不能充当字典中的键, 否则会报错.

```
dict1 = {['Name']: 'Tom', 'Age': 20, 'Score': 96}
print(dict1[['Name']])
```

运行结果为

```
File "E:/数据挖掘/tmp.py", line 1, in <module>
dict1 = {['Name']: 'Tom', 'Age': 20, 'Score': 96}
TypeError: unhashable type: 'list'
```

1.9.3.3 字典内置函数及方法

• dict.copy() 返回字典的浅拷贝;

• dict.get(key, default = None) 返回指定键的值, 如果值不在字典中返回 default 值;

• dict.items() 以列表返回可遍历的 (键, 值) 元组数组;

• dict.keys() 以列表返回一个字典所有的键;

• dict.values() 以列表返回字典中的所有值;

• pop(key[,default]) 删除字典给定键 key 所对应的值, 返回值为被删除的值. key 值必须给出. 否则, 返回 default 值.

复制与浅拷贝 (深拷贝父对象 (一级目录), 子对象 (二级目录) 不拷贝, 还是引用) 的区别.

```
dict1 =  {'user':'runoob','num':[1,2,3]}
# 浅拷贝: 引用对象
dict2 = dict1
# 浅拷贝: 深拷贝父对象(一级目录), 子对象(二级目录)不拷贝, 还是引用
dict3 = dict1.copy()
# 修改 dict1 数据
dict1['user']='root'
dict1['num'].remove(1)

# 输出结果
print('原字典: ', dict1)
print('引用对象: ', dict2)
print('浅拷贝对象', dict3)
```

运行结果为

```
原字典:  {'user': 'root', 'num': [2, 3]}
引用对象:  {'user': 'root', 'num': [2, 3]}
浅拷贝对象 {'user': 'runoob', 'num': [2, 3]}
```

```
# • dict.get(key, default=None) 返回指定键的值, 如果值不在字典中返回default值;
dict2 = {'Name': 'Jackson', 'Age': 18}
print("Age : %s" % dict2.get('Age'))

# • dict.items() 以列表返回可遍历的(键, 值) 元组数组;
dict3 = {'Google_url': 'www.google.com', 'baidu_url': 'www.baidu.com', '
                                        taobao_url': 'www.taobao.com'}
print("字典值 : %s" % dict3.items())
# 遍历字典列表
for key, values in dict3.items():
print(key, values)

# • dict.keys() 以列表返回一个字典所有的键;
```

```
print("字典所有的键 : %s" % dict3.keys())
# •  dict.values() 以列表返回字典中的所有值;
print("字典所有的值 : %s" % dict3.values())

# • pop(key[,default]) 删除字典给定键 key 所对应的值, 返回值为被删除的值. key值
                                        必须给出. 否则, 返回default值
dict3 = {'Google_url': 'www.google.com', 'baidu_url': 'www.baidu.com', '
                                        taobao_url': 'www.taobao.com'}
dict3.pop('baidu_url')
print("删除“baidu_url”后的字典: %s" % dict3)
```

运行结果为

```
Age : 18
字典值 : dict_items([('Google_url', 'www.google.com'), ('baidu_url', 'www.baidu
                                        .com'), ('taobao_url', 'www.taobao.com')
                                        ])
Google_url www.google.com
baidu_url www.baidu.com
taobao_url www.taobao.com
字典所有的键: dict_keys(['Google_url', 'baidu_url', 'taobao_url'])
字典所有的值: dict_values(['www.google.com', 'www.baidu.com', 'www.taobao.com']
                                        )
删除“baidu_url”后的字典: {'Google_url': 'www.google.com', 'taobao_url': 'www.
                                        taobao.com'}
```

附录 B　部分习题参考答案

习　题　1

1\. δ.　　2. $0.02n$.

3\. 分别是 5, 2, 4, 5, 1 位有效数字.

4\. $\frac{1}{300}$.　5. $\frac{1}{2}\times 10^{-3}$.

6\. $x_1 = 55.982$,　$x_2 = 0.01786$.

7\. $\varepsilon(x^*) < 0.005(\mathrm{cm})$.

9\. $(\sqrt{2}-1)^6 = 0.0050506\cdots$, $\frac{1}{(3+2\sqrt{2})^3}$ 计算结果最好.

10\. $p(5) = 419068$.

习　题　2

1\. $x_1 = 1, x_2 = 1, x_3 = 8$.

3\. $x_1 = 1, x_2 = 1, x_3 = 2, x_4 = 2$.

4\. $x_1 = 3, x_2 = -1, x_3 = 2, x_4 = -1$.

5\. $x_1 = -\frac{12}{5}, x_2 = -1, x_3 = \frac{4}{5}$.

习　题　3

1\. 特征值为 $\lambda_1 = \lambda_2 = 1$, $\lambda_3 = 5$, 对应的特征向量分别为 $\boldsymbol{x}_1 = (-1,0,1)^{\mathrm{T}}$, $\boldsymbol{x}_2 = (-1,1,0)^{\mathrm{T}}$ 和 $\boldsymbol{x}_3 = (1,2,1)^{\mathrm{T}}$, 谱半径为 5.

2\. 矩阵 $\boldsymbol{C}$.

9\. (1) $(0.18, 0.13)^{\mathrm{T}}$; (2) $(0.19, 0.10)^{\mathrm{T}}$; (3) 高斯消元法; (4) 没有改进.

习　题　4

1\. $[1,2]$.

7\. 迭代公式为 $x_{k+1} = \frac{x_k^2}{x_k+1} + \frac{3}{(x_k+1)\,\mathrm{e}^{x_k}}$, 且至少是二阶的.

13\. $-\frac{1}{\sqrt{5}} < a < 0$.

习 题 5

2. $\lambda = 4$, $\boldsymbol{v}^{(k)}$, 特征向量 $\left(\frac{2}{5}, \frac{3}{5}, 1\right)^{\mathrm{T}}$.

3. $\lambda_1 \approx 2.5365323$ 及相应的特征向量 $(0.7482, 0, 6497, 1)^{\mathrm{T}}$. λ_1 和相应的特征向量的真值 (8 位数字) 为 $\lambda_1 = 2.5365258, \widetilde{\boldsymbol{x}} = (0.74822116, 0.64966116, 1)^{\mathrm{T}}$.

5. $\lambda_1 = 2.8142136 + 0.6 = 3.4142136$.

6. 最小特征值 $\lambda_3 = 1/1.229514 = 0.8133296$, 对应的特征向量为 $\boldsymbol{x}_3 = (0.1831870, 1.0000000, -0.9130417)^{\mathrm{T}}$.

7.

$$\boldsymbol{P} = \boldsymbol{I} - \boldsymbol{u}\boldsymbol{u}^{\mathrm{T}} = \frac{1}{54}\begin{bmatrix} -27 & -45 & -9 & -9 \\ -45 & 29 & -5 & -5 \\ -9 & -5 & 53 & -1 \\ -9 & -5 & -1 & 53 \end{bmatrix}.$$

8.

$$\boldsymbol{J}(2,4,\theta) = \begin{bmatrix} 1 & 0 & 0 & 0 \\ 0 & \frac{1}{\sqrt{5}} & 0 & \frac{2}{\sqrt{5}} \\ 0 & 0 & 1 & 0 \\ 0 & -\frac{2}{\sqrt{5}} & 0 & \frac{1}{\sqrt{5}} \end{bmatrix}.$$

11. $\lambda_1 = 2.5365914$.

12.

$$\boldsymbol{H} = \frac{1}{54}\begin{bmatrix} -27 & -45 & -9 & -9 \\ -45 & 29 & -5 & -5 \\ -9 & -5 & 53 & -1 \\ -9 & -5 & -1 & 53 \end{bmatrix}.$$

16. 特征值为 $\lambda_1 = 2 - \sqrt{2} = 0.5853, \lambda_2 = 2 + \sqrt{2} = 3.4142, \lambda_3 = 2$, 对应的特征向量为

$$\boldsymbol{u}_1 = \begin{bmatrix} \frac{1}{2} \\ \frac{\sqrt{2}}{2} \\ \frac{1}{2} \end{bmatrix}, \quad \boldsymbol{u}_2 = \begin{bmatrix} -\frac{1}{2} \\ \frac{\sqrt{2}}{2} \\ -\frac{1}{2} \end{bmatrix}, \quad \boldsymbol{u}_3 = \begin{bmatrix} -\frac{\sqrt{2}}{2} \\ 0 \\ \frac{\sqrt{2}}{2} \end{bmatrix}.$$

习 题 6

1. $L_2(x) = \frac{5}{6}x^2 + \frac{3}{2}x - \frac{7}{3}$.

2. 取 $x_0 = 0.5, x_1 = 0.6$, $L_1(0.54) = -0.6202186$; 取 $x_0 = 0.4, x_1 = 0.5, x_2 = 0.6$, $L_2(0.54) = -61531984$.

5. $f[0,1,3,4,6] = \frac{1}{15}$, $f[4,1,3] = f[1,3,4] = 6$.

6. $f[x_0, x_1, \cdots, x_p] = 0$.

7. $N(x)=1+8x+3x(x-1)-\dfrac{11}{4}x(x-1)(x-2)$.

9. $H(x)=-x^3+4x^2-4x+1$.

10. $H(x)=-\dfrac{14}{225}x^3+\dfrac{263}{450}x^2+\dfrac{233}{450}x-\dfrac{1}{25}$,

$$R(x)=\frac{3}{128}\xi^{\frac{5}{2}}\left(x-\frac{1}{4}\right)(x-1)^2\left(x-\frac{9}{4}\right),\quad \frac{1}{4}\leqslant\xi\leqslant\frac{9}{4}.$$

13. $a=-1,b=3,c=-2,d=2$.

习　题　7

1. (1) $(0,1)$; (2) $(-2/5,4/5)$; (3) $(-2/3,2/3)$.
2. 不唯一.
4. $p(x)=\lambda_0p_0(x)+\lambda_1p_1(x)=x-1/6$.
5. $\lambda_0=5/4$, $\lambda_1=1/2$, $\lambda_2=-1/4$.
9. $(0,1,0,1)^{\mathrm{T}}$.
10. $S_4(t)=\cos(2\pi t)$.

习　题　8

1.(1) $A_{-1}=A_1=\dfrac{1}{3}h$, $A_0=\dfrac{4}{3}h$, 3 阶; (2) $A_{-1}=A_1=\dfrac{8}{3}h$, $A_0=\dfrac{3}{4}h$, 3 阶; (3) $x_1=0.6899,x_2=-0.1266$ 或 $x_1=-0.2899,x_2=0.5266$.

2. 梯形公式: $\displaystyle\int_0^1 \mathrm{e}^x\mathrm{d}x\approx 1.85914$, $|R(\mathrm{e}^x)|=0.22652$; 辛普森公式: $\displaystyle\int_0^1 \mathrm{e}^x\mathrm{d}x\approx 1.71886$, $|R(\mathrm{e}^x)|=0.00094385$.

3. (1) 取 8 等分; (2) $|R(f)|\approx 2.7127\times10^{-7}$; (3) 7 个.

5. $I=1.68294197$.

习　题　9

1. 1, 1.0048, 1.0187, 1.0408, 1.0703, 1.1065.
3. 1.24280, 1.58364, 2.04421, 2.65104, 3.43650.
7. 1.110342, 1.242805, 1.399717, 1.583640, 1.797422.

全书程序代码